WÜNSCHE-SCHORLER

# DIE VERBREITETSTEN PFLANZEN DEUTSCHLANDS

NEUNTE AUFLAGE

NEUBEARBEITET VON

Prof. Dr. W. WANGERIN
IN DANZIG

MIT 613 ABBILDUNGEN IM TEXT

Springer Fachmedien Wiesbaden GmbH 1927

ISBN 978-3-663-15495-2    ISBN 978-3-663-16067-0 (eBook)
DOI 10.1007/978-3-663-16067-0
Softcover reprint of the hardcover 9th edition 1927

## Vorwort zur ersten Auflage.

Das vorliegende Werkchen habe ich auf besonderen Wunsch mehrerer Kollegen ausgearbeitet, denen ,,Die Pflanzen Deutschlands'' und ,,Die Pflanzen des Königreichs Sachsen'' für ihre Schüler zu umfänglich erschienen, die aber gleich mir die Übungen im Pflanzenbestimmen für einen sehr wichtigen Teil des Schulunterrichts halten, weil dadurch die Schüler sehen, unterscheiden und über wirkliche Dinge urteilen lernen, wie dies in keinem anderen Unterrichtsfache in gleicher Weise möglich ist. Ich hoffe aber auch, daß das kleine Buch infolge seiner Faßlichkeit und bei dem sehr niedrig gestellten Preise in den Oberklassen der gehobenen Bürgerschulen Beachtung finden und Nutzen stiften wird.

Zur Aufnahme von Bestimmungstabellen nach dem Linnéschen System habe ich mich nicht entschließen können, weil sie, abgesehen von einigen Fällen, nicht schneller zum Ziele führen und gar keinen Einblick in die Gliederung und Stufenfolge der Gewächse gewähren. In der Anordnung und Begrenzung der Familien und Gattungen bin ich dem ,,Syllabus der Vorlesungen über spezielle und medizinisch-pharmazeutische Botanik'' von Adolf Engler, Berlin 1892, gefolgt.

Zwickau, im April 1893.

Der Verfasser.

## Vorwort zur fünften Auflage.

Auf Wunsch des verstorbenen Herrn Prof. Dr. O. Wünsche und der Verlagsbuchhandlung B. G. Teubner habe ich die Besorgung der neuen Auflagen dieses Buches übernommen. Da die Brauchbarkeit des kleinen Werkes durch die rasch folgenden Auflagen erwiesen ist, so habe ich von größeren Änderungen abgesehen. Es wurden nur zahlreiche Merkmalsangaben schärfer gefaßt und die wissenschaftlichen Artnamen, die bisher sämtlich klein geschrieben waren, mit den vom internationalen Botanikerkongreß in Wien 1905 aufgestellten Nomenklaturregeln in Einklang gebracht. Neu hinzugekommen sind die Abbildungen und die kurzen Angaben über die blütenbiologischen Verhältnisse der einzelnen Arten.

Die einfachen Umrißzeichnungen sollen nur das Wort ergänzen. Auch scharf gefaßte Beschreibungen lassen bei dem Anfänger im Bestimmen zuweilen ein Gefühl der Unsicherheit aufkommen, das der Vergleich mit einer Abbildung leicht beseitigt.

Die blütenbiologischen Angaben finden sich hinter der aufgeführten Blütezeit. Sie mußten so kurz wie möglich gehalten werden, um den Umfang und Preis des Werkchens nicht zu erhöhen. Ich habe deshalb die von H. Müller in die Blütenbiologie eingeführten Abkürzungen benutzt. Sie sind am Ende des Buches erklärt. Aus dem gleichen Grunde wurden auch im Text einige wenige Abkürzungen angewendet, die hoffentlich beim Unterricht nicht störend empfunden werden. Für freundliche Bezeichnungen von Mängeln und Lücken werde ich stets dankbar sein.

Dresden, Botan. Institut d. Techn. Hochschule.

**B. Schorler.**

## Vorwort zur siebenten Auflage.

Bei der Bearbeitung der 7. Auflage wurde, nachdem in der 6. die biologischen Angaben eine Erweiterung erfahren hatten, besonders den neueren Anschauungen in der Systematik Rechnung getragen. Dadurch mußten einige Gattungen und Arten anders abgegrenzt und die entsprechenden Bestimmungsschlüssel und Beschreibungen geändert werden. Zur Erleichterung der Bestimmung von Arten großer Gattungen ist die Zahl der Abbildungen um 95 vermehrt worden. Einige davon sind mit Zustimmung des Verlags der Kräpelinschen Flora entnommen, die meisten jedoch sind eigene Zeichnungen. Zum Schluß danke ich den Herren Kollegen, die mich auf Mängel usw. aufmerksam gemacht haben, herzlich für ihr Interesse und bitte, mich auch fernerhin in dieser Hinsicht zu unterstützen.

Dresden, Botan. Institut d. Techn. Hochschule.

**B. Schorler.**

## Vorwort zur neunten Auflage.

Bei der Bearbeitung der vorliegenden neuen Ausgabe des Wünsche-Schorler, die ich auf Wunsch des Herrn Verlegers übernommen habe, ließ ich mich in erster Linie von dem Gesichtspunkt leiten, die unbestreitbaren Vorzüge des Buches in der übersichtlichen Ausgestaltung der Bestimmungstabellen, in der konsequenten Anordnung der Familien nach dem Englerschen System und in der Art der Darstellung, die bei aller gebotenen Kürze doch alles Wesentliche klar und bestimmt zum Ausdruck bringt, unverändert zu bewahren. Die vorgenommenen Änderungen, die sich bei genauer Durchsicht als wünschenswert und notwendig erwiesen, betreffen daher in der Hauptsache Kleinigkeiten und treten nur an einzelnen Stellen hinsichtlich der Auswahl der berücksichtigten Arten etwas stärker hervor. Es dürfte wohl kaum möglich sein, über diese Frage, welche Arten als

## Vorwort

notwendig und welche als entbehrlich zu betrachten sind, eine allgemeine Übereinstimmung herbeizuführen, da naturgemäß das Urteil des einzelnen hierbei stark von den floristischen Verhältnissen seines jeweiligen Wohnortes beeinflußt wird; da aber in einem Bestimmungsbuch, das für den Anfänger und vor allem auch für den Gebrauch an Schulen bestimmt ist, eine gewisse Auswahl notwendig ist, so bleibt dem Herausgeber bloß übrig, diese nach seinem eigenen Gefühl so zu treffen, daß einmal wirklich alle Arten berücksichtigt sind, die mit Recht als verbreitet bezeichnet werden können, und daß zum andern Übergriffe in den Bereich der seltenen und nur sehr lokal verbreiteten Arten möglichst vermieden werden. Ich habe daher einige Arten ausgeschieden, die zu ausgeprägt nur dem mitteldeutschen Berg- und Hügelland eigentümlich und auch in diesem keineswegs allgemein verbreitet und häufig sind, sowie einige Kultur- und Zierpflanzen, die ihre Bedeutung heute so gut wie völlig verloren haben und fast unbekannte Größen geworden sind; am stärksten ist diese Reduktion der Artenzahl bei den Brombeeren, weil diese so ungemein schwierige und fast nur dem Spezialisten zugängliche Gattung sich ganz gewiß nicht zu Bestimmungsübungen für Anfänger eignet und es kaum Zweck haben dürfte, in einem für solche bestimmten Buche eine Auswahl einer mehr oder minder großen Zahl von Arten derselben zu bieten. Der so gewonnene Raum wurde dazu benutzt, um einige in den früheren Ausgaben nicht enthaltene Pflanzen des norddeutschen Tieflandes und der deutschen Meeresküsten zu berücksichtigen.

Ferner sei noch erwähnt, daß auch die deutschen Pflanzennamen einer sorgfältigen Durchsicht unterzogen worden sind und daß einige verbesserungsbedürftig erscheinende Abbildungen durch Neuzeichnungen ersetzt wurden. Neu hinzugefügt ist am Schluß eine Übersicht über die wichtigsten pflanzengeographischen Verbreitungsgruppen, denen die Arten der deutschen Flora angehören; ohne eine Aufzählung der sämtlichen in den Bestimmungstabellen enthaltenen Arten anzustreben, wurde die Auswahl so getroffen, daß der pflanzengeographische Rahmen, in den die deutsche Flora sich einfügt und dessen Kenntnis nach der Überzeugung des Herausgebers eine unentbehrliche Ergänzung der Floristik bildet, in seinen wesentlichen Zügen möglichst klar zum Ausdruck gebracht wird. Ebenfalls neu ist endlich die von mehreren Seiten gewünschte Erklärung der häufiger vorkommenden lateinischen Artnamen.

Danzig-Langfuhr, im April 1927.

**W. Wangerin.**

# Inhaltsübersicht.

Übersicht des natürlichen Systems . . . . . . . . . . . . . . VII
Aufzählung der Pflanzenfamilien und Tabellen zum Bestimmen
der Gattungen und Arten der

    Farne. . . . . . . . . . . . . . . . . . . . . . . . . 1
    Schachtelhalme . . . . . . . . . . . . . . . . . . . . 4
    Bärlappe . . . . . . . . . . . . . . . . . . . . . . . 5
    Nadelhölzer . . . . . . . . . . . . . . . . . . . . . . 6
    Streifenblättler. . . . . . . . . . . . . . . . . . . . 9
    Netzblättler . . . . . . . . . . . . . . . . . . . . . 58

Übersicht einiger nach den Blüten nur schwierig zu bestimmenden Pflanzen. . . . . . . . . . . . . . . . . . . . . . . 265
Tabellen zum Bestimmen der Holzgewächse nach dem Laube . 269
Die wichtigsten pflanzengeographischen Verbreitungsgruppen
der Pflanzenarten der deutschen Flora. . . . . . . . . . 276
Erklärung einiger häufig vorkommenden lateinischen Artnamen 283
Erklärung der Abkürzungen von Schriftstellernamen und der
Zeichen . . . . . . . . . . . . . . . . . . . . . . . . . 286
Register. . . . . . . . . . . . . . . . . . . . . . . . . . . 289

# Übersicht
## des natürlichen Systems.

I. Pfl. ohne eigentliche Btn. Mit Sporen. **Sporenpflanzen, Sporóphyta, Cryptógamae.**
A. Pfl. ohne Gliederung in Stamm und Bl. Schleimpflanzen, Bakterien, Algen, Pilze u. Flechten.
**Lagerpflanzen, Thallóphyta.**
B. Pfl. in Stamm und Bl. gegliedert, mit Chlorophyll (Blattgrün).
**Archegoniátae.**
1. Kleine Pfl. ohne eigentliche Wz. und Gefäßbündel, nur aus Zellen gebildet. Klassen: Lebermoose, Laubmoose.
**Moospflanzen, Bryóphyta.**
2. Größere Pfl. mit echten Wz. und Gefäßbündeln. Klassen: Farne, Schachtelhalme, Bärlappe.
**Farnpflanzen, Pteridóphyta.**
a. Bl. (im Verhältnis zum Stamm) groß, meist mehr oder weniger geteilt, in der Jugend schneckenförmig eingerollt. Sporenbehälter (Sporangien) zahlreich, am Rande oder auf der Unterseite der Bl. oder stark zusammengezogener Bl.teile       I. Klasse. **Farne, Filicáles** 1.
b. Bl. (im Verhältnis zum Stamm) klein.
aa. Stgl. gegliedert. Äste quirlig oder fehlend. Bl. an den Stgl.kn. zu gezähnten Scheiden verwachsen. (Fig. 12.) Sporenbehälter (Sporangien) an der Spitze des Stgl. in zahlreichen Quirlen ährenartig angeordnet.
II. Klasse. **Schachtelhalme, Equisetáles** 4.
bb. Stgl nicht gegliedert, dicht mit Bl. besetzt. Bl. meist spiralig angeordnet, linealisch oder schuppenförmig. Sporenbehälter einzeln in den Achseln der Laubbl. oder besonders gestalteter Bl. zu Ähren vereinigt.
III. Klasse. **Bärlappe, Lycopodiáles** 5.
II. Pfl. mit Btn., welche Staubbl. und Stempel enthalten. Mit Samen. **Samenpflanzen, Blütenpflanzen, Spermatóphyta, Anthóphyta, Phanerógamae.**
A. Samenanlagen und Samen nicht in einen Fr.kn. eingeschlossen (nackt), daher auch ohne Narbe. Btn. eingeschlechtig, die männlichen aus spiralig angeordneten Staubbl. bestehend.
**Nacktsamer, Gymnospérmae.**
Btn. ohne Btn.hülle. Männliche Btn. zapfen- oder ährenförmig. Bl. schmal und 1 nervig. Stamm reich verästelt, mit Jahresringen, aber ohne Gefäße im Holz. Keimling mit 2- bis 15 quirligen Keimbl. I. Klasse. **Nadelhölzer, Coníferae** 6.

B. Samenanlagen und Samen in einem mit einer Narbe versehenen Fr.kn. eingeschlossen (bedeckt). Btn.teile meist quirlig angeordnet. Klassen: Streifenblättler, Netzblättler.

Decksamer, Angiospérmae.

1. Bl. streifennervig (bogen- oeer parallelnervig), selten netznervig. Btn.teile meist 3 zählig. Stamm von zerstreuten geschlossenen Gefäßbündeln durchzogen, meist nicht verästelt. Die Hauptw. bleibt meist unentwickelt. Keimling mit nur 1 Keimbl.

II. Klasse. Einkeimblättrige Pfl., Streifenblättler, **Monocotyledóneae** 8.

2. Bl. netznervig (fieder- oder fingernervig). Btn.teile meist 4- oder 5 zählig. Stamm von ringförmig angeordneten offenen Gefäßbündeln durchzogen, meist verästelt. Die Hauptw. entwickelt sich meist fort. Keimling mit 2 gegenständigen Keimbl.

III. Klasse. Zweikeimblättrige Pfl., Netzblättler, **Dicotyledóneae** 53.

# A. Cryptógamae, Sporenpflanzen.

Unterabteilung **Pteridóphyta,** Farnpflanzen.

## 1. Klasse: **Filicáles,** Farne.

I. Sporenbehälter klein, auf der Unterseite oder am Rande der Bl. zu Häufchen vereinigt. Bl. im Knospenzustande spiralig eingerollt.
  **Polypodiáceae** 1.
II. Sporenbehälter groß, mit dem bloßen Auge deutlich wahrnehmbar, eine Ähre oder Rispe bildend. Bl. in einen unfruchtbaren und fruchtbaren Bl.teil geschieden, in der Knospe niemals eingerollt.
  **Ophioglossáceae** 4.

### 1. Fam.: **Polypodiáceae,** Tüpfelfarne.

I. Fruchtbare (Sporenbehälterhäufchen tragende) Bl. von den unfruchtbaren verschieden. Bl. tief-fiederteilig, mit schmalen, ganzrandigen Zipfeln, die unfruchtbaren auf dem Boden ausgebreitet, die fruchtbaren aufrecht, unterseits ganz von den Sporenbehälterhäufchen bedeckt. (Fig. 1.)
  **Blechnum** 3.
II. Fruchtbare und unfruchtbare Bl. gleich gestaltet.
A. Bl. klein oder mittelgroß (5—40 cm lang).
  1. Sporenbehälterhäufchen lineal oder länglich (streifenförmig), mit seitlich angeheftetem Schleier. (Fig. 2.)
  Fig. 1.
  **Asplénium** 3.
  2. Sporenbehälterhäufchen rundlich.
    a. Sporenbehälterhäufchen ohne Schleier.
      aa. Bl. nur tief fiederteilig. Fig. 2. Fig. 3. Fig. 4.
      (Fig. 3.)  **Polypódium** 4.
      bb. Bl. einfach- bis doppelt-gefiedert. (Fig. 4.)
        **Dryopteris (Phegópteris)** 2.
    b. Sporenbehälterhäufchen mit Schleier. Bl. doppelt-gefiedert. (Fig. 5.)  **Cystópteris** 2.

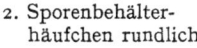
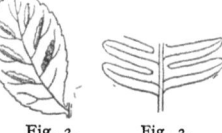

B. Bl. groß (30—150 cm lang).
 1. Sporenbehälterhäufchen eine ununterbrochene Linie am Rande des Bl. bildend, von dem ungerollten Bl.rande bedeckt. (Fig. 6.) Pterídium 4.

Fig. 5.

Fig. 6.

 2. Sporenbehälterhäufchen rundlich-länglich oder hakenförmig, wenigstens in der Jugend von einem häutigen Schleier bedeckt.
  a. Sporenbehälterhäufchen länglich oder hakenförmig, seitlich einem Nerven ansitzend (Fig. 7.) Athýrium 3.
  b. Sporenbehälterhäufchen kreisrund, dem Rücken eines Nerven aufsitzend. (Fig. 8.) Dryópteris (Aspídium) 2.

Fig. 7.   Fig. 8.

## 1. Cystópteris, Blasenfarn.

Bl. im Umriß länglich-eiförmig bis lanzettlich, doppelt-gefiedert, 10—40 cm, ihr Stiel meist kürzer als die Spreite. Unterstes Fiedernpaar kürzer als die folgenden. Fiederchen fiederlappig bis fiederteilig. (Fig. 5.) Schattige Abhänge, Felsen, Hohlwege, Mauern. Juli-Sept.
Zerbrechlicher Bl., **C. frágilis Bernh.**

## 2. Dryópteris, Schildfarn.

### A. Schleier fehlend (Phegópteris.)

1. Bl. im Umriß breit-3 eckig, 3 zählig doppelt gefiedert, 10—40 cm, völlig kahl, zart, lebhaft grün. Bl.stiel 2—3 mal länger als die Spreite. Schattige Wälder, Felsen. Verbreitet. Juli, Aug. (Ph. Dryopteris Fée.)   Eichenfarn, **D. Linnaeána** Christ.
2. Bl. im Umriß eiförmig-3 eckig, lang zugespitzt, einfach gefiedert mit fiederspaltigen Fiedern, lang gestielt, 15—30 cm. Stiel und Spindel zerstreut spreuhaarig. Fiedern lanzettlich, die beiden untersten schräg abwärts gerichtet, von den übrigen entfernt. (Fig. 4.) Feuchte, schattige Wälder. Verbreitet. Juni-Aug. (Ph. polypodioides Fée.)   Buchenfarn, **D. Phegópteris** Christ.

### B. Schleier vorhanden, nierenförmig (Aspídium).

1. Fiederchen ganzrandig oder nur schwach ausgeschweift, die fruchtbaren am Rande stark zurückgerollt, 3 eckig und sichelförmig. Bl. langgestielt, 30—80 cm. Bl.stiel dünn, mit 2 bandförmigen Leitbündeln. Sumpfige Torfwiesen, Waldsümpfe. In der Ebene zerstreut bis häufig. Juli, Aug. Sumpffarn, **D. Thelýpteris** A. Gray.
2. Fiederchen gesägt bis fiederteilig. Bl.stiel am Grunde mit 5 bis 11 Leitbündeln.
  a. Bl. einfach gefiedert, mit fiederspaltigen oder fiederteiligen Fiedern, im Umriß länglich-lanzettlich. Bl.stiel kurz, kräftig, ebenso wie die Spindel mit derben, braunen Spreuschuppen besetzt. Fiederchen länglich, stumpf, meist nur kerbig-gesägt. Wedel

Polypodiáceae 3

bis 1 m lang, derb, dunkelgrün, oft überwinternd. Wälder. Häufig. Juli-Sept. Wurmfarn[1]), **D. Filix mas Schott.**
b. Bl. abnehmend 2—3 fach gefiedert, im Umriß eiförmig-länglich bis 3eckig, lang gestielt, 30—80 cm. Fiederchen fiederspaltig bis fiederteilig, mit dornspitzig-gesägten Zipfeln. Wälder. Verbreitet. Juli, Aug. Dornfarn, **D. spinulósum O. Ktze.**

### 3. Blechnum, Rippenfarn.

Bl. im Umriß länglich oder länglich-lanzettlich, 20—45 cm, lederartig, kahl, die unfruchtbaren überwinternd mit lineal-lanzettlichen Fiedern, die fruchtbaren viel länger, nicht überwinternd, mit schmal-linealen Fiedern. (Fig. 1.) Schattige, feuchte Wälder, besonders im Berglande. Zerstreut. Juli—Sept. Nördlicher R., **B. Spicant With.**

### 4. Asplénium, Streifenfarn, Milzfarn.

1. Bl.stiel kürzer als die Spreite, nebst der Spindel glänzend rot- bis schwarzbraun, beiderseits schmal geflügelt, oberseits flach. Bl. einfach-gefiedert, im Umriß lineal, 5—25 cm, überwinternd. Fiedern meist rundlich, sitzend. (Fig. 2.) An Felsen und Mauern. Nicht selten. Juli, Aug. Brauner Str., **A. Trichómanes L.**
2. Bl.stiel so lang oder länger als die Spreite.
a. Bl. ungleich gabelteilig oder 3 zählig, 5—15 cm, lederartig. Fiedern lineal-lanzettlich, gestielt, an der Spitze 2—3 zähnig. (Fig. 9.) Sporenbehälterhäufchen sehr lang, später zusammenfließend. Schleier ganzrandig. Felsen, Mauern, kalkmeidend. Im Berglande häufig, selten in der Ebene. Juli, Aug.
Nördlicher Str., **A. septentrionále Hoffm.**
b. Bl. 2—3 fach-gefiedert, im Umriß 3 eckig bis eiförmig, 5—25 cm, ♀, trübdunkelgrün, überwinternd. (Fig. 10.) Bl.stiel grün oder nur am Grunde schwarzbraun, meist länger als die Spreite. Fiederchen aus keilförmigem Grunde meist rhombisch-verkehrt-eiförmig, oben meist abgerundet, gekerbt oder gezähnelt. Schleier gefranst. Sehr veränderlich. Mauern,

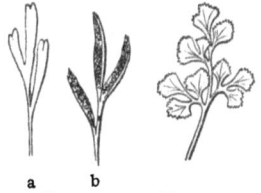
a  b
Fig. 9.   Fig. 10.

seltener an Felsen. Im Berglande häufig, in der Ebene zerstreut. Juli—Sept. Mauer-Str., Mauerraute, **A. Ruta murária L.**

### 5. Athýrium, Frauenfarn.

Bl. kurzgestielt, im Umriß länglich-lanzettlich, meist doppelt-gefiedert, 30—100 cm. Fiedern lineal-lanzettlich, zugespitzt. Fiederchen eingeschnitten-gesägt bis fiederteilig, mit länglichen, 2- bis 3 zähnigen Zipfeln. (Fig. 7.) Feuchte, schattige Wälder. Häufig. Juli—Sept. Wald-Fr., **A. Filix fémina Roth.**

---

[1]) Der Wurzelstock dient seit alter Zeit als Bandwurmmittel.

4 Equisetáceae

## 6. Pterídium, Adlerfarn.

Bl. einzeln, 2—3 fach gefiedert, im Umriß 3 eckig, steif, fast lederartig, 50—200 cm hoch. Fiederchen länglich oder lineal-lanzettlich, stumpf, die unteren fiederspaltig. (Fig. 6.) Der Bl.stiel zeigt, am braunen Grunde schief durchschnitten (infolge der Anordnung der Gefäßbündel), die Gestalt eines Doppeladlers. Trockene Kiefernwälder und Heiden. Häufig. Juli-Okt. (Pteris aquilína L.)
Adlerfarn, **Pt. aquilínum Kuhn.**

## 7. Polypódium, Tüpfelfarn.

Bl. fiederteilig, im Umriß länglich-lanzettlich oder länglich, 10 bis 35 cm, kahl, lederartig, überwinternd. Fiedern länglich, fast ganzrandig, stumpflich. (Fig. 3.) Schattige Abhänge, Felsen. Häufig. Aug., Sept. Gemeiner T., Engelsüß, **P. vulgáre L.**

## 2. Fam.: Ophioglossáceae, Natterzungenfarne.

I. Unfruchtbarer Bl.teil ungeteilt, eiförmig bis lang zungenförmig, der fruchtbare lineal-ährenförmig (Fig. 11a).
**Ophioglossum 4.**
II. Unfruchtbarer Bl.teil gefiedert, der fruchtbare rispig verzweigt. (Fig. 11b).
**Botrychium 4.**

### 1. Ophioglóssum, Natterzunge.

5—25 cm hoch, Stiel etwa so lang wie die gelbgrüne, fettig glänzende Spreite, der fruchtbare Bl.teil länger, eine spitz zulaufende Ähre bildend. Feuchte Wiesen, sandig-grasige Triften, zerstreut. Juni. Juli.
Gemeine N., **O. vulgátum L.**

### 2. Botrychium, Mondraute.

Unfruchtbarer Bl.teil einfach gefiedert, Fiedern sich deckend, die unteren halbmondförmig, etwas gelbgrün und fettglänzend. Fruchtbarer Bl.teil lang gestielt, 2—3 fach gefiedert. 5—25 cm. Grasige Abhänge, Hügel, sandig-grasige Triften. Zerstreut. Juni—Aug. Gemeine M., **B. Lunária Sw.**

a b
Fig. 11.

## 2. Klasse: Equisetáles, Schachtelhalme.

### 1. Fam.: Equisetáceae, Schachtelhalmgewächse.

#### 1. Equisétum, Schachtelhalm.

1. Fruchtbare und unfruchtbare Stgl. verschieden gestaltet.
   a. Fruchtbare Stgl. früher als die unfruchtbaren erscheinend, astlos, gelbbraun oder rötlich, nach der Sporenreife abster-

Lycopodiáceae 5

bend. Scheiden der fruchtbaren Stgl. weißlich, mit 8—12 zugespitzten, meist dunkelbraunen Zähnen. Unfruchtbare Stgl. grün, scharf rippig mit aufrecht-abstehenden, meist unverzweigten Ästen. (Fig. 12.) Sandige und lehmige Äcker. Gemein. März, April, die unfruchtbaren im Sommer.

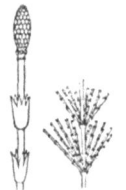

Fig. 12.

Acker-Sch., **E. arvénse L.**
b. Fruchtbare Stgl. gleichzeitig mit den unfruchtbaren erscheinend, später gleich den letzteren grün werdend und Äste treibend. Scheiden der fruchtbaren Stgl. bauchig, oberwärts rotbraun, trockenhäutig, ihre Zähne zu 3—4 stumpflichen Zipfeln verbunden (Fig. 13a). Unfruchtbare Stgl. mit zahlreichen, verzweigten, dünnen, bogig herabhängenden Ästen. Feuchte Wälder. Meist nicht selten. Mai.

Wald-Sch., **E. silváticum L.**
2. Fruchtbare und unfruchtbare Stgl. gleichgestaltet und gleichzeitig erscheinend, grün.
a. Ähre stumpf. Stgl. glatt oder kaum rauh, nicht überwinternd.
aa. Stgl. dünn, mit 6—8 tiefen Furchen, etwas rauh, meist ästig, 25—50 cm hoch. Scheiden locker, 5—10 zähnig, mit 3 eckig-lanzettlichen, breithäutig-berandeten Zähnen. (Fig. 13b.) Sumpfige Wiesen, nasser Sandboden. Häufig. Mai bis Herbst. Giftig.

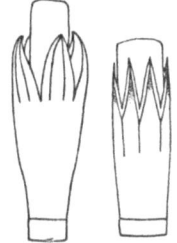

Fig. 13a.    Fig. 13b.

Sumpf-Sch., **E. palústre L.**
bb. Stgl. ziemlich dick, mit 12—25 Streifen oder seichten Rillen (nicht gefurcht), glatt, meist einfach, 30—100 cm hoch. Scheiden eng anliegend und glänzend, 15—20 zähnig, mit pfriemlichen, schmalhäutig-berandeten, schwarzen Zähnen. Teiche, Sümpfe, Gräben. Mai, Juni. (E. limósum Willd.)

Teich-Sch., **E. Heleócharis Ehrh.**
b. Ähre bespitzt. Stgl. graugrün, sehr hart und rauh, überwinternd, einfach oder nur am Grunde ästig, 30—100 cm hoch. Scheiden eng anliegend, schwarz und weiß gebändert, ihre Zähne frühzeitig abfallend und nur einen gekerbten Rand zurücklassend. Sandige, schattige Abhänge und Wälder. Zerstreut. Juli, Aug.

Winter-Sch., **E. hiemále L.**

## 3. Klasse: **Lycopodiáles,** Bärlappe.

### 1. Fam.: **Lycopodiáceae,** Bärlappgewächse.

#### 1. **Lycopódium,** Bärlapp.

1. Sporenbehälter in den Achseln gewöhnlicher Laubbl., diese nicht zu einer Ähre vereinigt, Pfl. überwinternd, dunkelgrün. Stgl. aufsteigend, dick, gabelästig, mit gleichhohen Ästen, oft dichte Büschel bildend, 5—30 cm hoch. Bl. lineal-lanzettlich, abstehend. Juli—Okt. Schattige Wälder, an Baumstümpfen und Felsen.

Tannen-B., **L. Selágo L.**

# Lycopodiáceae

2. Sporenbehältertragende Bl. zu endständigen Ähren vereinigt, anders gestaltet als die Laubbl.
    a. Laubbl. spiralig angeordnet.
        aa. Stgl. bis über 1 m lang, weithin kriechend, reich verzweigt, spärlich wurzelnd. Fruchtbare Bl. kürzer als die unfruchtbaren.
            α. Ähren einzeln, sitzend. Bl. etwas locker gestellt, abstehend, lineal-lanzettlich, mit stechender Spitze, dunkel-grün. Aufrechte Äste bis 30 cm hoch. Schattige, etwas feuchte Wälder, zerstreut. Juli—Sept.

Sprossender B., **L. annotínum L.**   Fig. 14.

β. Ähren meist zu 2. Bl. pfriemenförmig, aufwärts gekrümmt, dicht anliegend, gelbgrün, in eine weißliche Haarspitze ausgehend. (Fig. 14.) Ährentragende Äste bis 20 cm hoch, im unteren Teile mit locker stehenden Hochblättern. Die Sporen liefern das „Hexenmehl". Trockene Wälder, Heiden. Nicht selten. Juli, Aug.

Keulen-B., **L. clavátum L.**

bb. Stgl. kurz, wenig verzweigt, mit zahlreichen Wz. dem Boden fest angeheftet, bis 10 cm lang. Unfruchtbare Bl. linealpfriemlich, abstehend, sehr dicht. Ähren einzeln an aufrechten, 2 bis 10 cm hohen Stgl., fruchtbare Bl. so lang oder länger als die unfruchtbaren. Auf sandigem Heide- und halbnacktem Torfboden, auch im Torfschlamm. Zerstreut. Juli bis Okt.

Sumpf-B., **L. inundátum L.**

b. Laubbl. den mehr oder weniger zusammengedrückten Zweigen angedrückt, 4 reihig gestellt. (Fig. 15.) Stgl. meist unterirdisch kriechend, bis über 1 m lang, zahlreiche, wiederholt gabelspaltige Äste treibend. Ähren zu 2—6 an 10—25 cm hohen Ästen, fruchtbare Bl. eiförmig, kurz. Trockene Nadelwälder, Heiden. Zerstreut.

Fig. 15.

Flacher B., **L. complanátum L.**

# B. Phanerógamae, Blütenpflanzen.

1. Unterabteilung: **Gymnospérmae,** Nacktsamer.

   1. Klasse: **Coniferae,** Nadelhölzer.

I. Bl. wechselständig (schraubig angeordnet), öfter an kurzen Seitenzweigen büschelig.
   A. Btn. 2 häusig. Männliche Btn. kugelig. Weibliche Btn. aus einer einzigen aufrechten nackten Samenanlage bestehend. Same

Taxáceae. Pináceae

bei der Reife von einem roten fleischigen Mantel napfförmig umgeben und so steinfruchtartig. (Fig. 16.) Taxáceae 7.
B. Btn. 1häusig. Männliche Btn. eiförmig oder walzlich. Weibliche Btn. ährig, aus schraubig angeordneten Fr.bl. bestehend, welche je 2 abwärts gerichtete Samenanlagen tragen. Fr. ein holziger Zapfen. Pináceae 7.

Fig. 16.

II. Bl. quirlig oder gegenständig. Männliche Btn. eiförmig oder walzlich. Weibliche Btn. aus quirligen oder gegenständigen Fr.bl. bestehend, welche die aufrechten Samenanlagen tragen. Fr. ein holziger oder beerenartiger Zapfen. Cupressáceae 8.

### 1. Fam.: **Taxáceae**, Eibengewächse.

#### 1. **Taxus**, Eibe.

Immergrüner Strauch oder bis 15 m hoher Baum. Bl. lineal, flach, spitz, oberseits glänzend dunkelgrün, unterseits matt hellgrün, 2-seitswendig, Samenmantel scharlachrot. Schattige Laub- und Nadelwälder. Sehr zerstreut. Zuweilen angepflanzt. März, April. Samen giftig, Samenmantel nicht. Bl. schädlich für die Pferde. W.

Beeren-E., **T. baccáta** L.

### 2. Fam.: **Pináceae**, Kieferngewächse.

I. Bl. zu 2 bis mehreren an Kurztrieben. Zapfen ganz herabfallend.
A. Bl. an den Kurztrieben zahlreich (büschelig), im Herbste abfallend. Zapfenschuppen flach. (Fig. 17.) Larix 7.
B. Bl. an den Kurztrieben zu 2—5, mehrjährig. Zapfenschuppen an der Spitze mit verdicktem, rhombischem Feld. (Fig. 18.) Pinus 7.

Fig. 17.   Fig. 18.

II. Bl. einzeln, mehrjährig.
A. Zapfen hängend, ganz abfallend. Nadeln vierkantig. Picea 8.
B. Zapfen aufrecht, mit bei der Reife sich ablösenden Schuppen. Nadeln flach. Abies 8.

#### 1. **Larix**, Lärche.

Bl. weich, hellgrün. Zapfen eiförmig, an den Kurztrieben aufrecht, im ersten Jahre reifend. 15—25 m. Als Wald- und Zierbaum häufig angepflanzt. In den Alpen und Voralpen einheimisch. April, Mai. W. Sommer-L., **L. decídua** Mill.

#### 2. **Pinus**, Kiefer, Föhre.

1. Bl. an den Kurztrieben zu 2.
   a. Bl. 4—7 cm lang, bläulichgrün. Zapfen deutlich gestielt, nach der Blütezeit hakenförmig herabgebogen, im zweiten Jahre

8  Cupressáceae

reifend, reif ei-kegelförmig, bis 7 cm lang. Bis 40 m hoch, zuletzt mit schirmförmiger Krone, Rinde oberwärts rötlich. Vorherrschender Waldbaum besonders in Mittel- und Ostdeutschland auf sandigem Boden. Mai, Juni. W. (Schwefelregen!)
  Gemeine K., **P. silvéstris L.**
b. Bl. kürzer, 2—5 cm lang, dunkelgrün. Zapfen sitzend oder sehr kurz gestielt, schief abstehend, klein, eiförmig oder fast rundlich. Entweder bis 10 m hoher Baum mit schlanker, kegelförmiger Krone (Spirke) oder häufiger niederliegend mit bogenförmig aufsteigenden Ästen (Krummholz), Rinde schwärzlich. Hauptsächlich im Gebirge und der süddeutschen Hochebene, auch zur Dünenbefestigung angepflanzt. Juni, Juli. W.
  Bergkiefer, Legföhre, **P. montána Mill.**
2. Bl. zu 5 an den Kurztrieben, dünn und schlaff, 6—10 cm lang. Zapfen walzlich-spindelförmig, spitz, bis 15 cm lang. Als Wald- und Zierbaum nicht selten angepflanzt. Aus Nordamerika. Mai. W.
  Weymouths-K., **P. Strobus L.**

### 3. Pícea, Fichte.

Bl. einzeln, vierkantig, nach oben und den Seiten gerichtet, spitz, beiderseits grün, 5—7 Jahre dauernd. Zapfen walzlich, an der Spitze der Zweige hängend.[1]) Gipfel auch im Alter zugespitzt. Weibliche Btn. etwas vor den männlichen, junge Fichten haben nur weibliche. Allein oder mit Tannen gemischt ansehnliche Wälder bildend, bes. im Gebirge. Mai. W. Schwefelregen.
  Gemeine F., Rottanne, **P. excélsa Link.**

### 4. Abies, Tanne.

Bl. an den Seitenzweigen kammförmig, 2 zeilig, an der Spitze ausgerandet, unterseits mit 2 weißlichen Längsstreifen, 8—11 Jahre dauernd. Zapfen walzlich, aufrecht, im ersten Jahre reifend wie bei der Fichte. Rinde glatt, weißgrau. Mit Fichten oder Buchen gemischt, selten allein in Gebirgsgegenden Wälder bildend. Mai. W.
  Edel-T., Weiß-T., **A. alba Mill.**

### 3. Fam.: Cupressáceae, Zypressengewächse.

I. Bl. schuppenförmig, kreuzweise gegenständig. Btn. 1—2 häusig. Fr. ein holziger Zapfen. (Fig. 19.) Thuja 9.
II. Bl. nadelförmig, in 3 zähligen Quirlen. Btn. 2 häusig. Fr. ein geschlossen bleibender, beerenartiger Zapfen, aus 3 verwachsenen, fleischigen Fruchtschuppen gebildet. (Fig. 20.)
  Juníperus 9.

Fig. 19.   Fig. 20.

---

1) Die zapfenähnlichen, vielkammerigen Gebilde (Gallen) an den Zweigen junger Bäume werden von einer Blattlaus (Chermes) hervorgebracht.

Monocotyledonéae 9

## 1. Thuja, Lebensbaum.

1. Äste senkrecht verzweigt. Bl. sämtlich auf dem Rücken mit einer Längsfurche. (Fig. 19.) Zapfen kugelig-eiförmig oder eiförmig, 12—18 mm lang, Fruchtschuppen 6—8, bläulich bereift, unter der Spitze mit einem rückwärts gekrümmten Anhängsel. Samen ungeflügelt. 3—7 m. Häufig angepflanzt. Aus China. April, Mai. W.
Morgenländischer L., **T. orientális L.**
2. Äste wagerecht verzweigt. Bl. zum Teil auf dem Rücken mit einem Drüsenhöcker. Zapfen länglich, 8—12 mm lang. Fruchtschuppen 10—12, ohne Anhängsel, die unteren an der Spitze abstehend. Samen ringsum geflügelt. 5—15 m. Angepflanzt. Aus Nordamerika. April, Mai. W. Abendländischer L., **T. occidentális L.**

## 2. Juníperus, Wacholder.

Strauch, seltener baumartig, 1—3 m hoch. Bl. weit-abstehend, gerade pfriemenförmig, stechend. Beerenzapfen (erst im zweiten Jahre reifend) schwarz, blau bereift. (Fig. 20.) Trockene Wälder und Heiden. Häufig. April, Mai. W.
Gemeiner W., Machandel, Kaddig, **J. commúnis L.**

## 2. Unterabteilung: **Angiospérmae,** Decksamer.

### 1. Klasse: **Monocotyledonéae,** Streifenblättler.

I. Btn.hülle fehlend oder schuppen- bis borstenförmig.
A. Schwimmende oder flutende Wasserpfl.
 1. Stgl. blattartig, ohne Bl. Btn. am Rande des Stgl. aus einer Spalte hervortretend, 1 häusig. Kleine, schwimmende Pfl. Lemnáceae 41.
 2. Stgl. beblättert. Btn. in Ähren oder einzeln, zwitterig, 1- oder 2 häusig. Staubbl. 1—4. Fr.kn. 1—4. (Fig. 21.) Im Wasser flutende Pfl. Potamogetonáceae 12.

Fig. 21.

B. Land- oder Sumpfpfl.
 1. Btn. in dicken, walzenförmigen Ähren (Kolben) oder kugeligen Köpfen.
  a. Bl. herz- oder pfeilförmig. Kolben von einem großen, bleibenden Hüllbl. umgeben, walzenförmig. (Fig. 22.) Btn. 1 häusig oder zwitterig.
Aráceae 40.
  b. Bl. lineal, grasartig. Hüllbl. klein, abfällig oder fehlend.
   aa. Btn. in walzenförmigen Kolben, die weiblichen unter den männlichen. Btn.hülle aus Haaren bestehend (Fig. 23). Typháceae 11.

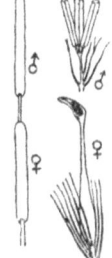

Fig. 22.   Fig. 23.

bb. Btn. in kugeligen Köpfen, die weiblichen unter den
männlichen. (Fig. 35.) Btn.hülle aus 3 zarten Schuppen gebildet. (Fig. 24.)
Sparganiáceae 11.
2. Btn. in den Achseln meist kahnför-
miger Deckbl. (Spelzen), zu Ährchen
vereinigt, welche meist wieder ver-
schiedenartig angeordnet sind. Staubbl.
meist 3. Narben 2 oder 3.

Fig. 24.    Fig. 25.

a. Jede Bte. von 2 Spelzen einge-
schlossen. Btn.hülle durch 2 zarte Schüppchen angedeutet.
(Fig. 25.) Stgl. knotig gegliedert, hohl. Bl.-
scheiden meist gespalten. Gramíneae 14.
b. Jede Bte. nur mit 1 Spelze versehen. Btn.-
hülle schlauchförmig (Fig. 26), aus Borsten gebildet oder ganz fehlend. Stgl. knotenlos, nicht hohl. Bl.scheiden geschlossen.
Cyperáceae 31.

Fig. 26.

II. Btn.hülle vorhanden, einfach (kelch- oder
kronartig) oder doppelt (in K. und Kr. geschieden).
A. Fr. kn. unterständig.
1. Schwimmende oder flutende Wasserpfl. Btn.
eingeschlechtig. Staubbl. 3—12. Narben 3
oder 6, meist 2spaltig. (Fig. 27.) Fr. beerenartig. Hydrocharitáceae 14.
2. Land- oder Sumpfpfl.
a. Btn.hülle unregelmäßig, 2 lippig.(Fig.28.)
Staubbl. 1 oder 2, mit dem Griffel
verwachsen. Pfl. zuweilen ohne grüne
Laubbl. Orchidáceae 53.
b. Btn.hülle regelmäßig oder ziemlich regelmäßig.
Staubbl. 3 oder 6.
aa. Staubbl. 3. Staubbeutel ausw. aufspringend. Narben 3, verbreitert (Fig. 29 b), zuweilen blütenblattartig. Iridáceae 52.
bb. Staubbl. 6. Staubbeutel einwärts aufspringend. Narbe einfach oder 3lappig.
Amaryllidáceae 51.
Vgl. auch Cólchicum 46.

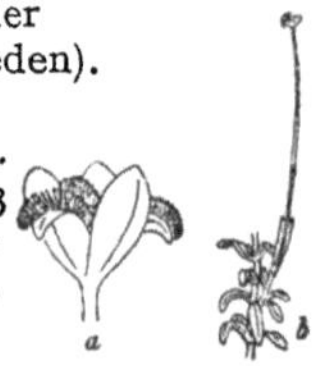

Fig. 27.

Fig. 28.

B. Fr. kn. oberständig. | und Krone geschieden.
1. Btn.hülle ein Perigon, d. h. nicht in Kelch
a. Blt.hülle kronartig. Staubbl. 6. (Fig. 31),
seltener 4 oder 8. Fr. eine 3 fächerige Kapsel
oder Beere. Liliáceae 44.
b. Btn.hülle kelchartig, unscheinbar.
aa. Btn.hülle trockenhäutig. Fr. kn. 1.
Griffel 1, mit 3 Narben.
Kapsel 1fächerig und
3samig oder 3fächerig
und mehrsamig. (Fig. 30.)
Juncáceae 41.

Fig. 29.

Fig. 30.    Fig. 31.

Typháceae. Sparganiáceae 11

bb. Btn.hülle krautig oder dünnhäutig, meist grünlich.
   α. Btn. in Trauben. Fr.kn. 3—6, mehr
     oder weniger verwachsen,
     jeder mit einer sitzenden
     Narbe. (Fig.32.) Staubbl. 6.
     Bl. binsenartig.
                 Juncagináceae 13.
   β. Btn. in (scheinbar) seiten-
     ständigen Kolben. (Fig.33.)
     Btn.hülle 6 blättrig, häutig.
     Bl. schwertförmig. Sumpfpfl.
              Acorus 40.    Fig. 32.     Fig. 33.

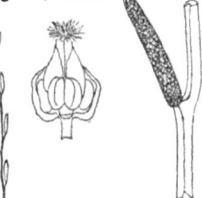

2. Btn.hülle, in 3 K.- und 3 Kr.-bl.
   geschieden.
   a. Fr.kn. zahlreich, jeder mit einem Griffel oder
     einer Narbe. Staubbl. 6 oder zahlreich. Btn.
     zwitterig oder 1 häusig.      Alismatáceae 13.
   b. Fr.kn. 6. Staubbl. 9. Btn. zwitterig. (Fig. 34.)   Fig. 34.
     Btn.stand doldig.                 Butomáceae 13.
   c. Fr.kn. 1, s. Hydrocharitáceae unter A, 1.

## 1. Fam.: **Typháceae**, Rohrkolbengewächse.

### 1. **Typha**, Rohrkolben.

1. Bl. breit-lineal (1—2 cm breit), flach, blaugrün. Weiblicher Kolben dicht unter dem männlichen stehend. Narbe rautenförmig-lanzettlich, schwarzbraun. 1,5—2,5 m. Sümpfe, Ufer von Flüssen, Teichen und Seen. In der Ebene und im Hügelland verbreitet und oft bestandbildend. Juni, Juli. pg. W.
                  Breitblättriger R., **T. latifólia L.**
2. Bl. schmal-lineal (4—10 mm breit), am Grunde etwas rinnig. Männlicher Kolben von dem weiblichen meist etwas (2—4 cm) entfernt. (Fig. 23.) Narben fädlich, rotbraun. 1—3 m. Vorkommen wie vorige. Zerstreut. Juni, Juli. pg. W.
                 Schmalblättriger R., **T. angustifólia L.**

## 2. Fam.: **Sparganiáceae**, Igelkolbengewächse.

### 1. **Spargánium**, Igelkolben.

1. Btn.stand ästig, rispig. Bl. steif-aufrecht. Fr. sitzend, verkehrt-kegel- od. pyramidenförmig, am oberen Ende scharfkantig abgestutzt und kurz geschnäbelt, unterwärts lückenlos zusammenschließend. 30—60 cm. (Fig. 35.) Sümpfe, stehende und langsam fließende Gewässer. Häufig. Juni—Aug. pg. W.
            Ästiger I., **Sp. ramósum Huds.**
2. Btn.stand einfach, ährig oder traubig. Bl. über der meist sehr weiten (getrocknet strohartigen) Scheide deutlich verschmälert, im oberen

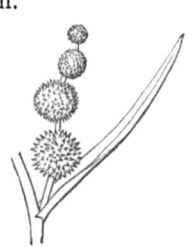

Fig. 35.

Drittel verbreitert, allmählich stumpf zugespitzt. Fr. gestielt, schmal kegelförmig, lang geschnäbelt. 25—50 cm. Gräben, Ufer, Sümpfe. Häufig. Juni, Juli. pg. W.
Einfacher I., **Sp. simplex Huds.**

3. Fam.: **Potamogetonáceae**, Laichkrautgewächse.

1. **Potamogéton**, Laichkraut.
1. Bl. elliptisch bis lanzettlich (wenigstens die oberen nie lineal).
   a. Bl. lang gestielt, schwimmend, elliptisch oder länglich, am Grunde meist schwach herzförmig, derb, lederartig, oft etwas bräunlich, bis 12 cm lang und 5 cm breit, die untergetauchten zur Blütezeit bereits verwest. Ähren bis 8 cm lang, mit gleich dicken Stielen, reichlich blühend. Stgl. bis über 1 m lang. Teiche, Seen, Gräben. Häufig. Juni—Aug. pg., auch kleistg. W.
   Schwimmendes L., **P. natans L.**
   b. Bl. sitzend oder kurz gestielt, meist alle untergetaucht, ziemlich dünn bis durchscheinend häutig.
      aa. Stgl. zusammengedrückt-4kantig, oft rötlich überlaufen, verzweigt, 30—100 cm lang. Bl. mit abgerundetem Grunde sitzend, länglich-lineal, am Rande wellig-kraus. Ährenstiele gleichdick. Ähren armblütig. Stehende und langsam fließende Gewässer. Verbreitet. Juni—Sept. pg. W. (Winterknospen aus den knollig anschwellenden Zweigenden).
      Krauses L., **P. crispus L.**
      bb. Stgl. stielrund. Bl. nicht wellig.
         α. Bl. am Grunde tief-herzförmig und stengelumfassend, rundlich- bis länglich-eiförmig, am Rande gezähnelt-rauh. Ährenstiele gleichdick, bis 5 cm lang. Ähren kurz, dichtblütig. Stgl. bis 6 m lang, meist stark verzweigt. Gräben, Flüsse. Zerstreut. Juli, Aug. pg. W. (Winterknospen!)
         Durchwachsenes L., **P. perfoliátus L.**
         β. Bl. nicht umfassend, in dem kurzen Bl.stiel verschmälert, sehr groß, lanzettlich, stachelspitzig, am Rande fein gesägt, lebhaft grün, glänzend. Ährenstiele oberwärts verdickt. Ähren lang, reichblütig. Stgl. bis über 3 m lang. Stehende und fließende Gewässer. Nicht selten. Juni bis Aug. pg. W.
         Spiegelndes L., **P. lucens L.**
2. Bl. schmal-lineal (grasartig) bis borstlich-fadenförmig, untergetaucht. Ährenstiele dünn.
   a. Bl. am Grunde mit grüner, den Stgl. meist eng umfassender Scheide, mit deutlichen Quernerven. Stgl. bis 3 m lang, meist sehr ästig. Fr. fast halbkugelig, am Rücken gekielt. Flüsse, Gräben, Seen. Zerstreut. Juni—Aug., pg., auch kleistg. W. Kammförmiges L., **P. pectinátus L.**
   b. Bl. am Grunde ohne Scheide, mit undeutlichen Quernerven. Stgl. bis 75 cm lang, weitläufig-ästig. Fr. schief-elliptisch, stumpf gekielt (Fig. 36). Gräben. Verbreitet. Juni—Sept. pg., auch kleistg. W.
   Kleines L., **P. pusillus L.** Fig. 36.

Juncagináceae. Alismatáceae. Butomáceae 13

## 4. Fam.: **Juncagináceae**, Dreizackgewächse.

### 1. **Triglóchin**, Dreizack.

Bl. grundständig, halbstielrund, am Grunde scheidig. Btn. in lockerer Traube. Btn.stiele angedrückt. Fr. lineal-keulenförmig, aus 3 Früchtchen bestehend. (Fig. 32.) Btn.hülle gelblich-grün, am Rande weißlich, oberwärts öfter violett, abfallend. 15—45 cm. Sumpfige Wiesen, Ufer. Zerstreut. Juni—Aug. pg. W.
Sumpf-D., **T. palústris L.**

## 5. Fam.: **Alismatáceae**, Froschlöffelgewächse.

Fig. 37. Fig. 38.

I. Btn. 1 häusig, die männlichen über den weiblichen. Staubbl. zahlreich. Bl. tief-pfeilförmig. (Fig. 37.)
Sagittária 12.
II. Btn. zwitterig. Staubbl. meist 6. Bl. eiförmig bis lanzettlich. (Fig. 38.)
Alísma 12.

### 1. **Sagittária**, Pfeilkraut.

Bl. grundständig, lang gestielt, meist tiefpfeilförmig, die untergetauchten riemenförmig, flutend. Bl.stiele wie der Stgl. 3 kantig. Btn. in 3 blütigen Quirlen, traubig. (Fig. 37.) Kr. weiß, mit purpurnem Nagel. 30—80 cm. Stehende und langsam fließende Gewässer der Ebene. Ziemlich verbreitet. Juni—Aug. pg. Dt.
Gemeines Pf., **S. sagittifólia L.**

### 2. **Alísma**, Froschlöffel.

Bl. grundständig, lang gestielt, eiförmig bis lanzettlich, am Grunde abgerundet oder schwach-herzförmig. Btn. in quirlästiger Rispe. Fr. stumpflich, im Kreise stehend. (Fig. 38.) Kr. weiß oder rötlich, am Nagel gelb. 15—70 cm. Teiche, Sümpfe, Gräben. Gemein. Juni bis Aug. hg. Ds. Gemeiner F., **A. Plantágo L.**

## 6. Fam.: **Butomáceae**, Wasserlieschgewächse.

### 1. **Bútomus**, Wasserliesch, Schwanenblume.

Bl. grundständig, lang-lineal, 3 kantig, steif-aufrecht. Btn. eine endständige Scheindolde bildend. (Fig. 34.) K. und Kr. rötlich-weiß, dunkler geadert. 50—150 cm. Stehende und langsam fließende Gewässer der Ebene. Nicht selten. Juni—Aug. Meist pa. D. und Hb.
Doldiger W., **B. umbellátus L.**

## 7. Fam.: **Hydrocharitáceae**, Froschbißgewächse.

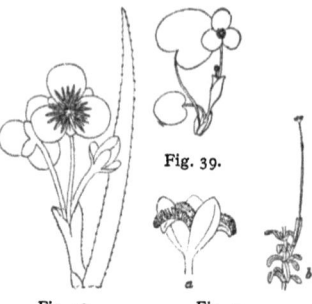

Fig. 39. Fig. 40. Fig. 41.

I. Bl. schwimmend, rundlich-nierenförmig. Staubbl. 12 (meist nur 9 mit Staubbeuteln). Narben 6. (Fig. 39.)
Hydrócharis 14.
II. Bl. untergetaucht, lineal bis lineal-lanzettlich.
 A. Bl. groß, in dichter Rosette Staubbl. zahlreich. Narben 6. (Fig. 40.)
Stratiótes 14.
 B. Bl. klein, meist zu 3 quirlständig. Staubbl. 3 bis 9. Narben 3. (Fig. 41.)
Elodéa 14.

### 1. **Stratiótes**, Krebsschere.

Bl. breit-lineal, zugespitzt, am Grunde etwas rinnig, dornig-gezähnt, dunkelgrün, steif. Btn. groß, weiß, über den Wasserspiegel hervorragend, 2 häusig, die männlichen gestielt, die weiblichen fast sitzend. 15—45 cm. (Fig. 40.) Stehende Gewässer, besonders in Norddeutschland. Zerstreut. Juni—Aug. Ds. Die schwimmenden Stöcke überwintern auf dem Grunde der Gewässer.
Aloëblättrige K., **St. aloídes L.**

### 2. **Hydrócharis**, Froschbiß.

Bl. rundlich-nierenförmig, lederig, mit 2 großen häutigen Nebenbl. (Fig. 39.) Btn. weiß, 2 häusig, die männlichen größer als die weiblichen, 15—30 cm. Vermehrung durch Ausläufer, an denen neue Rosetten entstehen. Stehende und langsam fließende Gewässer. Zerstreut. Juli, Aug. Hb. (Winterknospen!) Gemeiner F., **H. Morsus ranae L.**

### 3. **Elodéa**, Wasserpest.

Stgl. verzweigt. Bl. länglich- bis lineal-lanzettlich, kleingesägt. Btn. bei uns bisher nur weiblich, klein, rötlich, mit langer, fadenförmiger Kelchröhre. (Fig. 41.) Stgl. bis 3 m lang. In Flüssen, Kanälen, Gräben, seit 1860 in Deutschland eingebürgert. Aus Nordamerika. Juni bis Aug. hg. (Vermehrung durch abgerissene Ästchen und Knospen, Verbreitung durch Wasservögel.)
Kanadische W., **E. canadénsis Michx.**

## 8. Fam.: **Gramíneae**, Gräser, Süßgräser.[1]

I. Ährchen sitzend oder auf sehr kurzen, einfachen Stielen, eine einfache endständige Ähre oder mehrere fingerartig, traubig oder rispig zusammengestellte Ähren bildend. **Ährengräser.**

---

[1] Windblütler, meist pa.

Gramíneae 15

A. Ährchen in dicker, seitenständiger Ähre (Kolben) und zugleich in endständiger, ähriger Rispe auf derselben Pfl. Ährchen der Rispe 2 blütig, männlich. Ährchen der Ähre 1 blütig, weiblich. Griffel sehr lang. Riesiges Gras. Zea 19.
B. Ährchen mehrere fingerartig oder traubig zusammengestellte Ähren bildend, zu 2, das eine gestielt, das andere sitzend, 1 blütig, mit 3 Hüllspelzen.
  1. Ährchen zottig-behaart, begrannt. Hüllspelzen fast gleichgroß. Das gestielte Ährchen männlich. (Fig. 42.) Ährenachse gegliedert. Ähren fingerartig angeordnet.
    Andropógon 19.
  2. Ährchen kahl oder nur kurzhaarig, grannenlos. Hüllspelzen 3, die unterste sehr kurz, oft ganz verkümmert. (Fig. 43.) Ährenachse ungegliedert. Ähren fingerartig bis traubig angeordnet. Pánicum 20.

Fig. 42.   Fig. 43.

C. Ährchen eine einzige endständige Ähre bildend.
  1. Ährchen zu 2—4 nebeneinander den Ausschnitten der Spindel eingefügt.
    a. Ährchen 2—mehrblütig, zu 2—4, alle zwitterig. (Fig. 44.) Deckspelze meist lang begrannt. Bl. starr, oft zusammengerollt. Elymus 31.
    b. Ährchen 1 blütig, zu 3, die beiden seitlichen oft männlich oder geschlechtslos. (Fig. 45.) Deckspelze unbegrannt. Bl. flach, weich.

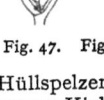

Fig. 44.   Fig. 45.

    Hórdeum 30.
  2. Ährchen einzeln den Ausschnitten der Spindel eingefügt.
    a. Ährchen 1 blütig, lineal-pfriemlich. Hüllspelzen fehlend. Narbe 1. (Fig. 46.) Ähre einseitswendig, locker. Nardus 29.
    b. Ährchen 2—mehrblütig.
      aa. Ährchen mit der schmalen Seite der Spindel zugewendet, das endständige mit 2, die übrigen nur mit 1 Hüllspelze. (Fig. 47.) Lólium 29.
      bb. Ährchen mit der breiten Seite der Spindel zugewendet, alle mit 2 Hüllspelzen.

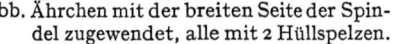

Fig. 47.   Fig. 46.

        α. Ährchen kurz gestielt, vielblütig. Hüllspelzen ungleich. Untere Spelze begrannt obere am Kiel steifkammförmig-gewimpert. Brachypódium 29.
        β. Ährchen sitzend.
          αα. Hüllspelzen pfriemlich. Ährchen 2 blütig, meist mit einem fädlichen Ansatz zu einer 3. Bte. (Fig. 48.) Secále 29.
          ββ. Hüllspelzen eiförmig oder lanzettlich. Ährchen 3- bis 5 blütig. (Fig. 49.)

Fig. 48.   Fig. 49.

            Tríticum 30.

Gramineae

II. Ährchen kurz gestielt, zu je mehreren an gemeinsamen, kurzen, verästelten Stielen[1]), insgesamt in endständiger, ährenförmig zusammengezogener Rispe oder Scheinähre. **Ährenrispengräser.**
A. Ährchen 1 blütig, oft mit einem Ansatz zu 1 oberen oder 2 unteren Btn.
  1. Ährchen von langen, an ihrem Grunde stehenden Borsten überragt, vom Rücken her zusammengedrückt, grannenlos. Hüllspelzen 3, sehr ungleich. (Fig. 50.)     **Setária 20.**
  2. Ährchen ohne Borsten, von der Seite her zusammengedrückt.

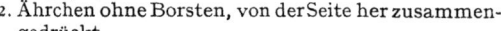

Fig. 50.

    a. Staubbl. 2. Hüllspelzen 4, die 2 unteren sehr ungleich (die unterste etwa halb so lang wie die zweite), die 2 oberen am Rücken begrannt. (Fig. 51.)
                      **Anthoxánthum 21.**
    b. Staubbl. 3. Hüllspelzen 2.
      aa. Btn. am Grunde von Haaren umgeben, die nicht länger als die Spelzen sind. Spelzen unbegrannt. Ährchenachse über die Bt. hinaus verlängert und an der Spitze pinselig behaart. (Fig. 52.)

Fig. 51.      Fig. 52.

                  **Ammophíla 23.**
      bb. Btn. am Grunde ohne Haare.
        α. Hüllspelzen am Grunde nicht verwachsen. Spelzen 2, grannenlos, kürzer als die Hüllspelzen. (Fig. 53.) **Phléum 21.**

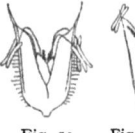

Fig. 53.      Fig. 54.

        β. Hüllspelzen am Grunde verwachsen. Gewöhnlich nur eine große, hautartige, schlauchförmige, auf dem Rücken begrannte Spelze. (Fig. 54.)
                    **Alopecúrus 21.**
B. Ährchen 2—vielblütig.
  1. Ährenrispe einseitig. Jedes Ährchen am Grunde von einer kammförmig-gefiederten Hülle (einem unfruchtbaren Ährchen) gestützt. (Fig. 55.)   **Cynosúrus 26.**
  2. Ährenrispe allseitig.
    a. Hüllspelzen kürzer als das Ährchen. Obere Spelze am Rande steif-kammförmig-gewimpert.

Fig 55.

                  **Brachypódium 29.**
    b. Hüllspelzen so lang oder fast so lang wie das Ährchen.
      aa. Narben fadenförmig, an der Spitze hervortretend. Untere Spelze an der Spitze stachelspitzig, 3—5 zähnig. (Fig. 56.) Scheinähre meist bläulich.   **Seslería 24.**

Fig. 56.

---

[1]) Die Stiele der Ährchen werden oft erst beim Umbiegen der Scheinähre sichtbar.

Gramíneae

bb. Narben federig, an der Seite der Bte. hervortretend. Untere Spelze an der ungeteilten oder ausgerandeten Spitze stachelspitzig oder begrannt, am Rücken kurz gewimpert. Koeléria 25.

III. **Ährchen lang gestielt, oder wenn kurz gestielt, dann ihre Stiele an längeren Ästen und Zweigen, eine mehr oder minder offene Rispe bildend.** Rispengräser.

A. Ährchen 1blütig, oft mit einem Ansatz zu einer zweiten Bte.
   1. Btn. mit weit hervortretender Granne (Granne etwa 3 mal so lang als das Ährchen, unter der Spitze entspringend). Hüllspelzen ungleich. (Fig. 56.) Apéra 22.
   2. Btn. grannenlos oder mit kurzer (höchstens 6 mm weit hervorragender) Granne.
      a. Ährchen von der Seite zusammengedrückt (Hüllspelzen daher mit deutlichem Kiel).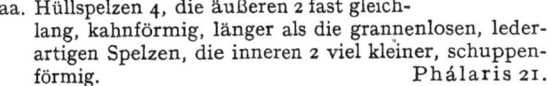

Fig. 57.

   aa. Hüllspelzen 4, die äußeren 2 fast gleichlang, kahnförmig, länger als die grannenlosen, lederartigen Spelzen, die inneren 2 viel kleiner, schuppenförmig. Phálaris 21.
   bb. Hüllspelzen 2.
      α. Ährchenachse am Grunde der Btn. mit Haaren besetzt, die länger als die Spelzen breit sind. Hüllspelzen kaum länger als die Spelzen. (Fig. 58.) Calamagróstis 22.
      β. Ährenachse kahl oder nur am Grunde der Btn. mit sehr kurzen Haaren. Hüllspelzen länger als die Spelzen. (Fig. 59.) Rispe locker. Ährchen sehr klein.

Fig. 58.

Agróstis 22.

   b. Ährchen vom Rücken her zusammengedrückt oder stielrund (Hüllspelzen daher flach oder gewölbt).
      aa. Rispe zusammengezogen, vielfach verästelt, überhängend. Hüllspelzen 3, die unterste sehr kurz. (Fig. 43.) Bl.scheiden rauhhaarig. Gebautes Gras. Pánicum 20.

Fig. 59.

      bb. Rispe weitschweifig, mit fast wagerecht-abstehenden Ästen. Hüllspelzen 2. Bl.scheiden kahl. Hohes Waldgras. (Fig. 60.) Mílium 21.
      cc. Rispe oder Traube schlaff, einseitswendig, aus nur etwa 4—8 Ährchen bestehend. Hüllspelzen 2. (Fig. 61.) Bl.scheiden kahl. Waldgras. Mélica 25.

Fig. 61.   Fig. 60.

Gramineae

B. **Ährchen 2—vielblütig**, sämtlich zwitterig, selten die untersten geschlechtslos oder männlich, die obersten oft verkümmert.
1. Hüllspelzen, wenigstens die längeren, so lang oder fast so lang wie das ganze Ährchen.
    a. Btn. grannenlos. Hüllspelzen eiförmig od. elliptisch.
        aa. Ährchen 3—5blütig. Btn. zwitterig. Hüllspelzen krautig-lederig, fast gleichlang. Untere Spelze an der Spitze 2 zähnig, zwischen den Zähnen stachelspitzig, oder 3 zähnig. (Fig. 62.)
        Triódia 25.
        bb. Ährchen (1—) 2 blütig, mit einem keulenförmigen Ansatz zu einer oberen Bte. (Fig. 62.) Hüllspelzen häutig, ungleich. Untere Spelze ganzrandig, stumpf, gewölbt. Mélica 25.

Fig. 62.

    b. Btn. (alle oder zum Teil) begrannt. Granne oft kaum hervortretend.
        aa. Ährchen 2- bis mehrblütig, groß oder mittelgroß. Untere Spelze an der Spitze 2spaltig oder 2 zähnig, meist mit langer, geknieter, am Grunde meist gedrehter Rückengranne. (Fig. 63.) Avéna 23.
        bb. Ährchen 2 blütig, klein oder sehr klein.
            α. Nur die untere Bte. zwitterig, grannenlos, die obere männlich, unter der Spitze mit oft kaum hervortretender Granne. (Fig. 64.) Holcus 23.
            β. Beide Btn. des 2 blütigen Ährchens zwitterig.

Fig. 63.

Fig. 64.

                αα. Untere Spelze 2 spitzig oder an der Spitze 4 zähnig, mit grund- oder rückenständiger, zuweilen schwach gedrehter und geknieter Granne. (Fig. 65.)
                Aíra 23.
                ββ. Untere Spelze spitz, an der Spitze ganzrandig, mit grundständiger, in der Mitte geknieter, oberwärts keuliger Granne. (Fig. 66.) Corynéphorus 23.

Fig. 65.

2. Hüllspelzen kürzer als die zunächststehenden Btn.
    a. Narben gefärbt, purpurn.
        aa. Ährenachse mit langen, später hervorwachsenden Haaren besetzt. Ährchen meist 5 (4- bis 7) blütig. Narben unter der Spitze der Btn. hervortretend. (Fig. 67.) Riesiges Gras. Phragmítes 25.
        bb. Ährenachse mit kurzen Haaren besetzt. Ährchen meist 3 (2- bis 5) blütig. Narben am Grunde der Btn. hervortretend. (Fig. 68.) Kleineres, schlankes Gras.
        Molínia 25.

Fig. 66.

Fig. 67.     Fig. 68.

Gramíneae 19

b. Narben ungefärbt, weiß.
  aa. Untere Spelzen auf dem Rücken gekielt.
    α. Untere Spelze an der Spitze stachelspitzig oder begrannt. (Fig. 69.) Ährchen 3- oder 4 blütig, in knäuelartig-gelappter, meist einseitswendiger Rispe. Dáctylis 26.
    β. Untere Spelze weder stachelspitzig noch begrannt. Ährchen in ausgebreiteter Rispe, nicht geknäuelt. Btn. am Grunde oft durch Wollhaare verbunden. (Fig.70.) Poa 26.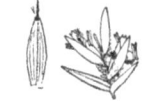
    Fig. 69.   Fig. 70.
    Vgl. auch Koeléria 24.
  bb. Untere Spelzen auf dem Rücken abgerundet.
    α. Spelzen grannenlos, stumpf.
      aa. Ährchen rundlich-herzförmig, nikkend oder hängend. Hüllspelzen fast gleich. (Fig. 71.) Wiesengras.
      Fig. 71.
      Briza 25.
      ββ. Ährchen lineal oder länglich. Hüllspelzen sehr ungleich. Untere Spelze 5—7 nervig. (Fig. 72.) Bl.scheiden geschlossen. Wassergras.   Glycéria 27.
    β. Spelzen begrannt oder zugespitzt. Btn. eiförmig-lanzettlich bis lanzettlich-pfriemlich.   Fig. 72.
      aa. Rispenäste einseitswendig. Narben auf dem Gipfel des Fr.kn. sitzend. Obere Spelze an den Kielen anliegend-feingewimpert. Bl.scheiden meist bis zum Knoten offen. (Fig. 73.) Festúca 27.
      ββ. Rispenäste 2 seitswendig. Narben unterhalb des Gipfels dem Fr.kn. eingefügt. (Fig. 74.)

      Fig. 73.   Fig. 74.
      Obere Spelze an den Kielen meist steif kammförmig-gewimpert. Bl.scheiden am Grunde geschlossen.   Bromus 28

1. **Zea,** Mais.

Stgl. mit Mark erfüllt. Bl. über 5 cm breit. Rispe ausgebreitet. Kolben in den Achseln der mittleren Stgl. bl.,von zahlreichen Bl.scheiden umhüllt. Fr. meist gelb. In wärmeren Gegenden als Körnerfrucht, sonst als Futterpfl. gebaut. Aus Mittelamerika. ⊙ Juni—Aug. Gemeiner M., Welschkorn, türkischer Weizen, **Z. Mays L.**

2. **Andropógon,** Bartgras.

Bl. schmal, rinnig, graugrün. Ähren zu 2—6 fingerartig zusammengestellt. Ährchen hellviolett, zu 2, das untere zwitterig und zottig, be-

2*

Gramíneae

grannt, das obere männlich, kahl, unbegrannt. (Fig. 42.) Trockene Grastriften. Zerstreut in Mittel- und Süddeutschland. Juli—Sept.
Finger-B., **A. Ischáemum L.**

### 3. **Pánicum**, Hirse.

1. Ährchen in fingerartig genäherten Scheinähren, grannenlos.
    a. Stgl. geknickt aufsteigend. Bl.scheiden und Bl. mehr oder weniger behaart. Scheinähren meist zu 5. Ährchen länglich-lanzettlich spitz, meist violett überlaufen. Sandige Äcker, an Wegen. Nicht selten. ⊙ Juli—Okt. Blut-H., **P. sanguinále L.**
    b. Stgl. meist niederliegend. Bl.scheiden und Bl. kahl. Scheinähren meist zu 3. Ährchen elliptisch-eiförmig-stumpf. Äcker, Sandwege. Meist nicht selten. ⊙ Juli—Okt.
    Faden-H., **P. lineáre Krock.**
2. Ährchenstand wenigstens in den untersten Verästelungen rispig.
    a. Ährchen kurz gestielt, in einseitswendigen, rispig zusammengestellten Scheinähren. Oberste Hüllspelzen begrannt oder stachelspitzig. Stgl. aufsteigend oder aufrecht, nebst den Scheiden glatt und kahl. Bl. kahl. Feuchte Äcker, Gartenland. Verbreitet. ⊙ Juli—Okt. Hühner-H., **P. Crus galli L.**
    b. Ährchen lang gestielt, in großer, zusammengesetzter, zuletzt lockerer Rispe mit überhängenden Ästen. Hüllspelzen zugespitzt. (Fig. 43.) Stgl. aufrecht, am Grunde nebst den Scheiden und Bl. rauhhaarig. Früher (schon in vorgeschichtlicher Zeit) häufiger, jetzt seltener gebaut und auf Schutt bisweilen verwildert. Aus Asien. ⊙ Juli—Aug. hg. Echte H., **P. miliáceum L.**

### 4. **Setária**, Fennich, Borstenhirse.

A. Borsten durch rückwärts gerichtete Zähnchen (also beim Aufwärtsstreichen) rauh. (Fig. 50.) Scheinähre schmal-walzenförmig, am Grunde oft unterbrochen. Spelzen ziemlich glatt. Bl. hellgrün, sehr rauh. Äcker und Gartenland. Ziemlich zerstreut. ⊙ Juli, Aug. Die Btn. stäuben von 9—10$^h$ Vm.
Quirliger F., **S. verticilláta P. B.**
B. Borsten durch vorwärts gerichtete Zähnchen (also beim Abwärtsstreichen) rauh.
    1. Pfl. grasgrün. Spelzen ziemlich glatt.
        a. Stgl. knickig aufsteigend, dünn, Ährenrispe kaum 1 cm breit, dicht, nicht unterbrochen. Borsten grün, viel länger als die Ährchen. Äcker, Gartenland. Hfg. ⊙ Juli—Sept.
        Grüner F., **S. viridis P. B.**
        b. Stgl. steif aufrecht, bis 1 cm dick und 1 m hoch. Ährenrispe daumendick, meist lappig und oberwärts überhängend. Borsten gelblich oder schwarz. Zuweilen als Futtergras oder Vogelfutter (in vorgeschichtlicher Zeit auch als menschliche Nahrung) gebaut. ⊙ Juli—Sept. hg.
        Welscher F., Kolbenhirse, **S. itálica P. B.**
    2. Pfl. graugrün. Borsten gelbrot (fuchsrot). Spelzen deutlich querrunzelig. Scheinähre eiförmig oder walzlich, dicht. Stgl.

Gramíneae 21

unter der Scheinähre fast glatt. Sandige Äcker. Ziemlich häufig. ☉ Juli-Sept. Graugrüner F., **S. glauca P. B.**

### 5. Phálaris, Glanzgras.

Bis 2 m hohes Gras mit rohrartigem, steif aufrechtem Halm und ziemlich breiten Bl. Rispe groß, zur Blütezeit ausgebreitet, gelappt, einseitswendig, meist rötlich überlaufen. Ufer, Gräben, nasse Wiesen und sumpfige Wälder. Häufig. ☉ Juni, Juli.
Rohr-G., Militz, **Ph. arundinácea L.**

### 6. Anthoxánthum, Ruchgras.

Stgl. zahlreich. Bl. kahl oder am Grunde gewimpert. Ährenrispe länglich, am Grunde verschmälert, locker. Ährchen bräunlichgelb. (Fig. 51.) Erteilt dem Heu den angenehmen Geruch. Trockene Wiesen, Triften, Wälder. Gemein. Mai, Juni. pg. Die Btn. stäuben 7—8 h Vm. Gemeines R., **A. odorátum L.**

### 7. Mílium, Flattergras.

Pfl. grasgrün. Bl. breit, weich, am Rande rauh. Bl.häutchen an der Spitze zerschlitzt. Rispe groß, sehr locker, mit abstehenden, später abwärts gebogenen Ästen. (Fig. 60.) Schattige Laubwälder. Häufig. Mai, Juni. Schwach pg. Ausgebreitetes F., **M. effúsum L.**

### 8. Phléum, Lieschgras.

1. Ährenrispe mit sehr kurzen Seitenästen, beim Umbiegen nicht lappig, grün, walzenförmig. Ährchen ohne Stielchen. Hüllspelzen länglich, quer abgestutzt, mit aufgesetzter Grannenspitze. Wiesen, Raine. Häufig. Auch gebaut. Juni, Juli. pg. Btn. stäuben 7—8 h Vm. Riesen-L., Timotheusgras, **Ph. praténse L.**
2. Ährenrispe mit teilweise längeren Seitenästen, daher etwas locker und beim Umbiegen lappig, dünn und schlank, hellgrün oder violett überlaufen. Ährchen mit stielförmiger Achsenverlängerung. Hüllspelzen lineal-länglich, schief abgestutzt, stachelspitzig zugespitzt. Trockene, grasige Hügel und lichte Wälder. Zerstreut.
Glanz- oder Böhmersches L., **Ph. Boehmeri Wib.**

### 9. Alopecúrus, Fuchsschwanz.

1. Stgl. aufrecht, 30—100 cm hoch, grasgrün. Ährenrispe walzenförmig, bis 7 cm lang und 1 cm dick, an jedem Ast 4—6 Ährchen tragend. Hüllspelzen spitz, fast bis zur Mitte verbunden. Deckspelze über dem Grunde begrannt. Etwas feuchte, fruhtbare Wiesen. Gemein. pg. Die Btn. stäuben 7—8 h Vm., auch bei anderen Arten. Wiesen-F., **A. pratensis L.**
2. Stgl. am Grunde niederliegend und wurzelnd, knickig-aufsteigend, 15—30 cm hoch, graugrün oder etwas blaugrün. Ährenrispe dünnwalzlich, bis 5 cm lang, ihre Äste meist 2 Ährchen tragend. Hüllspelzen nur am Grunde verwachsen, stumpf.

Gramíneae

- a. Deckspelze unter der Mitte begrannt, Granne geknickt, doppelt so lang wie die Spelze. Staubbeutel gelblich, nach dem Verblühen braun. Ganze Pflanze graugrün. Nasse Wiesen, Gräben, Ufer. Häufig. ☉ Mai, Juni. pg. Geknieter F., **A. geniculátus L.**
- b. Deckspelze aus der Mitte begrannt, Granne wenig länger als die Spelze. Staubbeutel rotgelb, später bleicher. Pflanze bläulich. Wie vorige Art. Juni—Aug.    Rotgelber F., **A. fulvus Sm.**

## 10. Agróstis, Straußgras.

1. Pfl. graugrün. Bl., wenigstens die grundständigen, borstenförmig. Bl.häutchen länglich, gezähnelt. Rispe nach der Bte.zeit zusammengezogen. Obere Spelze verkümmert. Moorige Wiesen. Nicht selten. Juni—Aug.    Hunds-St., **A. canína L.**
2. Pfl. grasgrün. Bl. flach, jung gefaltet. Obere Spelze vorhanden.
   - a. Bl.häutchen bis 2 mm lang, abgestutzt. Rispe im Umriß länglich-eiförmig, auch nach dem Verblühen ausgebreitet, fast glattästig, gewöhnlich purpurviolett überlaufen. Spelzen fast stets grannenlos. (Fig. 59.) Wiesen, Raine, feuchte Matten, Heiden. Gemein. Juni, Juli.    Rotes St., **A. vulgáris With.**
   - b. Bl.häutchen bis 6 mm lang. Rispe im Umriß länglich-kegelförmig, nach dem Verblühen zusammengezogen, rauhästig, in der Farbe sehr veränderlich. Spelzen zuweilen begrannt. Wiesen, Ufer, feuchte Wälder. Häufig. Juni, Juli. Die Btn. stäuben 11$^h$ Vm.    Weißes St., **A. alba L.**

## 11. Apéra, Windhalm.

Bl. flach, schmal, rauh. Bl.häutchen groß, länglich, geschlitzt. Rispe aufrecht, bis 20 cm groß, mit abstehenden Ästen. Granne oft etwas schlängelig. (Fig. 57.) Äcker, Gartenland. Gemein. ☉ Juni, Juli. Meist autg.    Acker-W., **A. Spica venti L.**

## 12. Calamagróstis, Reitgras.

1. Haare am Grunde der Btn. kürzer als die Spelzen, nur ¼ mal so lang. Granne gekniet, die Hüllspelzen weit überragend. Btn. mit einem pinselartigen Stielchen. (Fig. 58.) Schattige Wälder. Nicht selten. Juni, Juli. Die Btn. dieser und der folgenden Arten stäuben 12—1$^h$.    Rohrartiges R., Waldrohr, **C. arundinácea Roth.**
2. Haare länger als die Spelzen. Granne gerade. Btn. ohne Stielchenfortsatz.
   - a. Granne ungefähr aus der Mitte des Rückens hervortretend. Rispe straff-aufrecht, mit anliegenden Ästen, knäuelig-gelappt, 15 bis 30 cm lang. Ganze Pfl. graugrün. Trockene Wälder und Hügel, besonders auf Sandboden. Verbreitet. Juni, Juli.    Land-R., **C. epigeíos Roth.**
   - b. Granne endständig, sehr kurz, aus einer Ausrandung der Spelzen wenig hervortretend. Rispe schlaff, während der Bte.zeit gleichmäßig ausgebreitet. Sümpfe, Moore, Brüche. Zerstreut. Juni, Juli.    Sumpf-R., **C. lanceoláta Roth.**

Gramíneae

## 13. Ammóphila, Sandhalm, Helmgras.

Wz.stock sehr lange Ausläufer treibend. Weißlich-grün. Stgl. steif aufrecht, 60—100 cm hoch. Bl. (bei trockenem Wetter) borstenförmig eingerollt mit sehr langen, gespaltenen Bl.häutchen. Ährenrispe walzlich, bis 15 cm lang, dicht und gedrungen, weißlich. Hüllspelzen lamettlich, spitz. Haare etwa $\frac{1}{3}$ so lang wie die Spelzen. (Fig. 52). Am Strande der Nord- und Ostsee, vereinzelt auch auf Flugsanddünen im Binnenlande.
Sand-H., Strandhafer, **A. arenária Link.**

## 14. Holcus, Honiggras.

1. Granne der männlichen Bte. kaum oder gar nicht hervortretend, zuletzt hakenförmig-zurückgekrümmt. Rispe weißlich, meist rötlich oder violett angelaufen. Bl. beiderseits weichhaarig. In Rasen. Grasplätze, nasse Wiesen. Gemein. Juni—Aug. Die Btn. stäuben bei günstigem Wetter zweimal am Tage, 6ʰ Vm. und 7ʰ Nm.
Wolliges H., **H. lanátus L.**
2. Granne der männlichen Bte. die Hüllspelzen überragend, gekniet. (Fig. 64.) Rispe gelblichweiß, oft violett angelaufen. Bl. sehr fein behaart oder kahl. W.stock kriechend. Schattige Wälder, Gebüsche. Zerstreut. Juli, Aug. Weiches H., **H. mollis L.**

## 15. Aíra, Schmiele.

1. Bl. flach, oberseits sehr rauh. Bl.häutchen ca. 8 mm. Rispe pyramidenförmig mit wagerecht abstehenden Ästen, die unteren 3- bis 6teilig. Granne wenig gebogen, meist so lang als die Spelze, nicht hervorragend, weißlich. Nasse Wiesen und Weiden, feuchte Wälder. Gemein. Juni, Juli. Rasen-Sch., **A. caespitósa L.**
2. Bl. borstenförmig zusammengefaltet. Rispe eiförmig mit aufrecht abstehenden, meist schlängelig-gebogenen Ästen, die am Grunde 2teilig. Granne deutlich gekniet, etwa doppelt so lang als die Spelze, hervorragend (Fig. 65), am Grunde bräunlich. Trockene Triften, Heiden und Wälder. Häufig. Juni—Aug.
Schlängelige Sch., Draht- oder Wald-Sch., **A. flexuósa L.**

## 16. Corynéphorus, Silbergras.

Dicht-rasig. Bl. eingerollt-borstlich, graugrün, mit rötlichen Scheiden. Rispe vor und nach der Bte.zeit ährig zusammengezogen, silbergrau. Durch den eigentümlichen Bau der Granne (Fig. 66) von allen einheimischen Gräsern leicht zu unterscheiden. Sandfluren und Kiefernheiden. In Mittel- und Norddeutschland verbreitet. Juli, Aug. (Weingaertnéria canéscens Bernh.)
Graues S. **C. canéscens P. B.**

## 17. Avéna, Hafer.

1. Ährchen (wenigstens nach der Bte.zeit) hängend, groß (15—30 mm lang). Hüllspelzen 5—9nervig. ☉ 60—120 cm hoch.

24 Gramíneae

   a. Btn. mit einer Schwiele der Ährchenachse gliedartig aufsitzend, bei der Reife sogleich abfallend, mit langer geknieter Granne. Ährchen 3 blütig. Ährchenachse sowie die untere Spelze vom Grunde bis zur Mitte von braunen, gelben oder weißen Haaren zottig. Unter der Saat. ☉ Juni—Aug. (Wahrscheinlich die Stammpfl. des Saathafers.) Flug-H., **A. fátua L.**
   b. Btn. nicht von der Ährchenachse abgegliedert, bleibend. Ährchen meist 2 blütig. Ährchenachse kahl. Nur die untere Bte. am Rücken begrannt oder beide grannenlos. Überall gebaut. ☉ Juni bis Aug. hg. Die Btn. stäuben von 3ʰ Nm. bis abends.
   Saat-H., Rispen-H., **A. satíva L.**
2. Ährchen aufrecht. Hüllspelzen meist 1—3 nervig. Pfl. mehrjährig, 30—120 cm hoch.
   a. Untere Bte. des 2 blütigen Ährchens männlich, mit gekanieter Rückengranne, obere Bte. zwitterig, grannenlos oder unter der Spitze begrannt. (Fig. 63.) Fr.kn. behaart. Ährchen 8—10 mm lang, hellgrünlich, zuweilen violett überlaufen. Rispe aufrecht, verlängert, ziemlich kurzästig, während der Bte.zeit ausgebreitet. Stgl., Bl.scheiden und Bl. kahl. Wiesen, Triften, Wegränder. Häufig. Juni, Juli. (Arrhenátherum elátius M. u. K.)
   Glatt-H., französisches Raygras, **A. elátior L.**
   b. Alle Btn. zwitterig, meist mit gekanieter Rückengranne.
      aa. Fr. (Fr.kn.) oben behaart. Ährchen mittelgroß (12—20 mm lang), silberweiß.
         α. Bl. flach, glatt, die unteren nebst den Bl.scheiden kurzzottig. Rispe ziemlich ausgebreitet, ihre unteren Äste zu 4 oder 5. Ährchen meist 3 blütig. Ährchenstiele fein, unter der Spitze kaum verdickt. Wiesen, Triften. Häufig. Mai, Juni. Schwach pg. Flaum-H., **A. pubéscens L.**
         β. Bl., wenigstens die unteren, zusammengefaltet, oberseits nebst den Bl.scheiden rauh, kahl. Rispe zusammengezogen, ihre Äste einzeln oder zu 2. Ährchen 3—5 blütig. Ährchenstiele etwas dick, rauh, an der Spitze verdickt. Trockene Wiesen, grasige Hügeltriften und Geröllfluren, besonders in Süd- und Westdeutschland. Juni, Juli.
         Wiesen-H., **A. praténsis L.**
      bb. Fr. (Fr.kn.) kahl. Ährchen klein (5—10 mm lang), meist 3 blütig, glänzend, gelblich, mit behaarter Achse. Rispe ausgebreitet, ihre längeren Äste 4—6 Ährchen tragend. Bl. flach. Wiesen. Verbreitet. Juni, Juli. (Trisétum flavéscens P. B.) Gold-H., **A. flavéscens L.**

## 18. Sesléria, Kopfgras.

Bl. starr, am Rande rauh, plötzlich zugespitzt. Scheinähre rundlich bis eiförmig-länglich. Ährchen meist 2 blütig (Fig. 56), gelblichweiß, fast stets oberwärts bläulich überlaufen. Sonnige Kalkhügel, an Felsen und auf Trümmerhalden. Sehr zerstreut. März—Mai. pg.
Blaues K., Blaugras, **S. coerúlea Ard.**

Gramíneae 25

### 19. Phragmítes, Schilf.

Stgl. bis 4 m hoch. Bl. breit, lanzettlich, starr, graugrün. Rispe ausgebreitet, später fast einseitig überhängend, meist violettbraun. (Fig. 67.) Stehende und langsam fließende Gewässer. Häufig. Aug., Sept. Gemeines Sch., Teichrohr, **Ph. commúnis Trin.**

### 20. Trióida, Dreizahn.

Dichtrasig. Stgl. anfangs niederliegend, später aufsteigend. Bl. und Bl.scheiden gewimpert. Rispe schmal, traubig. Ährchen hellgrün, seltener violett überlaufen. (Fig. 62.) Trockene Matten, Waldränder, Heiden. Häufig. Juni, Juli. Meist kleistg. mch. (Sieglingia decúmbens Bernh.)
Niederliegender D., Sieglingia decúmbens P.B.

### 21. Molínia, Pfeifengras.

Stgl. dicht über der Wz. mit 1—3 genäherten Knoten, sonst ganz knotenlos, nur am Grunde beblättert. Rispe schmal zusammengezogen. (Fig. 68.) Ährchen schieferblau bis violett, an einer großen Waldform oft grünlich. Moorige Wiesen und Wälder. Häufig. Aug., Sept. Die Btn. stäuben 12—1 $^h$. Blaues Pf., **M. coerúlea Moench.**

### 22. Koeléria, Kammschmiele, Ritschgras.

1. Mittelhohes, blaugrünes, steifes Gras. Halme am Grund durch die alten Blattscheiden zwiebelartig verdickt. Bl. schmal, rinnig, untere Scheiden kurzhaarig. Ährchen grünlich- oder bräunlichweiß. Deckspelzen stumpflich. Meergrüne K., **K. glauca D. C.**
2. Pfl. dicht rasenförmig, grasgrün. Halme am Grunde nicht verdickt. Bl. flach, am Rande rauh, alle oder nur die unteren mit ihren Scheiden kurzzottig. Ährchen gelblichweiß, glänzend. Deckspelzen zugespitzt. Gemeine K., Schillergras, **K. cristáta Pers.**

### 23. Mélica, Perlgras.

1. Ährchen nickend, an kurzhaarigen Stielen, mit 2 Zwitterbtn. (Fig. 61.) Hüllspelzen stumpf, an der Spitze trockenhäutig. Laubwälder, Gebüsche. Meist häufig. Mai, Juni. Btn. stäuben 12 bis 1$^h$. mch. Nickendes P., **M. nutans L.**
2. Ährchen aufrecht, an kahlen Stielen, mit 1 Zwitterbtn. Hüllspelzen spitzlich, nicht trockenhäutig. Schattige Laub-, besonders Buchenwälder. Sehr zerstreut. Mai, Juni. mch.
Einblütiges P., **M. uniflóra Retz.**

### 24. Briza, Zittergras.

Bl. schmal, rauh. Rispe aufrecht, offen. Ährchen nickend, stark zusammengedrückt, 5—9 blütig, zuletzt so breit als lang. (Fig. 71.) Trockene Wiesen. Häufig. Mai—Juli. hg. Btn. stäuben 5—6$^h$ Vm.
Mittleres Z., **B. média L.**

Gramineae

### 25. Dáctylis, Knäuelgras.

Stgl. ziemlich glatt. Bl.scheiden zusammengedrückt, rückwärts rauh. Bl.häutchen länglich, spitz. Rispe einseitswendig, geknäuelt und gelappt. Rispenäste ziemlich dick, steif, rauh. Wiesen, Wälder. Gemein. Juni, Juli. Schwach pg. Btn. stäuben 6—7ʰ Vm.
Gemeines K., **D. glomeráta L.**

### 26. Cynosúrus, Kammgras.

Stgl. aus aufsteigendem Grunde steif-aufrecht, nebst den Bl.scheiden glatt. Bl. schmal, flach. Scheinähre lineal, gedrungen, gelappt. Unfruchtbare Ährchen stachelspitzig. (Fig. 55.) Wiesen, Triften. Häufig. Juni, Juli. hg. Btn. stäuben 6—7ʰ Vm.
Gemeines K., **C. cristátus L.**

### 27. Poa, Rispengras.

1. Pfl. lange Ausläufer treibend. Rispenäste mehr oder weniger rauh. Bl.häutchen kurz, gestutzt. (Fig. 75.)
  a. Stgl. 2schneidig-zusammengedrückt, aufsteigend. Rispe schmallänglich. Untere Rispenäste meist zu 2 oder 3. Ährchen 5—9blütig. Trockene Hügel, dürre Triften, Wegränder. Häufig. Juni, Juli.   Fig. 75.
  Zusammengedrücktes R., **P. compréssa L.**
  b. Stgl. stielrund oder nur wenig zusammengedrückt, meist aufrecht. Rispe meist pyramidenförmig. Untere Rispenäste meist zu 5. Ährchen 3- bis 5blütig. (Fig. 70.) Wiesen, Triften, Waldränder. Gemein. Juni, Juli. hg. Die Btn. stäuben 4—5ʰ Vm., auch bei den meisten anderen Arten.
  Wiesen-R., **P. praténsis L.**
2. Pfl. ohne oder nur mit kurzen Ausläufern. Stgl. stielrund oder wenig zusammengedrückt.
  a. Rispenäste einzeln oder zu 2, glatt, wagerecht-abstehend oder zurückgeschlagen, fast einseitswendig. Ährchen 3—7blütig. Stgl. aufsteigend oder am Grunde liegend, am Grunde nicht verdickt. Pfl. grasgrün, 1jährig, 5—25 cm hoch. Grasplätze, Wegränder, Straßenpflaster. Gemein. Blüht fast das ganze Jahr. ☉
  Einjähriges R., **P. ánnua L.**
  b. Untere Rispenäste zu 3—5, rauh. Ährchen 2—5blütig. Stgl. 30—80 cm hoch. Pfl. ausdauernd.
    aa. Bl.häutchen sehr kurz, gestutzt, fast fehlend. Bl.scheiden rauh, oberste kürzer als ihr Bl. Spelzen undeutlich nervig. Sehr veränderlich. Wälder, Gebüsche. Häufig. Juni, Juli. Die Btn. stäuben gegen Mittag.
    Hain-R., **P. nemorális L.**
    bb. Bl.häutchen länglich, meist spitz. (Fig. 76.)
      α. Bl.scheiden meist rauh, die oberste länger als ihr Bl. Spelzen deutlich nervig, ohne Fleck. Stgl. an der Spitze rauh. Feuchte Wiesen, Gräben. Häufig. Juni, Juli.   Gemeines R., **P. triviális L.**
      β. Bl.scheiden meist glatt, die oberste so lang oder   Fig. 76.

Gramineae 27

meist kürzer als ihr Bl. Spelzen schwachnervig, mit einem gelbbräunlichen Fleck. Stgl. an der Spitze glatt. Feuchte Wiesen und Wälder, Ufer. Häufig. Juni, Juli. (P. serotina Ehrh.) Sumpf-R., **P. palústris Roth.**

### 28. Glycéria, Süßgras, Schwaden.

1. Bl.scheiden walzlich. Bl.häutchen sehr kurz, gestutzt. Rispe groß, gleichmäßig ausgebreitet, sehr ästig. Ährchen mittelgroß, von der Seite her zusammengedrückt, 5—8 blütig. Untere Spelze länglich, stumpf. Pfl. gelbgrün. Gräben, Teiche, Sümpfe. Häufig. Juli, Aug. hg. Stäubt 5—6$^h$ Nm. (zum 2. Male?).
    Wasser-S., **G. aquática Wahlbg.**
2. Bl.scheiden 2 schneidig-zusammengedrückt. Bl.häutchen lang, zerschlitzt. Rispe sehr lang und schmal, oft unterbrochen, einseitswendig, ihre Äste vor und nach der Bte.zeit angedrückt, während derselben abstehend, die unteren meist zu 2. Ährchen ziemlich groß, vor dem Aufblühen stielrund. Untere Spelze spitzlich. (Fig. 72.) Pfl. grasgrün. Gräben, Teiche, Sümpfe, Erlenbrüche. Häufig. Juli, Aug. Die Btn. stäuben 4—5$^h$ Vm.
    Manna-S., **G. flúitans R. Br.**

### 29. Festúca, Schwingel.

1. Alle Bl. oder doch die grundständigen zusammengefaltet-borstlich. Bl.häutchen mit 2 den Stgl. umfassenden Öhrchen (Fig. 77.)
    a. Pfl. dichtrasig, ohne Ausläufer. Alle Bl. borstlich zusammengefaltet. Rispe ziemlich kurz, vor und nach dem Blühen zusammengezogen. Ährchen klein, 4—7 mm lang, grün. Trockene Triften, sandige Heiden und Wälder. Gemein. Mai—Juli. Schaf-Sch., **F. ovína L.** Fig. 77.
    b. Pfl. lockerrasig, mehr oder weniger lange Ausläufer treibend. Stgl.bl. flach. Rispe länger (6—15 cm). Ährchen 7—10 mm lang, rötlich-violett oder bräunlich überlaufen. Trockene Wiesen und Wälder, Sandfluren. Häufig. Juni, Juli.
    Roter Sch., **F. rubra L.**
2. Alle Bl. flach. Bl.häutchen ohne Öhrchen.
    a. Deckspelze mit langer (2—3 mal so lang wie die Spelze), geschlängelter, weißlicher Granne. Rispe groß, weit ausgebreitet, schlaff, zuletzt überhängend. Ährchen mittelgroß, meist 5 blütig. Bl. 10—15 mm breit, unterseits glänzend-dunkelgrün. Bl.häutchen sehr kurz, gestutzt. Feuchte, schattige Laubwälder. Meist häufig. Juli, Aug. Riesen-Sch., **F. gigantéa Vill.**
    b. Deckspelze nicht oder nur kurz begrannt.
    aa. Bl.häutchen länglich, abgerundet. Frkn. an der Spitze behaart. Rispe groß, reichblütig, zuletzt überhängend. Ährchen ziemlich klein, meist 5 blütig. Pfl. dichte Horste bildend, 60—120 cm hoch. Bl.sprosse am Grunde von schuppenförmigen Niederbl. umgeben. Schattige Wälder, besonders Bergwälder. Zerstreut. Juni, Juli.
    Wald-Sch., **F. silvática Vill.**

Gramineae

bb. Bl.häutchen sehr kurz, gestutzt. Frkn. kahl.
α. Rispe vor und nach dem Blühen zusammengezogen, von den beiden unteren Ästen der eine nur 1—2, der andere 4—6 Ährchen tragend. Ährchen 6—12blütig. Stgl. nebst den Bl.-scheiden glatt. 30—80 cm hoch. Wiesen, Grasplätze. Gemein. (F. elatior L.) Wiesen-Sch., **F. praténsis Huds.**
β. Rispe ausgebreitet, überhängend, von den beiden unteren Ästen der eine meist mit 5, der andere mit 15 Ährchen. Ährchen 4—5blütig. Stgl. oft unter der Rispe etwas rauh, Bl. oberseits wie die unteren Bl.scheiden rauh. 80—150cm hoch. Feuchte Wiesen und Gebüsche, Ufer. Meist häufig. Juni, Juli. Rohr-Sch., **F. arundinácea Schreb.**

30. **Bromus,** Trespe.

1. Untere Hüllspelze 1nervig, obere 3nervig.
   a. Ährchen gegen die Spitze hin auch nach dem Verblühen verschmälert. Ausdauernde Arten.
   aa. Rispe sehr locker, zuletzt überhängend, ihre Äste dünn, sehr rauh. Ährchen 7—9blütig, ohne Granne (diese kürzer als die Deckspelze) bis 3 cm lang. Horstbildendes, 60—150 cm hohes, dunkelgrünes Gras schattiger Wälder. Juni—Aug. Wald-T., **B. ramósus Huds.**
   bb. Rispe aufrecht, ziemlich dicht und kurz.
     α. Pfl. dichte Horste bildend. Untere Bl.scheiden behaart. Untere Bl. schmal, borstlich gefaltet. Rispe schmal, gedrängt. Deckspelze mit 4—10 mm langer Granne. Sonnige Hügel, trockene Magermatten. Zerstreut in Mittel- und Süddeutschland. Mai—Juli. Aufrechte T., **B. eréctus Huds.**
     β. Pfl. Ausläufer treibend. Bl. scheiden kahl. Alle Bl. flach. Rispe weit ausgebreitet. Granne fehlend oder sehr kurz. Trockene Hügel, Waldränder, Raine. Verbreitet. Juni. Juli. Unbegrannte T., **B. inérmis Leyss.**
   b. Ährchen nach der Blütezeit nach oben verbreitert. Granne so lang oder länger als die Spelzen. Ein- oder zweijährig.
   aa. Stgl. ganz kahl. Rispe sehr groß und locker, aufrecht, zuletzt überhängend. Ihre Äste rückwärts sehr rauh. Granne länger als die lineal-pfriemliche, starknervige Deckspelze. 30 bis 60 cm. Zäune, Wegränder, Mauern. Häufig. Mai—Sept. Taube T., **B. stérilis L.**
   bb. Stgl. unter der Rispe kurzhaarig. Rispe etwas dicht, überhängend, ihre Äste glatt, kurzhaarig. Granne etwa so lang wie die lanzettliche, undeutlich nervige Spelze. Wegränder, Schutt, Mauern. Häufig. Mai, Juni. Dach-T., **B. tectórum L.**
2. Untere Hüllspelze 3—5-, obere 7—9nervig. Ein- oder zweijährig.
   a. Bl. scheiden kahl. Rispe groß, nach der Blütezeit überhängend. Btn. zur Fruchtzeit etwas voneinander entfernt. Ährchen groß (2—2,5 cm lang). Granne kurz, oft etwas schlängelig. Pfl. meist gelbgrün, 40—80 cm. Unter der Saat. Nicht selten. Juni bis Sept. hg. oder kleistg. Roggen-T., **B. secalínus L.**

Gramíneae 29

b. Bl.scheiden, wenigstens die unteren, behaart. Btn. auch zur
Fr.zeit wenigstens am Grunde sich dachziegelartig deckend.
  aa. Beide Btn.spelzen etwa gleichlang, die äußere so lang wie ihre
    Granne. Rispe groß, zuletzt etwas überhängend. Ährchen
    lanzettlich. Stgl. kahl, 30—100 cm. Äcker, Wegränder, auf
    Ödland. Juni, Juli. Zerstreut.    Acker-T., **B. arvénsis L.**
  bb. Untere Btn.spelze deutlich länger als die obere. Rispe nach
    der Blütezeit zusammengezogen, ihre Äste kurz, aufrecht.
    Deckspelze und Rispenäste wie die ganze Pfl. weichhaarig.
    Ährchen eilanzettlich, Granne fast so lang wie die Deck-
    spelze. Pfl. graugrün, 20—60 cm. Wegränder, Äcker, Wie-
    sen. Gemein. Mai, Juni. kleistg. (B. hordeaceus L.)
              Weiche oder Sammet-T., **B. mollis L.**

## 31. Brachypódium, Zwenke.

1. Pfl. nicht kriechend, rasenförmig, meist dunkelgrün. Stgl. und Bl.
schlaff. Bl. unterseits mit weißem Mittelnerv. Ähre meist locker,
überhängend. Grannen der oberen Btn. meist länger als ihre Spelzen, dünn, oft geschlängelt. Schattige Wälder, Gebüsche. Zerstreut. Juli, Aug. Stäubt 6—7$^h$ Vm., wie die folgende.
                                      Wald-Z., **B. silváticum R. S.**
2. Pfl. kriechend, hellgrün. Stgl. und Bl. steif. Ähre meist dicht, aufrecht. Grannen kürzer als ihre Spelzen, steif. Hügel, lichte Wälder,
Gebüsche. Zerstreut. Juni, Juli.  Fieder-Z., **B. pinnátum P. B.**

## 32. Nardus, Borstgras.

Pfl. graugrün, dichte Rasen bildend. Stgl dünn, nur am Grunde
beblättert. Bl. borstenförmig, steif. Ähre sehr dünn. Ährchen lineal-
pfriemlich, klein, violett. (Fig. 46.) Moore, magere Wiesen, Heiden.
Häufig. Mai, Juni. pg. Die Bltn. stäuben 12—1$^h$.
                                        Steifes B., **N. stricta L.**

## 33. Lólium, Lolch.

Halm glatt, bis 50 cm hoch, am Grunde mit nichtblühenden
Bl.büscheln. Bl. dunkel- oder trübgrün. Ährchen 5—12 blütig, Hüllspelzen kürzer als das Ährchen. Grasplätze, trockene Wiesen, Wegränder. Gemein. Juni—Okt. Schwach pg.
      Ausdauernder L., englisches Raygras, **L. perénne L.**

## 34. Secále, Roggen.

Pfl. kahl, graugrün. Ähre dicht, nickend. Hüllspelzen kürzer als die
Btn. Untere Spelze lanzettlich, 3 nervig, sehr ungleichseitig gekielt,
am Kiel steif-borstig-gewimpert. (Fig. 48.) Spindel bleibend, zähe.
Überall gebaut. ⊙ Mai, Juni. hg. Stäubt von Sonnenaufgang bis
zum Abend. Jede Bte. bleibt nur $\frac{1}{4}$ Stunde geöffnet.
                                        Saat-R., **S. cereále L.**

Gramineae

## 35. Triticum, Weizen.

1. Ährchen schlank, bei der Reife in die einzelnen Btn. zerfallend. Hüllspelzen lanzettlich, gleichseitig, nicht oder schwach gekielt. Ähre 2 zeilig. Wildwachsende Arten (Agropýrum).
    a. Deckspelze lang begrannt, Granne länger als ihre Spelze. Rasig, ohne Ausläufer. Bl. oberseits matt, unterseits glänzend dunkelgrün, beiderseits rauh. Ähre lang, schlaff, etwas überhängend. Wälder, Gebüsche. Juni, Juli. Zerstreut. pg.
    Hunds-Quecke, T. canínum L.
    b. Deckspelzen unbegrannt oder mit kurzer Granne. Wurzelstock kriechend, lange, weißliche Ausläufer treibend.
        aa. Hüllspelzen 5—7 nervig. Deckspelzen zugespitzt oder mit kurzer Granne. Ähre kurz, aufrecht, dicht. Bl. flach mit schmalen Nerven, diese mit einer einfachen Reihe kurzer Borsten. Äcker und Gartenland, Wegränder, Zäune. Gemein. Juni, Juli. Stäubt 4$^h$ Nm.
        Gemeine Quecke, T. répens L.
        bb. Hüllspelzen 9—11 nervig, Nerven mit weichen Haaren besetzt. Deckspelzen ziemlich stumpf. Bl. schmal, gewöhnlich nach oben eingerollt, ihre Nerven dick, einander genähert, mit vielen Reihen sehr kurzer Haare dicht besetzt. Ähre stark, sehr brüchig. Ährchen voneinander entfernt. Am sandigen Strand der Nord- und Ostsee. Juni—Aug.
        Binsen-W., T. juncéum L.
2. Ährchen dick, bei der Reife als ganzes abfallend oder die nackte Fr. auswerfend. Hüllspelzen eiförmig oder länglich, sehr ungleichseitig, wenigstens an der Spitze scharf gekielt. Ähre 4 zeilig. Gebaute Arten, einjährig oder einjährig-überwinternd.
    a. Ährenspindel zerbrechlich, stückweise mit den Ährchen abfallend. Fr. von den Spelzen eng umschlossen (die Körner also beim Dreschen nicht ausfallend). Ähre fast gleichmäßig 4 kantig, locker, zuletzt nickend. Besonders in Süd- und Westdeutschland gebaut. Juni, Juli. Spelz, Dinkel, T. Spelta L.
    b. Ährenspindel zähe, nicht zerfallend. Fr. frei ausfallend. Ährchen 2—4 blütig, unbegrannt (Kolbenweizen) oder begrannt (Bartweizen). Häufig gebaut. Juni, Juli. hg. Das Blühen einer Bt. dauert nur $\frac{1}{4}$ Stunde, einer Ähre 4 Tage.
    Saat-W., T. vulgáre Vill.

## 36. Hórdeum, Gerste.

1. Deckspelzen alle oder doch wenigstens die des mittleren Ährchens breit elliptisch. Ährenspindel zähe, bei der Reife die einzelnen Ährchen sich von ihr lösend. Gebaute Arten.
    a. Seitenährchen mit einer männlichen, unfruchtbaren Bt., unbegrannt, Ähre daher 2 zeilig. Juni, Juli. Meist kleistg.
    Zweizeilige G., Sommer-G., H. dístichum L.
    b. Seitenährchen fruchtbar, begrannt. Ährchen entweder in 6 deutlichen Reihen angeordnet (var. hexastichum, 6 zeilige G.) oder die Mittelährchen der Spindel angedrückt, die seitlichen stärker

Cyperáceae 31

gedrängt und abstehend und die Ähre daher 4 zeilig. Juni, Juli.
hg. und kleistg., stäubt 5—6ʰ Vm.
 Gemeine oder mehrzeilige G., Winter-G., **H. vulgáre L.**
2. Deckspelzen lanzettlich, an allen Ährchen begrannt. Ähren dicht,
walzlich. Wildwachsende Arten.
 a. Ähre mit Gipfelährchen, ihre Spindel zähe. Ährchen alle mit
 Stgf. und Stempeln. Untere Bl.scheiden zottig. Grasgrün, rasig.
 Schattige Laub- und Misch-, besonders Buchenwälder. Juni,
 Juli. Sehr zerstreut. (Elymus europaéus L.)
  Wald-G., **H. silváticum Huds.**
 b. Ähre ohne Gipfelährchen, ihre Achse zur Fruchtzeit glieder-
 weise zerfallend. Seitenährchen gestielt, nur mit Stgf. Bl.-
 scheiden kahl. Schutt, Mauern, Wegränder. Meist häufig. Juni
 bis Sept.  Mäuse-G., **H. murínum L.**

### 37. Élymus, Haargerste.

Pfl. bläulichgrün, Ausläufer treibend. Bl. flach, starr und stechend,
später eingerollt. Bl.scheiden glatt und kahl. Ährchen meist 3 blütig.
Hüllspelzen lanzettlich, zugespitzt. Spelzen unbegrannt. (Fig. 44.)
An der Nord- und Ostsee einheimisch, anderwärts angesäet. Juli,
Aug. Die Btn. stäuben zu Mittag.
 Sand-H., Strandroggen, Strandhafer, **E. arenárius L.**

### 9. Fam.: Cyperáceae, Scheingräser, Sauergräser.[1])

I. Btn. zwitterig. Btn.hülle fehlend oder aus Borsten
 gebildet.
 A. Deckbl. der Ährchen 2 reihig. Ährchen vielblütig
 zu mehreren doldig von der Spitze des Halms ausgehend. Btn.hülle fehlend. (Fig. 78.)
  Cýperus 32.
 B. Deckbl. der Ährchen spiralig angeordnet.
 1. Ährchen wenigblütig, in kleinen Büscheln, die 3    Fig. 78.
 oder 4 untersten Deckbl. kleiner, ohne Btn.-
 hülle aus kurzen Borsten gebildet (Fig. 79.)
  Rhynchóspora 33.
 2. Ährchen mehrblütig, die unteren Deckbl. so groß
 oder größer als die übrigen, davon nur 1 oder 2
 ohne Btn.   Fig. 79.
  a. Btn.borsten meist 6, kurz, rauh, die
  Deckbl. nicht überragend, öfter fehlend. (Fig. 80.)  Scirpus 32.
  b. Btn.borsten zahlreich, lang, nach der
  Bte.zeit die Deckbl. weit überragend
  und als seidig-wolliger Schopf die
  Fr. einhüllend. (Fig. 81.)  Fig. 80.   Fig. 81.
   Erióphorum 32.

---

[1]) Windblütler, meist pg.

Cyperáceae

II. Bt. eingeschlechtig, 1- oder 2häusig. Männliche Btn. ohne Btn.hülle. Weibliche Btn. mit einem schlauchförmigen, den Fr.kn. eng umschließenden und mit ihm zu einer Scheinfr. auswachsenden Vorbl. (Fig. 82.) Stgl. oft 3 kantig. Carex 33.

Fig. 82.

### 1. Cýperus, Cypergras.

1. Stgl. stumpf-3 kantig. Bl. gekielt. Ährchen lanzettlich, strohgelb. Staubbl. meist 3, Narben 2. (Fig. 78.) Nasser, nackter Sand- und Torfboden. Zerstreut. ☉ Juli, Aug. Gelbes C., **C. flavéscens L.**
2. Stgl. scharf-3 kantig. Ährchen lineal, schwarzbraun. Staubbl. 2. Narben 3. Nasser Schlamm, kahler Sand- und Moorboden, Teiche. Sehr zerstreut. ☉ Juli, Aug. Braunes C., **C. fuscus L.**

### 2. Erióphorum, Wollgras.

1. Nur ein Ährchen an der Spitze des Stgl., aufrecht. Grundständige Bl. borstenförmig rinnig, die oberen Stgl.ständigen nur aus einer aufgeblasenen, spreitenlosen Scheide bestehend. Torfmoore, besonders Hochmoore, torfmoosreiche, sumpfige Wälder. Zerstreut. April, Mai. Scheidiges W., **E. vaginátum L.**
2. Ährchen mehrere, zuletzt überhängend.
   a. Stgl. rundlich. Bl. lineal, rinnig, mit langer 3 kantiger Spitze. Ährchen zu 3—5, ihre Stiele glatt. Sumpfige Wiesen und Sümpfe, Torfmoore. Häufig. April, Mai. (E. angustifólium Roth.) Schmalblättriges W., **E. polystáchyum L.**
   b. Stgl. stumpf 3 kantig. Bl. lineal-lanzettlich, flach, mit kurzer 3 kantiger Spitze. Ährchen zu 5—12, ihre Stiele rückwärts rauh. Torfige Wiesen. Häufig. April, Mai. Breitblättriges W., **E. latifólium Hoppe.**

### 3. Scirpus, Simse, Binse, Flechtbinse.

1. Ährchen einzeln an der Spitze des Stgl. bzw. der Äste.
   a. Stgl. stielrund.
      aa. Ährchen 3—7 blütig, eiförmig. Narben 3. Griffel fadenförmig.
         α. Pfl. dichtrasig, 10—30 cm hoch. Oberste Bl.scheide mit kurzer Spreite. Deckbl. stumpf, das unterste größer, stachelspitzig. Btn.borsten länger als die Fr. Moore, besonders in Hochmooren zwischen Torfmoos. Zerstreut. Mai, Juni. Rasen-S., **S. caespitósus L.**
         β. Pfl. Ausläufer treibend, 5—20 cm hoch. Alle Bl. scheiden ohne Spreite. Deckbl. ohne Stachelspitze. Btn.borsten so lang oder kürzer als die Fr. Sumpfige, torfige Wiesen, feuchter Sandboden. Zerstreut. Juni, Juli. Wenigblütige S., **S. pauciflórus Lightf.**
      bb. Ährchen mehrblütig, spitz. Narben 2. Griffel am Grunde verdickt, durch eine Einschnürung vom Frkn. getrennt. Pfl. mit kriechendem Wz.stock, bläulichgrün, 15—60 cm hoch.

Cyperáceae

Ährchen braun, unterste Spelze dasselbe halb- (bei der Unterart uniglumis ganz-) umfassend. Nasse Wiesen, Sümpfe. Gemein. Juni—Aug. (Heleocharis palustris R. Br.) Sumpf-S., **S. palústris L.**
b. Stgl. 4kantig, dünn, borstenförmig, 2—10 cm lang. Ährchen länglich-eiförmig, spitz, 4—11 blütig. Narben 3. Griffel wie bei voriger. Ufer, auf feuchtem Sand und Schlamm, feuchte Wiesen. Juni—Aug. Nicht selten. Nadel-S., **S. aciculáris L.**
2. Ährchen zu 2 oder mehreren.
  a. Btn.stand scheinbar seitenständig, weil von einem aufgerichteten Tragbl. überragt, rispenartig, die Ährchen am Ende der Äste kopfig gehäuft. Pfl. stattlich, bis über 2 m hoch. Teiche, Seen und langsam fließende Gewässer. Häufig und sehr gesellig. Juni, Juli. See- oder Teich-B., **S. lacústris L.**
  b. Btn.stand deutlich endständig.
    aa. Ährchen vielblütig, in rispenartigen Spirren. Stgl. 30 bis 100 cm hoch.
      α. Stgl. scharf 3 kantig. Bl. schmal lineal. Btn.stand köpfchenartig oder doch einfach zusammengesetzt, viel kürzer als die Hüllbl. Ährchen groß, rostbraun. Deckbl. ausgerandet, in der Ausrandung mit Stachelspitze. Gräben, Ufer, Sümpfe, gern in salzhaltigem Wasser. Zerstreut. Juli, Aug. Strand-S., **S. marítimus L.**
      β. Stgl.stumpf 3 kantig. Spirre mehrfach zusammengesetzt. Ährchen klein, grau oder grünlich. Bl. breit-linealisch, flach. Deckbl. stumpf, mit kleiner Stachelspitze, nicht ausgerandet. Nasse Wiesen, Ufer, Waldsümpfe. Häufig. Juni, Juli. Wald-S., **S. silváticus L.**
    bb. Ährchen wenigblütig, in einer 2zeiligen Ähre. Narben 2. Pfl. 10—30 cm hoch, mit kriechendem Wz.stock. Stgl. rundlich-zusammengedrückt. Feuchte Wiesen und Triften, Ufer. Zerstreut. [Pers.
Zusammengedrückte S., gemeines Quellried, **S. compréssus**

## 4. Rhynchóspora, Schnabelbinse, Moorsimse.

Wz. faserig. Stgl. 3 kantig. Ährchenknäuel ebenso lang wie die Deckbl. Ährchen weißlich, später oft etwas rötlich. Btn.borsten meist 10, kurz. (Fig. 79.) Torfsümpfe, moorige Wiesen. Zerstreut. Juli, Aug. Weiße S., **R. alba Vahl.**

## 5. Carex, Segge, Rietgras.

A. Halm nur mit einem einzigen endständigen Ährchen. Ährchen eingeschlechtlich, Pfl. also 2 häusig. Narben 2. Bl. borstlich. Wz.-stock mit unterirdischen Ausläufern. Schläuche eiförmig, zuletzt wagerecht abstehend, mit kurzem Schnabel, rostbraun. 5—20 cm. Torfige Wiesen. Zerstreut. April, Mai.
Zweihäusige S., **C. dióica L.**

Cyperáceae

B. Mehrere Ährchen an der Spitze des Stgl.
  1. Ährchen alle oder doch der größte Teil männliche und weibliche Btn. enthaltend, fast gleichgestaltet, in eine zusammengesetzte, oft unterbrochene, am Grunde bisweilen rispige Ähre geordnet.
    1. Wz.stock kriechend, Ausläufer treibend.
      a. Ährchen 3—6, alle am Grunde männlich, an der Spitze weiblich.
        aa. Ährchen braun, meist gerade. Ähre gedrängt. Schläuche aufrecht, etwa so lang wie die rotbraunen, mit grünem Kiel versehenen Deckbl. Sonnige Hügel, sandige Waldränder und Triften. Nicht selten. April, Mai. (C. Schrebéri Schrank.)
        Frühe S., **C. praecox** Schreb.
        bb. Ährchen meist etwas gekrümmt, weißlich bis strohgelb. Ähre meist etwas locker. Schläuche abstehend, länger als die Deckbl. Schattige Wälder. Zerstreut, besonders in Mittel- und Süddeutschland. Mai, Juni.
        Zittergrasartige oder Seegras-S., **C. brizoídes** L.
      b. Ährchen 5—20, bräunlich.
        aa. Obere und untere Ährchen meist ganz weiblich, mittlere männlich, eine gelappte, bisweilen doppelt zusammengesetzte Ähre bildend. Schläuche mit einem sehr schmalen, feingesägten, aber nicht geflügelten Rande. Stgl. bis zur Mitte beblättert, länger als die Bl. Feuchter Sandboden, sumpfige Wiesen. Verbreitet. Mai, Juni. (C. intermedia Good.)
        Zweizeilige oder Kamm-S., **C. dísticha** Huds.
        bb. Alle Ährchen männliche und weibliche Btn. enthaltend oder das obere männlich, das untere weiblich, hellbraun. Schläuche mit einem etwas unter der Mitte beginnenden Flügel. (Fig. 83.) Stgl. nur unterwärts beblättert, etwa so lang wie die starren Bl. Sandfluren, sandige Kiefernwälder. Im norddeutschen Flachland verbreitet, trägt durch seinen weithin kriechenden Wz.-stock zur Dünenbefestigung bei; im Binnenlande seltener. Sand-S., **C. arenária** L.

        Fig. 83.

  2. Pfl. rasig, ohne Ausläufer.
    a. Ährchen an der Spitze männlich (daher die obersten Spelzen zur Fr.zeit leer).
      aa. Schläuche auf einer Seite flach, auf der anderen gewölbt, sparrig-abstehend.
        α. Stgl. scharf 3kantig, mit vertieften Seitenflächen, an den Kanten sehr rauh. Bl. 5 bis 9 mm breit. Ähre dicht, am Grunde meist doppelt zusammengesetzt. Schläuche deutlich längsnervig. (Fig. 84.) Pfl. sehr kräftig, 40—80 cm hoch. Feuchte Wiesen, Gräben, Sümpfe. Häufig. Mai, Juni.
        Fuchs-S., **C. vulpína L.**  Fig. 84.

Cyperáceae 35

β. Stgl. 3 kantig, mit ebenen Seitenflächen, nur oberwärts rauh. Bl. 2—4 mm breit. Ähre einfach, gedrungen. Schläuche nervenlos oder undeutlich gestreift. (Fig. 85.) Pfl. 20—50 cm hoch. Wälder, Gebüsche, Wiesen, Sumpfränder. Häufig. Mai, Juni. (C. muricata L.)

Dichte S., **C. contígua Hoppe.**

Fig. 85.

bb. Schläuche beiderseits gewölbt, aufrecht, nervenlos oder undeutlich nervig. Stgl. kräftig, 40—90 cm hoch, mit ebenen Seitenflächen, scharfkantig, sehr rauh. Btn.stand zusammengesetzt, locker, eine grauschimmernde Rispe. Sumpfige, torfige Wiesen, Flachmoore, Waldsümpfe. Zerstreut, oft gesellig. Mai, Juni.

Rispige S., **C. paniculáta L.**

b. Ährchen am Grunde männlich.
aa. Untere Ährchen weit voneinander entfernt, ihre Tragbl. laubartig, die Ähre überragend. Stgl. bis zur Ähre beblättert, schlaff, zuletzt oft übergebogen, undeutlich 3 seitig. Schläuche ziemlich aufrecht, länger als die Spelzen, ungeflügelt, mit 2 zähnigem Schnabel. Schattige, feuchte Laubwälder, Gebüsche, gern an quelligen Stellen. Häufig. Mai, Juni.

Entferntährige S., **C. remóta L.**

bb. Ährchen mehr oder weniger genähert, ihre Tragbl. kurz, meist schuppenförmig, die Ähre nicht überragend. Stgl. nur unterwärts beblättert.
α. Bl. kürzer als der Stgl., ziemlich derb und starr. Schläuche mit ziemlich langem, deutlich 2 zähnigem Schnabel.
αα. Ährchen meist zu 4, etwas entfernt, rundlich, grünlichgelb. Schläuche sperrig, fast sternförmig, abstehend, ohne Flügelrand, länger als die eiförmigen Deckbl. (Fig. 86.) Sumpfige Wiesen. Verbreitet. Mai, Juni. (C. echináta Murr.)

Igel-S., **C. stelluláta Good.**

Fig. 86.

ββ. Ährchen meist 6, genähert, eiförmig oder elliptisch, hellbraun. Schläuche aufrecht, am Rande geflügelt, so lang wie die länglichen Deckbl. Feuchte Wiesen, Triften, Wälder. Häufig. Juni, Juli.

Hasenpfoten-S., **C. leporína L.**

β. Bl. länger oder doch fast so lang wie der Stgl., sehr weich und schlaff. Schläuche aufrecht, Fig. 87. mit kurzem Schnabel.
αα. Ährchen 8—12, genähert, länglich, gelblich, später bräunlich. Schläuche zuletzt abstehend, lanzettlich, mit sehr kurz 2 zähnigem Schnabel.

3*

Cyperáceae

(Fig. 87.) Stgl. scharf 3kantig, rauh, anfangs 15, später 30—60 cm hoch. Pfl. grasgrün. Sumpfige Waldstellen, nasse Wiesen. Ziemlich verbreitet. Mai, Juni.    Verlängerte S., **C. elongáta L.**

$\beta\beta$. Ährchen 4—7, die unteren etwas entfernt, rundlich bis eiförmig, grünlichgrau, später gelblich. Schläuche ziemlich aufrecht, eiförmig, mit kurzem, an der Spitze kaum ausgerandetem Schnabel. Stgl. nur oberwärts rauh, 20—40 cm hoch. Pfl. graugrün. Sumpfige Wiesen, Bruchwälder. Meist häufig. Mai, Juni.

Graugrüne S., **C. canéscens L.**

II. Ährchen getrennten Geschlechts, das endständige oder die obersten männlich, die übrigen weiblich.
  1. Narben 2.  Schläuche schnabellos oder sehr kurz geschnäbelt.
     a. Pfl. große, dichte Rasen bildend, ohne Ausläufer. Stgl. am Grunde blattlose Scheiden und darüber erst einige Bl. tragend, Scheiden deutlich netzfaserig. Stgl. steif aufrecht, 40—75 cm hoch. Männliche Ährchen 1—2. Schläuche ellipsoidisch, deutlich nervig. Sümpfe, Flachmoore, oft im Wasser. Zerstreut, oft große Bestände bildend. April, Mai. (C. stricta Good.)      Steife S., **C. eláta All.**
     b. Pfl. mit kürzeren oder längeren Ausläufern. Scheiden nicht netzfaserig.
        aa. Männliche Ährchen 3—4, weibliche 3—5, schlank walzenförmig, später überhängend, Schläuche beiderseits gewölbt. Das unterste Tragbl. die Spitze des obersten männlichen Ährchens überragend. Bl. 4 bis 8 mm breit, flach. Stgl. scharf 3kantig, weit herab rauh, 30—80 cm hoch. Sümpfe, Gräben, Ufer. Häufig. April, Mai. (C. acúta L.)
             Schlanke oder scharfe S., **C. grácilis Curt.**
        bb. Nur 1, seltener 2 männliche Ährchen, weibliche kurzwalzenförmig, aufrecht. Schläuche außen gewölbt, innen flach. Das unterste Tragbl. die Spitze des obersten männlichen Ährchens nicht überragend. Bl. 2 bis 4 mm breit, am Rande einwärts gerollt. Stgl. scharf 3kantig, nur oberwärts rauh, 10—40 cm hoch. Pfl. graugrün. Nasse Wiesen und Moore, feuchte Triften und Wälder. Gemein. April, Mai. (C. vulgáris Fr.)
            Gemeine ocer Wiesen-S., **C. Goodenóughii Gay.**
  2. Narben 3.
     a. Schläuche schnabellos oder mit einem sehr kurzen, gestutzten oder ausgerandeten, aber nicht gespaltenen Schnabel.
        aa. Weibliche Ährchen aufrecht, sitzend oder höchstens das unterste kurz gestielt. Schläuche behaart. Tragbl. nicht oder sehr kurz scheidig.
           $\alpha$. Tragbl., wenigstens das untere, laubartig, niemals trockenhäutig. Männliches Ährchen dünn-zylin-

Cyperáceae 37

drisch, weibliche meist 3, dicht gedrängt, kugelig-verkehrt-eiförmig. Pfl. ohne Ausläufer, grasgrün, dichtrasig. Stgl. dünn, 3 kantig, zur Fr.zeit abwärts gebogen, 10—30 cm lang. Trockene Wälder, lichte Gebüsche, Holzschläge. Ziemlich häufig. April, Mai.
Pillen-S., **C. pilulífera L.**

β. Tragbl. trockenhäutig, zuweilen mit laubartiger Spitze. Männliche Ährchen mehr oder weniger keulenförmig.

αα. Pfl. rasig, ohne Ausläufer. Scheiden blutrot. Stgl. dünn, 10—30 cm, zuletzt kürzer als die schlaffen, hellgrünen, schmalen Bl. Weibliche Ährchen 2, ihre Spelzen schwarzbraun, mit hellem Mittelnerv. Lichte, trockene Laubwälder, Gebüsche. Zerstreut. April, Mai.
Berg-S., **C. montána L.**

ββ. Wz.stock kurze Ausläufer treibend. Scheiden hell- bis mehr oder weniger dunkelbraun. Bl. derb, starr, oft zurückgekrümmt, kürzer als der Stgl.

ϰ. Weibliche Ährchen eiförmig, sitzend, ihre Spelzen rotbraun, sehr stumpf, mit breitem, weißem, vorn fransig-zerschlitztem Hautrand (Fig. 88). Sandige Hügel und Wälder, besonders Kiefernwälder, Heiden. April, Mai. Fig. 88.
Heide-S., **C. ericetórum Poll.**

ϲ. Weibliche Ährchen eiförmig-länglich oder länglich, das unterste kurz gestielt, ihre Deckbl. spitz oder stachelspitzig, ohne oder nur mit schmalem Hautrand. (Fig. 89.) Trockene Grasplätze, Raine, Hügel. Häufig. März, April. (C. verna Vill.) Frühlings-S., Fig. 89.
**C. caryophylléa Latour.**

bb. Weibliche Ährchen deutlich gestielt, nicht selten zuletzt nickend oder hängend.

α. Tragbl. langscheidig oder ganz scheidig.

αα. Ährchen locker-fingerförmig gestellt, das schmallanzettliche männliche Ährchen von dem obersten weiblichen überragt und daher scheinbar seitlich stehend, weibliche meist 3, lockerblütig, ihre Tragbl. häutig, rotbraun. Schläuche behaart. Pfl. mit ausdauernder, mittelständiger Bl.rosette. Stgl. seitenständig, dünn, schlaff, 10—30 cm, so lang oder etwas kürzer als die Bl.-scheiden, rot. Schattige Wälder. April, Mai. Zerstreut. Finger-S., **C. digitáta L.**

Cyperáceae

ββ. Das männliche Ährchen ragt über die weiblichen hinaus und ist deutlich endständig. Weibliche Ährchen 1—2, aufrecht, etwas entfernt, lockerfrüchtig, ihre Deckbl. schwärzlich mit grünem Mittelstreifen. Schläuche kahl, kugelig-eiförmig. (Fig. 90.) Bl. flach, kürzer als der 10—30 cm hohe Stgl., ihre Scheiden braun, Pfl. Ausläufer treibend, blaugrün. Feuchte Wiesen. Häufig. April—Juni.
Hirsen-S., **C. panícea L.**  Fig. 90.

β. Tragbl. nicht oder sehr kurzscheidig. Weibliche Ährchen wenigstens zuletzt nickend oder überhängend, 2 oder 3, dichtfrüchtig.
  αα. Bl. und Bl.scheiden behaart, gelbgrün. Männliches Ährchen einzeln. Schläuche nervig, schnabellos. Pfl. rasig, ohne Ausläufer. Stgl. 20 bis 30 cm hoch. Lichte Wälder, Wiesen, Gebüsche. Häufig. Mai, Juni. Bleiche S., **C. palléscens L.**
  ββ. Bl. und Bl.scheiden kahl, graugrün. Männliche Ährchen 2 oder 3, an langen, dünnen Stielen. Schläuche nervenlos, rauh punktiert, mit kurzer Spitze. Pfl. Ausläufer treibend. Stgl. 20 bis 60 cm hoch. Feuchte Wiesen, Ufer, an lehmigen Hängen unter Gebüsch. Zerstreut. Mai, Juni.
Graugrüne S., **C. glauca Murr.**

b. Schläuche mit einem deutlichen, 2 spaltigen oder 2 zähnigen Schnabel.
  aa. Nur eine männliche Ähre an der Spitze des Stgl. Schläuche kahl.
    α. Weibliche Ährchen mehr oder weniger lockerblütig, sehr schlank, meist zu 4, langgestielt, zur Fr.zeit zierlich-hängend. Tragbl. laubblattartig, langscheidig. Deckbl. lanzettlich, lang zugespitzt. Schläuche ellipsoidisch, stumpf-3 kantig, grün, nervenlos, ihr Schnabel mit gerade vorgestreckten Zähnen. (Fig. 91.) Stgl. 3 kantig, glatt, 30—60 cm hoch. Schattige, feuchte Laubwälder. Häufig. Mai, Juni.
Wald-S., **C. silvática Huds.**  Fig. 91.
    β. Weibliche Ährchen dichtblütig, zur Fr.zeit gelblich. Tragbl. nicht oder kurzscheidig.
      αα. Weibliche Ährchen zu 3—6, dicht-walzig, genähert, zuletzt überhängend, ihre Spelzen mit rauher Spitze. Schläuche sparrig-abstehend, glänzend, die Zähne ihres Schnabels auseinandertretend. (Fig. 92.) Stgl. scharf 3 kantig, sehr rauh, 50—100 cm hoch. Gräben, Ufer, Sümpfe. Zerstreut. Mai, Juni.    Zypergrasähnliche S., **C. Pseudocýperus L.** 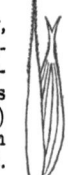 Fig. 92.

Cyperáceae 39

*ββ*. Weibliche Ährchen 2—3, kugelig oder
eiförmig, aufrecht, einander genähert,
die oberen sitzend oder fast sitzend.
Schläuche weit abstehend, die unteren
abwärts gerichtet, eiförmig, aufgeblasen, plötzlich in den herabge-
krümmten, am Rande rauhen Schnabel verschmälert, gelb. (Fig. 93.)
Stgl. meist steif, scharf 3 kantig, 25 bis
50 cm hoch. Torfige Wiesen, feuchte
Waldplätze. Meist häufig. Mai, Juni.
Gelbe S., **C. flava L.**

Fig. 93.

bb. Mehrere (2—5) männliche Ährchen über den
weiblichen.
  *α*. Schläuche kahl.
    *αα*. Männliche Ährchen rostfarbig oder
    hellbraun, dünn. Schläuche weit länger
    als die Deckbl., aufgeblasen, hellgrün.

Fig. 94.

  *ϰ*. Stgl. stumpf-3 kantig, glatt. 30—60 cm hoch.
    Bl. schmal-lineal (3—5 mm breit), graugrün.
    Schläuche kugelig aufgeblasen, fast wage-
    recht abstehend, plötzlich in den Schnabel
    verschmälert. (Fig. 94.) Sümpfe, Ufer. Ver-
    breitet. Mai, Juni.
    Schnabel-S., **C. rostráta With.**

  ⊐. Stgl. scharf 3 kantig, an den Kanten
    rauh. 30—80 cm hoch. Bl. lineal
    (6—9 mm breit), grasgrün. Schläuche
    ei-kegelförmig, schiefaufrecht, all-
    mählich in den Schnabel verschmä-
    lert. (Fig. 95.) Sümpfe, Gräben, Erlen-
    brüche. Ziemlich häufig. Mai, Juni.
    Blasen-S., **C. vesicária L.**

Fig. 95.

*ββ*. Männliche Ährchen dunkelbraun, dicker.
  Schläuche etwa so lang wie die zugespitzten Deckbl. Kräftige, bis über 1 m
  hohe Pfl.
  *ϰ*. Bl.scheiden netzfaserig. Bl. 4—6 mm
  breit. Männliche Ährchen 2 oder 3,
  ihre unteren Deckbl. stumpf. Weibliche Ährchen 2 oder 3, sitzend, oder
  das unterste kurz gestielt. Schläuche zusammengedrückt. (Fig. 96.)
  Nasse Wiesen, Sümpfe. Verbreitet.
  Mai, Juni.
    Sumpf-S., **C. acutifórmis Ehrh.**

Fig. 96.

  ⊐. Bl.scheiden nicht netzfaserig. Bl.
  10—12 mm breit. Männliche Ährchen 3—5, mit lauter haarspitzigen
  Deckbl. Weibliche Ährchen 3 oder

Fig. 97.

40  Aráceae

4, das unterste lang gestielt. Schläuche beiderseits gewölbt. (Fig. 97.) Ufer, Gräben, Sümpfe. Zerstreut. Mai, Juni.
Ufer-S., **C. ripária Curt.**
β. Schläuche behaart, ei-kegelförmig, lang-geschnäbelt. (Fig. 98.) Männliche Ährchen meist 2, weibliche 2 bis 4, entfernt. Untere Tragbl. langscheidig. Bl. flach, mehr oder weniger dicht behaart. Pfl. grasgrün, Ausläufer treibend. Stgl. 20—60 cm hoch. Auf sandigem und lehmigem Boden, an feuchteren und trockeneren Orten. Mai, Juni. Verbreitet.   Behaarte S., **C. hirta L.**  Fig. 98.

## 10. Fam.: **Aráceae**, Aronstabgewächse.

I. Hüllbl. flach. Kolben bis zur Spitze mit Zwitterbtn. besetzt.
  A. Hüllbl. dem Stgl. ähnlich und scheinbar seine Fortsetzung bildend, daher der Btn.kolben scheinbar seitenständig. (Fig. 99.) Btn.hülle 6blättrig. Fr. eine saftlose (bei uns nie reifende) Beere. **Ácorus** 40.
  B. Hüllbl. ausgebreitet, innen weiß. Btn.kolben endständig, an der Spitze mit männlichen Btn. Btn.hülle fehlend. Fr. eine Beere. (Fig. 100.)
    **Calla** 40.
II. Hüllbl. am Grunde zusammengerollt, die Btn. verbergend. Btn.kolben unten mit weiblichen Btn. (Fr.kn.), in der Mitte mit männlichen Btn. (Staubbl.), über den Btn. in einen nackten, keulenförmigen Fortsatz verlängert. Fr. eine Beere. (Fig. 101.)    **Arum** 41.

Fig. 99.   Fig. 100.   Fig. 101.

### 1. **Ácorus**, Kalmus.

Stgl. bl.artig zusammengedrückt, auf der einen Seite scharfkantig, auf der anderen mit einer Rinne, aus welcher der Kolben hervortritt. (Fig. 99.) Wz.stock kriechend. Von aromatischem Geruch. Teiche, Sümpfe, Gräben. Verbreitet. Juni, Juli. pg. Die Fr., rote Beeren, schlagen bei uns stets fehl. Die Pfl. stammt aus Südost-Asien u. wurde im 16. Jahrh. in Europa eingeführt.   Echter K., **A. Cálamus L.**

### 2. **Calla**, Schlangenwurz.

Bl. herzförmig, zugespitzt, Hüllbl. außen grün, innen weiß. Kolben länglich-walzlich, stumpf. (Fig. 100.) Beere rot. Wz.stock kriechend. Sumpfige Ufer, Waldsümpfe, Torfbrüche. Zerstreut. Mai—Juli. pg. De. Giftig.    Sumpf-Sch., **C. palústris L.**

Aráceae. Lemnáceae. Juncáceae 41

### 3. Arum, Aronstab.

Bl. spieß-pfeilförmig, oft braun gefleckt. Hüllbl. gelblich-grün, doppelt so lang als die keulenförmige, dunkelviolette Verlängerung des Kolbens. (Fig. 101.) Beere rot. Wz.stock nach der Bte.zeit knollig anschwellend. Schattige, feuchte Laubwälder. Zerstreut. Mai, Juni. pg. Dke. In der Btn.scheide entwickelt sich eine Temperatur, die 6 bis $7^h$ Nm. $6^0$, ja sogar $12$—$15^0$ höher als die der Umgebung ist. Giftig!
Gefleckter A., **A. maculátum L.**

## 11. Fam.: Lemnáceae, Wasserlinsengewächse.

### 1. Lemna, Wasserlinse, Entengrütze.

1. Laubglieder seicht untergetaucht, länglich-lanzettlich, an einem Ende stielartig verschmälert, mit je 1 Wz.faser, meist viele kreuzweise zusammenhängend, 7—10 mm lang. (Fig. 102d.) Teiche, Sümpfe, Gräben. Zerstreut. April, Mai. ♂ und ♀. pa—pg. Kl. und M. Dreifurchige oder Untergetauchte W., **L. trisúlca L.**
2. Laubglieder schwimmend, rundlich, einzeln oder wenig zusammenhängend, beiderseits flach.
 a. Laubglieder mit mehreren Wz.fasern (Fig. 102a) und unterseits meist rötlich gefärbt, 5 mm breit. Sümpfe, Teiche, meist mit folgender Art. Mai, Juni. ♂ und ♀. pa. Kl. und M. Vielwurzlige oder Große W., **L. polyrrhíza L.**
 b. Laubglieder nur mit je einer Wz.faser (Fig. 102b), beiderseits grün, 3 mm breit. Gräben, Teiche, diese oft ganz überziehend. Mai, Juni. ♂ und ♀. Kl. und M.
Kleine W., **L. minor L.**

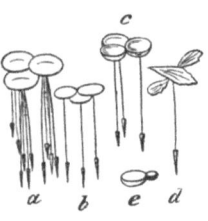

Fig. 102.

## 12. Fam.: Juncáceae, Binsengewächse.

I. Bl. meist pfriemenförmig, kahl. Kapsel vielsamig. (Fig. 103.) Juncus 41.
II. Bl. flach, am Rande mit langen Wimperhaaren. Kapsel 3samig. (Fig. 104.)
Lúzula 43.

Fig. 103.    Fig. 104.

### 1. Juncus, Binse.

A. Btn.stand scheinbar seitenständig, von einem aufrechten, den Stgl. fortsetzenden Hüll- oder Deckbl. zur Seite gedrängt und überragt. Btn. stets einzeln (nicht in Köpfchen), meist gestielt. Stgl. blattlos, nur am Grunde mit spreitenlosen, scheidenartigen Niederbl.
 1. Btn.stand wenig (3—7) blütig, scheinbar etwa in der Mitte des fadenförmigen, 15—45 cm hohen Stgl. Niederbl. strohfarbig, schwach glänzend. Staubbl. 6. Sumpfige Wiesen, nasse Triften und Moore. Zerstreut. Juni—Aug.
Fadenförmige B., **J. filifórmis L.**

Juncáceae

2. Btn.stand reichblütiger, in der oberen Hälfte des Stgl.
  a. Griffel sehr kurz. Staubbl. 3. Stgl. grasgrün, mit zusammenhängendem Mark. Grundständige Niederbl. gelb oder braun, matt.
    aa. Halm glatt, lebhaft grün, glänzend, sehr zart gestreift. Btn.stand meist locker bis flatterig. Gräben, Ufer, sumpfige Wiesen und Waldstellen. Häufig. Juni—Aug. pg. W.
        Flatter-B., J. effúsus L.
    bb. Stgl. matt, etwas graugrün, deutlich erhaben gestreift. Btn.stand gedrängt oder geknäuelt. Heiden, auf feucht sandigem oder moorigem Boden. Zerstreut. Mai, Juni. pg. W. (J. conglomerátus der Schriftsteller.)
        Knäuel-B., J. Leersii Marss.
  b. Griffel deutlich. Staubbl. 6. Grundständige Scheiden glänzend.
    aa. Stgl. stark gerillt, mit fächerig-unterbrochenem Mark, bläulich-grün. Scheiden glänzend schwarzbraun. Pfl. dichtrasig. Feuchte, lehmige Orte, Gräben. Ziemlich häufig. Juni—Aug. pg. W. Blaugrüne B., J. glaucus L.
    bb. Stgl. starr aufrecht, glatt, mit ununterbrochenem Mark. Scheiden gelbbraun. Pfl. lockerrasig. Wz.stock ausläuferartig kriechend, mit ziemlich verlängerten Gliedern. Im feuchten Dünensande, besonders in Dünentälern. Am Ostseestrande verbreitet. Juni—Aug.
        Baltische B., J. bálticus Willd.
B. Btn.stand deutlich endständig. Stgl. Bl. tragend oder doch am Grunde von Bl.büscheln umgeben.
  1. Btn. einzeln, jede am Grunde mit 2 Vorbl.
    a. Stgl außer den Tragbl. des Btn.standes blattlos. Bl. grundständig, starr, borstenartig, linealisch-rinnig, abstehend, kürzer als der 15—30 cm hohe, steif-aufrechte Stgl. Btnstand endständig, doldig-rispig, seine Äste länger als die Hüllbl. Sandige und moorige Triften, Heiden. Stellenweise häufig, besonders in Norddeutschland. Juni—Aug. Fast hg. W.
        Sparrige B., J. sqarrósus L.
    b. Stgl. beblättert (meist aber nur wenige, oft nur 1 rinniges Bl. tragend). Bl. nicht durch Querwände gefächert.
    aa. Pfl. ausdauernd, mit kriechendem Wz.stock. Btn.stand eine rispige Spirre, von dem untersten Hüllbl. überragt. Stgl. zusammengedrückt. Btn.hüllbl. stumpf, etwa ⅔ so lang wie die fast kugelige Kapsel. (Fig. 105), braun, weiß berandet. Feuchte Wiesen und Wegränder. Verbreitet, Juli, Aug. Zusammengedrückte B., Weg-B., J. compréssus Jacq.
    bb. Pfl. einjährig, ohne kriechenden Wz.stock, vom Grunde aus stark verzweigt. Btn.stand sehr locker, sichelartig. Btn.hülle zugespitzt, deutlich länger als die längliche Kapsel (Fig. 106), weißhäutig, mit grünem Rückenstreif. Feuchte Orte. Gemein. Juni—Sept. W. und kleistg.
        Kröten-B., J. bufónius L.  Fig. 105.

Juncáceae 43

2. Btn. zu Köpfchen vereinigt und diese einen rispigen
Gesamtbtn.stand bildend. Stgl. beblättert. Bl.
durch Querwände fächerig.
 a. Staubbl. 6. Kapsel zugespitzt. Bl. rundlich oder
 zusammengedrückt. Stgl. aufrecht.
  aa. Btn.hüllbl. gleichlang, die inneren stumpf,
   die äußeren spitz, alle kurz stachelspitzig,
   braunrot. Kapsel kurz stachelspitzig. Feuchte
   Wiesen, Gräben, Sümpfe. Gemein. Juli, Aug.
    pg. W.        Glanz-B., **J. lampocárpus Ehrh.**
  bb. Btn.hüllbl. ungleichlang, die inneren länger, an
   der Spitze etwas auswärts gekrümmt, alle lang
   zugespitzt (Fig. 107), dunkelbraun. Kapsel allmählich in einen langen Schnabel verschmälert.
   Sumpfige Waldstellen, Gräben und Moore. Meist
   häufig. Juni—Aug. pg. (Vm. weiblich, Nm.
   zweigeschlechtig.) W. Spitzblütige
        oder Wald-B., **J. acutiflórus Ehrh.**
 b. Staubbl. 3. Kapsel stumpf. (Fig. 108.) Bl. dünn,
  borstlich bis fadenförmig. Btn. wenigköpfig, oft
  mit Laubtrieben in der Mitte der Köpfe. Stgl.
  dünn, aufrecht oder oft niederliegend und wurzelnd oder im Wasser flutend. Gräben, Tüm-
  pel, Sümpfe, auf nassem nackten Sand und
  Torf. Nicht selten. Juli, Aug. Schwach pg. W.
       Niedrige oder Sumpf-B.,
           **J. supínus Moench.**

Fig. 106.

Fig. 107.

Fig. 108.

## 2. **Lúzula,** Hainbinse oder -simse, Marbel.

1. Btn. einzeln an den Ästen des doldigen Btn.standes oder zu 2—5-
büschelig an den Ästen der mehrfach zusammengesetzten Spirre
(nicht in Ährchen oder Köpfchen).
 a. Jede einzelne Bt. langgestielt. Samen an der Spitze mit einem
  deutlichen Anhängsel. Stgl. 15—30 cm hoch.
  aa. Unterste Bl. lineal-lanzettlich, 5—10 mm breit. Äste des
   Btn.standes nach dem Verblühen meist zurückgeschlagen.
   Samenanhängsel sichelförmig (Fig. 104 b.) Wälder. Häufig.
   März—Mai. pg. (Der weibliche Zustand dauert bis 7 Tage,
   der zwittrige nur 1 Tag.) W. mch.
          Behaarte H., **L. pilósa Willd.**
  bb. Unterste Bl. lineal, 2—3 mm breit. Äste des Btn.standes
   auch zur Fr.zeit aufrecht. Samenanhängsel gerade. (Fig. 104 a.)
   Sonnige Bergabhänge unter Gebüsch, begraste Waldplätze,
   in den Rheingegenden. April, Mai. W.
        Forsters H., schlanke H., **L. Forstéri D. C.**
 b. Btn. zu 2—5 büschelig. Samen ohne Anhängsel. Stgl. 30 bis
  80 cm hoch.
  aa. Hüllbl. des Btn.standes länger als dieser. Bl. lineal-lanzettlich, 3—4 mm breit. Btn. meist zu 4 büschelig, weißlich oder

## 44 Liliáceae

rötlich. Lichte, trockene Wälder und Gebüsche. In Mittel- und Süddeutschland meist häufig. Mai, Juni. (L. álbida D. C., L. angustifólia Garcke.)
　　　　Busch- oder Silber-H., **L. nemorósa E. Mey.**
bb. Btn.stand länger als die Hüllbl. Bl. lineal-lanzettlich, 5 bis 10 mm breit. Büschel meist 2 oder 3 blütig. Btn. heller oder dunkler braun. Schattige, etwas feuchte Wälder, besonders in Gebirgsgegenden. Mai, Juni. pg. W. (L. máxima D. C.)
　　　　Wald- oder große H., **L. silvática Gaud.**
2. Btn. in eiförmigen oder kugeligen Ähren an den Ästen des Btn.-standes.
　a. Ähren 2—5, die seitlichen zuletzt nickend. Staubbeutel 2- bis 6mal so lang wie die Staubfäden. Pfl. locker-rasig, mit kurzen Ausläufern. Triften, Heiden, Wälder. Gemein. April, Mai. pg. W.
　　　　Feld- oder gemeine H., Hasenbrot, **L. campéstris D. C.**
　b. Ähren zu 5—10, alle aufrecht oder etwas abstehend. Staubbeutel etwa so lang wie die Staubfäden. Pfl. dichtrasig. Lichte Wälder, Heiden. Häufig. (Unterart der vorigen.)
　　　　Vielblütige H., **L. multiflóra Lej.**

## 13. Fam.: **Liliáceae**, Liliengewächse.

I. Griffel 3 oder 4.
　A. Griffel 4, kurz. Staubbl. 8, mit langer Granne. Btn.hülle 8 blätterig. (Fig. 109.) Kriechender Wz.stock.     Páris 51.
　B. Griffel 3, sehr lang. Staubbl. 6. Btn.hülle verwachsenblättrig, glockig-trichterig, mit sehr langer Röhre. (Fig. 110.) Btn. groß. Bl. erst im nächsten Frühling (mit der Fr.) erscheinend. Knollenpfl.
　　　　Cólchicum 46.
II. Griffel 1 oder 1 sitzende Narbe.
　A. Btn.hülle freiblätterig.
　　1. Btn. groß (Btn.hüllbl. über 3 cm lang, außen nie grün).
　　　a. Staubbeutel quer aufliegend, am Rücken befestigt. (Fig. 111.) Btn.hülle am Grunde mit rinnigem Honigbehälter, abstehend oder zurückgerollt.
　　　　Lílium 48.
　　　b. Staubbeutel aufrecht, nahe am Grunde befestigt. Btn.hülle glockig.
　　　　aa. Griffel fehlend. Narbe 3 lappig, sitzend (Fig. 112.). Btn.hüllbl. am Grunde ohne Honiggrube. Btn. einzeln.    Túlipa 49.
　　　　bb. Griffel vorhanden. Narben 3. Btn.-hüllbl. am Grunde mit einer läng-

Fig. 109.

Fig. 110.   Fig. 111.

Fig. 112.

Liliáceae                                    45

lichen oder rundlichen Honiggrube.
(Fig. 113.)                Fritillária 48.
2. Btn. mittelgroß oder klein.
   a. Btn.hülle himmelblau. Staubfäden dem
      Grunde der Btn.hülle eingefügt. Btn. in
      Trauben.                    Scilla 49.
   b. Btn.hülle innen gelb, außen grün oder grün-
      lich. Btn. mittelgroß, meist doldig. Pfl.
      mit Zwiebel.                Gágea 46.
   c. Btn.hülle weiß, lila, rötlich oder grünlich.
      aa. Btn. traubig, doldenartig oder rispig.
          α. Btn.stiel gegliedert. (Fig. 114.) Btn.hülle
             weiß. Pfl. ohne Zwiebel. Anthéricum 46.
          β. Btn.stiel nicht gegliedert. Btn.hülle innen
             weiß, außen grün. Pfl. mit Zwiebel.
                                  Ornithógalum 49.
      bb. Btn. doldig, vor dem Aufblühen von einer trocken-
          häutigen Hülle eingeschlossen, klein. Pfl. mit Lauch-
          geruch.                 Allium 47.

Fig. 113.

Fig. 114.

B. Btn.hülle verwachsenblättrig (6zähnig bis
   6teilig oder 4teilig).
   1. Btn.hülle gelb oder rotgelb, etwas ungleich-
      mäßig, trichterförmig, mit schmaler Röhre,
      groß. (Fig. 115.) Keine Zwiebel.
                       Hemerocállis 46.
   2. Btn.hülle blau, seltener rot oder weiß. Mit
      Zwiebel.
      a. Btn.hülle röhrig-glockenförmig. Griffel kurz.
         Narbe ungeteilt. (Fig.116.) Hyacínthus 50.
      b. Btn.hülle krugförmig. Griffel fadenförmig.
         Narbe 3lappig. (Fig. 117.)   Múscari 50.
   3. Btn.hülle weiß, grünlichgelb oder grünlich.
      Kriechender Wurzelstock.
      a. Stgl. vielfach verästelt, mit borstlichen
         Ästchen. Bl. schuppenförmig. Btn. (durch
         Fehlschlagen) 2häusig. Btn.hülle glockig,
         tief-6teilig. (Fig. 118.) Aspáragus 50.
      b. Stgl. nicht verästelt. Bl. laubartig,
         breit.
         aa. Btn. einzeln oder zu mehreren in
             den Bl.achseln, traubig. Btn.hülle
             röhrig, 6zähnig, (Fig.
             119), weiß, vorn grün,
             die Staubbl. in der
             Mitte derselben ein-
             gefügt.
              Polygónatum. 50.
         bb. Btn. in endständiger
             Traube.

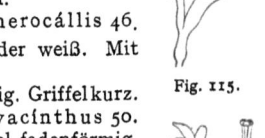

Fig. 115.

Fig. 116.

Fig. 117.   Fig. 118.

Fig. 120.   Fig. 119.

## Liliáceae

α. Btn.hülle ausgebreitet, 4teilig. Staubbl. 4. (Fig. 120.) **Majánthemum** 50.
β. Btn.hülle glockig, 6spaltig. Staubbl. 6. (Fig. 121.) **Convallária** 51.

Fig. 121.

### 1. Cólchicum, Zeitlose.

Btn. grundständig, groß, einzeln oder zu 2. Bl. länglich-lanzettlich, nach der Bte. im folgenden Frühjahr mit der Kapsel erscheinend. Btn.- hülle lilarosa, selten weiß. (Fig. 110.) Feuchte Wiesen. Verbreitet in Mittel- und Süddeutschland. Sept., Okt. pg. Hh. Die Btn. schließen sich bei Nacht und trübem Wetter. Samen klebrig, durch Weidetiere verschleppt. Giftig! Herbst-Z., **C. autumnále** L.

### 2. Anthéricum, Graslilie.

1. Stgl. einfach. Btn. traubig. Griffel bogig-gekrümmt, so lang wie die Btn.hülle. Kapsel eiförmig, spitz. Trockene Hügel, Weinberge. Zerstreut, in Norddeutschland selten. Mai, Juni. hg. besonders Hb. Astlose G., **A. Liliágo** L.
2. Stgl. ästig. Btn. rispig. Griffel gerade, länger als die Btn.hülle. (Fig. 114.) Kapsel kugelig, stumpf, stachelspitzig. Trockene Hügel, lichte Wälder. Zerstreut. Juni, Juli. hg. D. H. und F. Ästige G., **A. ramósum** L.

### 3. Hemerocállis, Taglilie.

1. Btn. sehr groß, rotgelb, geruchlos. Innere Zipfel der Btn.hülle am Rande wellig, stumpf. Äußere Nerven der Btn.hüllzipfel durch Queradern verbunden. Zierpfl. aus den südlichen Alpen. Juli, Aug. Schwach pg. Ft. Eintagsbtn. Rotgelbe T., **H. fulva** L.
2. Btn. kleiner, hellgelb, wohlriechend. Zipfel der Btn.hülle flach, spitz, ihre Nerven einfach unverzweigt. (Fig. 115.) Zierpfl. aus Südeuropa. Juni, Juli. Schwach pg. Ft. Die Bte.zeit beträgt 6 Tage. Gelbe T., **H. flava** L.

### 4. Gágea, Goldstern.

1. Btn.stiele zottig behaart. Grundständige Bl. 2, lineal, rinnig. Zwiebeln 2 in gemeinschaftlicher Hülle. Btn. meist zu 5—10. Äcker, Grasplätze, Hügel. Ziemlich verbreitet. März—Mai. pg. Hb. Acker-G., **G. arvénsis** Schult.
2. Btn.stiele kahl oder ziemlich kahl. Nur 1 grundständiges Bl., seltener 2.
   a. Nur 1 Zwiebel. Grundständiges Bl. lineal-lanzettlich, flach, an der Spitze plötzlich kappenförmig zusammengezogen. Btn.hüllbl. stumpflich. Laubwälder, Grasgärten. Zerstreut. März, April. pg. Hb. und Kl. mch. Gelber G., **G. lútea** Schult.
   b. Zwiebeln 2 oder 3. Grundständiges Bl. lineal.
      aa. Zwiebeln gewöhnlich 3, gestielt, ohne Hülle. Grundständiges Bl. lineal, 5 mm breit, scharf gekielt. Btn.hüllbl. stumpflich. Grasplätze, Äcker. Verbreitet. April, Mai. pg. Hb. Wiesen-G., **G. praténsis** Schult.

Liliáceae 47

bb. Zwiebeln 2 (1 größere und 1 sehr kleine), in gemeinschaftlicher Hülle. Grundständiges Bl. lineal, bis 2 mm breit, flach. Btn.hüllbl. zugespitzt, an der Spitze zurückgebogen. Schattige Laubwälder. Sehr zerstreut. April, Mai. mch.
Zwerg-G., **G. mínima Schult.**

## 5. Állium, Lauch.

I. Bl. elliptisch. lanzettlich, flach, lang gestielt, zu 2 grundständig. Btn. schneeweiß, in fast flacher Dolde. Ganze Pfl. sehr stark nach Knoblauch riechend. Schattige, feuchte Laubwälder. Zerstreut, meist gesellig. Mai. pa. Hb. mch.     Bären-L., **A. ursínum L.**

II. Bl. ungestielt, röhrig, rinnig oder lang-linealisch.
  A. Stgl. unter der Mitte bauchig aufgeblasen, ebenso die röhrigen Bl. Btn. grünlichweiß. Gebaute Arten.
    1. Innere Staubfäden am Grunde stark verbreitert, beiderseits mit einem kurzen Zahn. Btn.stiele 8 mal so lang wie die Btn. Aus dem Orient stammend, überall gebaut. Juni bis Aug. pa. D. und H.   Zwiebel, **A. Cepa L.**

                                           a   b   c
                                          Fig. 122.

    2. Innere Staubfäden am Grunde wenig verbreitert, alle zahnlos. Btn.stiele 3—4 mal so lang wie die Btn. Zuweilen gebaut. Aus Sibirien. Juli, Aug. Winterzwiebel, **A. fistulósum L.**

  B. Stgl. und Bl. nicht bauchig aufgeblasen. Btn. meist rötlich.
    1. Bl. röhrig, hohl, stielrund.
      a. Staubbeutel kürzer als die Btn.hülle. Staubfäden zahnlos (Fig. 122a), pfriemlich. Dolde ohne Brutzwiebeln. Btn.-hülle lilarosa. Bl. vollkommen röhrig. Hier und da an Flußufern und auf feuchten Wiesen. Häufig gebaut. Juli, Aug. pa.     Schnittlauch, **A. Schoenóprasum L.**
      b. Staubbl. länger als die Btn.hülle. Innere Staubfäden am Grunde verbreitert, jederseits mit einem langen Zahn. (Fig. 122c.) Dolde mit zahlreichen Brutzwiebeln, oft ohne Btn. Btn.hülle purpurn. Bl. fast stielrund, oberseits schmal rinnig. Sandige Äcker, sonnige Hügel, Raine, Weinberge. Zerstreut. Juni—Aug. pa. Hh.
                                Weinbergs-L., **A. vineále L.**

    2. Bl. lineal, flach oder rinnig, nicht röhrig-hohl.
      a. Staubfäden einfach, ohne Zahn.
        aa. Zwiebel zylindrisch, auf einem wagerechten Wz.stock sitzend. Btn.stände ohne Brutzwiebeln.
          α. Bl. unterseits durch den stärkeren Mittelnerv scharfgekielt, 5 nervig. Dolde flach. Staubbl. so lang wie die Btn.hülle, letztere lila-hellpurpurn. Feuchte Wiesen. Zerstreut. Juni—Aug. pa. G. H. F. und autg. (A. acutángulum Schrad.)
                      Kantiger L., **A. angulósum L.**
          β. Bl. nicht gekielt, schwachnervig. Dolde mehr kugelig. Staubbl. länger als die Btn.hülle, diese hellrot-

Liliáceae

lila oder rosafarbig. Sonnige Hügel, Felsen. Sehr zerstreut. Juli, Aug. pa. E. (A. fallax Schult.)
 Berg-L., **A. montánum** Schmidt.
bb. Typische Zwiebel, nicht auf einem Wz.stock. Dolde sehr locker, mit Brutzwiebeln. Btn. langgestielt, zur Bt.zeit oft nickend. Btn.hülle weißlichgrün oder rötlich. Trockene Hügel, Weg- und Waldränder. Ziemlich häufig. Juni—Aug. pa.
 Gemüse-L., **A. oleráceum** L.
b. Innere Staubfäden jederseits mit einem kürzeren oder längeren Zahn.
 aa. Zähne der inneren Staubfäden kurz und stumpf. (Fig. 122b.) Bl. lineal, flach. Dolde mit Brutzwiebeln, mit langgeschnäbelter Btn.scheide. Btn.hülle weißlich. Angebaut, heimisch in Zentralasien. Juli, Aug.
 Knoblauch, **A. satívum** L.
 bb. Zähne der inneren Staubfäden fadenförmig. (Fig. 122c.)
 α. Btn.stand mit zahlreichen, gedrängten Brutzwiebeln. Staubbl. kürzer als die Btn.hülle, diese dunkelrot. Bl. breit-lineal, am Rande rauh. Hecken, Gebüsch, Waldränder, Hügel. Zerstreut. Juni, Juli.
 Schlangen-L., **A. Scorodóprasum** L.
 β. Dolde ohne Brutzwiebeln. Staubbl. etwas länger als die Btn.hülle. Bl. länglich-lanzettlich. Btn.hülle hellpurpurn. Häufig gebaut. Heimat Südeuropa. Juni—Aug. pa. Hb. Porree, **A. Porrum** L.

### 6. Lílium, Lilie.

1. Btn.hülle glockig-trichterförmig. Bl. wechselständig.
 a. Btn.hüllbl. orangefarben, braunrot gefleckt, innen am Grunde warzig-rauh. Btn. doldig, aufrecht. Obere Bl. oft mit Brutzwiebeln in den Achseln. (Fig. 111.) Bergwiesen. Auch Zierpfl. Juni, Juli. hg. Ft. Feuer-L., **L. bulbíferum** L.
 b. Btn.hülle weiß, innen glatt. Btn. traubig, zuletzt nickend, wohlriechend. Bl. ohne Brutzwiebeln. Zierpfl. aus dem östlichen Mittelmeergebiet. Juni, Juli. hg. Fn.
 Weiße L., **L. cándidum** L.
2. Btn.hülle zurückgerollt (turbanförmig), fleischfarben oder trübpurpurn, braun punktiert. Btn. traubig, nickend. Bl. fast quirlständig. Laubwälder, Waldwiesen. Zerstreut. Juni, Juli. hg. Fn.
 Türkenbund-L., **L. Mártagon** L.

### 7. Fritillária, Kaiserkrone.

1. Stgl. wenig beblättert, 1- oder 2blütig, 15—30 cm lang. Btn. end- und blattachselständig, nickend. (Fig. 113.) Btn.hülle fleischfarben oder gelblich, durch dunkelrote Würfelflecken schachbrettähnlich. Feuchte Wiesen. Sehr zerstreut. Auch Zierpfl. April, Mai. pg. Hh.
 Gefleckte K., Schachblume, **F. Meleágris** L.

Liliáceae 49

2. Stgl. dicht beblättert, mehrblütig, 50—100 cm hoch. Btn. quirlartig-doldig, hängend, von einem Bl.schopf überragt. Btn.hülle gelbbraun, mit scharlachroten Nerven. Zierpfl. aus Persien. April, Mai, pg. Hb. Giftig! Garten-K., **F. imperális L.**

### 8. Túlipa, Tulpe.

1. Btn. vor dem Aufblühen nickend. Btn.hüllbl. zugespitzt, die inneren wie die Staubfäden am Grunde behaart. (Fig. 112.) Btn.hülle gelb. Waldwiesen, Grasgärten. Bisweilen verwildert. Heimat: Südeuropa. April, Mai. hg. Po. Wilde T., **T. silvéstris L.**
2. Btn. aufrecht. Btn.hüllbl. stumpf, nebst den Staubfäden kahl. Btn.hülle verschieden gefärbt. Heimat wahrscheinlich Transkaukasien. April, Mai. hg. Po. Garten-T., **T. Gesneriána L.**

### 9. Scilla, Meerzwiebel, Blaustern.

1. Btn.stiele länger als der Querdurchmesser der Btn., aufrechtabstehend. Traube 2—6blütig. Tragbl. verkümmert. Laubbl. 2, selten 3. Stgl. stielrund. Wälder, Gebüsch, Wiesen in Mittel- und Süddeutschland. März, April. hg. D. mch.
Zweiblättrige M., **Sc. bifólia L.**
2. Btn.stiele, kürzer als der Querdurchmesser der Btn. Tragbl. vorhanden.
   a. Traube 2—6blütig. Btn. aufrecht-abstehend. Btn.hüllbl. ausgebreitet. Laubbl. 4—7. Stgl. kantig. In Gärten angepflanzt und verwildert. Heimat unbekannt. April, Mai. hg. Hb.
   Schöne M., **Sc. amóena L.**
   b. Traube 1—3blütig. Btn. nickend. Btn.hüllbl. etwas glockig zusammenneigend. Laubbl. 2—4. Stgl. zusammengedrückt, flachgewölbt. Häufige Zierpfl. aus Rußland und Kaukasien. März, April. pg. Hb. mch. Sibirische M., **Sc. sibírica Andr.**

### 10. Ornithógalum, Vogelmilch, Milchstern.

1. Bl. schmal-lineal, 2—5 mm breit. Btn. in kurzer Doldentraube, aufrecht. Staubfäden zahnlos. (Fig. 123c.) Btn.stiele länger als die Tragbl., die unteren zur Fr.zeit wagerecht-abstehend. Trockene Wiesen, Grasgärten. Zerstreut. April, Mai. pg. Hb. und autg. Bte.zeit 11—6$^h$.
Doldige V., **O. umbellátum L.**
2. Bl. breit-lineal, über 1 cm breit. Btn. in einseitswendiger Traube, hängend. Staubfäden neben dem Staubbeutel mit 2 Zähnen. Btn.stiele kürzer als die Tragbl. (Fig. 123a u. b.) In Grasgärten, auf Äckern verwildert. Aus dem Orient. April, Mai. pa. mch.
Nickende V., **O. nutans L.**

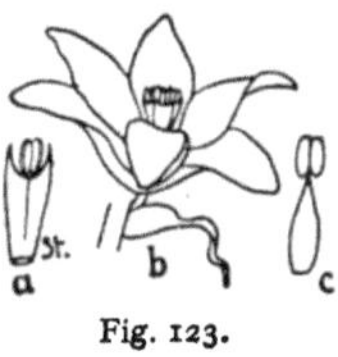

Fig. 123.

Liliáceae

## 11. Hyacínthus, Hyazinthe.

Bl. breit-lineal, stumpf. Btn. in vielblütiger Traube, viel länger als ihr Stiel. Btn.hülle am Grunde bauchig (Fig. 116), blau, weiß, rosa, gelb. Zierpfl. aus dem östlichen Mittelmeergebiet. April, Mai. hg. Hb.
Garten-H., **H. orientális L.**

## 12. Múscari, Träubel, Trauben- oder Bisamhyazinthe.

1. Traube locker, zuletzt sehr verlängert (10—25 cm lang). Untere Btn. entfernt, grünlichbraun, obere schopfig genähert, länger gestielt, nebst ihren Stielen amethystblau, unfruchtbar. (Fig. 117.) Äcker, Weinberge, Hügel. Mittel- und Süddeutschland. Zerstreut. Mai, Juni. hg. Hh. Schopf-T., **M. comósum Mill.**
2. Traube gedrungen (3—6 cm lang). Btn. überhängend, die obersten aufrecht, alle blau, mit weißem Saum.
   a. Bl. 2 oder 3, lineal, vorn verbreitert, aufrecht, höchstens so lang wie der Stgl. Btn. himmelblau, geruchlos. Bergwälder in Mittel- und Süddeutschland. Auch angepflanzt und verwildert. April, Mai. hg. Hb. Kleines T., **M. botryoídes Mill.**
   b. Bl. zahlreich, lineal-pfriemlich, schlaff, zuletzt bogenförmig zurückgekrümmt, meist länger als der Stgl. Btn. dunkelblau, bereift, nach Pflaumen riechend. Äcker, Weinberge in Mittel- und Süddeutschland. Auch angepflanzt und verwildert. Heimat: Mittelmeergebiet. April, Mai. hg. Hb.
   Großes T., **M. racemósum Mill.**

## 13. Aspáragus, Spargel.

Wurzelstock fleischige Sprossen treibend. Ästchen zum Teil büschelig. Btn. klein, zuletzt hängend. (Fig. 118.) Btn.hülle grünlich-gelb. Beere rot. Hügel, Weinberge, Ufer. Zerstreut. Häufig gebaut. Juni, Juli. ♀ und ♂. Hb. Gemüse-Sp., **A. officínalis L.**

## 14. Majánthemum, Schattenblümchen.

Stgl. meist 2 blättrig, Bl. wechselständig, tief-herz-eiförmig, spitz. (Fig. 120.) Btn. klein, traubig. Btn.hülle weiß. Beere weißlich, später rot. Wälder. Häufig. Mai, Juni. pg. D. und autg.
Zweiblättriges Sch., **M. bifólium Schmidt.**

## 15. Polygónatum, Weißwurz.

1. Bl. quirlständig, schmal-lanzettlich. Stgl. aufrecht. Btn.stände 1- bis 3 blütig. Btn.hülle walzenförmig. Beere rot. Gebirgswälder, selten in der Ebene. Mai, Juni. hg. Hb.
Quirlblättrige W., **P. verticillátum All.**
2. Bl. 2 zeilig-wechselständig, eiförmig-länglich bis elliptisch-lanzettlich. Stgl. oberwärts übergebogen. Beere schwarzblau.

Liliáceae. Amaryllidáceae 51

a. Stgl. kantig. Btn.stände 1- oder 2 blütig. Btn.hülle am Grunde verschmälert, wie die Staubfäden kahl. (Fig. 119.) Gebüsche, Laubwälder. Nicht selten. Mai, Juni. hg. Hh.
  Wenigblütige W., Salomonssiegel, **P. officinále All.**
b. Stgl. stielrund. Btn.stände 3—5 blütig. Btn.hülle am Grunde bauchig, innen nebst den Staubfäden behaart. Schattige Gebüsche, Laubwälder. Häufig. Mai, Juni. hg. Hh.
  Vielblütige W., **P. multiflórum All.**

### 16. Convallária, Maiglöckchen.

Stgl. blattlos. Bl. meist 2, elliptisch bis lanzettlich, spitz, lang gestielt. Btn. in einseitswendiger Traube. Btn.hülle weiß. Beere rot. (Fig. 121.) Wälder, Gebüsche. Häufig. Mai, Anfang Juni. pa. Po. Giftig!  Gemeines M., **C. majális L.**

### 17. Páris, Einbeere.

Stgl. 1 blütig. Bl. meist 4, quirlständig, elliptisch-verkehrt-eiförmig, kurz zugespitzt, fast sitzend. Bte. endständig, grünlich. Beere schwarz. (Fig. 109.) Schattige Laubwälder, Gebüsche. Zerstreut. Mai, Juni. pg. Po. (Dt?). Giftig!
  Vierblättrige E., **P. quadrifólius L.**

## 14. Fam.: Amaryllidáceae, Narzissengewächse.

I. Btn.hülle glockig, bis auf den Grund 6teilig. Btn. nickend.
  A. Innere Zipfel der Btn.hülle deutlich kürzer als die äußeren, ausgerandet. (Fig. 124.)  Galánthus 51.
  B. Innere Zipfel der Btn.hülle kaum kürzer als die äußeren, an der ganzrandigen Spitze verdickt. (Fig. 125.)
    Leucóïum 51.
II. Btn.hülle mit walziger Röhre, tellerförmigem, 6teiligem Saum und verschieden gestaltetem Schlundkranz. (Fig. 126.)
    Narcíssus 52.  Fig. 124.  Fig. 125.  Fig. 126.

### 1. Galánthus, Schneeglöckchen.

Stgl. 1 blütig, rundlich. Btn.hülle weiß, innere Zipfel außen mit einem halbmondförmigen, gelbgrünen Fleck. (Fig. 124.) Gebüsche, feuchte Wiesen. Sehr zerstreut. Häufig angepflanzt und verwildert. Febr., März. hg. Hb. mch. Weißes Sch., **G. nivális L.**

### 2. Leucóium, Knotenblume.

Stgl. 1-, selten 2 blütig, zweischneidig. Btn.hülle weiß, die Zipfel an der Spitze grün. (Fig. 125.) Feuchte Laubwälder, Gebüsche, Wiesen. Sehr zerstreut. In Gärten auch angepflanzt. Febr., März. hg. Meist Hb.  Frühlings-K., Märzbecher, **L. vernum L.**

52  Amaryllidáceae. Iridáceae

### 3. Narcíssus, Narzisse.

1. Btn.hülle gelb. Schlundkranz becherförmig, dottergelb, so lang wie die Zipfel der Btn.hülle. Bergwiesen, Gebüsche, Grasgärten. Sehr zerstreut. Meist nur verwildert. Zierpfl. März, April. hg. Hh. Giftig!     Gelbe N., **N. Pseudonarcíssus L.**
2. Btn.hülle weiß. Schlundkranz schüsselförmig, gelb, mit meist scharlachrotem Rande, kürzer als die Zipfel der Btn.hülle. (Fig. 126.) Häufige Zierpfl. Im südlichen Alpengebiet einheimisch. April, Mai. hg. F.     Weiße N., **N. poéticus L.**

### 15. Fam.: Iridáceae, Schwertliliengewächse.

Fig. 127.     Fig. 128.

I. Btn.hülle regelmäßig, nicht purpurn.
  A. Btn.hülle glockig, mit sehr langer Röhre. Narben oberwärts verbreitert, keilförmig. (Fig. 127.)     Crocus 52.
  B. Äußere Zipfel der Btn.hülle zurückgeschlagen oder abstehend, die inneren aufrecht oder einwärts gebogen. Griffel kurz. Narben kronblattartig, die Staubbl. verdeckend.     Iris 52.
II. Btn.hülle unregelmäßig, fast 2 lippig, mit aufrechten Zipfeln, purpurn. Narben oberwärts verbreitert (Fig. 128). Gladíolus 49.

### 1. Crocus, Safran.

1. Btn. violett, lila, weiß oder in diesen Farben gestreift, nur von 1 Hochbl. umhüllt. Staubfäden kahl. Btn.hüllbl. länglich-verkehrt-eiförmig, stumpf. (Fig. 127.) Stgl. meist 1 blütig. Bl. lineal, kahl. Häufige Zierpfl. aus Südeuropa. Zuweilen verwildert. Febr. bis April. pa. F.     Frühlings-S., **C. vernus Wulf.**
2. Btn. gelb, von 2 Hochbl. umhüllt. Narben etwas kürzer als die Staubbl. Staubfäden etwas behaart. Stgl. meist 2 blütig. Bl. ziemlich breit, gewimpert. Häufige Zierpfl. aus dem Orient. Febr., März. pa. F.     Gelber S., **C. aureus Sibth.**

### 2. Iris, Schwertlilie.

1. Die äußeren Btn.hüllbl. am Grunde der Innenseite durch einen Längsstreifen dichter Haare bärtig.
  a. Stgl. 1 blütig, kürzer als die Bl., 8—15 cm hoch. Btn.hülle meist violett. Auf Lehmmauern und in Gärten nicht selten angepflanzt. Wild im südöstlichen Europa bis Niederösterreich. April, Mai. Hh. und Ds.     Zwerg-Sch., **I. púmila L.**
  b. Stgl. mehrblütig, länger als die Bl., 30—100 cm hoch. Btn.hülle blau bis violett, am Grunde heller, mit gelbem Bart. Zierpfl. aus dem Mittelmeergebiet, an felsigen Abhängen und alten Burgen auch verwildert. Mai, Juni. Hh. und Ds. Der Wz.stock dieser und einiger verwandten Arten liefert die „Veilchenwurzel".     Deutsche Sch., **I. germánica L.**

Iridáceae. Orchidáceae 53

2. Äußere Btn.hülle am Grunde nicht gebärtet.
 a. Btn.hülle violett. Bl. schmal, fast grasartig, 2—6 mm breit. Stgl. zierlich, hohl, 30—60 cm hoch. Feuchte Wiesen, Gebüsche. Zerstreut, stellenweise selten. Juni. pa. Hh. und Ds.
 Sibirische Sch., **I. sibírica L.**
 b. Btn.hülle gelb. Bl. breit-schwertförmig, 1—3 cm breit. Stgl. kräftig, 60—100 cm hoch. Sümpfe, Gräben, Ufer, Erlenbrüche. Häufig. Mai, Juni. Hh. und Ds.
 Gelbe oder Wasser-Sch., **I. Pseudácorus L.**

3. **Gladíolus,** Siegwurz.

Knolle von starken Fasern umhüllt. Stgl. bis 1 m hoch. Btn. 5 bis 10, in einseitswendiger, lockerer Ähre, purpurrot. (Fig. 128.) Zierpfl. aus dem Mittelmeergebiet, bisweilen verwildert. Juni. pa. Hh.
 Echte S., **G. commúnis L.**

16. Fam.: **Orchidáceae,** Orchideen, Knabenkrautgewächse.[1])

I. Ganze Pfl. bräunlich, ohne grüne Bl. Btn. in vielblütiger Traube. Lippe 2 spaltig, ungespornt, länger als die übrigen, helmartig zusammenneigenden Btn.hüllbl. (Fig. 129.) Neóttia 58.
II. Pfl. mit grünen Bl.
 A. Lippe pantoffelartig aufgeblasen, gelb. Btn.hüllbl. abstehend, purpurbraun. Staubbeutel 2. Stgl. beblättert, mit 1 oder 2 großen Btn. (Fig. 130.)
 Cypripédium 54.

Fig. 129.   Fig. 130.

 B. Lippe nicht bauchig aufgeblasen. Btn. meist zu mehreren. Staubbeutel 1.
  1. Lippe mit einem (bisweilen kurzen) Sporn. Fr.-knoten gedreht. (Fig. 131.)
   a. Lippe 3lappig bis 3teilig, vorgestreckt.   Fig. 131.
    aa. Sporn walzlich, höchstens so lang wie der Fr.-knoten. Stieldrüsen (Klebmassen) der Staubmassen in ein 2 fächeriges Beutelchen eingeschlossen. (Fig. 132.)
     Orchis 55.
    bb. Sporn fadenförmig, dünn, länger als   Fig. 132.
     der Fr.knoten. (Fig. 133.) Stieldrüsen der Staubmassen ohne Beutelchen.
     Gymnadénia 56.
   b. Lippe ungeteilt, herabhängend, verlängert.
    aa. Sporn fadenförmig, länger als
     der Fr.knoten. (Fig. 134.) Lippe   Fig. 133.  Fig. 134.
     ganzrandig. Btn. weiß. Laubbl. 2, gegenständig.
     Platanthéra 56.

---
1) Die meisten Arten sind in ihren Wurzeln mit einem innerhalb der Zellen lebenden Pilz (endotrophe Mykorrhiza) vergesellschaftet.

Orchidáceae

bb. Sporn kegelförmig, viel kürzer als der Fr.knoten. Lippe an der Spitze 3 zähnig, der mittlere Zahn kürzer. (Fig. 135.) Btn. grünlich. Laubbl. 2—4.
Coeloglóssum 56.
2. Lippe ohne Sporn.
  a. Lippe durch einen seitlichen Einschnitt quer- 2 gliedrig.
    aa. Fr.kn. sitzend, gedreht, aufrecht. Btn.hüllbl. zusammenneigend, die Lippe zum Teil verbergend. (Fig. 136.)
Fig. 135.  Fig. 136.
Cephalanthéra 57.
    bb. Fr.kn. nicht gedreht, aber an gedrehtem Stiel, nickend. Btn.hüllbl. glockig abstehend. (Fig. 137.)
Epipáctis 57.
  b. Lippe nicht durch eine seitliche Einkerbung 2 gliedrig.
    aa. Btn. bunt, ansehnlich, insektenartig. Lippe sammetartig behaart. Btn.hüllbl. abstehend (ausgebreitet), die äußeren viel länger als die inneren. (Fig. 138.)
Fig. 137.  Fig. 138.
Ophrys 55.
    bb. Btn. grünlichgelb oder weißlichgrün. Lippe kahl. Btn.hüllbl. aufrecht oder glockig zusammenneigend, höchstens die 2 seitlichen abstehend.
      α. Ähre schraubenförmig gedreht. Wz. knollig. Lippe ungeteilt, rinnig, vorgestreckt, kürzer als die übrigen Btn.hüllbl. (Fig. 139.)

Fig. 139.  Fig. 140.
Spiránthes 57.
      β. Ähre nicht gedreht. Pfl. mit kriechendem Wz.stock, ohne Knollen.
        αα. Lippe tief-2 spaltig, sehr verlängert, hängend. (Fig. 140.) Btn. grünlichgelb, in allseitswendiger Traube. Stgl. über dem Grunde mit 2 fast gegenständigen Laubbl. Listéra 58.
        ββ. Lippe ungeteilt, kürzer als die äußeren Btn.hüllbl. Btn. grünlichweiß, in einseitswendiger Ähre. Bl. rosettenartig gehäuft, netzaderig.
Goodyéra 58.

## 1. Cypripédium, Frauenschuh.

Stgl. meist 3—5 blättrig, kurzhaarig, 15—45 cm hoch. Bl. elliptisch bis eiförmig-lanzettlich, spitz, gefaltet. Btn. (Fig. 130) rotbraun, Lippe hellgelb, am Grunde rot punktiert. Laub- und Buschwälder, gern auf Kalk. Zerstreut in Süd- und Mittel-, selten in Norddeutschland. Muß, wie die meisten, starken Nachstellungen ausgesetzten Arten dieser Familie, als Naturdenkmal geschützt werden. Mai, Juni. Hb. und D.
Braungelber Fr., C. Calcéolus L.

Orchidáceae 55

2. Óphrys, Ragwurz.

Lippe ziemlich flach, purpurbraun, am Grunde mit einem fast
4 eckigen bläulichen Fleck. Innere Btn.hülle schmal-lineal, sammet-
artig, braun. (Fig. 138.) Äußere Btn.hüllbl. grünlich. Stgl. 15—30 cm
hoch. Sonnige bebuschte Kalkhügel. Sehr zerstreut. Mai, Juni. Dt.
  Fliegen-R., **O. muscífera Huds.**

3. Orchis, Knabenkraut.

1. Sämtliche Btn.hüllbl. mit Ausnahme der Lippe helmartig oder
   glockig-zusammenneigend. Knollen stets ungeteilt.
   a. Lippe 3 lappig, breiter als lang, ihr Mittellappen ungeteilt oder
      höchstens seicht ausgerandet. (Fig. 141.)
      Deckbl. so lang wie der Fr.knoten. Ähre
      locker, wenig (etwa bis 10) blütig. Btn.
      violett-purpurn, bisweilen auch heller.
      Trockene, sonnige Wiesen, Hügel. Meist häu-
      fig, doch streckenweise selten oder fehlend.
      Mai, Juni. Hb. und Hh.
        Kleines K., Salep-Orchis, **O. Mório L.**    Fig 141.
   b. Lippe 3 teilig, mit verlängertem, 2 spaltigem oder 2 lappigem
      Mittellappen. Deckbl. viel kürzer als der Fr.knoten.
      aa. Helm kurz eiförmig, außen rosa und dunkelpurpurn gefleckt
          oder braunrot, innen grünlichweiß, dunkler als
          die Lippe. Mittelzipfel der Lippe am Grunde 4-
          oder 5 mal so breit als die Seitenzipfel, nach oben
          allmählich verbreitert. (Fig. 142.) Lippe hellrosa
          oder hellpurpurn, dunkler gefleckt. Wohlriechend.
          Lichte Laubwälder, buschige, sonnige Hügel, gern   Fig. 142.
          auf Kalk. Sehr zerstreut und meist einzeln.
          Mai, Juni. Meist Hh.
              Purpurrotes K., **O. purpúreus Huds.**
      bb. Helm eiförmig-lanzettlich, außen blaßrosa oder
          aschgrau überlaufen, heller als die Lippe. Mittel-
          zipfel der Lippe fast ebenso schmal wie die Seiten-
          zipfel, an der Spitze plötzlich verbreitert. (Fig.
          143.) Lippe hellpurpurn mit dunkelroten Punkten.    Fig. 143.
          Wohlriechend. Wiesen, Waldränder, Abhänge, zerstreut.
          Mai, Juni. Hb. und Hh. (O. Rivini Gouan.)
              Helm- oder Soldaten-K., **O. militáris L.**
2. Die beiden äußeren seitlichen Btn.hüllbl. abstehend oder zurückgeschlagen.
   a. Knollen ungeteilt. Deckbl. häutig. Sporn wagerecht oder auf-
      steigend. Ähre ziemlich locker. Btn. ansehnlich, purpurrot bis
      hellrot, meist geruchlos. Lippe tief 3 lappig, heller als die übrigen
      Btn.hüllbl. Wiesen, lichte Laubwälder. Mai, Juni.
      Meist Hh.     Großes oder Kuckucks-K., **O. másculus L.**
   b. Knollen tief, oft handförmig geteilt. Deckbl. krautig. Sporn ab-
      wärts gerichtet.

aa. Stgl. markig, 6—10 blättrig. Bl. aus schmälerem Grunde verbreitert, meist schwarzbraun gefleckt, das oberste von der Ähre entfernt. Deckbl. so lang oder kürzer als die Btn. Btn. meist hell-lila. Lippe gefleckt, breit-3-lappig. (Fig. 144.) Wiesen, lichte Wälder und Gebüsche. Häufig. Juni, Juli. Meist D.
 Geflecktes K., O. maculátus L.
bb. Stgl. hohl, 3—6 blättrig, das oberste Bl. die Ähre meist erreichend. Untere und mittlere Deckbl. länger als die Btn.

Fig. 144.

α. Bl. aus schmälerem Grunde bis zur Mitte verbreitert, an der Spitze flach, kurzscheidig, schief-abstehend, trübgrün, meist schwarzbraun gefleckt, die unteren oval oder länglich-elliptisch, etwa in der Mitte am breitesten, die oberen zugespitzt. Btn. lilapurpurn. Feuchte Wiesen. Meist häufig. Mai, Juni. Hb. und Hh. Breitblättriges K., O. latifólius L.

β. Bl. fast vom Grunde an verschmälert, lang-lanzettlich, an der Spitze kappenförmig zusammengezogen, aufrecht, meist ungefleckt, hellgrün. Btn. meist hellpurpurn oder fleischfarbig. Moorige Wiesen. Zerstreut. Juni, Juli. Hb. und Hh. Fleischfarbiges K., O. incarnátus L.

### 4. Coeloglóssum, Hohlzunge.

Bl. allmählich in die Deckbl. übergehend, elliptisch bis länglich-lanzettlich. Deckbl. so lang oder länger als die Btn. Btn.hülle grünlichgelb oder rötlich überlaufen. (Fig. 135.) Stgl. 10—20 cm hoch. Wiesen, Raine. Zerstreut. Mai, Juni. Fn. (Platanthéra víridis Lindl.) Grüne H., C. víride Hartm.

### 5. Gymnadénia, Händelwurz.

Knollen handförmig-geteilt. Bl. lanzettlich-lineal. Ähre meist vielblütig, verlängert. Sporn 1½—2 mal so lang als der Fr.kn. Lippe 3lappig. (Fig. 133.) Stgl. 30—60 cm hoch. Btn. hell- oder lilapurpurn, selten weiß, wohlriechend. Feuchte Wiesen, Wälder, Bergabhänge. Zerstreut. Juni, Juli. Fn. Mrh.
 Große H., G. conopéa R. Br.

### 6. Platanthéra, Kuckucksblume.

1. Staubbeutelfächer gleichlaufend, genähert. Sporn fadenförmig. (Fig. 134.) Bl. meist 2. Btn. weiß, sehr wohlriechend, besonders am Abend. Wiesen, lichte Waldstellen. Häufig. Juni, Juli. Fn.
 Zweiblättrige K., Waldhyazinthe, P. bifólia Rchb.

2. Staubbeutelfächer nach unten auseinandertretend, entfernt. Sporn meist etwas keulenförmig und bogig-gekrümmt. Btn. grünlicher, größer, fast geruchlos. Schattige Laubwälder. Zerstreut. Juni, Juli. Fn. (P. montána Rchb. fil.)
 Grünliche K., P. chlorántha Custer.

Orchidáceae 57

## 7. Cephalanthéra, Waldvöglein.

1. Btn. hellpurpurn oder rosa. Btn.hüllbl. spitz. Vorderes Glied der Lippe zugespitzt, länger als breit. (Fig. 136.) Deckbl. so lang oder länger als der Fr.kn. Untere Bl. länglich, obere lanzettlich, spitz. Stgl. oberwärts nebst den Fr.kn. kurzhaarig. Wälder, buschige Hügel. Zerstreut. Juni, Juli. E.    Rotes W., **C. rubra Rich.**
2. Btn. weiß oder gelblichweiß. Vorderes Glied der Lippe stumpf, breiter als lang. (Fig. 145.) Ganze Pfl. (auch der Fr.kn.) kahl.
 a. Deckbl. so lang oder länger als der Fr.kn. Btn.hüllbl. stumpf oder stumpflich, gelblichweiß. Lippe innen gelb. Ähre meist wenigblütig. Bl. länglich-eiförmig, spitz oder stumpflich. Lichte Laubwälder, Gebüsche. Zerstreut. Mai, Juni. autg. (C. pallens Rich., C. grandiflóra Bab.)
  Weißes oder großblütiges W., **C. alba Simk.**
 b. Deckbl. viel kürzer als der Fr.kn. Äußere Btn.hüllbl. spitz, weiß. Lippe innen mit gelbem Fleck. Ähre ziemlich vielblütig. Bl. lanzettlich, zugespitzt, die oberen lineal-lanzettlich. Schattige Wälder. Zerstreut. Mai, Juni. E. (C. Xiphophýllum Rchb.)

Fig. 145.

  Lang- oder schwertblättriges W., **C. longifólia Fritsch.**

## 8. Epipáctis, Sumpfwurz.

1. Vorderes Glied der Lippe rundlich, stumpf, flach, am Rande welliggekerbt, von dem hinteren durch einen tiefen Einschnitt getrennt, daher beweglich. (Fig. 146.) Äußere Btn.hüllbl. bräunlichgrün, innen weiß, am Rande rötlich. Lippe weiß, rosa geadert, mit gelbem Fleck. Bl. lanzettlich. Sumpfwiesen. Zerstreut. Juli, Aug. Hb. und D.
  Echte oder weiße S., **E. palústris Crantz.**
2. Vorderes Glied der Lippe zugespitzt, vertieft, dem hinteren breit aufsitzend, unbeweglich.

Fig. 146.

 a. Fr.knoten zerstreut behaart oder fast kahl, in seinen Stiel verschmälert. Hinteres Lippenglied vorn mit enger Mündung, das vordere am Grunde mit einem nicht gekerbten, oft fast verschwindendem Höcker. Btn. grünlich, rötlich überlaufen. Stgl. grün oder oberwärts violett überlaufen. Wälder, Gebüsche. Ziemlich verbreitet. Juli, Aug. Hw.
  Breitblättrige S., **E. latifólia All.**
 b. Vorderes Lippenglied mit 2 faltig-gekerbten Höckern, das hintere mit weiter Mündung. Btn. dunkel-braunrot, wohlriechend. Pfl. rotbraun überlaufen. Trockene, lichte Wälder, Hügel, buschige Abhänge, Dünen. Zerstreut. Juni—Aug. (E. rubiginósa Gaud.) Braunrote S., Strandvanille, **E. atropurpuréa Raf.**

## 9. Spiránthes, Drehwurz.

Bl. in seitenständiger Rosette, eiförmig-länglich, spitz. Stgl. nur mit einigen Scheiden besetzt, oberwärts kurzhaarig. 10—20 cm hoch.

# Dicotylédoneae

Lippe vorn wellig gekerbt. (Fig. 139.) Btn.hülle weiß, außen grünlich. Wiesen, Raine. Zerstreut. Aug.—Okt. Hh.

Herbst-D., **S. autumnális Rich.**

### 10. Listéra, Zweiblatt.

Stgl. 20—50 cm hoch, mit 2 fast gegenständigen Bl. Bl. elliptisch-eiförmig oder eiförmig. Traube vielblütig. Btn.hülle grün, Lippe fast gelblich. (Fig. 140.) Feuchte Laubwälder, Gebüsche, Wiesen. Verbreitet. Mai, Juni. Hi. Großes Z., **L. ováta R. Br.**

### 11. Neóttia, Nestwurz.

W.stock mit vielen, dicht aneinander liegenden Wz. besetzt (oft vogelnestartig). Stgl. mit 4 oder 5 anliegenden Schuppenbl. Zipfel der Lippe ausgespreizt. (Fig. 129.) Ganze Pfl. gelbbräunlich. Schattige Wälder. Zerstreut. Mai, Juni. D. und autg.

Gemeine N., **N. Nidus-avis Rich.**

### 12. Goodyéra, Netzblatt.

Wz.stock kriechend. Bl. unten rosettenartig gehäuft, eiförmig-länglich, netzadrig. Ähre vielblütig, dicht. Btn.hülle außen grünlich, innen weißlich. Moosige Nadelwälder. Zerstreut. Juli—Aug.

Kriechendes N., Mooswurz, **G. repens R. Br.**

## 2. Klasse: Dicotylédoneae, Netzblättler.

I. Btn.hülle gleichartig, Perigon, (kelch- oder kronartig) oder fehlend oder doch nicht in K. und Kr. geschieden. Kronlose N. 58.
II. Btn.hülle deutlich in K. und Kr. geschieden.
  A. Kr. freiblättrig (aus 2 bis mehreren freien Bl. bestehend).
Freikronblättrige N. 64.
  B. Kr. verwachsenblättrig (aus wenigstens am Grunde verwachsenen Bl. bestehend). Manchmal hängen die Kronblätter nur am äußersten Grunde zusammen, z. B. bei Lysimachia; bei Phyteuma spalten sie beim Aufblühen auseinander.
Verwachsenkronblättrige N. 68.

### 1. Kronlose Netzblätter.[1]

#### A. Holzgewächse.

I. Btn., wenigstens die männlichen, in Kätzchen, 1- oder 2häusig. Bl. wechselständig, im Herbst abfallend.
  A. Nur die männlichen Btn. in Kätzchen.
    1. Weibliche Btn. einzeln oder zu 2 oder 3 an der Spitze der Ästchen. (Fig. 147.) Männliche Kätzchen walzenförmig, ungestielt. Bl. unpaarig-gefiedert. Juglandáceae 71.

Fig. 147.

---

[1] Unter diesen sind auch Familien und Gattungen aufgeführt, die ihrer Stellung im System nach nicht hierher gehören, die aber beim Bestimmen hier gesucht werden. Sie sind eingeklammert. Das gilt auch von den folgenden beiden Unterklassen.

Dicotylédoneae 59

2. Weibliche Btn. einzeln oder zu 2—5 von einer bleibenden, später sich vergrößernden, becherförmigen Hülle umschlossen. (Fig. 148.) Männliche Kätzchen walzenförmig oder kugelig und dann lang gestielt. Bl. einfach, ungeteilt bis buchtig gelappt.
Fagáceae 77. Fig. 148.
Vgl. auch Betuláceae S. 75.
B. Männliche und weibliche Btn. in Kätzchen.
1. Kätzchen ei- bis walzenförmig. Bl. ungeteilt, nicht fingernervig. Narben 2.
a. Btn. 2 häusig. Fr.kn. 1 fächerig.
aa. Staubbl. 4, mit sehr kurzen Fäden, Staubbeutel daher fast sitzend. Narben fadenförmig, rot. Fr. fast steinfr.artig. Samen ohne Haarschopf. Myricáceae 71. Fig. 149.
bb. Staubbl. mit längeren oder kürzeren Fäden. Narben meist kurz, oft gespalten. (Fig. 149.) Fr. eine 2- (bis 4) klappige Kapsel. Samen mit Haarschopf. Salicáceae 72. Fig. 150.
b. Btn. 1 häusig. Fr.kn. 2 fächerig. Narben fadenförmig. (Fig. 150.) Fr. eine 1 fächerige, 1 samige Nuß. Samen ohne Haarschopf. Betuláceae 75.
2. Kätzchen, wenigstens die weiblichen, kugelig. Bl. fingernervig, gelappt.
a. Männliche Kätzchen länglich, weibliche fast kugelig, später zu einer saftigen brombeerartigen Scheinfr. auswachsend. (Fig. 151.) Btn.hülle 4 blättrig. Staubbl. 4. Narben 2.
Moráceae 78. Fig. 151.
b. Männliche und weibliche Kätzchen kugelig, perlschnurförmig, hängend. Btn.hülle fehlend. Staubbl. zahlreich. (Fig. 152.) Griffel pfriemlich. Nüßchen 1 samig.
(Platanáceae 130.)
II. Btn. nicht in Kätzchen.
A. Bl. lederartig. Immergrüne, meist kleine Sträucher.
1. Bl. gegenständig. Staubbl. 4.
a. Auf Bäumen schmarotzende, kleine Sträucher. Btn. 1- oder 2 häusig. Griffel fehlend. Fig. 152.
Narbe einfach. Fr. eine 1 samige Beere. (Fig. 153.)
Loranthaceae 79.
b. Nicht schmarotzender Strauch (oder Baum). Btn. 1 häusig. Griffel 3, kurz. Fr. eine 3 fächerige Kapsel. (Fig. 154.)
(Buxáceae 163.)
2. Bl. wechselständig. Fr. eine beerenartige Steinfr.
a. Kletternder Strauch mit 3 bis
Fig. 153. Fig. 154.

5 lappigen Bl. Btn. zwitterig, in Dolden. K. 5 zähnig, oft undeutlich. Kr. unscheinbar, 5 blättrig. Staubbl. 5.
    (Araliáceae 176.)
b. Heidekrautähnlicher, niederliegender und aufsteigender Zwergstrauch. Btn. meist 2 häusig. K. und Kr. 3 blättrig. Staubbl. 3.   (Empetráceae 190.)

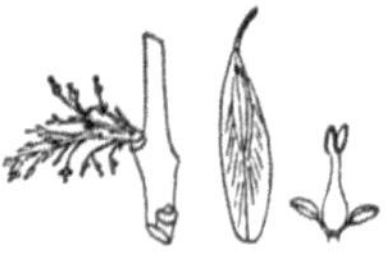

Fig. 155.

B. Bl. krautig. Sommergrüne Bäume oder Sträucher.
 1. Bt. vor den Bl. erscheinend.
  a. Bltn.hülle fehlend. Staubbl. 2. Btn. rispig. Fr. geflügelt. (Fig. 155.) Bl. unpaariggefiedert.     (Fráxinus 194.)
  b. Btn.hülle vorhanden.
    aa. Kleiner Strauch. Btn. sitzend, rot, in meist 3 blütigen, seitlichen Btn.ständen. (Fig. 156.) Staubbl. 8.   (Daphne 172.)

Fig. 156.

    bb. Größerer Strauch oder kleiner Baum. Btn. gelb, doldig, von einer 4 blättrigen Hülle umgeben. Staubbl. 4. (Fig. 157.) K. sehr klein.   (Cornáceae 188.)
    cc. Größere Bäume.

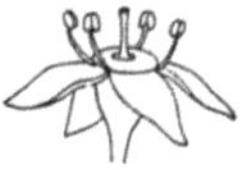

Fig. 157. 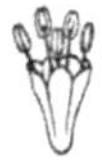   Fig. 158.

      α. Bt. kopfig oder büschelig. Btn.hülle glockig, 4 bis 8 spaltig. Staubbl. 3—8. (Fig. 158.) Bl. ungeteilt, meist ungleichhälftig.
                                        Ulmáceae 78.
      β. Bt. in aufrechten Doldentrauben. K. 5 teilig. Kr. zuweilen fehlend. Staubbl. 8. Bl. gelappt oder gefiedert.   (Acer 164.)
 2. Btn. mit oder nach den Bl. erscheinend.
  a. Bl. gegenständig.
    aa. Staubbl. und Stempel zahlreich, frei. K. freiblättrig. Kr. fehlend. Kletternder Strauch. (Clématis 104.)
    bb. Staubbl. 4—10. Griffel 2 spaltig. K. verwachsenblättrig. Kr. zuweilen fehlend. Meist Bäume.
                                        (Aceráceae 164.)
    cc. Staubbl. 4. Bl. einfach, ungeteilt.
      α. Griffel einfach. Fr.kn. unterständig. K. sehr klein. 4 zähnig. (Fig. 157.) Kr. weiß. (Cornáceae 188.)
      β. Griffel 2—4 spaltig. (Fig. 182.) Fr.kn. oberständig. Kr. klein, gelblich oder grünlich. (Rhamnus 165.)
  b. Bl. wechselständig.
    aa. Griffel 3. K. 5 spaltig. Kr. fehlend oder 5 blättrig. Btn. in Rispen.   (Anacardiáceae 163.)
    bb. Griffel oder Narbe 1.
      α. Windender Strauch mit herzförmigen Bl. Btn.hülle röhrig, ungleichmäßig. (Fig. 159.) Staubbeutel mit dem Griffel verwachsen.
                        Aristolóchia 80. Fig. 159.

Dicotylédoneae 61

β. Aufrechte Sträucher.
  αα. Bl. ungeteilt, ganzrandig, silbergrauschülferig. Btn.hülle 2 teilig oder 4- oder 5 spaltig. Staubbl. 4 (—6). (Elaeagnáceae 172.)
  ββ. Bl. 3—5 lappig oder -spaltig. Btn. traubig. K. 5 spaltig. Kr. 5 blättrig, sehr klein. Staubbl. 5.
       (Ribes 129.)

B. Krautartige Gewächse.
I. Wasserpfl.
  A. Bl. wechselständig, schwimmend. Btn. in walzenförmigen Ähren. Btn. 5 spaltig, rosa. Staubbl. meist 5.
       Polýgonum 83.
  B. Bl. gegenständig oder quirlig.
    1. Untergetauchte Bl. gegenständig, die schwimmenden oft zu einer Rosette gehäuft. Btn. einzeln in den Bl.achseln. Btn.hülle undeutlich. Staubbl. 1 oder 2. Griffel 2. (Fig. 160).
       (Callitricháceae 162.)

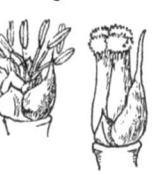

Fig. 160. Fig. 161.

    2. Bl. quirlständig.
      a. Bl. ungeteilt, lineal, oder fast lanzettlich. Btn. zwitterig, einzeln in den Bl.-achseln, mit 1 Staubbl. (Fig. 161.)
         (Hippuridáceae 176.)
      b. Bl. geteilt, mit linealen oder fadenförmigen Zipfeln. Btn. 1 häusig.
        aa. Bl. wiederholt gabelteilig. Btn. einzeln in den Bl.achseln. (Fig. 162.)
            (Ceratophylláceae 100.)
        bb. Bl. kammartig-fiederteilig. Btn. in unterbrochenen, meist aus Quirlen bestehenden Ähren. (Fig. 163.) (Halorrhagáceae 176.)

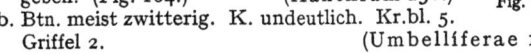

Fig. 163.   Fig. 162.

II. Landpfl.
  A. Btn. mit 2—mehreren Fr.kn. Staubbl. 5—viele. K. kronartig gefärbt. Kr. oft fehlend. (Ranunculáceae 100.)
  B. Btn. in Köpfen, von einer gemeinschaftlichen Hülle umgeben.
    1. Staubbeutel der 5 Staubbl. zu einer Röhre verwachsen. Kr. röhrig, 5 zähnig bis 5 spaltig oder zungenförmig. K. meist aus Haaren, seltener aus Schüppchen gebildet oder fehlend. (Compósitae 240.)
    2. Staubbeutel der 5 Staubbl. frei.
      a. Btn. 1 häusig. Weibliche Btn. zu je 2 von einer stacheligen, geschlossenen Hülle umgeben. (Fig. 164.) (Xánthium 250.)

Fig. 164.

      b. Btn. meist zwitterig. K. undeutlich. Kr.bl. 5. Griffel 2. (Umbellíferae 176.)

62    Dicotyledoneae

3. Staubbeutel frei. Pfl. mit Milchsaft. Siehe C. 2. c (S. 63).
C. Btn. nicht in Köpfen, oder doch nicht von einer gemeinschaftlichen Hülle umgeben. Fr.kn. 1.
  1. Fr.kn. unterständig oder halbunterständig.
    a. Bl. quirlständig. K. 3- oder 4zähnig, oft undeutlich. Kr. 4spaltig. Staubbl. 4. (Rubiáceae 230.)
    b. Bl. gegenständig.
      aa. Btn. einzeln. Btn.hülle glockig, 3- oder 4spaltig. (Fig. 165.) Staubbl. 12, dem kurzen Griffel angewachsen.
            Aristolochiáceae 80.
      bb. Btn. trugdoldig, klein.
        α. Staubbl. 8—10. Griffel 2. Btn.hülle 4- oder 5 spaltig, flach.
              (Saxifragáceae 127.)           Fig. 165.
        β. Staubbl. 1—3. Kr. trichterförmig, 5spaltig. K. undeutlich, gezähnt oder zuletzt als Haarkelch ausgebildet.                   (Valerianáceae 235.)
    c. Bl. wechselständig.
      aa. Staubbl. 3—5.
        α. Btn. traubig oder rispig. Btn.hülle trichterig bis glockig, innen weiß. Griffel 1. Bl. einfach, schmal.
                Santaláceae 80.
        β. Btn. in Köpfen, Ähren oder Dolden.
          αα. Staubbl. 4. K. 4zipfelig. Kr. fehlend. Btn. in kopfigen Ähren. Bl. gefiedert.
                                            (Rosáceae 130.)
          ββ. Staubbl. 5. K. undeutlich. Kr. 5blättrig. Griffel 2. Btn. in Dolden oder Köpfen. Bl. meist geteilt oder zusammengesetzt.
                                            (Umbellíferae 176.)
      bb. Staubbl. 6—10.
        α. Btn.hülle röhrig, unregelmäßig. (Fig. 159.) Staubbl. 6, dem kurzen Griffel angewachsen.
              Aristolchia 80.
        β. Btn.hülle flach, 4- oder 5spaltig (gelb). Staubbl. 8—10. Griffel 2. (Fig. 166.) Btn. in flachen Trugdolden.
                    (Chrysosplénium 129.)    Fig. 166.
      cc. Staubbl. zahlreich, siehe 2. c (S. 63).
  2. Fr.kn. oberständig.
    a. Bl. grund- oder quirlständig. (Netzblättrige Monocotyledonen.)
      aa. Bl. grundständig, pfeil- oder fast spießförmig. Btn. in einem endständigen gelbgrünlich behüllten Kolben. (Fig. 101.)                           (Arum 41.)
      bb. Bl. quirlständig, fast sitzend. Btn. einzeln, grünlich. (Fig. 109.)                            (Páris 51.)
    b. Bl. gegenständig.
      aa. Btn. 1- oder 2häusig.

Dicotylédoneae 63

α. Staubbl. 4 oder 5. Btn., wenigstens die männlichen, rispig.
αα. Bl. gelappt bis gespalten oder gefingert. Btn. 2 häusig. Staubbl. 5. Pfl. ohne Brennhaare.
Moráceae 78.
ββ. Bl. ungeteilt. Btn. 1- oder 2 häusig. Staubbl. 4. Pfl. mit Brennhaaren. Urticáceae 79.
β. Staubbl. 8—mehrere. Männliche Btn. ährig. Bl. ungeteilt. Stg. aufrecht. Pfl. ohne Brennhaare.
(Mercuriális 161.)
bb. Btn. zwitterig. Bl. einfach, ungeteilt. Kleine, oft niederliegende Kräuter.
α. K. 4- oder 5 spaltig bis 4- oder 5 blättrig. Kr.bl. sehr klein, staubfadenartig oder fehlend. Staubbl. 4—10. Griffel 1—5. Caryophylláceae 90.
β. K. 12 zähnig, glockig. Kr. zuweilen fehlend. Staubbl. meist 6. Griffel 1. (Peplis 173.)
c. Bl. wechselständig (höchstens die unteren gegenständig).
aa. Pfl. mit Milchsaft. Btn. 1 häusig (1 weibliche und mehrere männliche Btn. bilden einen einer Einzelbte. ähnlichen Btn.stand), von einer glockigen, kelchartigen Hülle umgeben, doldig, meist grünlich oder gelblich. (Fig. 167.)
(Euphórbia 161.)

Fig. 167.

bb. Pfl. ohne Milchsaft.
α. Bl. mit häutigen, umfassenden Scheiden oder mit Nebenbl.
αα. Bl. mit trockenhäutigen, umfassenden, tutenförmigen Scheiden. Staubbl. 5—8. Griffel oder Narben 2 oder 3. Bl. meist ungeteilt.
Polygonáceae 81.
ββ. Bl. mit dem Bl.stiele angewachsenen Nebenbl. Bl. fingerig-gelappt oder gefiedert.
(Rosáceae 130.)
β. Bl. ohne Scheiden und ohne Nebenbl.
αα. Griffel oder Narben 2—5. Staubbl. 1—5. Bltn.hülle 3—5 teilig oder 3—5 blättrig, krautig (grün) oder trockenhäutig.
ϰ. Btn.hülle meist krautig, seltener trockenhäutig. Fr.kn. mit 2—4 spaltigem Griffel.
Chenopodiáceae 85.
ᴐ. Btn.hülle deutlich trockenhäutig, oft gefärbt. Fr.kn. mit einfachem Griffel.
Amarantáceae 89.
ββ. Griffel 1 mit einfacher Narbe. Staubbl. 5. Btn.-hülle 5 spaltig, glockig, innen hellrosa. Btn. klein, einzeln in den Bl.achseln. (Glaux 194.)

## 2. Freikronblättrige Netzblättler.

### A. Fruchtknoten unterständig oder halbunterständig.
I. Bäume oder Sträucher.
  A. Bl. gegenständig.
    1. K. 4 zähnig, sehr klein. Kr.bl. und Staubbl. 4. Griffel 1. (Fig. 157.) Fr. eine Steinfr. Cornáceae 188.
    2. K.zipfel und Kr.bl. 4 oder 5. Staubbl. zahlreich. Griffel 4 oder 5. Fr. eine Kapsel. Philadélphus 129.
  B. Bl. wechselständig.
    1. Staubbl. zahlreich. K.zipfel und Kr.bl. 5. Bl. meist mit Nebenbl., einfach oder gefiedert. Bäume oder Sträucher. Rosáceae 130.
    2. Staubbl. 5—10.
      a. K. 5 zähnig, oft undeutlich. Kr.bl. 5. Staubbl. 5—10. Bl. lederig. Kletternder Strauch. Araliáceae 176.
      b. K. 5 spaltig, größer als die 5 blättrige Kr. Staubbl. 5. Bl. krautartig. Aufrechte Sträucher. Ribes 129.
II. Kräuter.
  A. Wasserpfl. Kr.bl. 4.
    1. Staubbl. 4. Narbe 1. Griffel vorhanden. Fr. eine 4 dornige Nuß. (Fig. 168.) Bl. ungeteilt, die schwimmenden rosettig. Trapa 175.
    2. Staubbl. 8. Narben 4, sehr groß. Griffel fehlend. Btn. 1 häusig. Bl. kammartig-gefiedert, quirlständig, meist untergetaucht. Halorrhagáceae 176.

Fig. 168.

  B. Landpfl. oder Sumpfpfl.
    1. Griffel 1.
      a. K. 2- oder 4 teilig. Kr.bl. 2 oder 4. Staubbl. 2, 4 oder 8. Oenotheráceae 173.
      b. K. 6—12 zähnig. Kr.bl. meist 4—6. Staubbl. 4—12. Lythráceae 173.
    2. Griffel 2.
      a. Staubbl. 5. Kr.bl. 5. K. 5 zähnig oder undeutlich. Teilfr. in 2 Früchtchen zerfallend. Btn. in Dolden, seltener in Köpfen. Bl. meist zusammengesetzt. Umbellíferae 176.
      b. Staubbl. 8—10. Kr.bl. meist 5. K.zipfel 4 oder 5. Kapsel 2 hörnig. Saxifragáceae 127.
      c. Staubbl. 10—20. K.zipfel und Kr.bl. 5. Bl. unterbrochen-gefiedert. Agrimónia 139.

### B. Fruchtknoten oberständig.

I. Fr.kn. 2—viele, frei oder selten unten verwachsen (jeder mit 1 Griffel oder 1 Narbe.)
  A. Bl. dick und fleischig. K. 5- oder 6—20 teilig. Kr. 5- oder 6- bis 20 blättrig. Staubbl. 10—20, dem Grunde des K. eingefügt. Crassuláceae 126.

Dicotylédoneae 65

B. Bl. krautig bis lederig.
 1. K. verwachsenblättrig. Kr. 4- oder 5blättrig. Staubbl. 15 bis viele, dem K. eingefügt. Bl. meist mit Nebenbl. Sträucher oder Kräuter. Rosáceae 130.
 2. K. freiblättrig. Kr. 3—6- oder mehrblättrig, oft sehr klein und eigentümlich (Honigbl.) gestaltet. Staubbl. 5—viele, dem Btn.boden eingefügt. Bl. ohne Nebenbl. Kräuter.
   Ranunculáceae 100.
II. Fr.kn. 1, oder mehrere in 1 verwachsen. Vgl. auch Nigella bei den Ranunculaceen.
 A. Krbl. ungleich. Vgl. auch Erodium und Dictamnus.
   1. Btn. mit Sporn oder Höcker.
      a. Staubbl. 5. Staubbeutel zusammenhängend oder zusammenneigend.
         aa. K.bl. 3—5, gefärbt, eins viel größer und gespornt. Kr.bl. 5, je 2 seitliche verwachsen.
            Balsamináceae 165.
         bb. K.bl. 5, grün, am Grunde mit Anhängseln. Kr.bl. 5, eins gespornt. Violáceae 169.
      b. Staubbl. mehr als 5.

         aa. Staubbl. 6, in 2 Bündel verwachsen. K.bl. 2, abfällig. Kr.bl. 4, davon 1 oder 2 gespornt.
            Papaveráceae 109.
         bb. Staubbl. 8. Griffel 1. K. 5teilig, gespornt. Kr.bl. 5, die 3 vorderen benagelt. Fr. 3knopfig. (Fig. 169.) Bl. schildförmig.
            Tropaeoláceae 159.

Fig. 169.

         cc. Staubbl. zahlreich. Griffel 1. K. gefärbt.
            Delphínium 103.
   2. Btn. ohne Sporn oder Höcker.
      a. K.bl. frei oder nur am Grunde verbunden.
         aa. K.bl. 4. Kr.bl. 4, die 2 äußeren größer. Staubbl. 6, 4 längere und 2 kürzere.
            Crucíferae 111.
         bb. K.bl. 5, die 2 seitlichen größer, gefärbt, flügelartig. Kr.bl. unter sich und mit den 8, in 2 Bündel vereinigten Staubbl. verwachsen. (Fig. 170.)
            Polygaláceae 160.

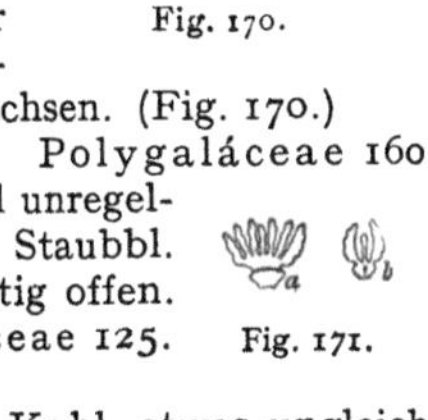

Fig. 170.

         cc. K.bl. 4 oder 6. Kr.bl. zum Teil unregelmäßig zerschlitzt. (Fig. 171.) Staubbl. zahlreich (11—30). Fr.kn. zeitig offen.
            Resedáceae 125.

Fig. 171.

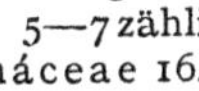

      b. K.bl. deutlich verwachsen.
         aa. Staubbl. meist 7 (6—8), frei. Kr.bl. etwas ungleich. Fr. eine meist 3fächerige Kapsel. Bl. 5—7zählig gefingert. Bäume. Hippocastanáceae 164.

Wünsche-Schorler, Verbr. Pflanzen Deutschlands. 9. Aufl. 5

66 Dicotyledoneae

bb. Staubbl. 10, alle verwachsen oder 1 frei. Kr. schmetterlingsförmig. Fr. eine Hülse, Kräuter, Sträucher, Bäume. Leguminósae 144.
B. Kr.bl. gleich.
1. Staubbl. 12—viele.
  a. Staubbl. mehr oder weniger unter sich verwachsen.
   aa. Staubbl. in 1 Bündel (Röhre) verwachsen. Fr. in zahlreiche, 1 samige Teilfrüchtchen zerfallend. Bl. gelappt bis geteilt, wechselständig. Malváceae 166.
   bb. Staubbl. in 3(—5) Bündel verwachsen. (Fig.172.) Fr. eine 3 fächerige Kapsel. Bl. ungeteilt, gegen-, seltener quirlständig. Hypericáceae 168.

  b. Staubbl. frei.
   aa. Wassergewächse. K. 4- oder 5blättrig. Kr.bl. und Staubbl. zahlreich. Narbe sternförmig. Bl. groß, schwimmend. Nymphaeáceae 99.

Fig. 172.

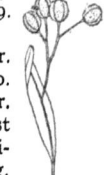

   bb. Bäume oder größere Sträucher.
    α. K. 5spaltig. Kr.bl. 5 (weiß oder rot.) Steinfr. Bäume oder Sträucher. Rosáceae 130.
    β. K. 5 blättrig. Kr.bl. 5 (gelblich.) Schließfr. Btn. in Trugdolden, diese mit einem meist halb angewachsenen, zungenförmigen, bleichen Tragbl. (Fig. 173.) Bl. herzförmig. Bäume. Tiliáceae 166.

Fig. 173.

  cc. Landkräuter oder sehr kleine Sträucher.
   α. K. verwachsenblättrig.
    αα. K. 2spaltig, mit abfallendem Saum. Kr.bl. 5 (4—6), gelb. Staubbl. 8—15. Griffel 3—6teilig. Kapsel quer aufspringend, 1 fächerig.
     (Portulacáceae 89.)
    ββ. K. (8—)12zähnig, röhrig. Kr.bl. 4—6. Staubbl. 12. Griffel 1, einfach. Kapsel 2fächerig.
     Lythrum 173.
   β. K. freiblättrig, oft abfällig, selten 1 blättrig.[1])
    αα. K.- und Kr.bl. 4, weißlich, abfallend. Fr. eine Beere. Bl. zusammengesetzt. Actǽa 103.
    ββ. K.bl. 2 oder 1. Kr.bl. 4. Fr. eine Kapsel. Pfl. oft mit Milchsaft. Papaveráceae 109.
    γγ. K.bl. 3 oder 5 und dann 2 kleiner. Kr.bl. 5, gelb. Kapsel 1 fächerig, meist 3 klappig. Bl. ungeteilt.
     Cistáceae 169.
2. Staubbl. 2—10.
  a. Kräuter.
   aa. Griffel 1, mit meist einfacher Narbe.
    α. K. verwachsenblättrig (bei Rutaceae nur ganz am Grunde).
     αα. Bl. gefiedert. K. 4- oder 5teilig. Kr.bl. 4 oder 5. Staubbl. 8 oder 10. Rutáceae 160.

Fig. 174.

---

1) Ist der K. an vollkommen entwickelten Btn. nicht mehr vorhanden, so untersuche man ihn an Knospen.

Dicotylédoneae 67

ββ. Bl. einfach, ungeteilt. K. 8- bis 12zähnig. Kr.bl. 4—6. Staubbl. 6—12. Lythráceae 173.
γγ. Bl. einfach, ungeteilt. K. 5teilig. Kr. 5teilig bis 5blättrig. Staubbl. 10. (Fig. 174.) (Pírola 189.) Vgl. auch Primulaceae 192.
β. K. freiblättrig.
αα. Staubbl. 6, 4 längere und 2 kürzere, seltener nur 4 oder 2. K.-und Kr.bl.4, letztere meist lang benagelt.
Crucíferae 111.
ββ. Staubbl. 8 oder 10. K.- und Kr.bl. 4 oder 5. (Fig. 175.) Pfl. ohne grüne Bl. (Monótropa 190.)  Fig. 175.
γγ. Griffel oder Narben 2—mehrere.
α. Bl. gelappt bis geteilt, gefiedert oder 3zählig.
αα. Bl. gelappt bis geteilt oder gefiedert. Staubbl. 5 oder 10. Früchtchen 5, einsamig, bei der Reife sich nebst den Grannen von der Mittelsäule ablösend. Geraniáceae 156.
ββ. Bl. 3zählig, mit einfachen längs gefalteten Bl.chen. (Fig.176.) Staubbl. 10. Fr. eine 5klappige, vielsamige Kapsel.
Oxalidáceae 159. Fig. 176.
β. Bl. einfach, ungeteilt, alle oder alle außer 1 grundständig.
αα. Bl. rot-drüsig-gefranst, alle grundständig. (Fig. 177.) Btn. traubig. Griffel 3—5.
Droseráceae 125.
ββ. Bl. kahl, herzförmig, bis auf 1 grundständig. Btn. einzeln. Narben 4. Mit 5 drüsig-gefransten Honigbl. (Fig. 178) neben den Staubbl. Parnássia 129. Fig. 177.
γ. Bl. einfach, ungeteilt, wechsel-, gegen- oder quirlständig. Fig. 178.
αα. Bl. wechselständig, seltener gegenständig (und dann die Kr. weiß, am Grunde gelb). K. 4- oder 5zipfelig. Kr.bl. 4 oder 5. Staubbl. 4 oder 5, oft unten verbunden. Griffel 4 oder 5. (Fig. 179.)
Lináceae 160.
ββ. Bl. gegen- oder quirlständig. Staubbl.Fig. 179. meist 10. Griffel 2—5. K. 4- oder 5zähnig od. 4- oder 5blättrig. Kr.bl. 4 oder 5.
Caryophylláceae 90.
b. Bäume oder (größere od. kleinere) Sträucher.
aa. Bl. einfach, ungeteilt.
α. K. verwachsenblättrig. Kr.bl. 4 oder 5. Staubbl. 4 oder 5, vor den Kr.bl. Fig. 180.

68  Dicotyledoneae

Griffel einfach oder 2—4spaltig. (Fig. 180.)
Fr. eine Steinfr. Rhamnáceae 165.
ββ. Staubbl. 4 oder 5, mit den Kr.bl.
abwechselnd, einer den Fr.kn. umgebenden Scheibe eingefügt. Griffel
einfach. Fr. eine 2—5fächerige Kap-
sel. (Fig. 181.) Celastráceae 163.

Fig. 181.

γγ. Staubbl. 8—10. Bl. lederig,
immergrün. Kleine Sträu-
cher. (Ericáceae 190.)
β. K. freiblättrig.
αα. K.- und Kr.bl. 3, rosa bis
purpurn. Staubbl. 3 Narben
Fig. 182.
6—9. Fr. eine beerenartige Steinfr. Niederliegender, heidekrautähnlicher Zwergstrauch
mit immergrünen, nadelähnlichen Bl.
Empetráceae 190.
ββ. K.- und Kr.-bl 6, gelb. Staubbl. 6. Griffel oder
Narbe 1. Fr. eine 2samige Beere. Hoher Strauch
mit breiten Bt. (Fig. 182.) Berberidáceae 108.
bb. Bl. gelappt bis gefingert oder gefiedert.
α. Griffel 3. Staubbl. 5. Fr. eine trockene
Steinfr. Btn. rispig. Bl. wechselständig, gefiedert oder ungeteilt. Anacardiáceae163.
β. Griffel 2spaltig oder Griffel 2. Bl. gegen- Fig. 183.
ständig.
αα. Staubbl. 5. Fr. eine 2- oder
3fächerige, häutige Kapsel.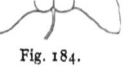
(Fig. 183.) Bl. gefiedert.
Staphyleáceae 163. Fig. 184.
ββ. Staubbl. meist 8. Fr. 2flügelig. (Fig. 184.)
Bl. gelappt bis gespalten. Meist Bäume.
Aceráceae 164.
γ. Griffel 1, einfach.
αα. Staubbl. 2. Kr. 2—4blättrig. Fr. geflügelt.
(Fig. 155.) Bl. gegenständig, gefiedert. Baum.
(Fráxinus 194.)
ββ. Staubbl. 5. Kr. 5blättrig. Fr. eine Beere. Bl.
wechselständig, gelappt bis gefingert. Klimmende Sträucher. Vitáceae 166.

## 3. Verwachsenkronblättrige Netzblätter.

**A. Mehrere oder viele Blüten zu einem Kopf vereinigt und von einer gemeinschaftlichen Hülle umgeben.**

I. Fr.kn. oberständig. Staubbl. 5, frei. Kr. regelmäßig, 5teilig.
Griffel 5. (Fig. 185.) Bl. grundständig. Plumbagináceae 194.
II. Fr.kn. unterständig.
A. Staubbl. 4. Staubbeutel frei. K. doppelt, der eine ober-, der
andere unterständig. Kr. 4- oder 5spaltig. Dipsacáceae 236.

Dicotylédoneae 69

B. Staubbl. 5.
 1. Staubbeutel zu einer Röhre verwachsen, selten
    frei. Kr. röhrig und 5 zähnig bis 5 teilig oder
    zungenförmig. K. meist aus Haaren bestehend.
    Fr. eine trockene Schließfr. Compósitae 240.
 2. Staubbeutel frei oder nur am Grunde schwach
    verbunden. Kr. 5 teilig. K. krautig, 5 spaltig. Fr.
    eine 1 fächerige Kapsel. Campanuláceae 238.

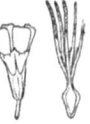
Fig. 185.

B. Blüten nicht in Köpfen oder doch nicht von einer gemeinschaftlichen Hülle umgeben.
 I. Fr.kn. unterständig oder halbunterständig.
  A. Kleinere oder größere Sträucher.
   1. Staubbl. 8(—10). Bl. wechselständig.     Vaccínium 191.
   2. Staubbl. 5. Bl. gegenständig.         Caprifoliáceae 233.
  B. Kräuter.
   1. Bl. quirlständig. Kr. (3- oder) 4 spaltig. Staubbl. 4. Fr.
      2 knopfig, nicht aufspringend.           Rubiáceae 230.
   2. Bl. gegenständig.
      a. Btn. zu 5—9 in fast würfelförmigem, endständigem
         Köpfchen. Staubbl. 7—10. Kr. 4—5 teilig.
         (Fig. 186.)                           Adoxáceae 235.
      b. Btn. (oft gabelig-)trugdoldig. Staubbl. 1—3. Kr.
         5 spaltig.              Valerianáceae 235.

Fig. 186.

   3. Bl. wechselständig (oder fast grundständig). Staubbl. 5.
      a. Kräuter mit Ranken. Btn. 1- oder 2 häusig. Staubbl. alle
         oder je 2 Paare verwachsen. Fr. eine Beere.
                                    Cucurbitáceae 237.
      b. Kräuter ohne Ranken. Btn. zwitterig. Staubbeutel frei.
         Fr. eine Kapsel.            Campanuláceae 238.
 II. Fr.kn. oberständig.
  A. Fr.kn. 4 teilig, in (1—)4 einsamige Nüßchen zerfallend.
   1. Bl. gegenständig, Kr. meist unregelmäßig, 2 lippig. Staubbl. 4,
      2 längere und 2 kürzere, seltener nur 2.     Labiátae 203.
   2. Bl. wechselständig. Kr. 5 spaltig, zuweilen etwas unregel-
      mäßig. Staubbl. 5.              Borragináceae 199.
  B. Fr.kn. 2 (zuweilen mit 2 Drüsen abwechselnd
     und dann scheinbar 4). Staubbl. 5. Bl. meist
     gegenständig.
   1. Kr. radförmig oder zurückgeschlagen.
      Staubfäden verwachsen. Samen mit
      Haarschopf. Btn. doldig. Stgl. aufrecht.
                          Asclepiadáceae 197.   Fig. 187.
   2. Kr. trichterförmig. Staubfäden frei.
      (Fig. 187.) Samen ohne Haarschopf. Btn. einzeln in den
      Bl.achseln. Stgl. kriechend.         Apocynáceae 197.
  C. Fr.kn. 1.
   1. Staubbl. 8—10.
      a. Kr. regelmäßig.
       aa. Kr. tief 5- oder 4 teilig. Staubbl. 8 oder 10. Bl. flach
           oder fehlend. Kräuter.           Piroláceae 189.

70    Dicotyledoneae

bb. Kr. 4zähnig oder 4spaltig. Staubbl. 8. Bl. klein, mehr oder weniger nadelförmig. Ericáceae 190.
b. Kr. unregelmäßig.
aa. Staubbl. 8, in 2 Bündel verwachsen. (Fig. 170.) Kräuter oder kleine Sträuchlein. (Polýgala 160.)
bb. Staubbl. 10, davon 9 zu einer Röhre verwachsen. (Trifólium 149.)
cc. Staubbl. zahlreich, nicht verwachsen. (Delphínium 103.)
2. Staubbl. 5—7.
a. Narben 3. Kr. fast radförmig und kurzröhrig oder mit langer Röhre. Kapsel 3fächerig. Bl. gefiedert oder ungeteilt. Polemoniáceae 198.
b. Narbe 2spaltig oder 2lappig, seltener kopfförmig (und dann der Stgl. windend oder die Bl. gegenständig).
aa. Bl. 3zählig oder einfach und gegenständig. Kapsel 1- oder 2fächerig. Stgl. nie windend.
Gentianáceae 195.
bb. Bl. einfach und wechselständig oder ganz fehlend. Kapsel 2—4fächerig. Stgl. meist windend.
Convolvuláceae 197.
c. Narbe 1, einfach, meist kopfig.
aa. Bl. gegen-, quirl- oder grundständig. Staubbl. vor den Kr.zipfeln eingefügt. Kapsel 1fächerig.
Primuláceae 192.
bb. Bl. wechselständig. Staubbl. mit den Kr.zipfeln abwechselnd.
*α*. Staubfäden mit weißer oder violetter Wolle besetzt, ungleich. Kr. radförmig, etwas unregelmäßig, mit ganz kurzer Röhre. Bl. einfach, ungeteilt.
Verbáscum 219.
*β*. Staubfäden ohne Wolle, höchstens am Grunde zottig, gleich. Kr. trichterig bis radförmig. Bl. einfach oder gefiedert und dann die Btn. doldig.
Solanáceae 215.
3. Staubbl. 2—4.
a. Sträucher oder Bäume.
aa. Staubbl. 2. Kr. mit verlängerter Röhre, 4teilig (oder fehlend). Bl. nicht stachelig. Oleáceae 194.
bb. Staubbl. 4. Kr. radförmig, 4- oder 5teilig. (Fig. 188.) Bl. lederig, starr, stacheliggezähnt. (Aquifoliáceae 164.)
b. Kräuter ohne grüne Bl.
aa. Stgl. windend. Btn. klein, knäuelartiggehäuft. Kr.zipfel gleich. Cuscúta 198.

Fig. 188.

bb. Stgl. aufrecht oder fast aufrecht. Btn. ziemlich groß, in Ähren oder Trauben. Kr. 2lippig.
Orobancháceae 228.

Dicotylédoneae. Juglandáceae. Myricáceae  71

c. Kräuter mit grünen Bl.
  aa. Kr.zipfel gleich.
    α. Bl. grundständig, seltener gegenständig.
    Btn. in kugeligen ocer walzenförmigen
    Ähren, klein. Kr. trockenhäutig, die
    Staubbl. weit daraus hervorragend. (Fig.
    189.)           Plantagináceae 230.

Fig. 189.

    β. Bl. gegenständig. Btn. einzeln oder traubig.
                                        Gentiána 196.
  bb. Kr.zipfel ungleich.
    α. Staubbl. 3. K. tief-2spaltig. Kr.röhre an der einen
    Seite aufgeschlitzt. Bl. gegenständig.
                                        (Móntia 90.)
    β. Staubbl. 2.
      αα. Kr. gespornt, 2lippig. Fr.kn. 1fächerig. Bl.
      grundständig (im Wasser untergetaucht).
                                    Lentibulariáceae 229.
      ββ. Kr. ungespornt, fast radförmig und ungleich-
      4zipfelig oder trichterförmig und fast 2lippig.
      Fr.kn. 2fächerig. Stgl. beblättert.
                                    Scrophulariáceae 218.
    γ. Staubbl. 4, 2 längere und 2 kürzere.
      αα. Kr. 2lippig (zuweilen gespornt) oder
      ungleich-4zipfelig. Fr.kn. 2fächerig.
                                    Scrophulariáceae 218.
      ββ. Kr. ungleich-5spaltig, trichterig.
      (Fig. 190.) Fr.kn. 4fächerig.
                                    Verbenáceae 203. Fig. 190.

1. Unterklasse: **Archichlamydeae,** Kronlose und
   Freikronblättrige Netzblättler.[1])
   1. Fam.: **Juglandáceae,** Nußbaumgewächse.
      1. **Juglans,** Nußbaum.

Junge Äste braun. Blättchen 5—9 (meist 7),
länglich oder länglicheiförmig, spitz oder zugespitzt, fast ganzrandig, gerieben von gewürz-
haftem Geruch. Häufig angepflanzt. Heimat:
SO-Europa und Orient. In Deutschland durch
Karl den Großen eingeführt. Mai. pg. oder pa.
W.        Welscher N., Walnuß, **J. régia L.**

2. Fam.: **Myricáceae,** Gagelgewächse.
   1. **Myrica,** Gagelstrauch.

Sehr ästiger, aromatisch duftender Strauch.
Äste mit gelben Harzdrüsen bestreut. Bl. länglich-

Fig. 191.

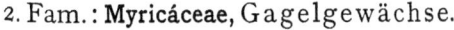
1) Da in derselben Familie Pfl. mit oder ohne Kr. vorkommen, werden die kron-
losen mit den freikronblättrigen Netzblättlern vereinigt.

verkehrt-eiförmig bis lanzettlich, an der Spitze gesägt. Kätzchen vor den Bl. erscheinend. Narben purpurn. (Fig. 191, S. 71.) Heidemoore, Torfbrüche, aumoorige Wälder und Waldwiesen. In Nordwestdeutschland und längs der Ostseeküste bis Danzig verbreitet. April, Mai.
Echter G.¹), **M. Gale L.**

## 3. Fam.: Salicáceae, Weidengewächse.

I. Tragbl. der Btn. gekerbt bis zerschlitzt. Btn.-hülle becherförmig, schräg abgestutzt. Staubbl. 8 bis 30. Griffel 2, sehr kurz. (Fig. 192.) Kätzchen herabhängend. Pópulus 72.
II. Tragbl. der Btn. ganzrandig. Btn.hülle durch 1 oder 2 Drüsen vertreten. Staubbl. 2—12. Griffel 1. Narben 2. (Fig. 149.) Kätzchen aufrecht. Salix 72.

Fig. 192.

### 1. Pópulus, Pappel.

1. Kätzchenschuppen zottig-gewimpert. Staubbl. 8.
   a. Jüngere Äste und Knospen weißfilzig. Bl. rundlich-eiförmig, am Grunde meist herzförmig, buchtig-gelappt, oberseits dunkelgrün, unterseits schneeweiß-filzig. Kätzchenschuppen ungleich gezähnt bis fast ganzrandig. Narben gelb. Wälder, besonders der Flußauen in Süddeutschland sowie im Oder- und Weichselgebiet. Häufig angepflanzt. März, April. W.
   Silber-P., **P. alba L.**
   b. Jüngere Äste schwach behaart oder kahl. Knospen kahl, klebrig. Bl. fast kreisrund, ausgeschweift-stumpf-gezähnt, anfangs seidenhaarig, zuletzt beiderseits kahl. Kätzchenschuppen handförmigzerschlitzt. Narben purpurn. Wälder, Gebüsche. Häufig. März, April. W. Espe, Zitter-P., **P. trémula L.**
2. Kätzchenschuppen kahl. Staubbl. 12—30. Bl. 3 eckig-eiförmig oder rautenförmig.
   a. Jüngere Äste von vorspringenden Korkrippen kantig. Bl. am Rande meist weichhaarig. Bl.stiel oberwärts meist mit 2 Drüsen, [rötlich. Angepflanzt. Aus Nordamerika. April. (P. canadénsis.) Kanadische P., Rosenkranz-P., **P. monilífera Ait.**
   b. Jüngere Äste rundlich, ohne Korkrippen. Bl. am Rande kahl. Bl.stiel ohne Drüsen. Äste entweder nach allen Seiten ausgebreitet, eine breite Krone bildend, oder bei der Abart Itálica Moench (Pyramiden-P.) aufrecht, eine lange, schmale Krone bildend. Auwälder. Oft nur angepflanzt und verwildert. April. W. Schwarz-P., **P. nigra L.**

### 2. Salix, Weide.²)

A. Kätzchenschuppen einfarbig, gelbgrün. Kätzchen mit den Bl. zugleich erscheinend. Staubbl. 2 oder mehr. Fr.kn. kahl.

---

1) In den Heideschilderungen von Herm. Löns als „Roter Post" bezeichnet.
2) Die einfachst gebauten 2häusigen Insektenblütler. Bestäuber: Bienen, Fliegen usw

Salicáceae 73

1. Bl. beiderseits oder doch unterseits seidenhaarig-filzig, länglich-lanzettlich zugespitzt, klein-gesägt. Staubbl. 2. Fr.kn. fast sitzend, mit nur 1 Drüse. (Fig. 193.) Zweige graugrün bis braun oder zuweilen gelb, nicht leicht abbrechend. 6—18 m hoher Strauch oder Baum. Ufer, feuchte Wälder. Häufig (besonders als ,,Kopfweide") angepflanzt. April, Mai. Silber-W., **S. alba L.**  Fig.193.

2. Bl. kahl, höchstens in der Jugend dünn-behaart, oberseits oft mehr oder weniger glänzend.
   a. Zweige herabhängend. Bl. schmal-lanzettlich, gesägt, unterseits graugrün, matt. Nebenbl. schief-eilanzettlich oder sichelförmig. Staubbl. 2. Fr.kn. fast sitzend. Bis 6 m hoher Baum aus dem Orient, oft angepflanzt. April, Mai.
   Trauer-W., **S. babylónica L.**
   b. Zweige aufrecht oder aufstrebend. Fr.kn. deutlich gestielt. (Fig. 194.)
   aa. Bl. länglich-lanzettlich bis lanzettlich, 4—7 mal länger als breit. Stiel des Fr.kn. 3—5 mal so lang als die Drüse.
   α. Weibliche Btn. mit 2 Drüsen. Staubbl. 2. (Fig. 195.) Kätzchenschuppen vor der Fr.-reife abfallend. Bl. ganz kahl, oberseits lebhaft grün, glänzend, gesägt. Nebenbl. halb-herz- oder nierenförmig. Zweige gelb oder braun, am Grunde sehr brüchig. Strauch oder bis 12 m hoher Baum. Ufer, feuchte Wälder. Häufig, auch oft angepflanzt (Kopfweide). Bruch- oder Knack-W., **S. frágilis L.**

Fig. 194. Fig. 195.

αα. Weibliche Btn. nur mit 1 Drüse. Staubbl. 3. Kätzchenschuppen bis zur Fr.reife bleibend. Bl. oberseits dunkelgrün, schwach glänzend, unterseits heller bis matt bläulich-grün. Nebenbl. halb-herzförmig. (Fig. 196.) Zweige nicht brüchig. Meist 1,5— 3 m hoher Strauch. Ufer, Gräben, feuchte Wiesen. Häufig. April, Mai. (S. triándra L.)
Mandel-W., **S. amygdálina L.**

Fig. 196.

bb. Bl. eiförmig-elliptisch, 2—4 mal so lang als breit, gesägt, oberseits stark glänzend, kurz-zugespitzt, im Alter lederartig. Nebenbl. eiförmig-länglich, gerade. Staubbl. 5—12. Stiel des Fr.kn. etwa so lang wie die hintere der 2 Drüsen. Zweige leicht abbrechend, dunkel-rotbraun, glänzend. 1—8 m hoch, meist strauchförmig. Feuchte Wiesen und Wälder, Brüche. Mai, Juni. Zerstreut.
Lorbeer-W., **S. pentándra L.**

B. Kätzchenschuppen 2 farbig, am Grunde grün, an der Spitze schwärzlich oder bräunlich. Btn. nur mit 1 Drüse. Staubbl. stets zwei. Kätzchen meist vor den Bl. erscheinend.

1. Niedriger, 15—60 cm hoher Strauch mit unterirdisch-kriechendem Hauptstamm und aufsteigenden Ästen. Bl. kurz gestielt und klein,

Salicáceae

elliptisch bis lineal, anfangs beiderseits, zuletzt nur unterseits seidenhaarig-filzig. Fr.kn. langgestielt, seidig-filzig. Heiden, Moore, Dünen. Nicht selten. April, Mai.  Kriech-W., **S. repens L.**
2. Große, aufrechte Sträucher oder auch Bäume.
  a. Bl. schmal- bis fast lineal-lanzettlich. Fr.kn. sitzend oder sehr kurz gestielt.
    aa. Staubfäden bis zur Spitze verwachsen. (Fig. 197.) Staubbeutel anfangs rot, dann gelb, zuletzt schwärzlich. Griffel sehr kurz. (Fig. 198 b.) Bl. umgekehrt-lanzettlich, in der oberen Hälfte am breitesten und hier gesägt, unterseits blaugrün, zuletzt ganz kahl. Innere Rinde gelb. 1—3 m hoher Strauch. Ufer, feuchte Gebüsche und Wiesen. Häufig. März, April.   Purpur-W., **S. purpúrea L.**

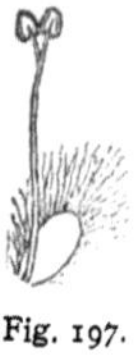

    Fig. 197.

    bb. Staubfäden frei. Staubb. auch nach dem Verstäuben gelb. Griffel verlängert. (Fig. 198 a.) Bl. schmal-lanzettlich, lang-zugespitzt, unterseits seidenhaarig-glänzend, am Rande wellig und umgerollt. Innere Rinde grün. Ufer, Gebüsche. Häufig. März, April.
      Korb-W., **S. viminális L.**
  b. Bl. elliptisch oder eiförmig, nur 1—3 mal so lang als breit. Fr.kn. deutlich gestielt. (Fig. 199.)

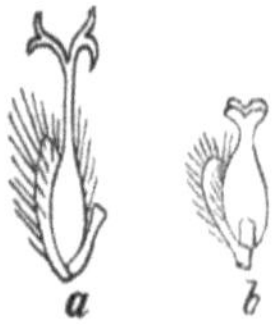

    *a          b*
    Fig. 198.

    aa. Knospenschuppen und jüngere Zweige graufilzig. Bl. verkehrt-eiförmig, wellig-gesägt, jung beiderseits graufilzig, später mehr oder weniger verkahlend, oberseits trübgrün, glanzlos. Griffel meist so lang wie die aufrecht-abstehenden Narben. Nasse Wiesen, Gräben, feuchte Waldränder. Häufig. März, April. Graue W., Werft-W., **S. cinérea L.**

    Fig. 199.

    bb. Knospen und Zweige kahl oder kurzhaarig.
      α. Griffel sehr kurz oder fehlend. (Fig. 199.) Bl. unterseits mehr oder weniger graufilzig. Fr.kn. graufilzig.
        αα. Bl. groß, rundlich-eiförmig bis elliptisch, kurz zugespitzt, ganzrandig oder schwach wellig-gekerbt, flach, zuletzt oberseits reingrün und kahl, etwas glänzend. (Fig. 200 a.) Kätzchen groß. Narben meist zusammenneigend. 3—9 m hoher, dickästiger Baum oder Strauch. Ufer, Gräben, Gebüsche, Laubwälder. Gemein. März, April.
          Sahl-W., **S. Cáprea L.**
        ββ. Bl. 2—4 cm lang, verkehrt-eiförmig, mit zurückgekrümmter Spitze, unregelmäßig wellig-gesägt, zu-

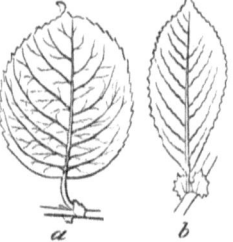

*a          b*
Fig. 200.

Salicáceae. Betuláceae 75

letzt oberseits trübgrün, matt, mit runzelig vertieftem Adernetz. (Fig. 200 b.) Kätzchen klein. Narben meist aufrecht abstehend. 0,5—2 m hoher Strauch mit kurzen, dünnen, sparrigen Ästen. Nasse Wiesen, feuchte Waldränder, Brüche. Ziemlich häufig. April, Mai. Ohr-W., **S. auríta L.**

β. Griffel verlängert, länger als die Narben. (Fig. 198a). Fr.kn. meist kahl. Bl. in der Jugend beiderseits seidigbehaart, später oberseits ganz kahl, unterseits kahl oder auf den Nerven behaart, länglich-elliptisch welliggesägt, oberseits dunkelgrün und etwas glänzend, unterseits heller, grau oder blaugrün, beim Trocknen schwarz werdend. Nebenbl. groß, halbherzförmig. Kätzchen kurz vor oder zugleich mit den Bl. erscheinend. Feuchte Wiesen, Moore, Dünentäler. Meist nicht selten. April, Mai.   Schwarzwerdende W., **S. nigrícans Smith.**

## 4. Fam.: **Betuláceae**, Birkengewächse.

I. Männliche Btn. in walzenförmigen, weibliche Btn. in lockeren oder knospenförmigen Btn.ständen (Kätzchen). Staubbeutel an der Spitze mit einem Haarbüschel.
 A. Weibliche Btn.stände locker. Fr. von einer blattartigen, 3 teiligen Hülle einseitig bedeckt. (Fig. 201.)   Carpínus 75.
 B. Weibliche Btn.stände knospenförmig. (Fig. 202.) Fr. von einer laubartigen, becherförmigen, zerschlitzten Hülle umschlossen.   Córylus 76.

Fig. 201.    Fig. 202.

II. Männliche und weibliche Btn. in walzenförmigen oder länglichen Btn.ständen (Kätzchen). Staubbeutel kahl. Fr. ohne Hülle.
 A. Weibliche Btn.stände einzeln. Deckschuppen der weiblichen Btn. 3 lappig, nicht holzig werdend, abfallend. Fr. zu dreien. (Fig. 203.)
   Bétula 76.
 B. Weibliche Btn.stände zu 3—5 traubenförmig (an gemeinschaftlichem Stiele.) (Fig. 204.) Deckschuppen der weiblichen Btn. 5 lappig, holzig werdend, bleibend. Fr. zu zweien.
   Alnus 76.

Fig. 203.

Fig. 204.

### 1. **Carpínus**, Hainbuche, Hornbaum.

Bl. länglich-eiförmig, zugespitzt, am Grunde schief-herzförmig, doppelt-gesägt, etwas faltig, fast kahl. Fr. dichte, hängende Büschel bildend. Rinde aschgrau, glatt. Niederungs- und Hügelwälder. Häufig. Auch (strauchartig zu Hecken) angepflanzt. April, Mai. W. — Die einseitig offene, zur Fruchtzeit stark vergrößerte, anfangs hellgrüne, später gelbbraune Hülle dient zur Windverbreitung der Früchte (Schraubenflieger.)
   Gemeine H., Hagebuche, Weißbuche, **C. Bétulus L.**

76  Betuláceae

## 2. Córylus, Haselstrauch.

2—4 m hoher Strauch. Bl. rundlich-verkehrt-eiförmig, kurz zugespitzt, am Grunde etwas herzförmig. Kätzchen vor dem Laubausbruch blühend, die männlichen geschlossen überwinternd. Fr.hülle glockig, offen. Gebüsche, Wälder. Häufig auch angepflanzt. März, bei mildem Wetter auch früher. W.

Gemeiner H., Haselnuß, **C. Avellana** L.

## 3. Bétula, Birke.

1. Bl. nebst den Zweigen kahl, rautenförmig-3eckig, langzugespitzt, doppelt-gesägt. (Fig.205.) Zweige mit weißen Harzpunkten. Flügel doppelt so breit als die Fr., über den Narbenansatz vorgezogen. Seitenlappen der Fr.schuppe zurückgebogen oder abstehend (Fig. 207). Zweige oft hängend. Wälder, Gebüsche, seltener eigene Bestände bildend. April, Mai. W.

Weiß-B., Hänge-B., **B. verrucósa** Ehrh.

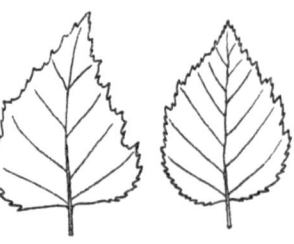

Fig. 205.   Fig. 206.

2. Bl. anfänglich nebst den jungen Zweigen weichhaarig, später kahl oder unterseits in den Nervenwinkeln bärtig, eiförmig oder herzeiförmig, selten rautenförmig, kurz zugespitzt, meist einfach gesägt, (Fig. 206), ohne Harzpunkte. Flügel so breit als die Fr. oder schmäler, über den Narbenansatz nicht vorgezogen. Seitenlappen der Fr.schuppe spitz vorgezogen, nicht zurückgebogen. (Fig. 208.) Brüche, Moore, feuchte Gebüsche. Zerstreut. April, Mai. W.

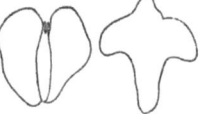 

Fig. 207.   Fig. 208.

Moor-B., Besen-B., **B. pubéscens** Ehrh.

## 4. Alnus, Erle.

1. Bl. ausgewachsen unterseits kahl, nur in den Nervenwinkeln bärtig, rundlich oder verkehrt-eiförmig-rundlich, vorn stumpf oder ausgerandet, ungleich gesägt oder ausgeschweift-klein-gezähnelt, jung stark klebrig, unterseits blasser. Seitliche weibliche Kätzchen deutlich gestielt. (Fig. 209 a.) Rinde schwarzbraun, rissig. Ufer, Sümpfe, feuchte Wälder. Häufig. Febr., März. W. Die Knöllchen an den Wurzeln, die bis zur Größe eines kleinen Apfels heranwachsen können, werden durch Bakterien hervorgerufen und spielen dieselbe Rolle wie die Leguminosenknöllchen. — Die Früchte werden durch den Wind (Scheibchenflieger) im Febr.

a   b

Fig. 209.

Fagáceae 77

u. März des nächsten Jahres ausgestreut, oder durch das Wasser (Schwimmgewebe) verbreitet. Schwarz-E., **A. glutinósa** Gaertn.
2. Bl. unterseits weichhaarig, grau, eiförmig oder länglich-eiförmig, spitz oder kurz zugespitzt, doppelt-gesägt. Seitliche weibliche Kätzchen fast sitzend. (Fig. 209 b.) Rinde grau, glatt. Ufer, Gebirgswälder. Seltener. Febr., März. W. Grau-E., **A. incána Moench.**

## 5. Fam.: Fagáceae, Buchengewächse.

I. Männliche Kätzchen eiförmig oder fast kugelig, hängend, lang gestielt. Fr. 3 kantig, meist zu 2 in einer 4 klappig sich öffnenden, borstigen Hülle eingeschlossen. (Fig. 210.) Btn. mit den Bl. erscheinend. Fagus 77.

Fig. 210.

II. Männliche Kätzchen verlängert.
A. Btn. nach den Bl. erscheinend, die männlichen Kätzchen verlängert-walzenförmig, steif-aufrecht. Fr. zu 2 oder 3 in einer 4 klappig sich öffnenden, stacheligen Hülle. (Fig. 211.) Castánea 77.
B. Btn. mit den Bl. erscheinend. Männliche Kätzchen fadenförmig, unterbrochen, schlaff überhängend. Fr. einzeln am Grunde von einer napfförmigen, schuppigen Hülle umgeben. Quercus 77.

Fig. 211.

### 1. Fagus, Buche.

Bl. 2 zeilig, eiförmig oder elliptisch, undeutlich gezähnt, am Rande zottig-gewimpert. Rinde weißgrün, ziemlich glatt. Einzeln und Wälder bildend, der wichtigste und bezeichnendste Laubbaum des deutschen Waldes. In Gärten findet sich nicht selten die Form mit braunroten Bl. (Blutbuche) angepflanzt. Mai. W. Rot-B., **F. silvática L.**

### 2. Castánea, Kastanie.

Bl. länglich-lanzettlich, lang-zugespitzt-gesägt, etwas lederartig, oberseits dunkelgrün, glänzend, unterseits blaßgrün. Rinde rissig. In Süddeutschland scheinbar wild als Waldbaum, bei uns meist als Zierbaum angepflanzt. Aus Südeuropa. Juni. Po.
Echte K., **C. satíva Mill.**

### 3. Quercus, Eiche.

1. Bl. sehr kurz gestielt, fast sitzend (ihr Stiel 0,2—1 cm, nicht länger als die halbe Breite des Bl.grundes), länglich-verkehrt-eiförmig, am Grunde meist gestutzt oder etwas herzförmig. Weibliche Btn. und Fr. an gemeinsamem, die Bl.stiele an Länge übertreffendem Stiele. Wälder, einzeln oder bestandbildend, gern in Auwäldern. Mai, etwas früher blühend als die folgende. W. (Q. pedunculáta Ehrh.) Stiel-E., Sommer-E., **Q. Robur L.**
2. Bl. langgestielt (ihr Stiele 1—3 cm, länger als die halbe Breite des Bl.grundes), verkehrt-eiförmig, mit meist keilig zulaufendem Grunde. Weibliche Btn. und Fr. sitzend oder an gemeinsamem, die Bl.stiele an Länge nicht übertreffendem Stiele. Trockene Wälder,

buschige Abhänge. Mai. W. Wie vorige Art besonders durch Eichelhäher und Eichhörnchen verbreitet.

Trauben- oder Winter-E., Stein-E., **Q. sessiliflóra Salisb.**

## 6. Fam.: Ulmáceae, Rüstergewächse.

### 1. Ulmus, Rüster, Ulme.

1. Btn. sehr kurz gestielt, fast sitzend, in dichten Büscheln. Staubbl. 3—6. Fr.flügel kahl.
 a. Staubbl. meist 3 oder 4. (Fig. 158.) Same unmittelbar unter der Ausrandung der Fr. Bl. derb, fast lederig, unterseits in den Nervenwinkeln bärtig, oberseits glatt oder fast glatt, kurz zugespitzt. Junge Äste kahl. Bei einer strauchartigen Abart (suberósa Ehrh.) sind die Äste durch Korkleisten geflügelt. Wälder, Gebüsche. Auch angepflanzt. März, April. pg. W.
 Feld-U., **U. campéstris L.**
 b. Staubbl. 5 oder 6. Same von der Ausrandung der Fr. entfernt (etwa in der Mitte der Fr.). Bl. unterseits kurzhaarig, oberseits rauh, meist plötzlich und lang zugespitzt, größer. Junge Äste behaart. Wälder, besonders im Gebirge. Auch angepflanzt. März, April. pg. W. (U. scabra Mill.)
 Berg-U., **U. montána With.**
2. Btn. langgestielt, hängend, in lockeren Büscheln. Staubbl. 6—8. Fr.flügel zottig-gewimpert. Bl. unterseits kurzhaarig, oberseits glatt, spitz oder kurz zugespitzt. Wälder, Gebüsche, besonders Auwälder. Zerstreut. März, April. pg. W. (U. laévis Pall.)
 Flatter-U., **U. effúsa Willd.**

## 7. Fam.: Moráceae, Maulbeergewächse.

I. Bäume. Bl. wechselständig, ungeteilt oder unregelmäßig geteilt. Btn. meist 2 häusig. Weibliche Kätzchen zu einer fleischig-saftigen (brombeerähnlichen) Scheinbeere auswachsend. (Fig. 151.) Morus 78.

II. Kräuter. Bl. gegenständig. Btn. 2 häusig.
 A. Staubbeutel aufrecht. Weibliche Btn. in zapfenförmigen Ähren. (Fig. 212.) Stgl. rechts windend.
 Húmulus 79.
 B. Staubbeutel hängend. Weibliche Btn. in ährigen Knäueln. Stgl. aufrecht. Cánnabis 79.

Fig. 212.

### 1. Morus, Maulbeerbaum.

1. Bl. oberseits glatt. Weibliche Kätzchen meist so lang wie ihr Stiel. (Fig. 151.) Narben kahl. Scheinbeere weiß. Für den Seidenbau und als Zierbaum seit dem 12. Jahrh. in Europa angepflanzt. Stammt aus Asien. Mai. W. Weißer M., **M. alba L.**
2. Bl. oberseits sehr rauh. Weibliche Kätzchen sitzend oder doch viel länger als ihr Stiel. Narben rauhhaarig. Scheinbeere schwarzviolett. Seltener angepflanzt. Heimat: Vorderasien. Mai. W.
 Schwarzer M., **M. nigra L.**

Urticáceae. Loranthácеае

## 2. Cánnabis, Hanf.

Stgl. kurzhaarig-rauh. Bl. gestielt, 6—7(—9)zählig-gefingert. Bl.-chen lanzettlich, gesägt. Oberste Bl. 3 zählig oder ungeteilt. Nebenbl. frei. Als Faserpflanze angebaut, bisweilen verwildert. Stammt aus Indien. Juli, Aug. ♂ und ♀. W. Samen als Vogelfutter viel benutzt.
Saat-H., **C. satíva L.**

## 3. Húmulus, Hopfen.

Stgl. höckerig-rauh. Bl. langgestielt, 3—5 lappig oder -spaltig bis ungeteilt, am Grunde herzförmig, stachelspitzig-gekerbt-gesägt, oberseits rauh. Die Fr. und der Grund der Deckbl. sind mit goldgelben Körnchen (Lupulindrüsen) bestreut, welche den wirksamen Bitterstoff enthalten. Ufer, feuchte Gebüsche. Nicht selten. Auch angebaut, doch immer nur die weibliche Pfl., und zwar in Deutschland schon seit dem 8. Jahrh. Juli, Aug. ♂ und ♀. W. Rechtswindend, in rund 2 Stunden eine Drehung.  Zaun-H., **H. Lúpulus L.**

## 8. Fam.: Urticáceae, Nesselgewächse.

### 1. Urtíca, Nessel[1]), Brennessel.

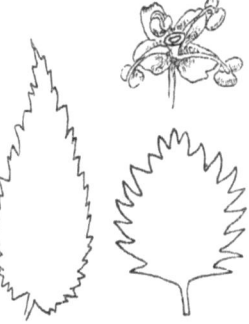

1. Pfl. 60—100 cm hoch, mehrjährig, 2 häusig. Btn.zweige länger als die Bl.stiele, zuletzt hängend. Bl. länglich herzförmig, zugespitzt, grob-gesägt. (Fig. 213.) Zäune, Gebüsche, Wälder. Gemein. Juli bis Herbst.
Große N., **U. dióica L.**
2. Pfl. 15—45 cm hoch, 1 jährig, 1 häusig. Btn.zweige mit männlichen und weiblichen Btn., meist kürzer als die Bl.stiele. Bl. eiförmig oder elliptisch, spitz, eingeschnitten-gesägt. (Fig. 214.) Schutt, Wegränder, Gartenland. Häufig. Mai bis Herbst.
Kleine N., **U. urens L.**  Fig. 213.   Fig. 214.

## 9. Fam.: Loranthácеае, Mistelgewächse.

### 1. Viscum, Mistel.

Stgl. gelblich-grün, gabelästig, jeder Ast mit 2 Bl. an der Spitze. Bl. länglich oder lanzettlich-spatelförmig, lederartig, immergrün. Btn. endständig, sitzend, kopfig. Btn.hülle gelblichgrün. Beere weiß, glänzend, mit schleimigem, zähem Fleisch u. grünem Samen. (Fig. 215.) Auf verschiedenen Bäumen schmarotzend. Zer-  Fig. 215.

---
[1]) Staubfäden anfangs einwärts gekrümmt, beim Aufblühen elastisch aus der Blütenhülle herausschnellend und aus den aufspringenden Staubbeuteln den entweichenden Blütenstaub in einer kleinen Wolke entleerend. W, oft etwas pg.

Santaláceae. Aristolochiáceae

streut. April. Die Beeren reifen im Dezember, die klebrig-schleimigen Samen werden durch Vögel (besonders Drosseln) verbreitet. ♂ und ♀. D. Hpr. **Weiße M., V. album L.**

## 10. Fam.: **Santaláceae**, Sandelgewächse.

### 1. **Thesíum**, Leinblatt, Bergflachs, Vermeinkraut.

1. Unter jeder Bt. 3 Hochbl. (1 Deckbl. und 2 Vorbl.). Btn.stand rispig.
   a. Wz.stock kurz, nicht kriechend, ohne Ausläufer. Bl. lanzettlich, lang zugespitzt, 3—5 nervig. Pfl. dunkelgrün. Bergwälder, Waldwiesen, fehlt in Norddeutschland. Juni—Aug. hg. Hb. (Th. montánum Ehrh.)
      Bayerisches oder Berg-L., **Th. bávarum Schrk.**
   b. Wz.stock kriechend, Ausläufer treibend. Bl. lineal, spitz, 1- oder schwach 3 nervig. Pfl. gelblichgrün. Sonnige Hügel, grasige Abhänge. Sehr zerstreut. Juni, Juli. hg. (lang- und kurzgriffelig). Hb., D. und autg. (Th. intermédium Schrad.)
      Mittleres L., **Th. linophýllon L.**
2. Unter jeder Bt. nur 1 Hochbl. (Vorbl. fehlen.) Oberste Deckbl. ohne Btn. in ihren Achseln, einen Schopf bildend. Wz.stock kriechend, Ausläufer treibend. Btn.stand eine einfache Traube. Bl. lineal, schwach 3 nervig. Pfl. gelblichgrün. Grasige, sonnige Hügel und Kiefernwälder. Im nördlichen und östlichen Gebiet zerstreut. Mai, Juni. Vorblattloses L., **Th. ebracteátum Hayne.**

## 11. Fam.: **Aristolochiáceae**, Osterluzeigewächse.

I. Btn.hülle glockig, 3 spaltig. (Fig. 216.) Staub.bl. 12, auf dem Fr.kn. stehend, frei.
   Ásarum 80.
II. Btn.hülle röhrig, am Grunde bauchig (kesselförmig) erweitert (Fig. 217), 1 lippig oder 3 lappig. Staubbeutel 6, dem kurzen Griffel unter der Narbe angewachsen.
   Aristoléchia 80.

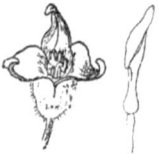

Fig. 216.   Fig. 217.

### 1. **Ásarum**, Haselwurz.

Wurzelstock dünn, kriechend. Stgl. kurz, an der Spitze 2 langgestielte, nierenförmige Bl. und eine kurzgestielte, nickende Bte. tragend. Btn.hülle außen bräunlich, innen dunkelpurpurn. Von kampfer- bis pfefferartigem Geruch. Immergrün. Schattige Gebüsche, Laubwälder. Zerstreut. April, Mai. pg. De.mch. Giftig!
   Europäische H., **A. europǽum L.**

### 2. **Aristolóchia**, Osterluzei.

1. Stgl. aufrecht, hin- und hergebogen, 30—60 cm hoch. Bl. herz-eiförmig, stumpf. Btn. büschelig, in den Bl.achseln. Btn.hülle ge-

Polygonáceae

rade, hellgelb. Zäune, Hecken, Weinberge. Zerstreut. Stammt aus
Südeuropa, bei uns nur eingebürgert. Mai, Juni. pg. Dke.
    Gemeine O., **A. Clematítis L.**
2. Stgl. windend, 3—6 m lang. Bl. sehr groß, herz-eiförmig, kurz zugespitzt, sparsam behaart. Btn. einzeln. Btn.hülle gekrümmt, mit
3 lappigem, flachem Saum, bräunlich bis purpur. Seit 1763 häufig
als Zierstrauch besonders an Lauben angepflanzt. Aus Nordamerika. Juni—Aug. pg. Dke. (A. Sipho L'Hérit.)
    Großblättrige O., Pfeifenstrauch, **A. macrophýlla Lam.**

## 12. Polygonáceae, Knöterichgewächse.

I. Btn.hülle 6 teilig, meist grünlich. Staubbl. 6 oder 9.
  A. Innere Zipfel der Btn.hülle zur Fr.zeit
      vergrößert, die 3 kantige Fr. einschlie-
      ßend. Staubbl. 6. Narben pinselförmig.
      (Fig. 218.)               Rumex 81.
  B. Zipfel der Btn.hülle gleich. Fr. frei,
      2 flügelig. Staubbl. 9. (Fig. 219.)
                            Rheum 83.

Fig. 218.   Fig. 219.

II. Btn.hülle 4- oder 5 spaltig, wenigstens innen gefärbt. Staubbl. 5
    bis 8. Narben kopfig.
  A. Fr. von der Btn.hülle eingeschlossen. (Fig.
      220.) Bl. lineal bis herz-pfeilförmig oder herz-
      förmig-3 eckig.           Polýgonum 83.
  B. Fr. weit aus der Btn.hülle hervorragend. (Fig.
      221.) Bl. 3 eckig-herz- oder pfeilförmig. Stgl.
      aufrecht.                 Fagopýrum 85.

Fig. 220. Fig. 221.

### 1. **Rumex,** Ampfer.[1])

1. Bl. spieß- oder pfeilförmig, von säuerlichem Geschmack.
    Btn. 2 häusig.
  a. Äußere Zipfel der Btn.hülle zur Fr.zeit aufrecht (Fig.
      222), die inneren schwielenlos. Bl. lanzettlich- bis
      lineal-spießförmig, kaum fleischig. Stgl. 10—40 cm
      hoch. Pfl. durch Bildung von Beisprossen aus den
      Wz. sich stark vermehrend und daher meist sehr ge-
      sellig auftretend. Sandfluren, Wegränder, Triften,
      Brachen. Gemein. Mai—Juli.
          Kleiner A., **R. Acetosélla L.**

Fig. 222.

  b. Äußere Zipfel der Btn.hülle zur Fr.zeit zurück-
      geschlagen (Fig. 223), die inneren am Grunde mit
      einer kurzen Schwiele. Bl. pfeilförmig, etwas dick-
      lich-fleischig. Stgl. 30—80 cm hoch. Wiesen, Gras-
      plätze, Wälder. Gemein. Mai, Juni.
          Sauer-A., **R. Acetósa L.**   Fig. 223.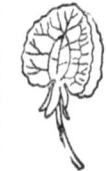

---

[1]) Windblütler mit Ausnahme von R. marítimus und R. conglomerátus, die sich
selbst bestäuben. — Zum Bestimmen sind außer den Btn, auch Fr. und grundständige
Bl. notwendig.

Polygonáceae

2. Bl. am Grunde verschmälert, abgerundet oder herzförmig. Btn. zwitterig.
  a. Die inneren, die Fr. umschließenden Zipfel der Btn.hülle am Rande mit 2—4 abstehenden, pfriemlichen Zähnen besetzt.
    aa. Bl. alle, auch die unteren in den Bl.stiel verschmälert. Btn.-stände dicht, fast ununterbrochen, bis zur Spitze beblättert. Innere Zipfel der Btn.hülle rautenförmig-länglich, jederseits mit 2 Zähnen, diese so lang oder länger als die Zipfel. Pfl. einjährig, zur Fr.zeit oberwärts goldgelb werdend. Teiche, Sümpfe, Ufer, auch am Meeresstrande. Ziemlich verbreitet. Juli—Sept.     Strand-A., **R. marítimus L.**
    bb. Untere Bl. herz-eiförmig, stumpf, groß, langgestielt, mittlere herzförmig-länglich, oberste lanzettlich. Innere Zipfel der Btn.hülle länglich-3 eckig. am Grunde jederseits mit 3 bis 5 Zähnen, diese kürzer als die Zipfel. (Fig. 224.) Btn.stände locker, oberwärts blattlos. Pfl. ausdauernd, 60—120 cm hoch. Wiesen, feuchte Gebüsche. Häufig. Juli, Aug. pa.

Fig. 224.

Stumpfblättriger A., **R. obtusifólius L.**
  b. Innere Zipfel der Btn.hülle fast oder völlig ganzrandig.
    aa. Innere Zipfel der Btn.hülle alle schwielenlos, herz-eiförmig. Bl.stiele oberseits rinnig. Untere Bl. sehr groß, breit-länglich-eiförmig, am Grunde tief herzförmig. Btn.stiele ungegliedert. Ufer, Gräben, quellige Wiesen. Zerstreut. Juli, Aug.     Wasser-A., **R. aquáticus L.**
    bb. Innere Zipfel der Btn.hülle alle oder zum Teil schwielentragend. Btn.stiel gegliedert.
      α. Innere Zipfel der Btn.hülle lineal-länglich, fast doppelt so lang als breit, stumpf. Btn.stände zur Fr.zeit unterbrochen. Stgl. 30—80 cm hoch.
        αα. Btn.stände fast bis zur Spitze beblättert. Innere Zipfel der Btn.hülle meist alle schwielentragend. (Fig. 225.) Btn.stiele etwas unter der Mitte gegliedert. Meist abstehend-ästig. Ufer, Gräben, feuchte Wegränder. Häufig. Juli, Aug. hg.
        Knäuel-A., **R. conglomerátus Murr.**
        ββ. Btn.stände nur am Grunde beblättert. Nur 1 oder 2 der inneren Zipfel der Btn.hülle mit Schwielen. Btn.stiele ganz nahe am Grunde gegliedert. Einfach oder aufrecht-ästig. Stgl., Bl.stiele und Bl.rippen zuweilen blutrot. Feuchte, schattige Gebüsche und Waldstellen. Ziemlich häufig. Juli, Aug. Schwach pa. (R. nemorósus Schrad.)

Fig. 225.

Blutroter oder Hain-A., **R. sanguíneus L.**
      β. Innere Zipfel der Btn.hülle 3 eckig-eiförmig, herzförmig-rundlich oder rundlich, so breit oder fast so breit wie lang.
        αα. Innere Zipfel der Btn.hülle 3 eckig-herzförmig (Fig. 226), alle schwielentragend. Bl. länglich-

Fig. 226.

Polygonáceae 83

lanzettlich, in den Bl.stiel verschmälert, ganzrandig, die unteren sehr groß. Bl.stiel oberseits flach. Pfl. 1-1,5 m hoch, in ihrer äußeren Erscheinung dem R. aquáticus ähnlich. Ufer, Gräben, Teiche und Sümpfe. Nicht selten. Juli, Aug.

 Fluß-A., **R. Hydrolápathum Huds.**

*ββ*. Innere Zipfel der Btn.hülle rundlich-herzförmig, alle schwielentragend oder 2 Schwielen öfter kleiner und undeutlich. (Fig. 227.) Bl. lanzettlich oder länglich-lanzettlich, am Rande wellig-kraus. Stgl. 30—80 cm hoch. Gräben, feuchte Wiesen und Äcker, Wegränder. Häufig. Juni bis Aug. pa.

Fig. 227.

 Krauser A., **R. crispus L.**

## 2. Rheum, Rhabarber.

1. Untere Bl. rundlich-eiförmig, am Grunde herzförmig, mit unterseits gefurchten Stielen. Fr.stiele kürzer als die elliptische Fr. Zier- u. Gemüsepfl. aus dem südlichen Sibirien, die Anfang des 17. Jahrh. in Europa eingeführt wurde. Mai, Juni. pa. D und Cl.
 Stumpfblättriger R., **R. Rhapónticum L.**
2. Untere Bl. eiförmig, wellig, mit unterseits nicht gefurchten Stielen. Fr.stiel so lang wie die Fr. Zier- u. Gemüsepfl. aus dem südöstlichen Sibirien. Mai, Juni. pa. D. und Cl.
 Welliger R., **R. undulatum L.**

## 3. Polýgonum, Knöterich.

A. Bl. herz-pfeilförmig oder herzförmig-3eckig. Btn. büschelig, traubig oder rispig in den Bl.achseln. Stgl. (rechts) windend.
 1. Äußere Zipfel der Btn.hülle auf dem Rücken stumpfgekielt. Fr.stiele nahe unter der Btn.hülle gegliedert. Fr. matt. Stgl. kantig-gefurcht, 15—90 cm lang. Äcker. Häufig. Juli—Okt.
 Winden-K., **P. Convólvulus L.**
 2. Äußere Zipfel der Btn.hülle auf dem Rücken häutig-geflügelt. Fr.stiele unterhalb der Mitte gegliedert. Fr. glänzend. Stgl. fein gestreift. 0,5—2 m lang. Hecken, Zäune, Gebüsche. Verbreitet. Juli—Okt. hg. Hecken-K., **P. dumetórum L.**
B. Bl. elliptisch oder eiförmig bis lineal.
 1. Btn. einzeln oder zu 2—5 geknäuelt in den Bl.achseln, grün oder rot und weiß berandet. Bl. elliptisch bis lineal-lanzettlich. Stgl. vielästig, meist niederliegend. Äste bis zur Spitze beblättert. Wege (Straßenpflaster), Grasplätze, Äcker. Gemein. Juli—Okt. Mit kleistg. Btn. Vogel-K., **P. aviculáre L.**
 2. Btn. mit endständigen Scheinähren (Scheintrauben).
  a. Scheinähren locker, dünn, fadenförmig, Gräben, Ufer, feuchte Orte.
  aa. Btn.hülle stark drüsig-punktiert, meist 4teilig, grünlich oder rötlich. Bl. länglich-lanzettlich bis lanzettlich, oft

6*

Polygonáceae

schwärzlich gefleckt. Bl.scheiden kurz gewimpert. Von scharfem, pfefferartigem Geschmack. Häufig. Juli—Sept. Mit kleistg. Btn.     **Pfeffer-K., P. Hydrópiper L.**

bb. Btn.hülle nicht oder nur schwach drüsig-punktiert, 5teilig, meist rötlich. Bl.scheiden lang gewimpert. Geschmack nicht scharf.

   *a*. Bl. länglich-lanzettlich, an beiden Seiten verschmälert, in der Mitte am breitesten, mit deutlichen Seitennerven. Scheinähren meist überhängend. Häufig bis selten. Juli—Okt. hg.     **Milder K., P. mite Schrank.**

   *β*. Bl. lanzettlich-lineal, aus abgerundetem oder kaum verschmälertem Grunde bis zur Mitte gleichbreit, dann allmählich verschmälert, mit undeutlichen Seitennerven. Ähren fast aufrecht. Zerstreut. Juli—Okt.
                               **Kleiner K., P. minus Huds.**

b. Scheinähren dicht, gedrungen, walzenförmig.

  aa. Stgl. einfach, nur eine einzige Scheinähre tragend. Bl. unterseits graugrün, länglich-eiförmig bis länglich-lanzettlich, am Grunde gestutzt oder herzförmig, untere in einen langen geflügelten Stiel verschmälert, obere sitzend. Staubbl. 8. (Fig. 220.) Narben klein. Btn. rötlichweiß. Feuchte Wiesen. Häufig. Mai—Juli. pa. Meist D.
                                 **Wiesen-K., P. Bistórta L.**

  bb. Stgl. mehr oder weniger ästig, jeder Ast mit einer Scheinähre endigend. Narben groß.

    *a*. Pfl. ausdauernd, mit kriechendem Wz.stock und im Wasser flutendem, außerhalb desselben aufsteigendem oder aufrechtem Stgl. Bl. länglich bis lanzettlich, Scheinährenstiele tief gefurcht. Staubbl. 5, aus der rötlichweißen oder purpurnen Btn.hülle hervorragend. Stehende und langsam fließende Gewässer. Ufer. Häufig. Juni—Sept.     **Wasser-K., P. amphíbium L.**

    *β*. Pfl. 1jährig. Staubbl. 6, in der Btn.hülle eingeschlossen.

    *aa*. Btn.hülle und Ährenstiele mehr oder weniger drüsigrauh. Bl.scheiden locker anliegend, kahl oder kurzhaarig, kurz und fein gewimpert. Bl. unterseits eingedrückt- (oft drüsig-) punktiert. Btn.hülle grünlich. Ändert mit weißlichen oder roten Btn., unterseits dünn-grau- oder weißfilzigen Bl., verlängerten Scheinähren und stark verdickten Stgl.knoten ab. Gräben, Ufer, feuchte Äcker. Gemein. Juli—Okt. hg.
                    **Ampfer-K., P. lapathifólium L.**

    *ββ*. Btn.hülle und Ährenstiele drüsenlos oder nur mit sehr vereinzelten Drüsen. Bl.scheiden eng anliegend behaart, lang und steif gewimpert. Bl. unterseits nicht eingedrückt-punktiert. Gräben, feuchte Orte. Gemein. Juli—Okt. Mit kleistg. Btn.
                    **Floh-K., P. Persicária L.**

Chenopodiáceae 85

4. **Fagopýrum**, Buchweizen, Heidekorn.

1. Bl. so lang oder länger als breit. Scheinähren meist doldenrispig gehäuft. Fr. mit scharfen, ganzrandigen Kanten. Btn.hülle weiß oder rötlich. Stgl zuletzt meist rot. In sandigen Gegenden seit dem 15. Jahrh. häufig gebaut. Aus Mittelasien. Juli, Aug. D. H. F. (F. esculéntum Moench.)      Echter B., **F. sagittátum Gil.**

2. Bl. meist breiter als lang. Scheinähren oft einzeln. Fr. mit stumpflichen, ausgeschweiften Kanten. Btn.hülle und Stgl. meist grün. Als Unkraut fast nur unter voriger Art. Aus Sibirien. Juli—Sept, hg.      Tatarischer B., **F. tatáricum Gaertn.**

13. Fam.: **Chenopodiáceae**, Gänsefußgewächse.

I. Pfl. blattlos, mit fleischigem, gegliedertem, an den Gelenken eingeschnürtem Stgl. (Fig. 228.)      Salicórnia 88.

II. Pfl. mit grünen Bl. Stgl. nicht gegliedert.

A. Bl. lineal-pfriemlich, mit stechender Spitze. Btn. zwitterig, meist einzeln in den Bl.-achseln.      Sálsola 89.

B. Bl. flach, breit, nicht lineal, wenigstens die unteren deutlich in Stiel und Spreite geschieden. Btn. in Knäueln oder Ähren.

1. Btn. zwitterig.

Fig. 228.

a. Btn.hülle 5 spaltig, am Grunde mit dem Fr.kn. verwachsen, zur Fr.zeit erhärtend. Staubbl. einem fleischigen, den Fr.kn. umgebenden Ring eingefügt. (Fig. 229.) Angebaute Pfl. mit rübenförmiger Wz. und grundständiger Rosette von großen Bl.      Beta 86.

Fig. 229.      Fig. 230.

b. Btn.bl. frei. Fr. frei, von der unverhärteten Btn.hülle umgeben. Staubbl. dem Grunde der Btn.hülle eingefügt. (Fig. 230.) Bl. nicht rosettig.      Chenopódium 86.

2. Btn. eingeschlechtig.

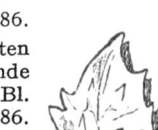

a. Btn. 1 häusig, die männlichen mit 3—5 blättriger Hülle, die weiblichen nackt, meist von 2 nach der Bt.zeit vergrößerten Vorbl. umgeben. (Fig. 231). Narben 2, mäßig lang.      Atriplex 88.

Fig. 231.

b. Btn. 2 häusig, die weiblichen mit 2—4 zähniger, die Fr. einschließender Btn.hülle. Narben 4, sehr langfadenförmig. (Fig. 232). Spinácia 88.

Fig. 232.

Chenopodiáceae

### 1. Beta, Runkelrübe, Mangold.

Stgl. ästig. Grundbl. lang gestielt, eiförmig, stumpf, am Grunde etwas herzförmig. Btn. in langen Scheinähren. Narben länglich-elliptisch. Wurzel walzenförmig oder rübenförmig und dann innen weiß, gelb oder geringelt (Runkelrübe) oder außen und innen blutrot (rote Rübe). Häufig angebaut. An den Küsten Südeuropas einheimisch. Juli—Sept. pa.     Gemeine R., Zuckerrübe, **B. vulgáris L.**

### 2. Chenopódium, Gänsefuß.

A. Btn.hülle zur Fr.zeit saftig, fleischig, die blattachselständigen Blütenknäuel eine scharlachrote beerenartige Sammelfr. bildend. Stgl. mit rutenförmigen, bis zur Spitze beblätterten Ästen. Bl. rautenförmig-3 eckig, tief gezahnt. Als Gemüsepfl. gebaut und bisweilen verwildert. Heimat Südeuropa. Juni—Aug. E. (Blitum virgátum L.)     Erdbeerspinat, **Ch. virgátum Jessen.**

B. Btn.hülle zur Fr.zeit kaum verändert, grünlich.

  1. Bl.ganzrandig.

    a. Narben verlängert. Btn.stände zu einer dichten, ährenförmigen, nur am Grunde beblätterten Rispe vereinigt. Bl. 3 eckig-spießförmig, oft etwas wellig. Samen alle aufrecht. Pfl. mehlig bestäubt, etwas klebrig, mehrjährig. Schutt, Wegränder. Häufig. Mai—Aug. pg.
        Guter Heinrich, **Ch. Bonus-Henrícus L.**

    b. Narben kurz. Pfl. 1 jährig, meist ausgebreitet-ästig. Bl. eiförmig bis länglich.

Fig. 233.    Fig. 234.

      aa. Pfl. unbestäubt, dunkelgrün oder hellgrün, oft rot überlaufen. Untere Bl. eiförmig bis länglich-eiförmig. (Fig. 233.) Btn.stände locker, trugdoldig oder ährenförmig. Btn.hülle zur Fr.zeit offen. Acker- und Gartenland, Wegränder, Ufer. Meist nicht selten. Juli—Sept. pg.
        Vielsamiger G., **Ch. polyspérmum L.**

      bb. Pfl. mehlig-bestäubt, graugrün. Bl. breit-rhombisch-eiförmig. (Fig. 234.) Btn.stände geknäuelt, am Ende des Stgls. und der Äste rispig-gehäufte Scheinähren bildend. Btn.hülle die Fr. bedeckend. Nach faulen Heringen riechend. Wege, Schutt, Mauern. Zerstreut. Juli—Sept. pg.
        Stinkender G., **Ch. Vulvária L.**

Chenopodiáceae 87

2. Bl. mehr oder weniger buchtig gezähnt.
  a. Bl. am Grunde herzförmig, nicht mehlig bestäubt, groß, eiförmig-3eckig, grobbuchtig-gezähnt. (Fig. 235.) Btn.stände geknäuelt, in endständiger, unbeblätterter Rispe. Schutt, Wegränder, Gartenland. Nicht selten. Juli—Sept. pg.
      Bastard-G., **Ch. hýbridum L.**
  b. Bl. am Grunde nicht herzförmig, gestutzt oder verschmälert.
    aa. Bl. glanzlos, mehlig bestäubt, klein- oder entfernt-gezähnt.
      α. Bl. länglich, in den Bl.stiel verschmälert, entfernt buchtig-gezähnt, unterseits blaugrün und mehlig bestäubt. Btn.stände in unterbrochenen, nicht beblätterten Scheinähren. Btn.hülle nicht mehlig bestäubt, die Fr. nicht ganz bedeckend. Samen scharfkantig. Wege, Schutt, an Gräben. Häufig. Juli—Okt. pg.
          Graugrüner G., **Ch. glaucum L.**
      β. Bl. eiförmig-rhombisch bis länglich-rhombisch, meist doppelt so lang als breit, spitz (Fig. 236), obere, seltener alle, länglich-lanzettlich, fast ganzrandig. Btn.-stände in dichten aufrechten Scheinähren oder lockig-rispig oder in unterbrochenen Scheinähren. Btn.hülle mehlig bestäubt, die Fr. ganz bedeckend. (Fig. 230.) Wegränder, Schutt, Acker- und Gartenland. Gemein. Juli—Okt. pg.
          Weißer G., **Ch. album L.**
  bb. Bl. glänzend, nicht oder nur anfangs mehlig bestäubt.
    α. Btn.stände ziemlich locker, in abstehenden kleinen Rispen. Stgl. ausgebreitet-ästig. Bl. eiförmig-rhombisch, ungleich-gezähnt, mit scharfen Zähnen (Fig. 237), dunkelgrün. Btn.hülle die Fr. ganz bedeckend. Samen glanzlos. Schutt, unbebaute Orte. Ziemlich häufig. Juli bis Sept. pg.
          Mauer-G., **Ch. murále L.**
    β. Btnstände geknäuelt, in aufrechten Scheinähren.
      αα. Bl. eiförmig-rhombisch, fast spießförmig-3lappig, tiefbuchtig-gezähnt.

Fig. 235.

Fig. 236.

Fig. 237.

(Fig. 238.) Seitliche Scheinähren klein beblättert. Btn.hülle die Fr. bedeckend. Stgl. meist rot angelaufen, aufrecht oder ausgebreitet. Äcker, Schutt, Wege. Nicht selten. Juli bis Sept. pg. Roter G., **Ch. rubrum L.**
*ββ.* Bl. 3 eckig oder rhombisch, buchtig-gezähnt, dann bestäubt. Seitliche Scheinähren fast blattlos. Btn.hülle die Fr. nicht ganz bedeckend. Stgl. steif-aufrecht, meist nur am Grunde ästig. Schutt, Wege, Dorfplätze. Zerstreut. Aug., Sept. pg. Stadt-G., **Ch. úrbicum L.**

Fig. 238.

### 3. Spinácia, Spinat.

Stgl. einfach oder ästig. Bl. langgestielt, untere und mittlere 3 eckig-pfeilförmig oder länglich-eiförmig, obere länglich. Btn. in Knäueln, bei der weiblichen Pfl. achselständig, bei der männlichen in unbeblätterten, end- und achselständigen Scheinähren. 30—45 cm. ⊙ und ⊙. Als Gemüse seit dem 15. Jahrh. in Europa gebaut. Aus dem Orient. Juni—Sept. Gemüse-Sp., **S. olerácea L.**

### 4. Átriplex, Melde.

1. Weibliche Btn. von zweierlei Art (auf derselben Pfl.), wenige ohne Vorbl., mit 3—5 teiliger Btn.hülle, die meisten mit netznervigen Vorbl., ohne Btn.hülle. Untere Bl. herzförmig-3 eckig, gezähnt. Vorbl. rundlich-eiförmig. Ganze Pfl. oft blutrot. Gebaut und verwildert. Aus Mittelasien? Juli—Sept. Garten-M., **A. horténse L.**
2. Weibliche Btn. gleichartig, alle mit nervenlosen Vorbl. und ohne Btn.hülle. Untere Bl. lanzettlich oder 3 eckig-spießförmig.
  a. Untere und mittlere Bl. lanzettlich oder länglich-lanzettlich, in den kurzen Bl.stiel verschmälert, die untersten am Grunde oft spießförmig. Vorbl. rhombisch-eiförmig, mit meist spießförmig vorgezogenen Seitenecken, oft weich-stachelig. (Fig. 239.) Schutt, Wegränder. Gemein. Juli—Okt.

  Fig. 239.
  
  Ausgebreitete M., **A. pátulum L.**
  b. Untere und mittlere Bl. 3 eckig-spießförmig, am Grunde meist gestutzt und plötzlich in den längeren Bl.stiel verschmälert, mit abstehenden oder etwas abwärts gerichteten Spießecken. Vorbl. fast 3 eckig, gezähnt oder ganzrandig. (Fig. 231.) Schutt, Wegränder, Zäune. Häufig. Juli—Sept.
  
  Spießblättrige M., **A. hastátum L.**

### 5. Salicórnia, Glasschmalz.

5—30 cm hohe, einjährige, kahle, glasig-fleischige Pfl. Stgl. ästig, oft rot überlaufen, seine Glieder oberwärts verdickt und eine häutige

Amarantáceae. Portulacáceae

Scheide tragend. Btn. in kurzen Scheinähren am Ende der Äste, zu 3 in den Achseln der scheidenförmigen Tragbl., ein Dreieck bildend, zwitterig. (Fig. 228.) Am Meeresstrand und an salzhaltigen Stellen im Binnenlande. Aug.—Sept. Schwach pg. W. und autg.
Krautiges G., **S. herbácea L.**

### 6. Sálsola, Salzkraut.

Pfl. einjährig. Stgl. 10—40 cm hoch, graugrün, vom Grunde an ͞͞rrig-ästig, steifhaarig-rauh. Bl. sitzend, pfriemlich, stechend- ;helspitzig. Btn. einzeln in den Bl.achseln. Btn.hülle zur Fr.zeit en pergamentartig, oben dünnhäutig, die Fr. fest umschließend. Am Meeresstrande auf Sandflächen und Dünen häufig, auch auf Sandfeldern und an Schuttplätzen und Wegrändern im Binnenlande. hg. bis pg. W. und autg. Gemeines S., **S. Kali L.**

## 14. Fam.: Amarantáceae, Amarantgewächse.

### 1. Amarántus, Amarant, Fuchsschwanz.

1. Stgl. liegend oder aufsteigend, kahl, 15—45 cm hoch. Bl. eiförmig, vorn ausgerandet, in der Ausrandung stachelspitzig. Scheinähren sehr kurz, die meisten blattachselständig. Btn. 3zählig, grünlich. (Fig. 240.) Wege, Schutt, bebauter Boden. Zerstreut. Juli—Okt. pg. (A. Blitum L.) Grüner A., **A. víridis L.**

Fig. 240.

2. Stgl. aufrecht, kurzhaarig. Btn. 5zählig.
 a. Vorbl. doppelt so lang wie die Btn.hülle, grün. (Fig. 241.) Bl. eirund bis eirautenförmig. Btn.knäuel zu dicken, dichtblütigen Scheinähren vereinigt, die oberen zu einer oft überhängenden Rispe zusammengedrängt. Äcker, Gartenland, Schutt. Ziemlich häufig. Aus dem wärmeren Amerika. Juli—Sept.

Fig. 241.

 Zurückgekrümmter A., **A. retrofléxus L.**
 b. Vorbl. etwa so lang wie die Btn.hülle und wie diese rot gefärbt.
  aa. Endständige Seitenähren sehr lang, überhängend. Btn. dunkelpurpurn. (Fig. 242.) Zierpfl. aus Ostindien, zuweilen verwildert. Juni bis Sept. Geschwänzter A., Fuchsschwanz, **A. caudátus L.**

Fig. 242.

  bb. Endständige Scheinähre aufrecht. Btn. rot oder rötlich-grün. Zierpflanze aus dem tropischen Amerika, bisweilen verwildert. Juni—Okt. Rispiger A., **A. paniculátus L.**

## 15. Fam.: Portulacáceae, Portulakgewächse.

I. K. 2spaltig, der Saum abfallend. Kr.bl. 5 (4 bis 6), gelb. Staubbl. 8—15, am Grunde oft verwachsen. (Fig. 243 a.) Kapsel ringsum aufspringend (gedeckelt), vielsamig. Portuláca 90.
II. K. tief-2spaltig, bleibend. Kr. trichterförmig, der Saum ungleich-5teilig, die Röhre an einer

Fig. 243.

Portulacáceae. Caryophylláceae

Seite aufgeschlitzt, weiß. Staubbl. (3—5). Kapsel 3klappig aufspringend, 2—3samig. (Fig. 243b.) Móntia 90.

### 1. Portuláca, Portulak.

Stgl niederliegend, ausgebreitet. Bl. länglich-keilförmig. K.zipfel am Rücken stumpf gekielt. Wahrscheinlich im westlichen Asien heimisch, wird (häufiger noch in der Abart P. sativa Haw. mit kräftigem, aufsteigendem Stgl., verkehrt-eiförmigen Bl. und geflügelt-gekielten K.-zipfeln) als Gemüse- oder Salatpfl. gebaut und ist an Wegen, auf Äckern, Schutt, in Weinbergen bisweilen verwildert. Juni—Sept. autg. und kleistg. Reizbare Staubbl.

Gemeiner P., **P. olerácea L.**

### 2. Móntia, Quellkraut.

Pfl. einjährig, dichtrasig, 2—10 cm hoch, gelblichgrün, mit aufrechtem oder aufsteigendem, gabelästigem Stgl. Feuchte Sandplätze, Ufer, überschwemmt gewesene Orte. April—Juni. autg. Die weißen Blüten öffnen sich nur bei Sonnenschein. Die Samen werden durch die sich einrollenden Kapselklappen bis 2 m weit fortgeschleudert.

Kleines Q., **M. minor Gmel.**

### 16. Fam.: Caryophylláceae, Nelkengewächse.

I. K. verwachsenblättrig, an der Spitze 5zähnig.
  A. Griffel 5.
    1. Kr.bl. kürzer als der K., ungeteilt. Kr. ohne Krönchen. (Fig. 244.) Kapsel 1fächerig, mit 5 Klappen aufspringend.
        Agrostémma 92.
    2. Kr.bl. länger als der K. Kr. mit Krönchen.

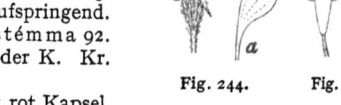

Fig. 244.    Fig. 245.

      a. Kr.bl. ungeteilt, rot. Kapsel am Grunde 5fächerig, mit 5 Zähnen aufspringend. (Fig. 245.)                             Viscária 92.
      b. Kr.bl. 2- oder 4spaltig. Kapsel 1fächerig, ohne Scheidewände.
        aa. Kr.bl. 4spaltig, rot. Btn. zwitterig. (Fig. 246.) Kapsel mit 5 Zähnen aufspringend.
                Lychnis 93.

Fig. 246.    Fig. 247.

        bb. Kr.bl. 2spaltig, rot oder weiß. (Fig. 247.) Bt. 2häusig.
      Kapsel mit 10 Zähnen aufspringend. Melándryum 93.
  B. Griffel 3.
    1. Fr. eine Kapsel. Stgl. nicht kletternd.
      a. Kapsel (Fr.kn.) am Grunde 3fächerig.
                Siléne 92.
      b. Kapsel (Fr.kn.) 1fächerig, am Grunde ohne Scheidewände. Melándryum 93.

Fig. 248.

Caryophylláceae 91

2. Fr. beerenartig. Fr.kn. 1 fächerig. Kr.bl.
2 spaltig. (Fig. 248.) Kr. mit Krönchen.
Stgl. kletternd.   Cucúbalus 94.
C. Griffel 2.
 1. K.bl. durch weiße, trockenhäutige Streifen verbunden.   Fig. 249.   Fig. 250.

   a. K. kurz und weit, am Grunde ohne
     Hochbl. (Hüllschuppen.) (Fig. 249.) Samen nieren-
     förmig.   Gypsóphila 94.
   b. K. walzlich, am Grunde von schuppenförmigen
     Hochbl. (Hüllschuppen) umgeben. (Fig. 250.) Samen
     schildförmig.   Túnica 94.
 2. K. ganz grün und krautig, ohne weiße Verbindungs-
   streifen, walzlich oder röhrig.   Fig. 251.

   a. K. am Grunde von Hochbl. (Hüll-
     schuppen) umgeben. (Fig. 251.) Kr. ohne Krönchen.
     Samen schildförmig.   Diánthus 94.
   b. K. am Grunde ohne Hochbl. (Hüllschuppen).
     Kr. mit Krönchen. (Fig. 252.) Samen
     nierenförmig.   Saponária 95.
II. K. freiblättrig oder 4- oder 5 teilig.
 A. Bl. mit häutigen Nebenbl.
   1. K. 5 teilig. Staubbl. 5. Kr.bl. klein, pfriemlich.   Fig. 252.
     Narben 2, fast sitzend. (Fig. 253.) Fr. eine
     1 samige Schließfr. Btn. in blattachselständigen
     Knäueln, grünlich. Kleine, dem Boden anlie-
     gende, ausgebreitete Pfl.   Herniária 99.
   2. K. 5 blättrig. Staubbl. 5—10. Fr. eine Kapsel.   Fig. 253.
     a. Griffel 5. Kapsel 5 klappig. Bl. scheinbar quirlständig.
       Spérgula 98.
     b. Griffel 3. Kapsel 3 klappig. Bl. gegenständig.
       Spergulária 99.
 B. Bl. ohne häutige Nebenbl.
   1. Kr.bl. fehlend. K. 5 teilig, grünlich. Staubbl. 10 oder 5.
     Griffel 2. Fr. eine einsamige Schließfr. Bl. lineal.
       Scleránthus 99.
   2. Kr.bl. vorhanden.
     a. Kr.bl. gezähnt, ausgerandet oder
       2 spaltig bis 2 teilig.
       aa. Griffel 5.
         α. Kr.bl. nicht bis über die Mitte
           geteilt, 2 spaltig. Kapsel an
           der Spitze 10 klappig. (Fig. Fig. 254.   Fig. 255.
           254.)   Cerástium 96.
         β. Kr.bl. bis auf den Grund 2 teilig.
           (Fig. 255.) Kapsel 5 klappig.
             Maláchium 96.
       bb. Griffel 3.   Fig. 256.   Fig. 257.
         α. Kr.bl. 2 spaltig bis 2 teilig. (Fig. 256.)
           Staubbl. 10. Samen nierenförmig.   Stellária 96.

92  Caryophylláceae

β. Kr. gezähnt. Staubbl. 3—5. (Fig. 257.) Samen schildförmig. Btn. doldig.  Holósteum 97.

Fig. 258.  Fig. 259.

b. Kr.bl. ganz oder nur seicht ausgerandet.
  aa. Bl. schmal-lineal bis fadenförmig.
    α. Griffel 4 oder 5. Staubbl. 4, 5 oder 10. K.- und Kr.-bl. 4 oder 5, letztere zuweilen fehlend. (Fig. 258.) Kapsel an der Spitze 4- oder 5 klappig. Sagína 97.
    β. Griffel 3. Kapsel 3 klappig aufspringend (Fig. 259).
      αα. Sandpfl. mit sehr dünnen, schmalen Bl. Samen zahlreich, klein, matt. Alsíne 98.
      ββ. Strandpfl. mit eiförmigen, dick-fleischigen Bl. Samen wenig zahlreich, groß, glänzend. Honckénya 98.
  bb. Bl. eiförmig.
    β. K. 1½ mal so lang als die Kr. Samen ohne Anhängsel. Bl. kaum 5 mm lang. Arenária 98.
    α. K. wenig länger als die Kr. Samen mit einem Anhängsel (Fig. 260), etwas rauh. Bl. wenigstens 1 cm lang.
      Moehríngia 98.  Fig. 260.

1. **Agrostémma**, Rade.

Ganze Pfl. graufilzig und zottig. Bl. lineal, spitz. Btn. einzeln, K. lederartig, rauhhaarig. Kr.bl. kürzer als die K.zipfel, seicht ausgerandet (Fig. 244), trübpurpurn, gestreift. Unter der Saat. Häufig. Juni, Juli. pa. bis hg. Ft. Die nierenförmigen, schwarzen Samen sind giftig.  Korn-R., **A. Githágo L.**

2. **Viscária**, Pechnelke.

Stgl. unter den oberen Knoten klebrig. Bl. kahl, untere verkehrteiförmig-lanzettlich, obere lanzettlich. Btn.stand traubig-rispig, fast quirlig. Kr. purpurn, selten weiß. (Fig. 245.)  Felsen, Abhänge, trockene Wiesen. Meist häufig. Mai, Juni. pa. Ft.
  Pechnelke, **V. vulgáris Roehl.**

3. **Siléne**, Leimkraut.

1. Kronbl. tief-2 spaltig, weiß.
  a. K. 20 nervig, stark netzaderig, eiförmig, aufgeblasen, kahl, mit breit-3 eckigen, spitzen Zähnen. Btn. meist 2 häusig. Btn.stand locker, trugdoldig. Bl. eiförmig bis lanzettlich, spitz, bläulichgrün. Trockene Wiesen, Hügel, Raine. Häufig. Juni—Sept. pa. Fn. und Hh. (S. vulgaris Garcke.)
    Aufgeblasenes L., Taubenkropf, **S. infláta Sm.**
  b. K. röhrig, 10 nervig.
    aa. Pfl. einjährig. Stgl. starr, gabelästig, nebst den Bl. kurzrauhhaarig. Btn. in endständigen, traubenähnlichen, einseitswendigen Wickeln und einzeln in den Gabeln, zur Bt.-

Caryophylláceae 93

zeit etwas nickend, sehr kurz gestielt. K. rauhhaarig. Kr.bl.
am Schlunde mit sehr kleinen Zähnen. Aus dem südöstlichen
Europa stammend, jetzt auf Äckern, besonders Kleefeldern,
an Wegen weit verbreitet. Juni—Aug. pg. Fn.
        Gabeliges L., **S. dichotóma Ehrh.**
bb. Pfl. mit ausdauerndem Wz.stock, am Grunde mit nicht
blühendenBl.büscheln. Stgl. einfach,nebst den Bl.weichhaarig,
oberwärts drüsig-klebrig. Btn.stand rispig, mit 3—7blütigen
trugdoldigen Ästen, vor dem Aufblühen einseitig überhängend. Btn. nickend, gestielt. Kr. drüsenhaarig. Kr.bl. mit
deutlichen spitzen Schlundschuppen. Trockene Hügel und
Abhänge, lichte Wälder. Verbreitet. Mai. Juni. pa. Fn.
Die Btn. duften nur nachts und entfalten sich 3 Nächte nach-
einander, am Tage sehen sie wie verwelkt aus.
        Nickendes L., **S. nutans L.**
2. Kronbl. ungeteilt oder höchstens schwach ausgerandet.
 a. Kr.bl. grünlichgelb, ohne Krönchen, lineal-spatelig. Btn. viel-
  ehig- 2häusig, in reichblütiger, quirlig-traubiger Rispe. Stgl. einfach, am Grunde mit nichtblühenden Trieben. Untere Laubbl.
  rosettenartig angeordnet, spatelförmig. Sandige und felsige,
  trockene Hügel, Kiefernwälder. Zerstreut. Juli—Sept. MeistW.
        Ohrlöffel-L., **S. Otítes Sm.**
 b. Kr. blaß purpurn, seltener weiß, mit ziemlich langem, spitzem
  Krönchen. Btn. in fast doldig angeordneten Trugdolden. Stgl.
  unter den obersten Knoten klebrig, sonst kahl. Bl. eiförmig,
  spitz. Felsige, buschige Abhänge im Rheingebiet. Auch angepflanzt und verwildert. Juli—Sept. pa. Ft.
        Garten-L., **S. Arméria L.**

## 4. Lychnis, Lichtnelke.

Stgl. von rückwärts angedrückten Haaren rauh, unter den Gelenken
klebrig. Grundbl. länglich-spatelförmig, obere schmal-lanzettlich.
Btn.stand locker trugdoldig. Kr.bl. 4spaltig. (Fig. 246.) Kr. rosenrot,
selten weiß. Feuchte Wiesen, Gebüsche. Gemein. Mai, Juni. pa. F.
        Kuckucks-L., **L. Flos cúculi L.**

## 5. Melándryum, Lichtnelke.

1. Btn. 2häusig, locker, trugdoldig. Griffel 5.
 a. Kr. weiß. Stgl. oberwärts neben den Btn.stielen drüsig,weich-
  haarig. Bl. spitz, untere länglich, obere lanzettlich. Zähne der
  Kapsel aufrecht. Wegränder, Hügel, Gebüsche. Verbreitet.
  Juni—Sept. Fn. Die Btn. öffnen sich 6$^h$ Nm.
        Weiße L., Abend-L., **M. album Garcke.**
 b. Kr. hellpurpurn. Stgl. zottig-weichhaarig, ohne Drüsen. Bl. zugespitzt, untere eiförmig, obere länglich. Zähne der Kapsel zurückgerollt. (Fig. 247.) Feuchte Laubwälder, Gebüsche, Ufer,
  Wiesen. Verbreitet. Mai—Sept. Ft.
        Rote L., Tag-L., **M. rubrum Garcke.**
2. Btn. zwitterig, einzeln oder in wenigblütigen Trugdolden. Griffel 3.
Kr. weiß oder blaßrosa. Stgl. unterwärts rauhhaarig, oberwärts

drüsig-weichhaarig. Bl. kurzhaarig, untere länglich-verkehrt-eiförmig, obere lanzettlich bis lanzettlich-lienal. Acker- und Gartenland, besonders auf schwerem Lehmboden. Zerstreut. Juni-Sept. pa. Fn. u. autg. (Siléne noctiflóra L.)

Nacht-L., **M. noctiflórum L.**

### 6. Cucúbalus, Hühnerbiß, Taubenkropf.

Stgl. sehr ästig, kletternd (Spreizklimmer), wie die Bl. kurzhaarig, 60—120 cm hoch. Bl. eiförmig oder länglich, spitz. Btn. einzeln. Kr. grünlichweiß. Beere kugelig, schwarz. (Fig. 248.) Ufergebüsche, feuchte Waldstellen. Sehr zerstreut. Juli, Aug. pa.

Beerentragender H., **C. báccifer L.**

### 7. Gypsóphila, Gipskraut.

1. Einjähriges, 5—12 cm hohes Pflänzchen mit vom Grunde an gabelästigem dünnen Stgl. Bl. lineal. Btn. in ausgebreiteter Trugdolde auf fadenförmigen Stielen einzeln. Kr.bl. hellrot, mit dunkleren Adern. Sandige Äcker (besonders nach der Ernte), Wegränder, Mauern. Meist nicht selten. Mauer-G., **G. murális L.**
2. Pfl. mit kräftigem, verholztem Wz.stock, aus diesem kurze nichtblühende und verlängerte, blühende Sprosse treibend. Bl. lineal, bläulichgrün. Btn.stand eine gedrungene, ebensträußige Trugdolde. Kr.bl. weiß oder rötlich. In Ostdeutschland in sandigen Kiefernwäldern und auf Hügeln strichweise ziemlich verbreitet, seltener auf Gipsbergen in Mitteldeutschland. Juni—Aug. pa.

Ebensträußiges G., **G. fastigiáta L.**

### 8. Túnica, Felsnelke.

Stgl. meist einfach. Bl. lineal. Btn. kopfig, zu je mehreren von schuppenartigen Hochbl. umschlossen, selten (bei verkümmerten Exemplaren) einzeln. (Fig. 250.) Kr. klein, rötlichlila. Sandige Hügel. Zerstreut. ☉ Juli, Aug. hg. Häufig autg.

Sprossende F., **T. prolífera Scop.**

### 9. Diánthus, Nelke.

1. Kr.bl. ungeteilt, fast ganzrandig oder nur an der Spitze gezähnt.
    a. Btn. sehr kurz gestielt, kopfig oder büschelig-gehäuft.
        aa. Bl.scheiden 3—4 mal so lang wie die Breite der Bl. Bl. lineal. Btn. in köpfchenartigen Büscheln. Hochbl. und K.schuppen braun, trockenhäutig, verkehrt-eiförmig, plötzlich in eine Granne verschmälert. Kr. purpurn. Sonnige Hügel, Felsen, Triften. Meist verbreitet. Juni—Aug. pa. Ft.

Karthäuser-N., **D. Carthusianórum L.**

bb. Bl.scheiden so lang oder kürzer als die Breite der Bl. K.-schuppen krautig.
    α. Stgl. kahl. Bl. breit-lanzettlich. Hochbl. lineal, zurückgebogen. K.schuppen meist 4, grannenartig zugespitzt, so lang wie die K.röhre. Btn. dichtbüschelig-gehäuft, dunkel-

Caryophylláceae 95

rot oder verschieden gefärbt und gezeichnet. Wild in Südeuropa, bei uns als Gartenzierpflanze und bisweilen verwildert. Juni—Aug. pa. Ft. Bart-N., **D. barbátus L.**
β. Stgl. nebst den linealen Bl. behaart. Hochbl. aufrecht, wie die K.schuppen lineal-pfriemlich und rauhhaarig. Btn. in 2—10blütigen Büscheln, klein, hellkarminrot. Sonnige Hügel, Gebüsche, Waldränder. Zerstreut. ⊙ Juli, Aug. pa., auch autg.
Rauhe oder Büschel-N., **D. Arméria L.**
b. Btn. einzeln oder in lockeren, rispigen Trugdolden.
aa. Stgl. weichhaarig. K.schuppen meist 2, eiförmig, lang begrannt, mit der Granne halb so lang wie die K.röhre. Kr.bl. hellkarminrot, mit helleren Punkten und einem dunkleren Bogenstreifen. Trockene Grasplätze, Waldränder. Häufig. Juni—Sept. pa. Ft.
Deltafleckige, Stein- oder Heide-N., **D. deltoídes L.**
bb. Stgl. kahl. K.schuppen 4—6, breit-eiförmig, am Ende spitz, ¼ so lang wie der K., Kr. sehr verschieden gefärbt, oft gefüllt, wohlriechend. Zierpfl. aus Südeuropa. Juli, Aug.
Garten-N., **D. Caryophýllus L.**
2. Kr.bl. tief fingerig oder fiederspaltig eingeschnitten.
a. Kr.bl. fingerförmig eingeschnitten, mit verkehrt-eiförmigem Mittelfeld (Fig. 261a), rosa bis weiß. Bl. lineal-pfriemlich, rinnig, sehr spitz. Btn. sehr wohlriechend. Heimisch im südöstlichen Europa bis Österreich, Mähren und Steiermark, bei uns in Gärten angepflanzt. Juli, Aug.
Feder-N., **D. plumárius L.**
b. Kr.bl. fiederig-eingeschnitten, mit länglichem Mittelfeld.
aa. Stgl. rispig-ästig, 2—mehrblütig, 30—60cm hoch. Untere Bl. stumpflich. K.schuppen eiförmig, bespitzt oder sehr kurz begrannt, ⅓ so lang wie die K.röhre. Kr.bl. lilarosa, am Grunde rotbärtig. (Fig. 261b.) Trockenere und feuchtere Wiesen, lichte Wälder. Meist nicht selten. Juni—Sept. pa. Ft.

*a*  *b*

Fig. 261.

Pracht-N., D supérbus L
bb. Stgl. dichtrasig, jeder meist nur 1blütig, 15—30 cm hoch. Untere Bl. spitz. K.schuppen eiförmig, abgestutzt, ¼ so lang wie die K.röhre. Btn. weiß, wohlriechend. Sandige Kiefernwälder und Sandfluren, im östlichen Deutschland strichweise verbreitet. Juni—Aug. pa. Fn.
Sand-N., **D. arenárius L.**

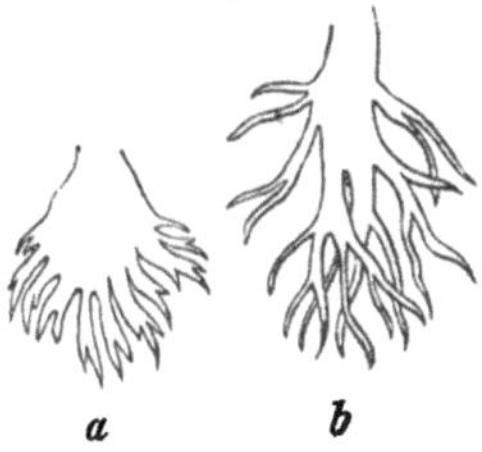

10. **Saponária**, Seifenkraut.

Stgl. etwas rauh. Bl. elliptisch oder länglich, spitz, kahl, 3nervig. Btn. büschelig-gehäuft. Kr. weiß oder rötlich, etwas wohlriechend. (Fig. 252). Flußufer. Zäune. Auch angepflanzt und verwildert. Juli

Caryophylláceae

bis Sept. pa. Jede Bte. dauert 2 Tage. Fn. (Schwärmer, Eulen, letztere legen ihre Eier in den Fr.kn. ab). Echtes S., **S. officinális L.**

## 11. **Maláchium,** Wasserdarm, Weichkraut.

Stgl. schlaff, liegend oder klimmend. Bl. herz-eiförmig oder länglich, zugespitzt, sitzend, unterste gestielt. Btn.stand locker-trugdoldig. Hochbl. krautig. K.bl. kürzer als die Kr. (Fig. 255.) Griffel 5. Kr. weiß. Gräben, Ufer, feuchte Gebüsche. Gemein. Juni—Aug. pa. E.
Gemeiner W., **M. aquáticum Fr.**

## 12. **Stellária,** Sternmiere.

I. K. am Grunde trichterförmig. Kr. kürzer als die K. Stgl. meist niederliegend, 4 kantig, kahl, 10—30 cm lang. Bl. elliptisch oder verkehrt-eiförmig, am Grunde gewimpert, bläulichgrün. Quellige Orte, Sumpfwiesen, nasser Waldboden. Verbreitet. Juni—Sept. pa. E. und autg. Sumpf-St., **St. uliginósa Murr.**
II. K. am Grunde abgerundet.
  A. Stgl. stielrund. Untere Bl. gestielt.
    1. Stgl. drüsig-weichhaarig, 30—60 cm lang, mehrjährig. Bl. herzeiförmig, zugespitzt, zart. K.bl. viel kürzer als die Kr. (Fig. 256.) Staubbl. 10. Kr. weiß. Schattige, feuchte Laubwälder und Gebüsche. Verbreitet. Mai, Juni. pa. D.
    Hain-St., **S. némorum L.**
    2. Stgl. 1 reihig-behaart, 7—30 cm lang, 1 jährig. Bl. eiförmig, kurz zugespitzt. K.bl. so lang oder länger als die Kr. Staubbl. meist 3—5. Kr. weiß. Bebauter Boden, Schutt, Wege. Gemein. ☉. Fast das ganze Jahr hindurch blühend. E. und autg. Vogelmiere, **S. média Vill.**
  B. Stgl. 4 kantig, besonders unten. Bl. sämtlich sitzend.
    1. Kr.bl. bis auf den Grund 2 teilig. Hochbl. trockenhäutig. Bl. lineal-lanzettlich.
      a. Stgl. aufrecht, meist einfach. Bl. meist seegrün, etwas fleischig, kahl. Hochbl. am Rande kahl, Kr. meist doppelt so lang als der K., weiß. Sumpfige Wiesen, Gräben. Zerstreut. Mai, Juni. (St. glauca With.)
      Blaugrüne St., **S. palustris Retz.**
      b. Stgl. schlaff, aufsteigend, meist ästig. Bl. grasgrün, am Grunde gewimpert. Hochbl. gewimpert. Kr. meist so lang wie der K., weiß. Wiesen, Grasplätze, Ackerränder. Häufig. Mai—Juli. pa., E. und autg.
      Gras-St., **S. gramínea L.**
    2. Kr.bl. bis zur Mitte 2 spaltig, doppelt so lang als der K. Hochbl. krautartig. Bl. steif, lineal-lanzettlich, vom Grunde an verschmälert, rauh. Kr. weiß. Laubwälder, Gebüsche, Hecken. Häufig. April, Mai. pa., E. und autg.
      Großblumige oder Wald-St., **S. Holóstea L.**

## 13. **Cerástium,** Hornkraut.

1. Kr. doppelt so lang als der K. Hochbl. wie die K.bl. breit-trockenhäutig-berandet. (Fig. 254.) Bl. lanzettlich, bis lineal-lanzettlich,

Caryophylláceae 97

nebst dem Stgl. kurzhaarig. Btn.stiele nach dem Verblühen aufrecht. Pfl. mehrjährig. Raine, Wegränder, trockene Wiesen. Gemein. April, Mai. pa., D. und H.     Acker-H., **C. arvénse L.**
2. Kr. kaum länger als der K. Pfl. 1- oder 2jährig.
   a. Hochbl. bis zur Spitze krautig und behaart (höchstens an den Seitenrändern schmal-trockenhäutig und kahl), die Haare über die Spitze bärtig hinausragend. Kr.bl. und Staubfäden gewimpert.
     aa. Btn.stiele zur Fr.zeit so lang oder kürzer als der K. Kr. so lang wie der K., weiß. Pfl. blaß- oder gelbgrün, kurzhaarig, mit oder ohne Drüsenhaare. Feuchte Gebüsche, Ufer, Weg- und Ackerränder. Verbreitet. Mai—Aug. autg.
       Geknäueltes H., **C. glomerátum Thuill.**
     bb. Btn.stiele zur Fr.zeit 2—3mal so lang als der K. Kr. kürzer als der K., weiß. Pfl. graugrün, langhaarig, seltener ohne Drüsenhaare. Sonnige Hügel, Abhänge, Wegränder. Sehr zerstreut. Mai, Juni. D. und autg.
       Kleinblütiges H., **C. brachypétalum Desp.**
   b. Hochbl. am Rande und an der Spitze trockenhäutig und kahl, die Haare des Rückens nicht über die trockenhäutige Spitze hinausragend. Kr.bl. und Staubfäden kahl.
     aa. Stgl. 3—15 cm lang, kurzhaarig, meist drüsig-klebrig, nie wurzelnd. Pfl. 1- oder 2jährig. Kr. so lang oder etwas kürzer als der K. K. an der Spitze oft gezähnelt. Wegränder, Grasplätze, Hügel. Verbreitet. März—Mai. Schwach pa., meist autg.     Sand-H., **C. semidecándrum L.**
     bb. Stgl. 10—40 cm lang, rauhhaarig, meist drüsenlos, die seitlichen Stgl. an den unteren Knoten zuletzt wurzelnd. Pfl. 2- bis mehrjährig. Kr. meist etwas länger als der K. Äcker, Wegränder, Grasplätze. Gemein. April—Sept. Schwach pa., E. und autg. (**C. triviále Link.**)
       Gemeines H., **C. caespitósum Gil.**

### 14. Holósteum, Spurre.

Bläulichgrün. Stgl. einfach, oberwärts mit 2 entfernten Bl.paaren, unter den doldigen Btn.stielen drüsenhaarig, 5—20 cm hoch. Bl. länglich, spitz, kahl. Btn.-stiele nach dem Verblühen zurückgeschlagen, später wieder aufrecht. (Fig. 262.) Kr. weiß, oft rötlich. (Fig. 257.) Äcker, Grasplätze, Wegränder. Verbreitet. ⊙ März bis Mai. pa., D. und autg.
    Doldige Sp., **H. umbellátum L.**

Fig. 262.

### 15. Sagína, Mastkraut.

1. K. und Kr. 5blättrig. Staubbl. 10. Kr.bl. doppelt so lang als die K.bl. Btn.stiele stets aufrecht. Bl. fadenförmige, obere kurz, in den Achseln Bl.büschel tragend. Stgl. 7—15 cm hoch. Moorige Wiesen, Ufer. Zerstreut. Juli, Aug. Meist autg.
       Knotiges M., **S. nodósa Fenzl.**

Caryophylláceae

2. K. und Kr. 4blättrig. Kr.bl. kürzer als die K. Staubbl. 4. Stgl. 2—7 cm lang.
a. Stgl. am Grunde wurzelnd, niederliegend oder aufsteigend. Bl. kahl. Btn.stiele nach dem Verblühen hakenförmig zurückgekrümmt, zuletzt wieder aufrecht. K.bl. sämtlich ohne Stachelspitze. (Fig. 258.) Kr. weiß. Feuchte Stellen. Gemein. Mai bis Sept. hg., D. und autg.     Liegendes M., **S. procúmbens L.**
b. Stgl. nicht wurzelnd, aufsteigend oder aufrecht. Bl. am Grunde gewimpert. Btn.stiele nach dem Verblühen stets aufrecht. Die beiden äußeren K.bl. stachelspitzig. Kr. weiß, sehr klein, bald verschwindend. Feuchte Äcker, Gräben. Zerstreut. ☉ Mai bis Juli. autg.     Kronloses M., **S. apétala L.**

### 16. Alsíne, Miere.

1. Meist kahl. Stgl. aufsteigend, locker-ästig. K.bl. eiförmig-lanzettlich, mit schmalem Hautrande, kürzer als die Kapsel. (Fig. 259.) Kr. weiß. Sandige Äcker. Zerstreut. ☉ Juni, Juli.
Schmalblättrige oder zarte M., **A. tenuifólia Wahlnb.**
2. Drüsig-behaart. Stgl. aufrecht, dicht-ästig. K.bl. lanzettlichpfriemlich, länger als die Kapsel. Kr. weiß. Sandige Äcker, Triften. Zerstreut. ☉ Mai—Juli.     Klebrige M., **A. viscósa Schreb.**

### 17. Honckénya, Salzmiere.

Stgl. niederliegend, an den Knoten wurzelnd, mit aufrechten Ästen. Bl. sitzend, eiförmig, fleischig, gelblichgrün. Btn. einzeln in den Bl.-achseln. Kr. weiß. (Fig. 263). Am Meeresstrand auf Sandboden häufig. Juni bis Aug. pa. Insektenbesuch selten, der Btn.staub wird mit dem Flugsand von Bt. zu Bt. getragen.

Fig. 263.

Dickblättrige S., Strandmiere, **H. peploídes Ehrh.**

### 18. Arenária, Sandkraut.

Stgl. sehr ästig. Bl. eiförmig, zugespitzt, sitzend. Btn. locker-trugdoldig. K.bl. lanzettlich, 3nervig, länger als die Kr.bl. Kr. weiß. Äcker, Hügel, Wegränder. Gemein. ☉ Mai—Sept. Meist autg.
Quendelblättriges S., **A. serpyllifólia L.**

### 19. Moehríngia, Möhringie, Spelle, Nabelmiere.

Stgl. aufsteigend oder aufrecht. Bl. eiförmig, spitz, 3(—5)nervig. K.bl. spitz, 3nervig, länger als die Kr.bl. (Fig. 260.) Kr. weiß. Schattige Laubwälder, Gebüsche, Hecken. Häufig. ☉ Mai, Juni. hg. und autg. mch.     Dreinervige M., **M. trinérvia Clairv.**

### 20. Spérgula, Spark.

Stgl. vom Grunde an ästig, mit niederliegenden oder aufsteigenden Ästen. Bl. unterseits mit einer Längsfurche, in ihren Achseln Zweige mit verkürzten Gliedern tragend, wodurch die Bl. scheinbar quirl-

Caryophylláceae. Nymphaeáceae

ständig werden. Btn. in Trugdolden. Btn.stiele nach dem Verblühen herabgeschlagen. Kr.bl. stumpf, weiß. Sandige Äcker, Wege, Schutt. Gemein. Auch gebaut. ☉ Juni—Sept. hg., D. und autg.
Acker-Sp., **S. arvénsis L.**

### 21. Spergulária, Schuppenmiere.

Stgl. niederliegend oder aufsteigend. Bl. lineal, meist flach, stachelspitzig. Nebenbl. silberglänzend, meist zerschlitzt. Hochbl. meist nicht kleiner als dle Bl. Kr. rosenrot. Sandige Weg- und Ackerränder. Häufig. ☉ Mai—Sept. hg. autg. Bte.zeit $10^h\,30^m$—$3^h$. (S. rubra Presl.) Rote Sch., **S. campestris Aschs.**

### 22. Herniária, Bruchkraut, Tausendkorn.

1. Ganze Pfl. kahl, frischgrün oder gelbgrün. K.bl. grannenlos, kürzer als die reife Fr. Sandfelder, Wegränder, Ufer. Verbreitet. Juni bis Herbst. hg. pa. D. u. autg. Kahles B., **H. glabra L.**
2. Ganze Pfl. kurz-steifhaarig, dunkelgrün, fast graulichgrün. K.-zipfel durch eine längere Borste begrannt. Fr. kürzer als der K. Sandfelder. In Süd- und Westdeutschland zerstreut. Juli—Okt. hg.—pa., D. u. autg. Behaartes B., **H. hirsúta L.**

### 23. Scleránthus, Knäuel.

1. Trugdolden end- und blattachselständig. K.zipfel spitzlich, schmaltrockenhäutig-berandet, zur Fr.zeit abstehend. Äcker, Triften, Wegränder. Gemein. ☉ Juni—Okt. hg., D. und autg.
Sommer-K., **S. ánnuus L.**
2. Trugdolden meist nur endständig. K.zipfel stumpf, breit-trockenhäutig-berandet, zur Fr.zeit zusammenneigend. Äcker, Triften, Abhänge. Etwas seltener als vorige Art. Mai—Okt.
Dauer-K., **S. perénnis L.**

## 17. Fam.: **Nymphaeáceae**, Seerosengewächse.

I. K. 4blättrig. Kr.bl. ohne Honiggrübchen, weiß. Staubbl. am Grunde mit dem Fr.kn. verwachsen. Bl. rundlich.
Nymphǽa 99.
II. K. 5blättrig. Kr.bl. auf dem Rücken mit einem Honiggrübchen versehen, gelb. Staubbl. frei. Bl. eiförmig. Nuphar 100.

### 1. Nymphǽa, Seerose.

Bl. herzförmig-rundlich, schwimmend. Bl.stiel von Luftkanälen durchzogen. Innerste Staubfäden kaum so breit wie die Staubbeutel. Narbenstrahlen zahlreich. Fr.kn. kugelig, bis dicht unter die Narbe mit Staubbl. Stehende und langsam fließende Gewässer. Verbreitet. Juni—Aug. hg. Po. Die Btn. schließen sich nachts und bei ungünstigem Wetter. Weiße S., **N. alba L.**

## 2. Nuphar, Mummel, Teichrose.

Bl. herz-eiförmig, schwimmend. (Neben den lederigen Schwimmbl. entwickeln sich auch zarthäutige untergetauchte Bl.) Staubbeutel länglich lineal. Narbe in der Mitte trichterförmig. 10—20strahlig, mit vor dem Rande verschwindenden Strahlen. Stehende und langsam fließende Gewässer. Ziemlich häufig. Juni—Aug. hg.-pg., D. und Cl.
Gelbe M., **N. lúteum** Smith.

## 18. Fam.: Ceratophylláceae, Hornbattgewächse.

### 1. Ceratophyllum, Hornkraut.

Untergetauchte, am Grunde wurzelnde Wasserpfl. Bl. quirlständig, dunkelgrün, 1—2mal gabelspaltig mit 2—4 linealen, dicht stachelig-gezähnten, starren Zipfeln. (Fig. 162.) Fr. am Grunde mit 2 Dornen und mit 1 langem, endständigem Dorn. Stehende und langsam fließende Gewässer. Ziemlich häufig. Juli—Sept. Hy.
Gemeines oder rauhes H., **C. demérsum L.**

## 19. Fam.: Ranunculáceae, Hahnenfußgewächse.

I. Btn. 2seitig. K. kronenartig gefärbt, meist blau.
  A. Das obere K.bl. gespornt (Fig. 264), 1 oder 2 gespornte Kr.bl. einschließend.
    **Delphínium 103.**
  B. Das obere K.bl. helmförmig-gewölbt, 2 langgestielte, kappenförmige, gespornte Kr.bl. (Honigbl.) einschließend. (Fig. 265.)
    **Aconítum 103.**

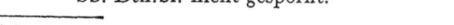

Fig. 264.   Fig. 265.

II. Btn. strahlig.
  A. Bl. gegenständig, einfach- bis doppeltgefiedert. Btn. meist 4zählig, mit einfacher weißer oder buntgefärbter Hülle, ohne Honigbl. **Clématis 104.**
  B. Bl. nicht gegenständig (wechselständig oder alle grundständig oder scheinbar quirlig).
    1. Staubbl. meist nur 5, selten mehr. K. und Kr. 5blättrig. Btn.boden zylindrisch verlängert (Fig. 266), zur Fr.zeit bis 6 cm lang. Bl. alle in grundständiger Rosette, schmal-lineal. **Myosúrus 105.** Fig. 266.
    2. Staubbl. 12 bis viele. Bl. nicht schmal-lineal. Btn.achse nicht mäuseschwanzartig verlängert.
      a. Btn. mit K. und Kr., diese meist größer als der K.[1]
      aa. Jedes Btn.bl. mit einem einwärts gekrümmten Sporn, trichterförmig, Btn. daher mit 5 Spornen. (Fig. 267.) K.bl. flach, eiförmig, gefärbt. Bl. wechselständig.
        **Aquilégia 103.**
      bb. Btn.bl. nicht gespornt.

Fig. 267.

---

[1] Desgl. auch Anemóne Hepática mit kelchähnlicher, 3blättriger Hochbl.hülle.

Ranunculáceae 101

α. Nur 1 Fr.kn. in jeder Bte. Btn. weiß, traubig. Fr.
eine schwarze Beere. K. und Kr. 4 zählig, abfällig.
Bl. mehrfach gefiedert, wechselständig. Actǽa 103.
β. Fr.kn. 2 bis viele. K. 5- oder 3 blättrig. Kr.bl. 5 oder
mehr.
αα. Fr.kn. meist zahlreich, selten nur 7—5. Fr.chen
einsamig, nicht aufspringend.
ℵ. Kr.bl. am Grunde mit einem freien
oder von einer Schuppe bedeckten
Honiggrübchen (Fig. 268), 5—10,
gelb oder weiß. K. 3 bis 5 blättrig.
Ranúnculus 105.

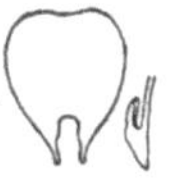

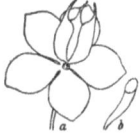

Fig. 268.

⁞. Kr.bl. am Grunde ohne Honiggrübchen, 5 bis
viele, rot oder gelb. K.bl. 5. Bl. 2—3 fach
fiederteilig, mit linealen Zipfeln. Adónis 108.
ββ. Fr.kn. 2—5. Fr. eine aufspringende, vielsamige
Balgkapsel. Kr.bl. 5 oder mehr, rot, seltener
weiß. Kr.bl. 5, bleibend. Btn. sehr groß.
Pæónia 102.
b. Btn. mit einfacher, gefärbter Btn.hülle oder Kr.bl., wenn
vorhanden, als besonders gestaltete Honigbl. und nicht
blütenbl. ähnlich ausgebildet.
aa. Bl. grundständig oder scheinbar unterhalb der Bte.
quirlständig.
α. Stgl. nur mit 1—2 hellgrünen, schuppenförmigen, ganzrandigen Hochbl.
Grundbl. lederartig, überwinternd,
fußförmig geteilt. Btn. groß, weiß
oder rosa. Honigbl. dütenförmig,
gelb. Fr.kn. am Grunde etwas verwachsen. Vielsamige, aufspringende
Balgkapseln. (Fig. 269.)
Helléborus 102.

Fig. 269.

β. Stgl. unmittelbar unter der Bte. oder meist in einiger
Entfernung von derselben mit einer Hülle von meist
3 grünen Hochbl. Honigbl. fehlen. Fr.chen eine
1 samige Schließfr.
αα. Btn. weiß, blau oder gelb. Fr.chen mit nur kurzem Schnabel. Griffel kurz. Anemóne 104.
ββ. Btn. violett. Griffel
lang. Fr.chen mit lan-
gem, bärtig-behaartem
Schnabel. (Fig. 270.)
Pulsatílla 105.
bb. Bl. wechselständig.
α. Btn.hülle einfach, Honigbl. fehlend.

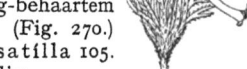

Fig. 270.    Fig. 271.

αα. Btn. groß, gelb. Bl. der Btn.hülle länger als die
Staubbl. (Fig. 271.) Bl. einfach, ungeteilt. Vielsamige, aufspringende Balgkapsel. Caltha 102.

Ranunculáceae

βββ. Btn. klein, sehr zahlreich, in rispigen Btn.ständen. Bl. der Btn.hülle kürzer als die Staubbl., abfällig. (Fig. 272.) Fr.chen 1 samig. Thalíctrum 108.

Fig. 272.

β. Btn. mit Honigbl. Vielsamige, aufspringende Balgkapseln.

αα. Btn. gelb. K.bl. 5—15, kugelig zusammenneigend. Honigbl. sehr schmal-zungenförmig, an der Spitze löffelartig verbreitert. (Fig. 273.)
Tróllius 102.

ββ. Btn. hellblau bis bläulichweiß. K.bl. 5, ausgebreitet. Honigbl. gestielt, knieförmig-gebogen, röhrig, mit flachem, 2spaltigem Saum. Fr. ganz oder doch bis zur Mitte verwachsen. (Fig. 274.)

Fig. 273.  Fig. 274.

Nigélla 103.

## 1. Paeónia, Pfingstrose.

Stgl. krautig. Bl. doppelt-3zählig mit 3spaltigen oder 3teiligen Mittelbl.chen und länglich-lanzettlichen Zipfeln. Btn. sehr groß, dunkelpurpurn, meist gefüllt. Wz.fasern knollig verdickt. Zierpfl. aus Südeuropa. Mai, Juni. pg. Po. Die Btn. schließen sich nachts.
Garten-P., **P. officinális L.**

## 2. Caltha, Dotterblume.

Stgl. aufsteigend, oberwärts ästig. Bl. dunkelgrün, glänzend, herzeiförmig bis nierenförmig, gekerbt, untere gestielt, obere fast sitzend. (Fig. 271.) Bt.n groß. K. dottergelb. Sumpfige Wiesen, Gräben, Ufer. Gemein. April, Mai. hg. E. Die Btn.knospen dienen, in Essig eingelegt, als Ersatz für Kapern. Sumpf-D., **C. palústris L.**

## 3. Tróllius, Trollblume.

Stgl. aufrecht, meist einfach, 1blütig. Bl. handförmig-geteilt, mit 3spaltigen, eingeschnitten-gesägten Zipfeln. K. kugelförmig-zusammenschließend, zitrongelb. (Fig. 273.) Kr. dottergelb. Mäßig feuchte Wiesen und Gebüsche. Zerstreut. Mai, Juni. hg., E. und autg.
Europäische T., **T. europǽus L.**

## 4. Helléborus, Nieswurz.

Btn weiß oder rötlich. Grundbl. überwinternd, langgestielt, fußförmig, 7—9 teilig, mit länglich-lamettlichen oder keilförmigen, vorn gesägten Abschnitten. Stgl. einfach, blattlos, nur mit 2 oder 3 eiförmigen Deckbl. 1- oder seltener 2—3blütig. (Fig. 269.) Heimisch in den südlichen und östlichen Alpen, bei uns in Gärten. Dezember—März. pg. H., auch autg. Giftig!
Schwarze N., Christblume, Schneerose, **H. niger L.**

Ranunculáceae

### 5. Nigélla, Schwarzkümmel.

1. Btn. ohne Hülle. K.bl. lang benagelt, weiß, vorn bläulich, unterseits grün gestreift. Kapseln bis zur Mitte verwachsen. (Fig. 274.) Äcker, besonders auf Lehm- und Kalkboden. Zerstreut. ☉ Juli bis Sept. pa. Hb. Acker-S., **N. arvénsis L.**
2. Btn. von einer vielteiligen Hülle umgeben („Braut in Haaren"). K.bl. kurz benagelt, hellblau, an der Spitze und an den Nerven unterseits grün. Kapseln bis zur Spitze verwachsen. Zierpfl. aus Südeuropa. ☉ Juni—Aug. pa. Hb. und autg.
Türkische S., **N. damascéna L.**

### 6. Actǽa, Christophskraut.

Stgl. ästig. Bl. groß, 3 zählig, mit einfach- oder doppelt-gefiederten Bl.chen. Btn. in eiförmigen Trauben, klein. Kr.bl. so lang wie die Staubbl. Beere schwarz. Schattige Laubwälder, Gebüsche. Verbreitet. Mai, Juni. pg. Po. Giftig! Ähriges Chr., **A. spicáta L.**

### 7. Aquilégia, Akelei.

Stgl. aufrecht. Untere Bl. doppelt-3 zählig, mittlere 3 zählig, obere 3 teilig. Sporn der Kr.bl. an der Spitze hakenförmig. (Fig. 267.) Staubbl. die Kr.bl. überragend. K. und Kr. blau oder blauviolett, seltener rosa. Laubwälder, Gebüsche. Zerstreut. Häufig angepflanzt. Mai, Juni. pa. Hh. Wald-A., **A. vulgáris L.**

### 8. Delphínium, Rittersporn.

1. Traube wenigblütig. Btn.stiele fadenförmig. Fr.chen kahl, plötzlich in den langen Griffel zugespitzt. K. dunkelblau, selten rosa oder weiß. Äcker. Verbreitet. ☉ Juni—Aug. pa. Hh.
Feld-R., **D. Consólida L.**
2. Traube vielblütig, locker. Btn.stiele kurz, dick. Fr.chen behaart, allmählich in den Griffel verschmälert. K. blau, rosa oder weiß. (Fig. 264.) Zierpfl. aus Südeuropa. Zuweilen verwildert. ☉ Juni bis Aug. pa. Hh. Garten-R., **D. Ajácis L.**

### 9. Aconítum, Eisenhut.

1. Btn. blaßgelb, Traube locker. Btn.stiele abstehend. Oberes K.bl. (Helm) etwa 3 mal so lang als breit. Wz.stock schief-walzig. Bergwälder. Zerstreut. Juni—Aug. pa. Hh. Sehr giftig! (A. Lycóctonum der Schriftsteller.) Wolfs-E., **A. Vulpária Rchb.**
2. Btn. blau oder violett. Wz. knollig verdickt, rübenförmig.
   a. Traube dichtblütig, meist einfach. Btn.stiele meist aufrecht. Helm etwa so hoch wie breit. Stiel der Honigbl. bogig-gekrümmt. Jüngere Fr. spreizend. (Fig. 275.) Gebirgswälder in Süd- und Mitteldeutschland. Oft angepflanzt. Juli—Aug. pa. Hh. Giftig!
   Blauer E., **A. Napéllus L.**

Fig. 275.

## Ranunculáceae

b. Stgl. und Traube meist ästig, lockerblütig. Btn.stiele ziemlich lang, aufrecht abstehend. Helm kegelförmig, hoch gewölbt, deutlich höher als breit, geschnäbelt. Stiel der Honigbl. gerade. Jüngere Fr. nicht spreizend. (Fig. 276.) Bergwälder. Sehr zerstreut. Auch angepflanzt. Aug.—Sept. pa. Hh. Giftig! Bunter E., **A. variegátum L.**
Die in den Gärten gezogenen groß- und reichblütigen Formen sind meist Bastarde von A. Napellus × Cammarum = A. Stoerkiánum Rchb.

Fig. 276.

### 10. Clématis, Waldrebe.

1. Btn. groß, einzeln, langgestielt, nickend, dunkelviolett bis purpurn. Griffel der Fr.chen kurz, kahl. (Fig. 277a.) Stgl. kletternd, holzig. Bl. einfach bis doppelt gefiedert. Heimisch in Südeuropa, häufig zur Bekleidung von Wänden und Lauben angepflanzt. Juni—Aug. Po.
Italienische W., **C. Viticélla L.**

Fig. 277.

2. Btn. kleiner, in zusammengesetzten Btn.ständen, weißlich, aufrecht. Fr.chen mit verlängertem, federig-behaartem Griffel. (Fig. 277b.)
  a. Stgl. kletternd, holzig. Btn. in Trugdolden, schwach wohlriechend. Btn.hüllbl. beiderseits filzig-behaart. Gebüsche, Hecken in Mittel- und Süddeutschland, häufig angepflanzt. Juni bis Sept. Po. Gemeine oder Deutsche W., **C. Vitálba L.**
  b. Stgl. aufrecht, nicht kletternd, krautig. Btn. in sehr reichblütigen, rispig vereinigten Trugdolden. Btn.hüllbl. nur am Rande filzig. Buschige Abhänge, lichte Auen und trockene Wiesen. Zerstreut bis ziemlich selten im Donau-, Main- und Elbgebiet. Auch angepflanzt. Juni, Juli. Schwach pa. Po.
Aufrechte W., **C. recta L.**

### 11. Anemóne, Windröschen.

1. Btn. blau, seltener rosa oder weiß. Hochbl.hülle unmittelbar unter der Bte., kelchähnlich, aus 3 eiförmigen, ganzrandigen Blättchen bestehend. Bl. langgestielt, 3 lappig, am Grunde herzförmig, etwas lederig, überwinternd. Gebüsche, Laubwälder. Zerstreut. März, April. hg. Po. Die Btn. schließen sich während der Nacht. (Hepática triloba Gil., H. nóbilis Mill.)
Leberblümchen, **A. Hepática L.**
2. Hochbl.hülle von der Bte. entfernt, den grundständigen Bl. gleichgestaltet. Btn. weiß oder gelb.
  a. Wz.stock verlängert, kriechend.
    aa. Btn.hüllbl. weiß, außen oft rötlich, meist 6, kahl. Btn. meist einzeln. Gebüsche, Laubwälder, Wiesen. Gemein. März bis Mai. hg., E. und autg.
Weißes oder Busch-W., **A. nemorósa L.**

Ranunculáceae

bb. Btn.hüllbl. goldgelb, meist 5, außen behaart. Btn. oft zu 2.
Etwas feuchte Gebüsche und Laubwälder. Meist häufig.
April, Mai. hg., E. und autg.
Gelbes W., **A. ranunculoídes L.**
b. Wz.stock kurz. Grundständige Bl. 5 teilig, mit länglichen oder fast rautenförmigen, 3 spaltigen Zipfeln. Btn.hüllbl. meist 5, schneeweiß, unterseits weißfilzig-behaart. Bte. bis 6 cm im Durchmesser. Sonnige Hügel, lichte Wälder und Gebüsche, gern auf Kalk. Zerstreut bis selten. Mai, Juni. hg., E. und autg.
Großes oder Wald-W., **A. silvéstris L.**

12. **Pulsatílla,** Kuhschelle, Küchenschelle.

1. Grundbl. mit schmal-linealen Zipfeln. Bte. ziemlich aufrecht, etwas ausgebreitet. K.bl. an der Spitze gerade, doppelt so lang als die Staubbl., hellviolett. Trockene Wälder, sonnige Hügel, im Osten fehlend. März—Mai. pg. Hb. Giftig! (Anemóne Pulsatílla L.)
Gemeine K., **P. vulgáris Mill.**
2. Grundbl. mit breit-linealen Zipfeln. Bte. nickend, geschlossenglockig. K.bl. an der Spitze nach außen umgebogen (Fig. 270), wenig länger als die Staubbl., dunkelviolett, selten rötlich. Trockene Wälder, sonnige Hügel, Triften, besonders in Nord- und Mitteldeutschland. Zerstreut. April—Juni. pg. Hb. Giftig! (Anemóne praténsis L.)
Wiesen-K., **P. praténsis Mill.**

13. **Myosúrus,** Mäuseschwanz.

Bl. grundständig, schmal-lineal, kürzer als der 1 blütige, 3—10 cm hohe Stgl. Kr. klein, gelblichgrün. (Fig. 266.) Feuchte, lehmige Äcker, Dämme, Lehmmauern. Verbreitet. ☉ Mai, Juni. Meist hg. und autg.
Zwerg-M., **M. mínimus L.**

14. **Ranúnculus,** Hahnenfuß.

A. Kr. weiß.

I. Wasserpfl. Untere Bl. oder alle borstlich-vielteilig. Kr.bl. meist mit gelbem Nagel. Honiggrübchen unbedeckt.
A. Untergetauchte Bl. im Umriß rundlich oder nierenförmig, mit ausgebreiteten Zipfeln. Staubbl. so lang oder länger als die Stempel.
1. Untere Bl. untergetaucht, obere schwimmend, seltener alle untergetaucht. Untergetauchte Bl. wiederholt 3 teilig, zuletzt 2 teilig, die Zipfel allseitig abstehend, schlaff, außerhalb des Wassers pinselförmig zusammenfallend. Schwimmende Bl. rundlich oder nierenförmig, 3- oder 5 spaltig, selten 3- oder 5 teilig. Btn. meist groß. Kr.bl. meist 5. Sehr veränderlich. Stehende und fließende Gewässer. Häufig. Mai—Aug. hg. E. und autg.
Wasser-H., **R. aquátilis L.**
2. Bl. sämtlich untergetaucht, zuerst einmal 3 teilig, dann wiederholt 2 teilig, mit zahlreichen, in eine Ebene ausgebreiteten, auch außerhalb des Wassers nicht zusammenfallenden Zipfeln. Btn. ziemlich klein. Kr.bl. 5. Stehende Gewässer. Zer-

106 Ranunculáceae

streut. Mai—Aug. hg. E. und autg. (R. divaricátus Schrank.)  Spreizblättriger H., R. circinátus Sibth.
B. Untergetauchte Bl., wenigstens die unteren, im Umriß länglich, mit sehr verlängerten, gleichlaufenden, schlaffen Zipfeln, zuerst 3teilig, dann wiederholt 2teilig. Schwimmende Bl. selten vorhanden, klein, nierenförmig, gelappt. Btn. ziemlich groß. Kr.-bl. 5—12. Staubbl. kürzer als die Stempel. Fließende Gewässer. Zerstreut. Juni—Aug.
Flutender H., R. flúitans Lmk.
II. Landpfl. Stgl. aufrecht, ästig, meist vielblütig. Bl. handförmig-3—7teilig, mit 3spaltigen, eingeschnitten-gesägten Zipfeln. Honiggrübchen von einer Schuppe bedeckt. Kr. reinweiß. Gebirgswälder in Süd- und Mitteldeutschland. Juni—Aug. pa. E.
Eisenhutblättriger H., R. aconitifólius L.

B. Kr. gelb.
I. Bl. sämtlich ungeteilt.
A. K.bl. 3 (selten mehr). Kr.bl. 8 oder mehr. Ficária.
Stgl. liegend oder aufsteigend, in den Achseln der Niederbl. mit Knöllchen. Bl. rundlich-herzförmig, geschweift-gezähnt oder stumpf-eckig, glänzend, oft Knöllchen in ihren Achseln tragend. Kr.bl. schmal, länglich, goldgelb. Schattige Gebüsche, Hecken, Grasplätze. Häufig. März—Mai. hg. E. mch. Getreideregen! (F. verna Huds.)
Scharbockskraut, Feigwurz, R. Ficária L.
B. K.- und Kr.bl. 5, selten weniger.
1. Stgl. aufsteigend oder kriechend, 15—45 cm lang. Bl. elliptisch oder lanzettlich bis lineal-lanzettlich, die unterstenherz- und eiförmig. Fr.chen mit kurzem, geradem Spitzchen. Kr. hellgelb. Gräben, Ufer, feuchte Wiesen. Häufig. Juni—Okt. pa. E. und autg. Giftig! BrennenderH., R.FlámmulaL.
2. Stgl. aufrecht, 70—120 cm hoch. Bl. lineal-lanzettlich, zugespitzt. Fr.chen mit sichelförmig gekrümmtem Schnabel. Kr. goldgelb (bis über 2 cm breit). Sümpfe, Ufer, Gräben. Zerstreut. Juli, Aug. pg. D. Großer H., R. Língua L.
II. Bl. geteilt oder gespalten.
A. Btn.stiele stielrund.
1. Fr.chen 4—8, sehr groß, meist stachelig, mit langem, etwas gekrümmtem Schnabel. K. der Kr. locker anliegend. Kr. klein, blaßgelb. Äcker, unter der Saat. Meist ziemlich häufig. Mai—Juli. hg. und pa. D. Acker-H., R. arvénsis L.
2. Fr.chen zahlreich.
a. Grundständige Bl. zum Teil nierenförmig, ungeteilt, obere Bl. handförmig-geteilt, mit lineal-lanzettlichen oder linealen Zipfeln.[1]) Fr.chen weichhaarig, mit hakenförmigem Schnabel. Kr. goldgelb, oft teilweise verkümmert. Feuchte Wiesen, Gebüsche. Häufig. April, Mai. pa. E. und autg.
Gold-H., R. auricomus L.

---

1) Die Stgl.bl. machen fast den Eindruck quirlständiger Bl.

Ranunculáceae 107

b. Grundständige Bl. sämtlich handförmig-geteilt (oder gespalten). Fr.chen kahl.

aa. Stgl. nebst den Bl.stielen und Bl. angedrückt-behaart. Untere Bl. mit tief eingeschnittenen Zipfeln, obere 3 teilig, mit lineal-lanzettlichen Zipfeln. Schnabel der Fr.chen kurz, gerade. Kr. goldgelb. Wiesen, Grasplätze, Gebüsche. Gemein. Mai—Sept. pa. E. und autg. Giftig! Scharfer H., **R. acer L.**

bb. Stgl. nebst den Bl.- und Btn.stielen von wagerechtabstehenden Haaren rauh. Untere Bl. mit vorn kerbigeingeschnittenen Zipfeln, obere 3 teilig, mit verkehrteiförmigen Zipfeln. Schnabel der Fr.chen lang, hakenförmig. Kr. dottergelb. Schattige Laubwälder und Gebüsche. Verbreitet. Mai, Juni. pa. E. und autg.
Wolliger H., **R. lanuginósus L.**

B. Btn.stiele gefurcht.

1. K. zurückgeschlagen.

a. Fr.chen ein länglich-walzenförmiges, die Staubbl. überragendes Köpfchen bildend. Kr. klein, blaßgelb. Honiggrübchen unbedeckt. Stgl. hohl, nebst den etwas fleischigen Bl. kahl oder oberwärts behaart. Gräben, Ufer, feuchte Orte. Verbreitet. Juni—Okt. hg. D. und autg. Sehr giftig! Gift-H., **R. scelerátus L.**

b. Fr.chen ein fast kugeliges Köpfchen bildend.

aa. Stgl. am Grunde knollig-verdickt, unterwärts nebst den Bl.stielen abstehend-, oberwärts anliegend-behaart. Fr.chen mit gekrümmtem Schnabel, glatt. Kr. goldgelb. Trockene Grastriften. Häufig. Mai, Juni. pa. E. und autg. Giftig! Knolliger H., **R. bulbósus L.**

bb. Stgl. am Grunde nicht verdickt, nebst den Bl. und Bl.stielen abstehend-behaart. Fr.chen mit geradem Schnabel, oft am Rande mit Höckerchen. Kr. goldgelb. Feuchte Äcker. Zerstreut. ☉ Mai—Aug. pa. E. und autg. Rauher H., **R. sardóus Crantz.**

2. K. der Kr. angedrückt oder locker anliegend.

a. Ohne kriechende Ausläufer. Stgl. aufrecht, 30—60 cm hoch, oberwärts anliegend behaart. Unteres Bl. handförmig geteilt. Kr. goldgelb. Schnabel der Fr.chen gekrümmt. Lichte, trockene Haine, Waldränder. Zerstreut. Mai, Juni. Vielblütiger H., **R. polyánthemus L.**

b. Mit kriechenden Ausläufern. Stgl. aus liegendem Grunde aufsteigend. Bl. 3 zählig, untere mit gestielten, 3 teiligen, obere mit länglichen, ungeteilten Blättchen. Schnabel der Fr.chen kurz, ziemlich gerade. Fr. fein eingestochen punktiert. Kr. goldgelb. Feuchte Gebüsche, Wiesen, Äcker. Häufig. Mai—Juli. pa. E. und autg.
Kriechender H., **R. repens L.**

Ranunculáceae. Berberidáceae

## 15. Thalíctrum, Wiesenraute.[1])

1. Btn. lila, aufrecht, in Trugdolden. Staubfäden oberwärts verdickt. (Fig. 272.) Fr.chen gestielt, überhängend, 3 kantig-geflügelt. Verzweigungen des Bl.stiels mit rundlichen, häutigen Nebenbl.chen. Bl.chen rundlich oder verkehrt-eiförmig, eingeschnitten-gekerbt. Feuchte Waldwiesen, Gebüsche, Bachufer. Zerstreut. Juni, Juli. Po. Akeleiblättrige W., Amstelkraut, **Th. aquilegifólium L.**
2. Btn. gelblich oder grünlich, in Rispen. Staubfäden kaum verdickt. Fr.chen sitzend, aufrecht, längsrippig.
   a. Rispe pyramidenförmig. Btn. entfernt, nebst den Staubfäden hängend, grünlich. Fr.chen elliptisch, 8—10 rippig. Bl.chen ungefähr so breit wie lang, rundlich oder keilig-verkehrt-eiförmig, eingeschnitten oder gekerbt. Verzweigungen des Bl.stiels mit kurz-eiförmigen Nebenbl.chen. Stgl. feinkantig gerieft, 30 bis 60 cm hoch. Steinige Abhänge, trockene Wiesen, Raine. Zerstreut. Mai, Juni. pg. W. und E. Kleine W., **Th. minus L.**
   b. Rispe doldentraubig, mit fast gleichhohen Ästen. Btn. gehäuft, nebst den Staubfäden aufrecht, gelblich, wohlriechend. Bl. doppelt- bis 3 fach gefiedert. Bl.chen länger als breit. Stgl. gefurcht.
    aa. Wz.stock kurz, nicht kriechend. Bl.chen länglich-keilförmig bis lineal, meist ungeteilt, unterseits graugrün. Verzweigungen des Bl.stiels ohne Nebenbl.chen. Fr.chen länglich. Feuchte Wiesen, Gebüsche, besonders im östlichen Gebiete. Juni, Juli.
    Schmalblättrige W., **Th. angustifólium Jacq.**
    bb. Wz.stock kriechend. Bl.chen keilig-verkehrt-eiförmig oder keilförmig-länglich, meist 3 spaltig, unterseits grasgrün. Verzweigungen des Bl.stiels meist mit häutigen Nebenbl. Fr.chen rundlich. Feuchte Wiesen, Ufer. Zerstreut. Juni, Juli. Po.
    Gelbe W., **Th. flavum L.**

## 16. Adónis, Adonisröschen, Teufelsauge.

1. Kr.bl. 12—16, länglich, ausgebreitet, glänzend, leuchtend hellgelb, groß. Bl. weichhaarig. Fr.chen behaart. Griffel hakenförmig zurückgekrümmt. Sonnige Hügel, besonders auf Kalk. Zerstreut bis selten. April—Juni. pg. E. und autg.
   Frühlings-A., **A. vernális L.**
2. Krbl. 5—8, mennigrot oder hellgelb, ausgebreitet. K. den Kr.bl. angedrückt. Fr.chen kahl, mit geradem Schnabel. Äcker, auf Lehm- und Kalkboden. Zerstreut. ☉ Mai—Juli. pg. E. und autg.
   Sommer-A., **A. aestivális L.**

## 20. Fam.: Berberidáceae, Berberitzengewächse.

### 1. Bérberis, Berberitze, Sauerdorn.

Bl. einfach, ungeteilt, verkehrt-eiförmig, wimperig gesägt, an ihrem Grunde meist 3 teilige Stacheln. Btn. in hängenden Trauben. Beeren

---

[1]) Die Arten dieser Gattung sind teils Pollenblumen, bei denen die gefärbten Staubbl. als Schauapparat dienen, teils Windblütler mit gelegentlichem Insektenbesuch.

Papaveráceae 109

länglich, scharlachrot. (Fig. 278.) Hügel, Gebüsche, Hecken. Zerstreut. Auch angepflanzt. Mai, Juni. hg. E. und autg. Reizbare Staubbl., sie legen sich, wenn sie z. B. mit einer Nadel berührt werden, dem Stempel an.
Gemeine B., **B. vulgáris L.**[1])

Fig. 278.

### 21. Fam. Papaveráceae, Mohngewächse.

I. Kr.bl. gleich, ungespornt. Staubbl. 12—viele, frei.
  A. Milchsaft gelb. Kapsel verlängert, schotenförmig, 2 klappig. (Fig. 279.) Kapselklappen vom Grunde gegen die Spitze hin aufspringend.
    Chelidónium 110.

Fig. 279.

  B. Milchsaft weiß. Kapsel kugel- bis keulenförmig, vielfächerig, unter der vielstrahligen Narbe mit Löchern sich öffnend. (Fig. 280.)
    Papáver 109.

II. Kr.bl. ungleich, 1 oder 2 gespornt. Staubbl. 6, in 2 Bündel verwachsen.

 a  b  c
Fig. 280.  Fig. 281.

  A. Äußere Kr.bl. beide am Grunde mit einem höckerartigen, kurzen Sporn, diese dadurch mehr oder weniger herzförmig. (Fig. 281.) Fr. eine 2 klappige Kapsel.    Dicéntra 111.
  B. Nur eins der beiden äußeren Kr.bl. am Grunde gespornt.
    1. Fr. länglich, 2 klappig, aufspringend, vielsamig. Bl. 3 zählig oder doppelt-3 zählig. (Fig. 282.)

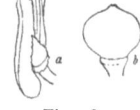
Fig. 282.  Fig. 283.

    Corýdalis 110.
    2. Fr. kugelförmig, nußartig, nicht aufspringend, 1 samig. (Fig. 282 b.) Bl. doppelt-gefiedert.    Fumária 110.

### 1. Papáver, Mohn.

1. Stgl.bl. umfassend, kahl, ungeteilt, länglich, ungleich-gezähnt. Btnstiele meist abstehend steifhaarig. Staubfäden oberwärts verbreitert. Kapsel kugelig oder eiförmig. Kr. weiß, am Grunde lila und die Samen weiß oder bläulichrot oder purpurn, am Grunde schwärzlich und die Samen bläulichschwarz. Vielfach gebaut. Aus Südeuropa und dem Orient. Juli, Aug. hg. Po. Opium!
Schlaf-M., **P. somníferum L.**
2. Stgl.bl. nicht umfassend, behaart, fiederteilig.
  a. Staubfäden oberwärts verbreitert, Kapsel keulenförmig, meist mit zerstreuten, aufrechten Borsten besetzt. (Fig. 280 a.) Narben 4—5 strahlig, Kr.bl. dunkel-scharlachrot, am Grunde schwarz. Stgl. 15—30 cm hoch. Äcker, Schutt. Häufig. ☉ Mai—Juli. hg. Po.    Sand-M., **P. Argemóne L.**

---
1) Die Berberitze ist Zwischenwirt für den in ihr überwinternden Schwarzrost (Puccinia graminis) des Getreides, der an ihren Blättern rostbraune Pusteln hervorruft; sie sollte deshalb in der Nähe von Getreidefeldern nicht geduldet werden.

## Papaveráceae

b. Staubfäden pfriemlich. Kapsel kahl. Stgl. 30—80 cm hoch.
aa. Stgl., Bl. und Btn.stiele mit wagerecht-abstehenden Borsten besetzt. Kapsel verkehrt-eiförmig, am Grunde abgerundet. (Fig. 280c.) Narbenstrahlen 8—12, schwarz-violett, sich teilweise deckend. Kr.bl. scharlachrot, am Grunde oft schwarz gefleckt. Äcker. Meist häufig. In Gärten mit weißen oder weißgerandeten, bläulichen, aschgrauen, hellroten und gefüllten Btn. Juni, Juli. hg. Po.
Feuer-M., Klatsch-M., **P. Rhoeas L.**
bb. Stgl. und Bl. mit abstehenden, Btn.stiele mit anliegenden Borsten besetzt. Kapsel länglich-keulenförmig, am Grunde verschmälert. (Fig. 280b.) Narbenstrahlen 6—8, braun, sich nicht deckend. Kr.bl. blaß-scharlachrot. Äcker. Weniger häufig. Juni, Juli. hg. Po.          Saat-M., **P. dúbium L.**

### 2. Chelidónium, Schöllkraut.

Stgl. nebst den Bl. zerstreut-behaart. Bl. zart, unterseits blaugrün, untere buchtig-fiederteilig, obere fiederspaltig. Bl.zipfel eiförmig oder rundlich, eingeschnitten-gekerbt. Btn. doldig. Kr. gelb. (Fig. 279.) Schutt, Mauern, Zäune. Gemein. Mai—Okt. hg. Po. mch.
Großes Sch., **Ch. majus L.**

### 3. Corýdalis, Lerchensporn.

1. Kr. goldgelb. Stgl nicht knollig. Bl. 3 zählig, mit doppelt-gefiederten Bl.chen. Deckbl. haarspitzig, kürzer als die Btn.-stielchen. Felsspalten, Mauern in Südeuropa, anderwärts verwildert und eingebürgert. Mai—Sept. hg. Hb.          Gelber L., **C. lútea D. C.**
2. Kr. purpurn, lila oder weiß. Stgl. am Grunde knollig.
a. Traube vielblütig, zur Fr.zeit aufrecht. Stgl. meist einfach.
aa. Knolle meist hohl. Stgl. unten ohne Schuppe. Deckbl. ganzrandig. Btn.stielchen ½ mal so lang wie die Kapsel. Kr. purpurn oder weiß. (Fig. 282.) Feuchte Laubwälder, Gebüsche. Ziemlich verbreitet. April, Mai. hg. Hb. mch.
Hohler L., Hohlwurz, **C. cava Schw. u. K.**
bb. Knolle nicht hohl. Stgl. unten mit rinnenförmiger Schuppe. Deckbl. fingerförmig geteilt. Btn.stielchen so lang wie die Kapsel. Kr. purpurn. Schattige Laubwälder, Gebüsche. Zerstreut. April, Mai. hg. Hb. mch.
Gefingerter L., **C. sólida Smith.**
b. Traube wenigblütig, zur Fr.zeit überhängend. Deckbl. ganzrandig, selten vorn 2- oder 3 spaltig, nur höchstens ½ mal so lang wie die Kapsel. Stgl. meist ästig, 5—15 cm hoch. Knolle nicht hohl. Kr. hellpurpurn. Lichte Gebüsche. Zerstreut. April bis Mai.' hg. Hb. mch. (C. fabácea Pers.)
Mittlerer L., **C. intermédia P. M. E.**

### 4. Fumária, Erdrauch.

Stgl. meist aufrecht, ästig. Bl. doppelt-gefiedert, mit eingeschnittenen oder tief geteilten Bl.chen. Bl.zipfel meist lanzettlich. Fr.

Papaveráceae. Crucíferae 111

niedergedrückt-kugelig, quer breiter, oben abgestutzt, reif höckerig-runzelig. Kr.bl. purpurn, an der Spitze dunkelrot, fast schwärzlich. (Fig. 283.) Auf Gartenland, Äckern, Schutt. Häufig. Mai—Herbst.
hg. Hb. Echter E., F. officinális L.

5. **Dicéntra,** Herzblume.

Stgl. aufrecht. Bl. doppelt-3 zählig. Bl.chen verkehrt-eiförmig, 3 spaltig, graugrün. Btn. in end- und achselständigen, einseitswendigen Trauben, nickend, groß. (Fig. 281.) Kr.bl. purpurn, die inneren weiß. Häufige Gartenzierpfl. Heimat: China und Japan. Mai, Juni.
hg. Hb. Zweifarbige H., D. spectábilis Borkh.

## 22. Fam.: **Crucíferae,** Kreuzblütler.[1])

A. Fr. höchstens 3 mal länger als breit, ein Schötchen.

I. Kr. weiß, rötlich oder lila.
  A. Bl. in grundständiger Rosette. Btn.stgl. blattlos.
    1. Kr.bl. ungleich, die 2 äußeren größer. Längere Staubbl. am Grunde mit häutigem Anhängsel. Schötchen fast kreisrund, an der Spitze leicht ausgerandet, senkrecht zur Scheidewand zusammengedrückt, daher schmalwandig. Bl. leierförmig fiederspaltig. (Fig. 284.) Teesdálea 115.
    2. Kr.bl. gleich, 2 spaltig. Staubbl. ohne Anhängsel. Fig. 284. Schötchen länglich, spitz, parallel zur Scheidewand zusammengedrückt, daher breitwandig. Bl. lanzettlich, ungeteilt. Draba 123.
  B. Btn.stgl. beblättert.
    1. Stgl. niederliegend. Btn.stände bl.gegenständig erscheinend. Schötchen 2 knopfig, runzlig, nicht aufspringend. (Fig. 285.) Bl. fiederteilig. Corónopus 116. Fig. 285.
    2. Stgl. aufrecht. Btn.stände endständig. Schötchen aufspringend.
      a. Schötchen senkrecht zur Scheidewand zusammengedrückt, schmalwandig.
        aa. Kr.bl. ungleich, die 2 äußeren größer. Schötchen rundlich, ihre Fächer einsamig. (Fig. 286.)
                              Ibéris 116.
        bb. Kr.bl. gleich.
          α. Fächer des Schötchens einsamig.
             Schötchen rundlich bis elliptisch oder Fig. 286. Fig. 287. herzeiförmig. (Fig. 287.) Entweder die oberen Bl. pfeilförmig-stengelumfassend oder, wenn nicht, dann die unteren und mittleren Bl. fiederteilig. Lepídium 115.
          β. Fächer des Schötchens 2—vielsamig.
            αα. Pfl. kahl. Bl. ungeteilt, mit herz- oder Fig. 288. pfeilförmigem Grunde stengelumfassend.

---
1) Zur Bestimmung von Pfl. dieser Familie sind Fr. unentbehrlich.

Cruciferae

Schötchen kreisrund bis verkehrt-herzförmig, besonders an der Spitze geflügelt. (Fig. 288.)
          Thlaspi 116.
ββ. Pfl. mehr oder weniger behaart. Grundständige und untere Stgl.bl. buchtig-gelappt bis fiederspaltig. Stgl.bl. am Grunde mit breiten Öhrchen stengelumfassend. Schötchen 3eckig-verkehrt-herzförmig. (Fig. 289.)   Capsélla 122.

Fig. 289.

b. Schötchen rundlich oder parallel zur Scheidewand zusammengedrückt, daher breitwandig.
 aa. Kr.bl. gespalten. Staubbl. am Grunde mit einem zahnförmigen Anhängsel. (Fig. 290.) Schötchen eiförmig, kaum zusammengedrückt. Pfl. grauhaarig.       Bertéroa 124.

Fig. 290.

 bb. Kr.bl. nicht gespalten.
  α. Btn. hellila oder purpurviolett. Schötchen vom Rücken her flachgedrückt mit dünnen Klappen und silberglänzender, bleibender Scheidewand, sehrgroß. (Fig. 291.) Bl. am Grunde herzförmig, ungeteilt, gestielt.
          Lunária 122.
  β. Btn. weiß. Schötchen klein, gedunsen, fast kugelig. (Fig. 292.) Obere Bl. entweder mit herzförmigem Grunde stengelumfassend, rundlich bis eiförmig, oder lanzettlich und mit verschmälertem Grunde sitzend.     Cochleária 117.

Fig. 291.

Fig. 292.

II. Kr. gelb, zuweilen weiß verbleichend.
 A. Obere Bl. am Grunde pfeilförmig, stengelumfassend.
  1. Schötchen aufspringend, kugelig oder birnförmig, 2fächerig. (Fig. 293.) Fächer mehrsamig. Kr. hellgelb.       Camelína 122.
  2. Schötchen nicht aufspringend, 1fächerig, 1samig. Kr. goldgelb.
   a. Schötchen länglich, geflügelt, hängend. (Fig. 294.) Pfl. kahl, blaugrün.
       Ísatis 118.
   b. Schötchen kugelig, ungeflügelt. (Fig. 295.) Pfl. von ästigen Haaren rauh.
       Néslea 123.

Fig. 293.

Fig. 295.

 B. Obere Bl. nicht pfeilförmig.
  1. Bl. kahl, ungeteilt bis fiederspaltig. Schötchen kugelig bis elliptisch. (Fig. 296.) Wasserpfl.     Nastúrtium 120.
  2. Bl. nicht kahl, ungeteilt. Landpfl.
   a. Bl. sternhaarig-grau- oder weißfilzig, länglich bis verkehrt-eiförmig. Schötchen rundlich oder eiförmig. (Fig. 297.)
       Alýssum 124.

Fig. 294. Fig. 296.

Fig. 297. Fig. 298.

Cruciferae 113

b. Bl. steifhaarig, länglich bis lineal, ganzrandig bis buchtig-
gezähnt. Schötchen brillenförmig. (Fig. 298.)
Biscutélla 116.
B. Fr. mehr als 3 mal so lang als breit, eine Schote.
I. Kr. rein weiß, rötlichlila oder violett.
A. Bl., auch die unteren, niemals tief eingeschnitten, höchstens gezähnt oder gesägt.
1. Stgl.bl. mit herz- oder pfeilförmigem Grunde stengelumfassend. Bl. nebst dem Stgl. rauhhaarig, die unteren rosettig.
Schoten aufrecht. Kr. weiß. Arabis 123.
2. Stgl.bl. gestielt oder mit verschmälertem Grunde sitzend.
a. Bl. am Grunde herzförmig, gestielt. (Fig. 299.) Schoten
rundlich-4 kantig. Kr. weiß. Pfl. ge-
rieben nach Knoblauch riechend.
Alliária 117.
b. Bl. am Grunde nicht herzförmig. Pfl.
ohne Knoblauchgeruch.
aa. Narbe aus 2 aneinander liegen-
den Plättchen bestehend. Stgl.bl. Fig. 299. Fig. 300.
sitzend oder kurz gestielt.
α. Narbenlappen auf dem Rücken verdickt. (Fig. 300.)
Bl. grauhaarig. Matthíola 125.
β. Narbenlappen flach. Bl. grün. Hésperis 125.
bb. Narbe einfach, stumpf oder seicht ausgerandet. Stgl.-
bl. sitzend. Schoten stielrund, ihre Klappen stark
3 nervig. Stenophrágma 123.
B. Alle Bl. oder wenigstens die unteren gefiedert, fiederspaltig oder
buchtig, stets tief eingeschnitten.
1. Schoten nicht aufspringend, 2 gliedrig oder nicht gegliedert.
a. Meerstrandpfl. mit kahlen, fleischigen, fiederteiligen
Bl. Schote 2 gliedrig, das obere abfallende Glied
dolchartig. (Fig. 301). Cákile 118.
b. Bl. rauhhaarig, leierförmig. Schoten langgeschnäbelt, perlschnurförmig oder gedunsen. (Fig. 308). Fig. 301.
Ráphanus 120.
2. Schoten aufspringend. Bl. gefiedert.
a. Pfl. mit kriechendem, fleischigem, schuppi-
gem Wz.stock und mit zwiebelähnlichen,
dunkel gefärbten Brutknospen in den oberen
Bl.achseln. Untere Bl. gefiedert, obere
3 zählig, die obersten ungeteilt. (Fig. 302).
Dentária 122.
b. Keine Zwiebelknospen in den Bl.achseln. Fig. 302.
Pfl. ohne kriechenden Wz.stock.
aa. Schoten kurz. (Fig. 296.) Samen in jedem Fache
2 reihig. Staubbeutel gelb. Kr. weiß. Stgl. am Grunde
kriechend und wurzelnd. Nastúrtium 120.

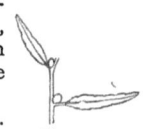

bb. Schoten lang. Samen 1 reihig. Staubbeutel gelb oder violett. Kr. weiß bis lila. Stgl. aufrecht.
   α. Alle Bl. gefiedert. Fr.klappen nervenlos. Scheidewand der Schoten dünnhäutig.    Cardámine 121.
   β. Untere Bl. leierförmig-fiederspaltig bis fiederteilig, obere geschweift-gezähnt bis ganzrandig. Fr.klappen mit mehr oder weniger deutlichem Mittelnerv. Scheidewand der Schoten ziemlich derb.    Árabis 123.

Fig. 303.

II. Kr. gelb oder gelblichweiß.
  A. Stgl.bl. am Grunde herz- oder pfeilförmig, stengelumfassend.
    1. Stgl.bl. alle ungeteilt. Kr. gelblichweiß.
     a. Bl. mehr oder weniger spitz. Schoten aufrecht, der Traubenachse angedrückt. (Fig. 303.) Samen in jedem Fache der Schote 2 reihig.    Turrítis 123.

Fig. 304.

     b. Bl. an der Spitze abgerundet. (Fig. 304.) Schoten abstehend oder aufrecht. Samen in jedem Fache der Schoten 1 reihig.    Conríngia 124.
    2. Untere Stglbl. leierförmig-fiederspaltig bis gefiedert. Kr. gelb.
     a. Stgl.bl. am Grunde herzförmig, obere blaugrün. Schoten lang geschnäbelt, stielrund oder fast 4 kantig. (Fig. 305.)    Brássica 119.
     b. Stgl.bl. am Grunde pfeilförmig, grasgrün. Schoten kurz geschnäbelt, abgerundet 4 kantig. (Fig. 306.)    Barbaréa 120.

  B. Stgl.bl. gestielt oder am Grunde verschmälert, nicht stengelumfassend.
    1. Bl. alle oder die oberen ungeteilt, ganzrandig bis buchtig-gezähnt.

Fig. 306.

     a. Narbe tief 2 lappig, mit später zurückgekrümmten Lappen. Schoten 4 kantig, ungeschnäbelt. (Fig. 307.) Bl. alle ungeteilt, lanzettlich, ganzrandig    Cheiránthus 124.

Fig. 305.     Fig. 307.

     b. Narbe nicht deutlich 2 lappig.
      aa. Schoten ungeschnäbelt oder sehr kurz geschnäbelt, 4 kantig, zuweilen zusammengedrückt, ihre Klappen 1 nervig.    Erýsimum 115.
      bb. Schoten deutlich geschnäbelt.
       α. Schoten der Quere nach eingeschnürt, gegliedert (Fig. 308), nicht aufspringend. K. aufrecht. Untere Bl. leierförmig, wie der Stgl. steifhaarig.    Ráphanus 120.

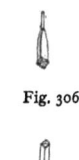

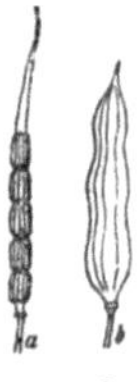

Fig. 308.

Cruciferae 115

β. Schoten ungegliedert, aufspringend.
  αα. Schoten mit flachem, 2 schneidigem Schnabel, stielrund, holperig, ihre Klappen mit 3 oder 5 starken Nerven. (Fig. 309.) K. wagerecht abstehend. Stgl. meist kurzborstig.
  Sinápis 118.
  ββ. Schoten mit walzlichem oder kegelförmigem Schnabel, stielrund oder fast 4 kantig (Fig. 305), ihre Klappen 1 nervig. Stgl. kahl, oder zerstreut behaart.
  Brássica 119.
  Vgl. auch Diplotáxis 118.

Fig. 309.

2. Alle Bl. geteilt bis gefiedert.
  a. Schoten ungeschnäbelt oder sehr kurz geschnäbelt.
    aa. Klappen der Schoten nervenlos. Schoten ellipsoidisch bis lineal, kurz. Bl. kahl. Nastúrtium 120.
    bb. Klappen der Schote mit 3 starken Nerven. Schoten lineal. Bl. meist behaart. Sisýmbrium 117.
  b. Schoten geschnäbelt.
    aa. Schoten mit flachem, 2 schneidigem Schnabel, ihre Klappen mit 3 oder 5 starken Nerven. Samen in jedem Fache 1 reihig. Bl. mehr oder weniger steifhaarig. Sinápis 118.
    bb. Schoten mit walzlichem oder kegelförmigem Schnabel, ihre Klappen ziemlich flach, 1 nervig. Samen in jedem Fache 2 reihig. (Fig. 310.) Bl. meist kahl. Diplotáxis 118.

Fig. 310.

1. **Teesdálea,** Rahle, Bauernsenf.

Bl. grundständig, rosettig, leierförmig-fiederspaltig, mit stumpflichem Endzipfel, seltener ungeteilt. Griffel sehr kurz. Kr. weiß, klein. Pfl. 5—15 cm hoch. (Fig. 284.) Sandige Hügel, Äcker, Heiden. Ziemlich verbreitet. ⊙ April, Mai. hg. E. und autg.

Nacktstengelige oder Sand-R., **T. nudicaúlis** R. Br.

2. **Lepídium,** Kresse.

A. Stgl.bl. pfeilförmig-stengelumfassend. Schötchen deutlich ausgerandet, auf wagerecht-abstehenden Stielen. Kr. weiß.
  1. Schötchen herz-eiförmig, spitzlich, ungeflügelt. Griffel so lang wie die Scheidewand. (Fig. 311.) Bl. länglich, geschweift-gezähnt, die untersten in den Stiel verschmälert. Wegränder, Äcker, Schutt. Zerstreut und oft unbeständig. Mai, Juni. Schwach pg. D. und autg.
  Pfeil-K., **L. Draba** L.

Fig. 311.

  2. Schötchen eiförmig-elliptisch, nach oben breit geflügelt. Griffel sehr kurz. (Fig. 287.) Grundständige Bl. gestielt, verkehrt-eiförmig, zuweilen leierförmig-eingeschnitten, obere länglich, gezähnt. Äcker, Wegränder, auf Lehm- und Kalkboden. Zerstreut. ⊙ Juni, Juli. hg. und autg. Feld-K., **L. campéstre** R. Br.

8*

Cruciferae

B. Stgl.bl. nicht pfeilförmig-stengelumfassend.
   a. Schötchen auf aufrechten Stielen, der Traubenachse angedrückt, breit geflügelt. Untere Bl. fiederteilig, mittlere 3 teilig, oberste ungeteilt, lineal. Kr. weiß. Pfl. kahl, blaugrün. Stgl. 30—60 cm hoch. Als Gemüsepfl. gebaut und verwildert. Aus dem Orient. Juni, Juli. Schwach pg. E. und autg.
   Garten-K., **L. satívum L.**
   b. Schötchen auf abstehenden Stielen, nicht oder sehr schmal geflügelt. Staubbl. meist 2 (das sind die bei den übrigen Kreuzblütlern fehlenden, vor den äußeren Kl.bl. stehenden). Untere Bl. fiederteilig bis doppelt-fiederteilig, oberste lineal, ganzrandig. Kr. gelblichweiß, meist fehlend. Geruch unangenehm. Stgl. 12—30 cm hoch. Schutt, Zäune, Wegränder. Verbreitet. ☉ Mai bis Okt. hg. und autg. Schutt-K., **L. rudérale L.**

### 3. Corónopus, Krähenfuß.

Stgl. niederliegend, ästig. Bl. fiederteilig. Btn. in blattgegenständigen, kurzen Trauben. Schötchen auf ebenso langen, dicken Stielen, kammig-gezähnt. (Fig. 285.) Griffel kurz. Triften, Wege, Straßenpflaster. In manchen Gegenden gemein, in anderen fehlend. ☉ Juni bis Aug. hg. E. und autg. (C. Ruéllii All.)
Niederliegender K., **C. procúmbens Gil.**

### 4. Biscutélla, Brillenschote.

Stgl. unterwärts nebst den Bl. steifhaarig. Grundständige Bl. keilförmig-länglich, in den Bl.stiel verschmälert, obere länglich-lanzettlich bis lineal, sitzend. Kr. hellgelb. (Fig. 298.) Sonnige Abhänge, Hügel, Felsen. Sehr zerstreut in Mittel- und Süddeutschland. Mai, Juni. hg. D. und autg. Glatte B., **B. laevigáta L.**

### 5. Ibéris, Schleifenblume, Bauernsenf.

1. Bl. keilförmig-länglich, stumpf, beiderseits 2- oder 3 zähnig. Fr.-stand locker, traubig. Schötchen fast kreisrund, schwach ausgerandet. Kr. weiß, seltener blaßviolett. Äcker, Weinberge, besonders in Süddeutschland, sonst angepflanzt und verwildert. Juni—Aug. hg. E. und autg. Bittere Sch., **I. amára L.**
2. Bl. lanzettlich, spitz, ganzrandig, die unteren schwach gezähnt. Btn. und Fr.stand doldentraubig. Schötchen 2 spaltig. (Fig. 286.) Kr. hellpurpurn. Als Zierpfl. angepflanzt und verwildert. Aus Südeuropa. Juni—Aug. hg. E. und autg.
Doldige Sch., **I. umbelláta L.**

### 6. Thlaspi, Täschelkraut.

1. Schötchen groß (15—18 mm breit), fast kreisrund, breit geflügelt (Fig. 288), mit etwa 6 samigen Fächern. Samen bogig-runzelig. Obere Bl. kurz-pfeilförmig, länglich, meist buchtig-gezähnt. Pfl. gelbgrün. Äcker, Schutt, Wegränder. Gemein. ☉ Mai—Okt. hg. und autg. Acker-T., **T. arvénse L.**

Cruciferae 117

2. Schötchen kleiner, keilig-verkehrt-herzförmig, nur nach vorn zu geflügelt, mit etwa 4 samigen Fächern. Samen glatt. Obere Bl. ganzrandig oder entfernt gezähnelt. Pfl. blaugrün. Sonnige Hügel, Äcker. Zerstreut, in Norddeutschland sehr selten. ⊙ April, Mai. hg. und autg. Durchwachsenes T., **T. perfoliátum L.**

### 7. Cochleária, Löffelkraut.

1. Stgl. 15—30 cm hoch. Bl. mit herzförmigem Grunde stengelumfassend, rundlich oder eiförmig, eckig-gezähnt, die grundständigen lang gestielt, ganzrandig oder geschweift. Klappen der Schötchen 1 nervig. Am Meeresufer und an Salzquellen. Auch angebaut. ⊙ Mai, Juni. hg. E. und autg. Echtes L., **C. officinális L.**
2. Stgl. 60—120 cm hoch. Obere Bl. mit verschmälertem Grunde sitzend, eiförmig-lanzettlich bis lineal, stumpf, gekerbt-gesägt, die grundständigen sehr groß, aus herz- oder eiförmigem Grunde länglich, mittlere fiederspaltig. Klappen nervenlos. (Fig. 292.) Ufer, Gräben. Gebaut und verwildert. Juni, Juli. hg.—pg.
Meerrettich, **C. Armorácia L.**

### 8. Alliária, Lauchkraut, Knoblauchsrauke.

Bl. herzförmig, buchtig-gezähnt (Fig. 299), untere nierenförmigrundlich, grob-gekerbt, langgestielt. Schoten an kurzen, abstehenden Stielen ziemlich aufrecht. Bl. gerieben nach Lauch riechend. Hecken, Gebüsche, Laubwälder. Meist häufig. ⊙ Mai, Juni. hg. E. und autg.
Gemeines L., **A. officinális Andrz.**

### 9. Sisýmbrium, Rauke.

1. Bl. 2- oder 3 fach gefiedert, sehr fein zerteilt, mit linealen Zipfeln. Kr. bleichgelb, klein. Schoten dünn, auf abstehenden Stielen aufsteigend. Wegränder, Schutt. Meist häufig. ⊙ Mai—Sept. hg. E. und autg. Sophien- oder Besen-R., **S. Sóphia L.**
2. Bl. einfach-gefiedert oder fiederteilig, mit größerem Endblättchen, oft schrotsägeförmig.
   a. Schoten nach der Spitze verschmälert, kurzgestielt, dem Stgl. angedrückt. Bl. mit sehr großem, spießförmigem Endzipfel, wie der sparrig-ästige Stgl. kurz-rauhhaarig. Kr. gelb. Wegränder, Hecken, Schutt. Gemein. ⊙ Mai—Okt. hg. D. und autg.
   Weg-R., **S. officinále Scop.**
   b. Schoten gleichdick, mehr oder weniger vom Stgl. abstehend.
   aa. Kr. goldgelb. Btn.stiele zur Fr.zeit dünner als die 2—3 cm langen, bogig-aufstrebenden Schoten. Stgl. nebst den unteren Bl. rauhhaarig, oberwärts ästig. Bl.zipfel gezähnt, der endständige 3 eckig-spießförmig. Wegränder, Schutt, alte Mauern. Zerstreut. ⊙ und ⊙ Juni—Herbst.
   Lösels R., **S. Loesélii L.**
   bb. Kr. gelblichweiß. Btn.stiele zur Fr.zeit kurz, fast so dick wie die abstehenden Schoten. Stgl. unterwärts rauhhaarig, oberwärts kahl und breit, sparrig-verästelt. Obere Bl. mit linealen Zipfeln, ganzrandig. Wegränder, Schutt, wüste

Plätze. In neuerer Zeit vielfach verschleppt und eingebürgert, heimisch in Osteuropa. ⊙ Mai—Juli, vereinzelt bis in den Herbst. Ungarische R., **S. Sinapístrum Crantz.**

### 10. Cákile, Meersenf.

Pfl. einjährig, kahl, etwas blaugrün. Stgl. niederliegend oder aufsteigend, bis 30 cm lang, verworren-ästig. Bl. fleischig, fiederteilig. Btn. hellviolett, wohlriechend. Schoten auf kurzem, dickem Stiel, fast wagerecht abstehend, 2gliedrig, kürzer oder länger geschnäbelt, mit korkartiger Wand. (Fig. 301). An sandigen und kiesigen Stellen des Meeresstrandes verbreitet. Juli—Herbst. h. E. und autg.
Gemeiner M., Strandlevkoje, **C. marítima Scop.**

### 11. Ísatis, Waid.

Stgl. 60—120 cm hoch. Bl. bläulichgrün, untere länglich-lazettlich, gestielt, obere tief-pfeilförmig, umfassend. Kr. gelb. (Fig. 294.) Hügel, Abhänge, Felsen, Raine in Mittel- und Süddeutschland, wohl überall nur aus ehemaligem Anbau als Färbepfl. verwildert und eingebürgert, heimisch wohl erst in Süd- und Südosteuropa. ⊙ Mai, Juni. hg. E.
Färber-W., **I. tinctória L.**

### 12. Sinápis, Senf.

1. Bl. eiförmig, ungleich-buchtig-gezähnt, die unteren fast leierförmig. K. wagerecht-abstehend. Schoten kahl oder steifhaarig, ihr Schnabel 2—4kantig, gerade, meist kürzer als die Schote. (Fig. 312.) Samen schwarz, glatt. Kr. goldgelb. Gemeines, lästiges Unkraut auf Äckern und an unbebauten Orten. ⊙ Juni—Herbst. hg. E. und autg. Btn.dauer 2 Tage.
Acker-S., Hederich, **S. arvénsis L.** Fig. 312.

2. Bl. fiederteilig, mit ungleich-gezähnten Zipfeln. Schoten steifhaarig, ihr Schnabel zusammengedrückt, gebogen, wenigstens so lang als die Schote. (Fig. 309.) Samen gelblich, grubig-punktiert. Kr. gelb. Zur Senfgewinnung gebaut und nicht selten unter der Saat, auf Brachfeldern, Schutt usw. verwildert. ⊙ Juni, Juli. hg. E. Btn.dauer 2 Tage. Weißer S., **S. alba L.**

### 13. Diplotáxis, Rampe, Doppelsame.

1. Stgl. am Grunde fast halbstrauchig, beblättert, meist kahl, 30 bis 60 cm hoch. Bl. fiederspaltig oder buchtig, mit linealen Zipfeln, oberste oft ungeteilt, lineal. Schoten über dem K.ansatz kurzgestielt. Kr. zitrongelb, beim Verwelken bräunlich, wohlriechend. Mauern, Schutt, Wege. Juni—Herbst. hg. E. und autg.
Schmale R., **D. tenuifólia D.C.**

2. Stgl. krautig, nur am Grunde beblättert und gewöhnlich mit einzelnen, rückwärts gerichteten Haaren besetzt, 15—30 cm hoch. Bl. buchtig oder fiederspaltig, mit eiförmigen oder länglichen Zipfeln.

Cruciferae 119

Schoten über dem K.ansatz nicht gestielt. (Fig. 310.) Kr. wie bei voriger Art. Sandige Äcker. Ufer, Mauern, Wege. ⊙ Juni—Herbst.
Mauer-R., **D. murális** D.C.

## 14. **Brássica**, Kohl.

1. Bl. alle gestielt. Fr.stiele (und Schoten) aufrecht. Bl. grasgrün, obere lanzettlich, ganzrandig. K.bl. zuletzt wagerecht-abstehend. Kr. klein, goldgelb. Samen schwärzlich oder braunrot. Flußufer, Gräben. Bisweilen gebaut und verwildert. ⊙ Juni—Aug. hg. E. und autg. Die Samen liefern den Speisesenf oder Mostrich und dienen als Heilmittel. Schwarz-K., **B. nigra** Koch.

2. Obere Bl. sitzend. Fr.stiele abstehend. Samen braun.
   a. K.bl. aufrecht (anliegend). Staubfäden alle aufrecht. Btn.trauben schon während des Aufblühens locker, verlängert. Kr. hellgelb. In vielen Formen gebaut, wild an den Küsten Süd- und Westeuropas. Mai, Juni oder Juli—Sept. hg. E. und autg.
   Gemüse-K., **B. olerácea** L.
   Die wichtigsten gebauten Formen sind:
   Stgl. über der Erde am Grunde knollig. Kohlrabi.
   Stgl. verkürzt. Bl. gewölbt und zu einem dichten Kopf vereinigt, weiß (Weißkraut) oder rot (Rotkraut). Kopfkohl.
   Stgl. etwas verlängert. Bl. blasig oder kraus, zu einem lockeren Kopf vereinigt. Welschkohl, Wirsing.
   Stgl. verlängert mit blasigen Bl. und halbgeschlossenen End- und vielen Seitenköpfchen. Rosenkohl.
   Stgl. verlängert. Bl. nicht zu einem Kopf geschlossen, buchtig-fiederspaltig (Blatt-, Staudenkohl) oder fiederteilig, grün (Grünkohl) oder braun (Braunkohl), flach oder kraus (Krauskohl). Winter-, Blattkohl.
   Obere Bl. und Btn.stiele zu einer weißlichen, fleischigen Masse verdickt. Blumenkohl.
   b. K.bl. abstehend. Kürzere Staubfäden abstehend.
   aa. Btn.trauben während des Aufblühens flach (die geöffneten Btn. die Knospen überragend). K. zuletzt wagerecht-abstehend. Untere Bl. grasgrün, beiderseits zerstreut-steifhaarig, obere blaugrün. Kr. goldgelb. Als Öl-, Gemüse- und Futterpfl. gebaut. Heimat nicht sicher bekannt. Auch verwildert. ⊙ April, Mai oder Juli, Aug. Schwach pg. E. und autg. Rüben-K., Rübsen, **B. Rapa** L.
   Gebaute Formen:
   Wz. dünn, spindelförmig. Stgl. bis 50 cm hoch. Pfl. meist 1 jährig. Ölpfl. Sommer-Rübsen.
   Wz. dünn, spindelförmig. Stgl. 40—100 cm hoch. Schoten und Samen größer. Pfl. 2 jährig. Winter-Rübsen.
   Wz. bis armdick, fleischig. Sonst wie Winter-Rübsen. (Eine Form mit fingerdicken und fingerlangen Wz. ist die Teltower oder märkische Rübe.) Weiße Rübe, Wasser-Rübe.

Crucfferae

bb. Btn.trauben schon während des Aufblühens locker, verlängert (Knospen über den geöffneten Btn. stehend). K. zuletzt aufrecht-abstehend. Bl. alle blaugrün, kahl oder die untersten zerstreut-steifhaarig. Kr. goldgelb. (Fig. 305.) Häufig gebaut. Aus Südeuropa? ☉ April, Mai oder Juli, Aug. Schwach pg. E. und autg.
   Raps-K., Raps, **B. Napus L.**
Gebaute Formen:
   Wz. dünn, spindelförmig. Pfl. 1 jährig oder überwinternd. Ölpfl. Sommer-Raps, Winter-Raps.
   Stgl.grund und Wz. kugelig-verdickt, fleischig. Pfl. 2 jährig. Kohl-Rübe, Steck-Rübe.

### 15. Ráphanus, Rettich.

1. Schoten walzenförmig, langgeschnäbelt, längsfurchig, zwischen den Samen perlschnurförmig eingeschnürt (Fig. 308a), an den Einschnürungsstellen in 1 samige Stücke zerfallend. K. aufrecht. Bl. gestielt, leierförmig, obere lanzettlich. Stgl. unterwärts nebst den Bl. steifhaarig, oberwärts kahl. Kr. hellgelb, geadert, seltener weiß. 30—60 cm. Äcker. Gemein. ☉ Juni—Aug. hg. E.
   Hederich, **R. Raphanístrum L.**
2. Schoten eilänglich, gedunsen, schwammig, schwach längsstreift, nicht eingeschnürt (Fig. 308b), nicht in Stücke zerfallend. Kr. weiß oder lila, violett geadert. 50—100 cm. Als Gemüsepfl. in mehreren Spielarten (Rettich, Radieschen) angebaut und bisweilen verwildert (Kulturform des vorigen). ☉ Mai, Juni. hg. E. und autg.
   Garten-R., **R. satívus L.**

### 16. Barbaræa, Barbenkraut, Winterkresse.

1. Kr. hellgelb, wenig länger als der K. (5—6 mm). Seitenlappen der unteren Bl. sehr klein, das oberste Paar kürzer als der Endlappen. Schoten aufrecht. Kappen der K.bl. pinselig behaart. Feuchte Gebüsche, Flußufer, Gräben, besonders in Norddeutschland. ☉ Mai, Juni. hg. E. und autg. Steifes B., **B. stricta Fr.**
2. Kr. goldgelb, fast doppelt so lang als der K. (7—9 mm). Seitenlappen der unteren Bl. größer, das oberste Paar so breit als der Endlappen. Schoten aufrecht bis wagerecht abstehend. Kappen der K.bl. kahl. (Fig. 306.) Gräben, Ufer, Wegränder, feuchte Äcker. Verbreitet. ☉ Mai, Juni. hg. E. und autg.
   Gemeines B., **B. vulgáris R. Br.**

### 17. Nastúrtium, Brunnenkresse, Sumpfkresse.

1. Kr. weiß. Staubbeutel gelb. Schoten lineal-länglich, meist gekrümmt. Bl. unpaarig-gefiedert, untere 3-, obere 5—9 zählig. Blättchen elliptisch, das endständige eiförmig, am Grunde fast herzförmig. Stgl. aus den Bl.achseln wurzelnd. Gräben, Bäche, Quellen. Verbreitet. Juni—Aug. hg. E. und autg.
   Echte B., **N. officinále R. Br.**

Cruciferae 121

2. Kr. gelb.
  a. Kr. so lang oder kaum so lang wie der K., blaßgelb. Schoten länglich, etwas gedunsen, etwa so lang wie ihr Stiel. Bl. fiederteilig, die unteren fast leierförmig. Bl.zipfel länglich, gezähnt. Stgl. ästig, aufrecht, aufsteigend oder niedergestreckt, 20—50 cm lang. Ufer, Gräben, feuchte Orte. Nicht selten. ☉ Juni—Sept. hg. E. und autg. Sumpf-B., **N. palústre D.C.**
  b. Kr. länger als der K., hochgelb.
    aa. Schoten kugelig oder ellipsoidisch, kürzer als ihr Stiel. (Fig. 296.) Bl. länglich oder lanzettlich, ungeteilt oder die unteren kammförmig- oder leierförmig-fiederteilig. Stgl. am Grunde kriechend, wurzelnd, meist hohl, 45—100 cm hoch. Gräben, Ufer. Verbreitet. Juni—Sept. hg. E. und autg. Wasser-B., **N. amphíbium R. Br.**
    bb. Schoten lineal, etwa so lang wie ihr Stiel. Bl. fiederteilig oder gefiedert, mit gezähnten bis fiederspaltigen Fiedern. Stgl. ausgebreitet, sehr ästig, 15—45 cm hoch. Ufer, feuchte Orte, aber auch an trockenen Weg- und Ackerrändern. Häufig. Juni—Aug. hg. E. und autg. Wilde B., **N. silvéstre R. Br.**

18. **Cardámine,** Schaumkraut.

1. Kr.bl. mittelgroß (etwa 3 mal so lang wie die K.), verkehrt-eiförmig, ausgebreitet.
   a. Stgl. stielrund, hohl. Blättchen der Stgl.bl. lineal oder länglich, ganzrandig. Staubbeutel gelb. Griffel kurz, stumpf. Kr. lila bis weiß. Wiesen, feuchte Gebüsche. Gemein. April—Juni. hg. E. Wiesen-Sch., **C. praténsis L.**
   b. Stgl. kantig, markig. Blättchen der Stgl.bl. rundlich oder länglich, eckig-gezähnt. Staubbeutel rötlich (bei Nastúrtium officinále gelb!). Griffel lang, spitz. K. weiß. Von scharfem Geschmack. Quellen, Bäche, Gräben. Verbreitet. Mai, Juni. hg. E. Scharfes Sch., **C. amára L.**
2. Kr.bl. klein, länglich, aufrecht, weißlich.
   a. Bl.stiel am Grunde mit 2 kleinen, pfeilförmigen Öhrchen. Blättchen der unteren Bl. eiförmig, 3—5 spaltig, gestielt, die der oberen lanzettlich, sitzend. Schoten auf fast wagerechten Stielen abstehend. Kr. oft fehlend. Stgl. kahl. Feuchte Laubwälder. Zerstreut. ☉ Mai, Juni. hg. E. Spring-Sch., **C. impátiens L.**
   b. Bl.stiel ohne Öhrchen. Stgl. meist behaart.
     aa. Stgl. meist mehrere, 1—3 blättrig. Grundständige Bl. eine Rosette bildend. Staubbl. meist 4. Schoten auf aufrechten Stielen aufrecht, die Btn. weit überragend. Griffel kürzer als die Breite der Schote. Schattige, feuchte Orte, auch an Wegrändern, Mauern, Felsen u. dgl. Sehr zerstreut, besonders im Rheingebiet. ☉ April—Juni. hg. E. und autg. Behaartes Schl, **C. hirsúta L.**
     bb. Stgl. meist einzeln, reich beblättert. Staubbl. meist 6. Schoten auf abstehenden Stielen aufrecht, die Btn. wenig überragend. Griffel so lang wie die Breite der Schote. Schattige

122    Cruciferae

Gebüsche, Laubwälder, an Waldbächen. Zerstreut, besonders in den Gebirgen. ☉ April, Mai, zuweilen Juli, Aug. wieder. (C. silvática Link.) Unterart der vorigen.

Wald-Sch., **C. flexuósa With.**

### 19. Dentária, Zahnwurz.

Stgl. mehrblättrig, in den Bl.-achseln mit eiförmig-kugeligen, braunvioletten bis schwärzlichen, zwiebelähnlichen Brutknospen. Untere Bl. gefiedert, obere 3 zählig, die obersten einfach. Btn. hellviolett, rosa oder weißlich. Fr. meist fehlschlagend. Schattige Laub-, besonders Bergwälder. Zerstreut. Mai, Juni. hg.

Zwiebeltragende Z., **D. bulbífera L.**

### 20. Lunária, Silberblatt, Mondviole.

1. Schötchen elliptisch-lanzettlich, an beiden Enden spitz. (Fig. 291.) Samen nierenförmig, breiter als lang. Bl. groß, gestielt, herzförmig, ungleich-gezähnt. Kr. lila, wohlriechend. Pfl. mehrjährig. Schattige, feuchte Berglaubwälder. Zerstreut in Mittel- und Süddeutschland, selten in der Ebene. Mai—Juli. hg. H.

Ausdauerndes S., **L. redivíva L.**

2. Schötchen rundlich bis elliptisch, an beiden Enden stumpf. Samen herzförmig, so breit wie lang. Kr. violett, nachts veilchenartig duftend. Pfl. 2 jährig. Zierpfl. aus Westeuropa. Mai, Juni. hg. Fn. Die pergamentartigen, silberglänzenden Fr.scheidewände („Judas-Silberlinge" oder „Peterspfennige") werden häufig zu Trockensträußen verwendet.    Zweijähriges S., **L. ánnua L.**

### 21. Capsélla, Hirtentäschel.

Grundständige Bl. rosettig, gestielt, meist buchtig-gezähnt oder fiederspaltig, obere kleiner, sitzend. Schötchen auf ziemlich wagerecht-abstehenden Stielen. (Fig. 289.) Äcker, Wege, Schutt. Sehr gemein. März—Okt. hg. E. und autg.

Gemeines H., **C. Bursa pastóris Med.**

### 22. Camelína, Dotter.

1. Pfl. ziemlich kahl. Fr.traube kurz. Schötchen auf fast wagerecht abstehenden Stielen, kugelig-birnförmig, 3—4 mal so lang als der Griffel, anfangs dünnschalig, ihre Klappen hochgewölbt, mit deutlichen Nerven. Samen hellgelbbraun. Bl. abstehend, lanzettlich, am Grunde pfeilförmig, die unteren gestielt. Kr. hellgelb. (Fig.293.) Als Ölfr. besonders früher gebaut und nicht selten auf Äckern verwildert. ☉ Mai—Juli. hg. und autg.

Lein-D., **C. satíva Crantz.**

2. Pfl. unterwärts von gabelästigen Haaren rauh. Fr.traube verlängert. Schötchenstiele aufrecht-abstehend. Schötchen birnförmig, 2 mal so lang wie der Griffel, schon anfangs derb, ihre Klappen flacher gewölbt, mit weniger hervortretenden Nerven. Samen rotbraun. Bl. aufrecht, länglich-lanzettlich, mit pfeilförmigem

Cruciferae 123

Grunde sitzend. Äcker, Wegränder, Schutt. Meist nicht selten. ☉
Mai—Juli. hg. und autg.
  Kleinfrüchtiger D., **C. microcárpa Andrzj.**

23. **Néslea,** Funkensame, Dötterlein.

Stgl. nebst den Bl. von ästigen Haaren rauh. Bl. länglich bis lanzettlich, mit pfeilförmigem Grunde sitzend. Schötchen auf aufrechtabstehenden Stielen. (Fig. 295.) Griffel lang. Kr. goldgelb. Äcker. Wegränder. Meist häufig. ☉ Mai—Juli.
  Rispiger F., **N. paniculáta Desv.**

24. **Draba,** Hungerblümchen.

Stgl. meist mehrere, 2—10 cm hoch. Bl. in grundständiger Rosette, lanzettlich, ganzrandig oder gezähnt, am Grunde stielartig verschmälert. Fr.stiele meist aufrecht-abstehend. Wegränder, Grasplätze, Triften. Meist häufig. ☉ März—Mai. hg. E. und autg. (Erófhila verna E. Mey.) Frühlings-H., **D. verna L.**

25. **Stenophrágma,** Kreßling, Schmalwand.

Stgl. wenigblättrig, unterwärts rauhhaarig, 7—30 cm hoch. Bl. eiförmig bis länglich-lanzettlich, gewimpert und zerstreut gabelhaarig. die grundständigen rosettig. Äcker, Triften, Sandplätze. Häufig, ☉ April, Mai und Herbst. hg. E. und autg.
  Gänse-K., Acker-Gänsekresse, **S. Thaliánum Celak.**

26. **Turrítis,** Turmkraut.

Stgl. steif-aufrecht, meist einfach, unterwärts, wie die zur Bte.zeit oft fehlenden Grundbl., von ästigen Haaren rauh. Stgl.bl. bläulichgrün, eiförmig-lanzettlich, ganzrandig, mit tief herz-pfeilförmigem Grunde stengelumfassend. Kr. gelblichweiß. (Fig. 303). Hügel, Zäune, Steinhaufen. Häufig. ☉ Juni, Juli. hg. E. und autg.
  Kahles T., **T. glabra L.**

27. **Árabis,** Gänsekraut.

1. Stgl.bl. kurzgestielt oder sitzend, geschweift-gezähnt bis ganzrandig, untere Bl. leierförmig-fiederspaltig oder fiederteilig, alle von verzweigten Haaren mehr oder weniger rauh. Stgl. meist ästig, besonders unterwärts von abstehenden Haaren rauh. Schoten abstehend lineal, fast flach. Btn. lila oder weiß. Sandige und steinige Orte. Zerstreut. Meist ☉ oder ☉. Mai —Juli. hg. E. und autg.
  Sand-G., **A. arenósa Scop.**
2. Stgl.bl. am Grunde kurz pfeilförmig, mehr oder weniger deutlich geöhrt, sitzend. Untere Bl. rosettig, verkehrt-eiförmig, schwach gezähnt oder ganzrandig, sternhaarig-rauh. Stgl. einfach, wenigstens unterwärts von abstehenden, meist einfachen Haaren rauh. Schoten aufrecht, schmal-lineal. Kr. weiß. Sonnige Hügel, Grasplätze, lichte Wälder und Gebüsche. Verbreitet. ☉ bis ausdauernd. Mai, Juni. hg. und autg.
  Rauhhaarige G., **A. hirsúta Scop.**

Crucíferae

## 28. Erýsimum, Schotendotter, Schöterich.

1. Btn.stiele 2—3 mal so lang wie die K. Platte der Kr.bl. rundlich. Schoten über doppelt so lang als ihr Stiel, abstehend, fast kahl. Wegränder, Zäune, Schutt, Äcker. Meist häufig. ⊙ Mai—Okt. hg. H. und autg.
Lackartiger oder Acker-Sch., **E. cheiranthoídes L.**
2. Btn.stiele so lang wie der K. Platte der Kr.bl. keilförmig-verkehrteiförmig. Schoten vielmal länger als ihr Stiel. aufrecht, sternhaarig. Mauern, Schutt, Wegränder, Ufer. Zerstreut. ⊙ Mai—Sept.
Habichtskraut-Sch., **E. hieraciifólium L.**

## 29. Conríngia, Ackerkohl, Conringie.

Pfl. kahl, blaugrün. Bl. tief-herzförmig-umfassend, eiförmig-elliptisch, ganzrandig, sehr stumpf. (Fig. 304.) Btn.stiele so lang wie der K. Schoten abstehend, viel länger als die dicken Stiele. Kr. gelblichweiß. Äcker, auf Lehm- und Kalkboden. Zerstreut. ⊙ Mai—Juli. hg. H. (Erýsimum orientále R. Br.)
Weißer oder morgenländischer A., **C. orientális Dum.**

## 30. Cheiránthus, Goldlack.

Bl. angedrückt-behaart, lanzettlich, spitz, obere vorn breiter. Schoten zusammengedrückt. Kr. goldgelb bis orangegelb, bei der kultivierten Pfl. braungelb bis fast purpurn, wohlriechend, zuweilen gefüllt. (Fig. 307). Beliebte Zierpfl. aus dem östlichen Südeuropa, zuweilen an altem Gemäuer und Felsen verwildert. Mai, Juni. hg. H. und autg.                    Gemeiner G., **Ch. Cheiri L.**

## 31. Alýssum, Schildkraut, Steinkraut.

1. Btn. blaßgelb, weiß verbleichend. Kr. klein, kaum länger als der K. Staubfäden ungeflügelt, die kürzeren beiderseits am Grunde mit 1 borstlichem Zahn. Ganze Pfl. von angedrückten Sternhaaren grau. K. zur Fr.zeit bleibend. Stgl. am Grunde ästig, aufrecht oder aufsteigend. (Fig. 297). Sonnige Hügel, Wegränder. Meist häufig. April bis Juni. hg. D. und autg.
Kelchfrüchtiges Sch., **A. calýcinum L.**
2. Btn. goldgelb, Kr. doppelt so lang wie der K. Längere Staubfäden geflügelt, kürzere am Grunde mit flügelartigem Anhängsel. Bl. besonders unterseits sternhaarig-graufilzig, oberseits grün. Pfl. ausdauernd, ihr Stgl. zuletzt unterwärts verholzend. Sonnige Hügel, Felsen, auch auf Sand. Zerstreut bis sehr zerstreut. Mai—Juli.
Berg-Sch., **A. montánum L.**

## 32. Bertéroa, Graukresse.

Stgl. nebst den Bl. und Schötchen von Sternhaaren grau. Bl. lanzettlich, spitz. Kr.bl. 2 spaltig, weiß. Längere Staubfäden am Grunde geflügelt (Fig. 290), kürzere gezähnt. Schötchen elliptisch. Hügel, sandige Felder, Wegränder. Verbreitet. ⊙ Juni—Sept. hg. H. und autg.                    Gemeine G., **B. incána D.C.**

Crucíferae. Resedáceae. Droseráceae

### 33. Hésperis, Nachtviole.

Bl. eiförmig bis lanzettlich, zugespitzt, gezähnt. Kr.bl. verkehrteiförmig, sehr stumpf, meist mit einem Spitzchen. Schoten ziemlich stielrund, holperig. Btn. ziemlich groß, wohlriechend, lila. Heimisch im östlichen Südeuropa, bei uns als Gartenzierpfl. und bisweilen in Hecken, Gebüschen u. dgl. verwildert. Mai—Juli. hg. E. und autg.
Gemeine N., **H. matronális** L.

### 34. Matthíola, Levkoje.

Bl. lanzettlich, stumpf, wie der Stgl. graufilzig. Schoten auf ebenso dicken Stielen aufrecht-abstehend. Kr. violett, lila, rot, weiß, bräunlich, einfach oder gefüllt, wohlriechend. (Fig. 300). Zierpfl. aus Südeuropa. Juni bis Sept. hg. F. und autg.
Sommer-L., **M. ánnua** Sweet.

## 23. Fam.: Resedáceae, Resedegewächse.

### 1. Reséda, Resede, Wau.

1. K. 4teilig. Kr.bl. 4. (Fig. 313a.) Bl. ungeteilt, schmal-lanzettlich, am Grunde beiderseits 1 zähnig. Btn. in rutenförmig-verlängerten, dichten, vielblütigen Trauben. Kr. hellgelb. Stgl. 60 bis 120 cm hoch, steif aufrecht. Wegränder, Schutt, Hügel. Zerstreut. ☉ Juli, Aug. hg. E. mch.
Färber-R., **R. Lutéola** L.

2. K. 6teilig. Kr.bl. 6. (Fig. 312b.) Stgl. 15—40cm hoch. Fig. 313.
a. Bl. 3spaltig oder fast doppelt-3spaltig. Btn.stiele so lang wie die K. Kr. hellgelb, geruchlos. Wegränder, sonnige Hügel, Ufergebüsch. Sehr zerstreut. Juli, Aug. hg. E.
Gelbe R., **R. lutéa** L.
b. Bl. ungeteilt, die oberen zuweilen 3spaltig. Btn.stiele doppelt so lang wie die K. Kr. weißgelb, wohlriechend. Zierpfl. Aus Nordafrika (Barka), 1737 in Europa eingeführt. ☉ Juli—Okt. hg. E. mch. Wohlriechende R., **R. odoráta** L.

## 24. Fam.: Droseráceae, Sonnentaugewächse.

### 1. Drósera, Sonnentau.

1. Bl. fast kreisrund, langgestielt, meist ausgebreitet. (Fig. 314a). Stgl. 3—4mal so lang wie die Bl. Moore, meist zwischen Torfmoos, doch auch auf nacktem Torfboden und feuchtem Sand. Verbreitet. Juli, Aug. Autg. und kleistg., die Btn. dieser und der anderen Arten öffnen sich erst am späten Vormittag und nur bei Sonnenschein auf wenige Stunden. Die roten Stieldrüsen der Bl. sondern einen klebrigen Saft ab, der dem Insektenfang dient und die verdaulichen Bestandteile aufzulösen vermag.

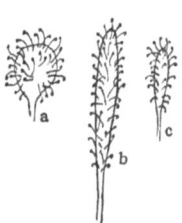

Fig. 314.

Rundblättriger S., **D. rotundifólia** L.

Crassuláceae

2. Bl. länglich-eiförmig bis keilförmig-spatelig, länger als breit, meist mehr oder weniger aufrecht-abstehend.
   a. Bl. länglich- bis lineal-keilförmig, in den Bl.stiel verschmälert, 3—4 mal länger als breit. (Fig. 314 b). Stgl. aufrecht, die Bl. weit überragend. Nasse Torfmoore. Zerstreut bis sehr zerstreut, meist seltener als vorige. Langblättriger S., **D. ánglica Huds.**
   b. Bl. keilig-verkehrt-eiförmig. (Fig. 314c). Stgl. aus liegendem Grunde bogig aufsteigend, zur Bte.zeit die Bl. nur wenig überragend. Schlammstellen und nasse Schlenken der Torfmoore. Zerstreut bis selten. Juli, Aug. Mittlerer S., **D. intermédia Hayne.**

## 25. Fam.: Crassuláceae, Dickblattgewächse.

I. K. 5 (6) teilig. Kr.bl. 5 (6), frei. Staubbl. 10 (12), Fr.kn. 5. (Fig. 315.) Sedum 126.

II. K. 5—20 teilig. Kr.bl. 6—20, am Grunde unter sich und mit den 12—20 Staubbl. verwachsen. Fr.kn. 6—20. Sempervívum 127. Fig. 315.

### 1. Sedum, Fetthenne.

1. Bl. breit, flach. Trugdolden dicht.
   a. Stgl. aufrecht oder aufsteigend.
      aa. Btn. grüngelblichweiß. Innere Staubbl. am Grunde der Kr.-bl. eingefügt. Bl. gegenständig oder zu 3 quirlständig, die oberen mit breitem, oft herzförmigem Grunde etwas umfassend. Sonnige Hügel, Weg- und Waldränder. Ziemlich häufig. Aug., Sept. pa. H. und D.
          Große F., **S. máximum Hoffm.**
      bb. Btn. rosen- oder purpurrot. Innere Staubbl. über dem Grunde der Kr.bl. eingefügt. Bl. oft wechselständig, die oberen am Grunde abgerundet oder etwas keilig. Bergabhänge, Hügel, Wegränder. Zerstreut, hauptsächlich im westlichen und östlichen Gebiet. Juli, Aug. pa. H. und D.
          Purpur-F., **S. purpúreum Schult.**
   b. Stgl. aus niederliegendem, wurzelndem Grunde aufrecht, kurzhaarig. Bl. gegenständig, keilig-verkehrt-eiförmig, vorn kerbiggesägt, am Rande gewimpert. Kr. rosa bis dunkelrot. Zierpfl. aus dem Kaukasus. Nicht selten verwildert. Juli, Aug.
      Unechte F., Speckkraut, **S. spurium M. B.**
2. Bl. stielrund oder halbstielrund. Trugdolde locker.
   a. Kr. weiß oder rötlich.
      aa. Ohne kriechende, nicht blühende Stgl. Bl. wie die lockere Trugdolde drüsig-kurzhaarig. Kr.bl. eiförmig, spitz, hellrosa. Sumpfige, torfige Wiesen. Sehr zerstreut. ⊙ Juni, Juli.
          Behaarte F., **S. villósum L.**
      bb. Mit kriechenden, nichtblühenden Nebenstgln. Bl. wie die flache Trugdolde kahl oder sehr zerstreut, drüsig-behaart. Kr.bl. lanzettlich, weiß oder blaßrötlich. Felsen in Mittel- und Süddeutschland. Auch auf Mauern und Dächern angepflanzt. Juni, Juli. pa. E. Weiße F., **S. album L.**

Crassuláceae. Saxifragáceae

b. Kr. gelb.
aa. Bl. mit kurzer Stachelspitze, lineal-pfriemlich, am Grunde mit spornähnlichem, stumpflichem Fortsatz. (Fig. 316c.) Trugdolde später zurückgebogen. Btn. oft 6zählig. Pfl. blaugrün oder (so in Gärten gebaut) grasgrün, 15—30 cm hoch. Sonnige trockene Hügel, Nadelwälder, Felsen. Zerstreut. Juli, Aug. pa. E.
Zurückgekrümmte F., Tripmadam, **S. refléxum L.**
bb. Bl. ohne Stachelspitze. Stgl. 5 bis 15 cm hoch.
α. Bl. eiförmig, am Grunde ohne spornähnlichen Fortsatz. (Fig. 316a.) Btn. fast sitzend. Kr.bl. 1,8 mm breit. Gewöhnlich von scharfem, pfefferartigem Geschmack. Sonnige Hügel, Dämme, Felsen, Sandboden. Meist häufig. Juni, Juli. pa. E.     Scharfer Mauerpfeffer, **S. acre L.**

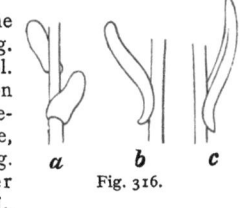

a  b  c
Fig. 316.

β. Bl. lineal, am Grunde mit einem spornähnlichen, herabgezogenen Fortsatz. (Fig. 316b.) Btn. deutlich gestielt, Kr.bl. 0,8 mm breit. Hügel, Grasplätze, Felsen. Weniger häufig. Juni, Juli. Schwach pa. E. (**S. boloniénse** Loisl.)
Milder oder unechter Mauerpfeffer, **S. mite Gilib.**

## 2. Semperv́ıvum, Hauswurz.

1. K.zipfel und Kr.bl. 10—20, sternförmig ausgebreitet. Kr.bl. rosenrot. Felsen der Rheingegend. Auf Mauern, Dächern u. dgl., häufig angepflanzt. Juli, Aug. pa. E. und autg.
Dach- oder echte H., **S. tectórum L.**
2. K.zipfel und Kr.bl. 6, aufrecht, glockig-zusammenneigend. Kr.bl. gelblichweiß. Felsen, sandige Abhänge und Kiefernwälder. Im Osten zerstreut und einheimisch, sonst angepflanzt und verwildert. Juli, Aug.     Sprossen-H., **S. sobolíferum Sims.**

## 26. Fam.: Saxifragáceae, Steinbrechgewächse.

I. Kräuter.
  A. Fr.kn. halbunterständig. Griffel 2.
    1. Kr. 5blättrig. Staubbl. 10 Kapsel 2fächerig. (Fig. 317.)
        Saxífraga 128.
    2. Kr. fehlend. Staubbl. 8. Kapsel 1fächerig. (Fig. 318.)     Chrysosplénium 129.
  B. Fr.kn. oberständig. Narben 4. Staubbl. 5, mit 5 drüsiggewimperten Honigbl. abwechselnd. (Fig. 319.) Kapsel 1fächerig.     Parnássia 129.

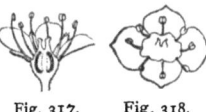

Fig. 317.   Fig. 318.

Fig. 319.

Saxifragáceae

II. Sträucher.
  A. Bl. ungeteilt. Staubbl. zahlreich (16 und mehr). Griffel 4 oder 5. (Fig. 320.) Fr. eine Kapsel. Btn. weiß, mittelgroß.
  Philadélphus 129.

Fig. 320.   Fig. 321.

  B. Bl. 3—5 lappig. Staubbl. meist 5. Griffel 1. (Fig. 321.) Fr. eine Beere. Btn. nicht weiß, klein.
  Ribes 129.

## 1. Saxífraga, Steinbrech.

1. Btn.stgl. blattlos. Bl. alle in grundständiger Rosette, verkehrteiförmig-spatelig, gekerbt, etwas lederig, in einen kurzen, geflügelten Stiel verschmälert. Btn.stand locker-rispig. Kr.bl. weiß, rot und am Grunde gelb gefleckt. K. frei, seine Zipfel zurückgeschlagen. Gartenzierpfl. aus Westeuropa (Spanien, Pyrenäen, Irland), bisweilen verwildert und eingebürgert. Mai, Juni. pa. E.
  Schattenliebender St., Porzellanblümchen, **S. umbrósa L.**

2. Btn.stgl. beblättert.
  a. Btn. goldgelb. Btn.stgl. sehr reichblättrig. Bl. lanzettlich, ganzrandig. Aus den grundständigen Bl.achseln entspringen kurze, beblätterte Ausläufer. Stgl. mit wenigen Btn. K. fast bis zum Grunde frei, seine Zipfel zurückgeschlagen. Moore, nasse Torfwiesen. In Norddeutschland zerstreut, im Süden seltener, durch Entwässerung der Moore immer mehr abnehmend. Juli, Aug. pa. E., besonders D.   Moor-St., **S. Hírculus L.**
  b. Btn.weiß oder gelblichweiß.
    aa. Außer dem Btn.stgl. sind locker beblätterte, rosettige Nebenstgl. vorhanden. Bl. der Rosetten handförmig 5—9 spaltig, Stgl.bl. 2—3 spaltig. Btn.stand locker-rispig, 2—9 blütig. Btn. weiß oder gelblichweiß. K. mit dem Fr.kn. verwachsen, seine Zipfel aufrecht. Felsspalten, steinige Orte. Sehr zerstreut in Mittel- und Westdeutschland. Mai, Juni. pa. D. H.   Rasiger St., **S. decípiens Ehrh.**
    bb. Beblätterte Nebenstgl. fehlen.
      α. Stgl. am Grunde zahlreiche kleine, bräunliche Brutzwiebeln tragend. Grundständige Bl. nierenförmig, kerbig-gelappt, Stgl.bl. keilförmig-rundlich, 3—5 spaltig. Stgl. 15 bis 30 cm hoch, wenigblättrig. Btn. ziemlich groß, milchweiß. Trockene Wiesen, Hügel, lichte Wälder. Meist häufig. Mai, Juni. pa. E., besonders Ds.
  Körner-St., **S. granuláta L.**
      β. Stgl. ohne Brutzwiebeln, zart, 5—15 cm hoch, mehrblättrig. Untere Bl. spatelig, ungeteilt oder 3 lappig, obere keilförmig, 3 spaltig. Btn. klein, weiß. Trockene Triften, Felsen, Sandfelder. Zerstreut. ☉ April—Juni. pa. bis schwach pg. E. und autg.
  Dreifingeriger St., **S. tridactylítes L.**

Saxifragáceae

## 2. Chrysosplénium, Milzkraut.

1. Bl. wechselständig, langgestielt, rundlich-nierenförmig, tief-gekerbt. Btn. und Deckbl. goldgelb. Quellige und sumpfige Stellen in Wäldern, Gebüschen. Meist häufig. März—Mai. pg.—hg. E. und M. auch autg. Wechselblättriges M., **Ch. alternifólium L.**
2. Bl. gegenständig, kurz gestielt, halbkreisförmig, geschweift-gekerbt, am Grunde gestutzt. Bt. und Deckbl. grünlichgelb. Schattige Stellen an Waldbächen, Quellen. Seltener als vorige Art. April, Mai. pg. E. und autg.
Gegenblättriges M., **Ch. oppositifólium L.**

## 3. Parnássia, Herzblatt.

Stgl. aufrecht, kantig. Grundbl. langgestielt, das stengelständige sitzend, umfassend, herz-eiförmig. Kr. groß, weiß, längs-gestreift, die Honigbl. gelbgrün. Feuchte Wiesen. Verbreitet. Juli—Sept. pa. Dt., auch kleistg. Sumpf-H., **P. palústris L.**

## 4. Philadélphus, Pfeifenstrauch.

Bl. elliptisch, zugespitzt, gesägt-gezähnelt. Btn. in Rispen. K.zipfel kurz zugespitzt. Griffel oft fast bis zum Grunde getrennt. Btn. stark duftend. Zierstrauch aus Südeuropa. Mai, Juni.
Pfeifenstrauch, falscher Jasmin, **Ph. coronárius L.**

## 5. Ribes, Stachelbeere, Johannisbeere.

1. Zweige stachelig. Trauben 1—3blütig. Bl. rundlich, 3 (—5) lappig. unterseits nebst den Stielen weichhaarig. Btn. meist grünlichgelb. K. glockig, seine Zipfel länglich, stumpf, zurückgeschlagen. Fr. eiförmig, hängend, gelblichgrün bis rötlich, ziemlich kahl bis weichhaarig oder drüsig-borstig. Der Fr. wegen häufig angepflanzt und in Wäldern, Gebüschen, an Felsen verwildert. April, Mai. pa. H. und D. Stachelbeere, **R. Grossulária L.**
2. Strauch stachellos. Trauben mehrblütig. Beere rundlich.
   a. Btn. grünlich, grünlichgelb oder rötlich. K. flach beckenförmig oder glockig. Bl. 3—5 lappig.
      aa. Trauben nickend oder hängend. Deckbl. kürzer als die Btn.-stiele.
         α. Bl. unterseits drüsig-punktiert. Deckbl. pfriemlich. K. drüsig, seine Zipfel zurückgerollt. Kr. rötlich. Beeren schwarz. Feuchte Gebüsche und Laubwälder, Bachufer. Zerstreut. April—Mai. hg. H. Pfl. von unangenehmem Geruch. Schwarze J., **R. nigrum L.**
         β. Bl. unterseits ohne gelbe Drüsen. Deckbl. eiförmig. K. kahl, seine Zipfel abstehend, doppelt so lang als die gelblichgrünen Kr.bl. Beeren rot oder in Gärten auch gelblichweiß. Hecken, Gebüsch, feuchte Wälder. Zerstreut. Häufig angepflanzt. April, Mai. hg. H.
Rote J., **R. rubrum L.**
      bb. Trauben aufrecht. Deckbl. lanzettlich, länger als die Btn.-stiele. Btn. grünlichgelb, unvollständig 2 häusig. Beeren rot,

von fadem Geschmack. Lichte Wälder, Gebüsche, Felsen. Zerstreut. Auch in Anlagen und als Heckenpfl. angepflanzt. April—Juni. Berg-J., **R. alpínum L.**
b. Btn. goldgelb oder purpurn.
  aa. Btn. purpurn, in hängenden Trauben. K. röhrig-glockig. Deckbl. so lang wie die Btn.stiele, spatelförmig, gefärbt. Bl. 3—5lappig. Zierstrauch aus dem westlichen Nordamerika. April, Mai. Blutrote J., **R. sanguíneum Pursh.**
  bb. Btn. goldgelb, in aufrecht-abstehenden Trauben. Deckbl. länger als die Btn.stiele. K.röhre lang, walzlich. Bl. 3spaltig. Zierstrauch aus Nordamerika. April, Mai.
  Goldgelbe J., **R. aúreum Pursh.**

## 27. Fam.: **Platanáceae,** Platanengewächse.

### 1. Plátanus, Platane.

1. Äste aufrecht. Bl. 5eckig, kaum gelappt, buchtig-gezähnt, am Grunde meist herzförmig, mit unterseits kurzhaarigen Nerven, Borke in kleinen Schuppen sich ablösend. (Fig. 152.) Zierbaum aus Nordamerika. Mai. W. Abendländische P., **P. occidentális L.**
2. Äste abstehend. Bl. tief-5lappig bis 5spaltig, mit buchtig-gezähnten, zugespitzten Lappen, am Grunde meist keilförmig, unterseits anfangs kurzhaarig, später kahl. Borke in großen Platten sich ablösend. Bisweilen angepflanzt. Von der Balkanhalbinsel bis zum Himalaja einheimisch. Mai. W.
  Morgenländische P., **P. orientális L.**

## 28. Fam.: **Rosáceae,** Rosengewächse.

I. Sträucher und Bäume.
A. Griffel 1—5.
  1. Fr.kn. unterständig.
    a. Fächer der Fr. (Fr.bl.) steinartig hart (Steine).
      aa. Btn. in blattachselständigen, 1—3blütigen Btn.-ständen, klein. Steine 3—5, an der Griffelseite frei, hervorragend. (Fig. 322.) Bl. ungeteilt, ganzrandig. Cotoánester 133.
      Fig. 322.
      bb. Btn. einzeln endständig oder in endständigen Doldentrauben. Fr.fächer nicht hervorragend.
        α. Bl. ungeteilt, Btn. einzeln, ziemlich groß, K.zipfel laubblattartig. Fr. mit weiter Mündung. (Fig. 323.) Steine 5.
        Fig. 323.
        Méspilus 134.
        β. Bl. gelappt bis geteilt. Btn. in Doldentrauben, mittelgroß. K.zipfel kurz. Fr.mit enger Mündung. (Fig. 324.) Steine 1—3.
        Cratǽgus 134. Fig. 324.

Rosáceae 131

b. Fächer der Fr. (Fr.bl.) häutig oder pergamentartig.
  aa. Btn. einzeln oder in wenigblütigen Dolden, groß.    Fr.fächer pergamentartig. Bl. ungeteilt.
    α. Btn. einzeln oder zu 1—3 an der Spitze sehr kurzer Seitenästchen. (Fig. 325.) Fr.fächer vielsamig.    Cydónia 133.

Fig. 325.

    β. Btn. in wenigblütigen Dolden. Fr.fächer 2- oder (durch Fehlschlagen) 1 samig.
      αα. Griffel bis zum Grunde getrennt. Fr. am Grunde in den Stiel verschmälert oder abgerundet, ziemlich langgestielt, länglich (birnförmig). (Fig. 326).    Pírus 133.

Fig. 326.

      ββ. Griffel am Grunde verwachsen. Fr. meist kugelig, kurz gestielt, oben und am Grunde vertieft.    Málus 133.
  bb. Btn. in Doldenrispen oder Trauben. Fr.fächer dünnhäutig.
    α. Btn. in vielblütigen Doldenrispen. Kr.bl. rundlich. Fr.fächer 2- oder (durch Verkümmerung) 1 samig. Bl. doppelt-gesägt oder gelappt bis gefiedert.    Sorbus 133.
    β. Btn. in wenigblütigen, endständigen Trauben. Kr.bl. keilförmig-lanzettlich. Fr.fächer 2 samig. Bl. ungeteilt.    Ameláncher 134.
2. Fr.kn. oberständig.
  a. Fr.kn. 5. Fr.chen kapselartig, aufspringend, mehrsamig. Kr.bl. dem scheibenartig verbreiterten Btn.boden eingefügt.    Spiræa 132.
  b. Fr.kn. 1. Fr. eine Steinfr. Btn. einzeln oder in 2- bis mehrblütigen Btn.ständen.    Prunus 142.
B. Griffel zahlreich. Fr.kn. oberständig oder scheinbar unterständig. Meist stachelige Sträucher.
  1. Fr.kn. in dem hohlen, krugförmigen, zuletzt fleischigen Btn.boden eingeschlossen. Fr.chen nußartig. Bl. gefiedert.    Rosa 140.
  2. Fr.kn. nicht eingeschlossen. Fr.chen steinfruchtartig, saftig, zu mehreren zu einer Scheinbeere verwachsen. Bl. gefingert, seltener gefiedert.    Rubus 135.
II. Kräuter.
  A. Btn. mit K. und Kr.
    1. K.zipfel 2 reihig, doppelt so viele als Kr.bl., die äußeren kleiner.
      a. Fr.chen mit seitenständigem, ungegliedertem, abfallendem Griffel. Btn.boden gewölbt.
        aa. Kr.bl. gelb oder weiß.
          α. Btn.boden zur Fr.zeit fleischig-saftig, sich vom K. ablösend. Bl. 3 zählig. Pfl. mit langen, oberirdisch kriechenden Ausläufern. Btn. weiß.    Fragária 135.

Rosáceae

β. Btn.boden zur Fr.zeit nicht vergrößert, trocken. Bl.
3— oder mehrzählig-gefingert, seltener gefiedert.
Btn. meist gelb, seltener weiß. Potentílla 136.
bb. Kr.bl. dunkelpurpurn, bleibend, kleiner als die innen
rotbraunen K.bl. Bl.boden zur Fr.zeit schwammig, sich
nicht vom K. trennend. Bl. gefiedert, oberwärts
3 zählig. Cómarum 136.
b. Fr.chen mit endständigem, gegliedertem, hakenförmigem,
bleibendem Griffel. (Fig. 327.) Btn.boden walzlich, trocken. Bl. leierförmig-gefiedert.
Géum 138.
2. K.zipfel 1 reihig, ebenso viele wie Kr.bl. Fig. 327.
a. Kr. weiß.
aa. Bl. 3 zählig. Fr.chen steinfruchtartig, saftig, zu einer
Scheinbeere verwachsen. Btn. doldentraubig.
Rubus 135.
bb. Bl. einfach- oder doppelt-gefiedert.
α. Btn. 2 häusig, in rispig-angeordneten Ähren. Fr.chen
meist 3, kapselartig, aufspringend. Nebenbl. fehlend. Arúncus 133.
β. Btn. zwitterig, wiederholt-trugdoldig. Fr.chen meist
mehr als 5, nicht aufspringend. Nebenbl. vorhanden,
groß. Filipéndula 139.
b. Kr. gelb. Fr.kn. und Griffel 2. K. mit hakigen,
später auswachsenden Stacheln besetzt. (Fig.
328.) Btn. in ährigen Trauben. Bl. unterbrochen-
gefiedert. Agrimónia 139. Fig. 328.
B. Btn. ohne Kr., klein.
1. K.zipfel 8, abwechselnd kleiner. Btn.
zwitterig. Staubbl. 4 oder 1. Fr.kn. 1.
(Fig. 329.) Bl. gelappt oder gespalten.
Alchemílla 139.
2. K.zipfel 4. Btn. zwitterig (Staubbl. 4) Fig. 329. Fig. 330.
(Fig. 330) oder 1 häusig (männliche Btn.
mit zahlreichen Staubbl.). Fr.kn. 1—3. Bl. gefiedert.
Sanguisórba 139.

## 1. Spiræa, Spierstrauch.

1. Bl. länglich-lanzettlich bis fast eiförmig, stumpf oder spitz, ungleich-
gesägt, kahl. Btn.stand dicht-rispig. Fr.chen frei, nicht aufgeblasen. Kr. weißlich oder blaßrötlich. Häufig als Zierstrauch angepflanzt und verwildert. Heimat: von Südeuropa bis Ostasien und
Nordamerika. Juli, Aug. pg. E.
Weidenblättriger Sp., Sp. salicifólia L.
2. Bl. 3 lappig, am Grunde keilförmig, im Umriß rundlich oder eiförmig, ungleich-doppelt-gekerbt-gesägt. Fr.chen am Grunde verwachsen, bei der Reife aufgeblasen. Nicht selten angepflanzt und
hie und da verwildert. Aus Nordamerika. Juni. pg. E.
Schneeballblättriger Sp., Sp. opulifólia L.

Rosáceae 133

## 2. Arúncus, Geißbart.

Bl. groß, 3 zählig-doppelt-gefiedert. Blättchen breit-eiförmig, oft lang zugespitzt, scharf-doppelt-gesägt. Btn. klein. Kr. weiß oder gelblich-weiß. Feuchte Bergwälder, Gebüsche in Mittel- und Süddeutschland, fehlt aber im Harz. Zuweilen auch angepflanzt und verwildert. Juni, Juli. Po. Wald-G., **A. silvéster Kost.**

## 3. Cotoneáster, Zwergmispel, Steinmispel.

Bl. rundlich-eiförmig oder elliptisch, ganzrandig, oberseits kahl, unterseits wollig-weißfilzig. Fr. kugelig, blutrot, glänzend. (Fig. 322.) Kr. rosa. Sonnige Hügel, Felsen in Süd- und Mitteldeutschland. Auch angepflanzt. April, Mai. hg. Hw. Gemeine S., **C. integérrima Med.**

## 4. Cydónia, Quitte.

1. Btn. einzeln, groß, rötlichweiß. Bl. eiförmig, unterseits zottig-graufilzig. Fr. apfel- oder birnförmig, gelb, locker filzig-behaart, wohlriechend. Bis 8 m hoher Strauch oder Baum, dornenlos. Angepflanzt, stammt aus Westasien. Mai, Juni. pg. H.
Gemeine Q., **C. vulgáris Pers.**
2. Btn. büschelig, scharlachrot. Bl. eiförmig, kahl, glänzend. Fr. kugelig, grünlichgelb, kahl. Bis 2 m hoher Zierstrauch mit dornigen Zweigen. Stammt aus Japan.
Japanische Q., **C. japónica Pers.**

## 5. Pirus, Birnbaum.

Bl. rundlich oder eiförmig, so lang wie ihr Stiel, kleingesägt. Knospen kahl. Kr. weiß. Staubbeutel rot. Fr. grün oder gelb, oft rot überlaufen. Wildwachsend als Holzbirne mit dornigen Ästen in Wäldern und Gebüschen. In vielen Abarten angepflanzt. April, Mai. pg. E. Birnbaum, **P. commúnis L.**

## 6. Malus, Apfelbaum.

Bl. eiförmig oder elliptisch, doppelt so lang wie ihr Stiel, gekerbtgesägt, unterseits filzig-behaart. Knospen behaart. Kr. weiß, außen rosa. Staubbeutel gelb. Fr. grün, gelblich, rot oder bunt. Wildwachsend in Laub- und Mischwäldern die dornästige Unterart silvestris (Holzapfel). Zerstreut bis selten. In vielen Sorten gebaut. Mai, Juni. pg. E. (Pirus Malus L.) Apfelbaum, **M. commúnis Lam.**

## 7. Sorbus, Eberesche, Mehlbeere.

1. Bl. unpaarig gefiedert, mit länglich-lanzettlichen, ungleich-stachelspitzig gesägten Bl.chen. Doldentrauben vielblütig. Griffel meist 2—4. Beeren scharlachrot. Wälder, Gebüsche. Meist häufig. Auch (besonders an Straßen als Alleebaum) angepflanzt.
Eberesche, Vogelbeerbaum, Quitsche, **S. aucupária L.**
2. Bl. einfach, nicht (oder höchstens am Grunde etwas) gefiedert. Griffel 2 oder 3.

a. Bl. zuletzt beiderseits kahl, mit 3—5 Seitennerven, gelappt, Lappen ungleich-gesägt, spitz, die unteren viel größer, tiefer eindringend, abstehend. Fr. elliptisch, braun, lange hart bleibend. Trockene Bergwälder, Gebüsche. Zerstreut, im nördlichen Deutschland selten. Öfter angepflanzt. Mai, Juni.
Elsbeerbaum, **S. torminális Crantz.**

b. Bl. zuletzt nur oberseits kahl, unterseits grau- oder weißfilzig, härtlich, klein gelappt oder nur doppelt-gesägt, beiderseits mit 7—10 Seitennerven. Lappen gesägt, vorwärts gerichtet, wie die Sägezähne von der Mitte nach dem Grunde kleiner werdend. Fr. rötlich oder orange, mehlig. Gebirgswälder in Mittel- und Süddeutschland. Zerstreut. Auch angepflanzt. Mai.
Mehlbeerbaum, **S. Ária Crantz.**

## 8. Amelánchier, Felsenmispel.

Bl. elliptisch, beiderseits abgerundet oder vorn gestutzt, kerbig-gesägt, anfangs unterseits filzig, zuletzt kahl. Kr. weiß. Fr. blauschwarz. Bergabhänge, Felsen in Thüringen und in den Rheingegenden. Auch angepflanzt. April, Mai. pa. E. Gemeine F., **A. vulgáris Mnch.**

## 9. Méspilus, Mispel.

Bl. länglich-lanzettlich, unterseits grün, zartfilzig. Btn. endständig. Fr. mit breiter Mündung, beckenförmig, walnußgroß, braun. (Fig.323.) Kr. weiß. In Mittel- und Süddeutschland angepflanzt (dann ohne Dornen!) und verwildert. Heimat: Vorderasien. Mai, Juni. hg. E. und autg. Deutsche M., **M. germánica L.**

## 10. Cratægus, Weißdorn, Hagedorn.

Pfl. seicht (3—5) lappig, mit vorwärts gerichteten, ungleich gezähnten Lappen (Fig. 331), beiderseits fast gleichfarbig, nebst den Btn.stielen kahl. K.zipfel eiförmig. Griffel meist 2. Fr. mit 2 oder 3 Steinen, kugelig, rot. (Fig. 324.) Kr. weiß. Hecken, Gebüsche, Waldränder. Meist häufig. In Parkanlagen und Gärten auch mit sogenannten gefüllten Btn. Mai. pg. De. mph. Zweigriffliger W., **C. Oxyacántha L.**

Fig. 331.

2. Bl. fiederspaltig bis fast fiederteilig, mit mehr abstehenden, wenig gezähnten Zipfeln (Fig. 332), unterseits oft weißlichgrün. Btn.stiele meist behaart. K.zipfel lanzettlich. Griffel meist 1. Fr. meist nur mit 1 Stein, länglich, rot. Kr. weiß. 14 Tage später als vorige Art. Waldränder, Hecken. Weniger häufig. In Gärten und Anlagen in vielen Formen (namentlich als ,,Rotdorn'' mit rosa- oder fleischroten, dunkelroten, einfachen und gefüllten Btn.) angepflanzt. Mai, Juni. pg. De.
Eingriffliger W., **C. monógyna Jacq.**

Fig. 332.

Rosáceae 135

## 11. **Rubus**, Himbeere und Brombeere.

1. Stgl. krautig. Schößling niederliegend, ausläuferartig, fast stachellos. Stgl. aufrecht. Bl. 3zählig. Bl.chen beiderseits grün. Btn.stand 3—6blütig. Kr. klein, weiß. Fr.chen rot, einzeln von dem flachen Btn.boden abfallend. Laubwälder, Gebüsche. Zerstreut. Mai, Juni. pg. H. und autg. **Steinbeere, R. saxátilis L.**
2. Stgl. verholzend, erst im 2. Jahre Btn.zweige treibend.
   a. Bl. einfach, 5lappig, am Grunde herzförmig, mit doppelt-gesägten, spitzen Lappen. Stgl. aufrecht, stachellos, braundrüsigbehaart. Btn. in doldentraubiger Rispe, hellpurpurn, groß, wohlriechend. Zierstrauch aus Nordamerika. Bisweilen verwildert. Mai—Aug. hg. E.
      **Wohlriechende Himbeere, R. odorátus L.**
   b. Bl. zusammengesetzt, 3—7zählig.
      aa. Untere Bl. gefiedert, obere 3zählig, gefingert. Bl.chen unterseits weißfilzig, scharf gesägt. Schößling fast aufrecht, wenigstens unterwärts stachelborstig. Btn.stände locker, wenigblütig, nickend. Kr.bl. aufrecht, kürzer als der K., weiß. Fr.chen rot (in Gärten auch hellgelb), miteinander verbunden von dem kegelförmigen Btn.boden abfallend. Wälder, Gebüsche, Hecken. Häufig. Mai, Juni. hg. E. und autg.
         **Echte oder gemeine H., R. idǽus L.**
      bb. Bl. gefingert. Fr.chen schwarz oder schwarzrot, seltener blau, miteinander und mit dem kegelförmigen Teil des Btn.bodens abfallend. **Brombeeren.**
         α. Fr. blaubereift. K. der Fr. anliegend. Bl. 3zählig. Schößling meist langkriechend, mit kleinen, schwachen, meist ziemlich gleichen Stacheln. Fr. aus wenigen, ziemlich großen Fr.chen bestehend. Äcker, Wegränder, Gebüsche, Ufer. Häufig. Mai—Sept. pa. E. und autg.
            **Bereifte B., Kratzbeere, R. cǽsius L.**
         β. Fr. nicht bereift, glänzend. Bl. meist 5zählig, seltener 7- oder 3zählig. Fr.kelch abstehend. Schößlinge sehr verschieden, aufrecht, bogig oder niederliegend, auch kletternd, oft stark und ungleich bestachelt. Wälder, Hecken, Gebüsche, Waldränder. Meist hg. E. (Infolge der außerordentlich großen Veränderlichkeit wird eine Unzahl von Arten unterschieden, deren Unterscheidung aber zu schwierig ist und deshalb hier nicht näher ausgeführt wird.)
            **Gemeine B., R. fruticósus L.**

## 12. **Fragária**, Erdbeere.

1. Wildwachsende Arten. Btn. und Fr. klein.
   a. Stgl. 15—30 cm hoch, meist länger als die Bl. Seitenbl.chen meist kurzgestielt. Haare aller Btn.stiele wagerecht abstehend. K. nach dem Verblühen abstehend oder zurückgebogen. Btn. unvollkommen-2häusig. Wälder, Gebüsche. Verbreitet. Mai, Juni. pg. E. und autg. (F. moschata Duch.)
      **Hohe oder Zimt-E., F. elátior Ehrh.**

Rosáceae

b. Stgl. 5—15 cm hoch, wenig länger als die Bl. Haare der seitlichen Bl.stiele aufrecht. Seitenbl.chen fast sitzend.
  aa. Btn. zwitterig. K. nach dem Verblühen abstehend oder zurückgebogen. Kr. weiß. Wälder, Gebüsche, Abhänge, Raine. Häufig. Mai, Juni. pg. E. und autg.
    Wald-E., **F. vesca L.**
  bb. Btn. oft 2 häusig. K. nach dem Verblühen aufrecht. Kr. gelblich- oder grünlichweiß. Sonnige Hügel, Abhänge, Raine. Zerstreut. Mai, Juni. (F. víridis Duch.)
    Hügel-E., Knackbeere, **F. collína Ehrh.**
2. Gartenpfl. Btn. und Fr. groß. Btn. unvollkommen-2 häusig.
  a. K. an der Fr. abstehend. Seitenbl.chen kurz gestielt. Häufig gebaut. Aus Nordamerika. Juni.
    Scharlach-E., **F. virginiána Duch.**
  b. K. der Fr. angedrückt. Fr. noch größer als bei F. virginiána, aber die Grübchen flacher. In vielen Abänderungen gebaut. Aus Nordamerika. Mai, Juni. Ananas-E., **F. grandiflóra Ehrh.**

### 13. Cómarum, Blutauge.

Wz.stock kriechend. Stgl. aufsteigend. Bl. 5—7 zählig gefiedert. Bl.chen länglich, scharf gesägt, unterseits blaugrün, angedrückt behaart. Kr. dunkelpurpurn, kürzer als die innen rotbraunen K.bl. Sümpfe, Moore. Verbreitet. Juni, Juli. pa. D. u. H. (Potentilla palustris Scop.)     Sumpf-B., **C. palústre L.**

### 14. Potentílla, Fingerkraut.

I. Kr. weiß.
  A. Untere Bl. unpaarig-gefiedert, obere 3 zählig. Bl.chen eiförmig, eingeschnitten gesägt. Stgl. aufrecht, bis 50 cm hoch, kurzhaarig, meist rot überlaufen. Kr. ziemlich groß. Fr.chen kahl. Abhänge, Felsen, lichte Wälder und Gebüsche. Sehr zerstreut. Mai, Juni. hg. E. und autg.
    Felsen- oder Stein-F., **P. rupéstris L.**
  B. Untere Bl. 3- oder 5 zählig gefingert. Fr.chen behaart.
    1. Grundbl. 5 zählig, ihre Stiele angedrückt-behaart. Bl.chen länglich-lanzettlich, vorn mit angedrückten Sägezähnen, oberseits und am Rande seidig-anliegend behaart. Kr.bl. länger als der K. Stgl. meist 3 blütig, aufsteigend, 8—25 cm hoch. Ohne Ausläufer. Trockene Laubwälder, Gebüsche. Zerstreut. Mai, Juni. hg. E. und autg. mch.
      Weißes F., **P. alba L.**
    2. Grundbl. 3 zählig, ihre Stiele abstehend behaart. Bl.chen rundlich-eiförmig, das mittlere verkehrt-eiförmig, alle vorn eingeschnitten, kerbig-gesägt, oberseits schwach-zottig. Kr.bl. kaum so lang wie der K. Stgl. 2 blütig, niederliegend, 5—10 cm hoch. Mit verlängerten Ausläufern. Buschige Hügel, Waldränder. Sehr zerstreut, in Süd- und Westdeutschland ziemlich verbreitet. April, Mai. pg. E. und autg. mch. (P. Fragariástrum Ehrh.)
      Erdbeer-F., **P. stérilis Garcke**

Rosáceae 137

II. Kr. gelb.
   A. Bl. gefiedert, höchstens die oberen 3 zählig-gefingert.
      1. Stgl. ausläuferartig kriechend, dünn, an den Knoten wurzelnd. Alle Bl. unterbrochen-vielpaarig-gefiedert. (Fig. 333.) Bl.chen fiederspaltig-gesägt, unterseits weiß-seidenhaarig-filzig. Btn. einzeln, auf langen Stielen, groß. Kr.bl. goldgelb, doppelt so lang wie der K. Triften, Dorfanger, Ufer, an feuchten wie an ziemlich trockenen offenen Standorten. Gemein. Mai—Aug. hg. E. und autg.
      Gänse-F., **P. anserína L.**
      2. Stgl. niederliegend bis aufsteigend, vom Grunde an sparrigverzweigt. Grundständige und untere Stgl.bl. unpaarig-gefiedert, mit 3—5 Fiederpaaren, Fig. 333. obere meist 3 zählig. Bl.chen eingeschnitten-gesägt, schwach behaart oder kahl. Untere Btn. entfernt stehend, einzeln in den Bl.achseln, die oberen genähert. Kr.bl. hellgelb, kürzer als der K. Fr.stiele abwärts gebogen. Auf feuchtem Sand, Kies, und Schlamm an Fluß- und Teichufern, an Wegrändern u. dgl. Zerstreut. ☉ und ⊙. Juni—Sept. hg. E. und autg. Niedriges F., **P. supína L.**
   B. Alle Bl. 3—5 zählig-gefingert.
      1. Btn. 4 zählig.
         a. Stgl. aufrecht oder aufsteigend, nicht wurzelnd, meist reich verästelt. Stgl.bl. alle 3 zählig, sitzend. Nebenbl. groß, tief 3—5 spaltig. Bl.chen keilig-verkehrt-eiförmig, eingeschnitten-gesägt. Kr. etwa so lang wie der K. Wälder, Triften, Heiden. Gemein. Juni—Aug. Meist hg. H. und D. (P. silvéstris Necker, Tormentílla erécta L.)
         Wald-F., Blutwurz, **P. Tormentílla Neck.**
         b. Stgl. ausläuferartig niederliegend, an den Knoten wurzelnd. Bl. 3 zählig, die unteren meist 5 zählig. Nebenbl. lanzettlich, ungeteilt, ganzrandig oder spärlich-gezähnt. Bl.chen keilig-verkehrt-eiförmig, vorn eingeschnitten-gesägt. Kr. meist doppelt so lang wie der K. Feuchte Wälder, Moorränder. Zerstreut, besonders in Nord- und Mitteldeutschland, sonst seltener. Juni—Aug. hg. D. und H.
         Niederliegendes F., **P. procúmbens Sibth.**
      2. Btn. 5 zählig.
         a. Stgl. ausläuferartig niederliegend, an den Knoten wurzelnd. Bl. 5 zählig, gestielt. Bl.chen länglich-verkehrt-eiförmig. gekerbt-gesägt. Btn. groß, einzeln. Wegränder, Wiesen, Ufer, Gebüsch. Meist häufig. Juni—Aug. hg. E. und autg. Kriechendes F., Fünffingerkraut, **P. reptans L.**
         b. Stgl. aufsteigend oder aufrecht. Btn. trugdoldig angeordnet.
            aa. Die Btn. entspringen aus den Achseln einer grundständigen Rosette. Stgl. 5—15 cm hoch, aufsteigend bis niederliegend. Btn.stand meist ziemlich armblütig.

Rosáceae

α. Nebenbl. der Grundbl. eiförmig-lanzettlich. Stgl.
nebst den Bl.- und Btn.stielen von rechtwinklig-abstehenden Haaren rauh, stets rot angelaufen. Bl.chen beiderseits grün. Trockene Wälder, Hügel, Grasplätze. Zerstreut. Mai, Juni. hg. E. und autg. (P. rubens Zimmet.)
Glanzloses oder trübgrünes F., **P. opáca Roth.**

β. Nebenbl. der Grundbl. lineal.

αα. Stgl. wie die Bl. (diese besonders unterseits) von Sternhaaren graufilzig und mit längeren aufrechten Haaren besetzt. Untere Bl. 5-, obere 3 zählig. Sonnige, sandige Hügel, Triften, trokkene Wälder. Zerstreut, besonders im Osten. April, Mai. hg. E. und autg.
Sand-F., **P. arenária Borkh.**

ββ. Stgl. und Bl.stiele mit aufrechten, etwas abstehenden Haaren besetzt. Bl.chen ohne Sternhaare, grün, unterseits oder beiderseits augedrückt-behaart. Untere Bl. 5—7 zählig. Sonnige Abhänge, Hügel, Felsen, Raine. In Mittel- und Süddeutschland meist häufig, im Osten sehr selten oder fehlend. April, Mai. hg.—pg. E. und autg. Frühlings-F., **P. verna L.**

bb. Grundachse der hochwüchsigen blühenden Pfl. ohne Rosetten und unfruchtbare Sprosse. Stgl. und Btn.-stiele weißfilzig, ohne längere abstehende Haare, aufsteigend bis aufrecht, 20—40 cm hoch. Bl.chen unterseits weiß-, seltener graufilzig, keilig-verkehrt-eiförmig, fiederspaltig, schmal, am Rande umgerollt. (Fig. 334.) Btn.stand eine reichblütige Doldenrispe. Kr. lebhaft gelb. Wegränder, Hügel, Raine. Häufig. Juni, Juli. hg. H. und D. Silber-F., **P. argéntea L.**

Fig. 334.

## 15. Géum, Nelkenwurz, Benediktenkraut.

1. Kr. goldgelb, bis 2 cm Durchmesser. Btn. aufrecht. K. an der Fr. zurückgeschlagen. Kr.bl. ausgebreitet, unbenagelt. Fr.köpfchen sitzend. Nebenbl. groß, blattartig. Laubwälder, Gebüsche, Hecken, Mauern. Gemein. Juni—Aug. pg. E. und autg.
Echte oder gemeine N., **G. urbánum L.**

2. Kr. rötlich, bis 3 cm Durchmesser. Btn. nickend. K. rotbraun, an der Fr. aufrecht. Kr.bl. aufrecht, benagelt. Fr.köpfchen gestielt. Nebenbl. klein. Feuchte Wiesen, Gebüsche. Verbreitet. Mai, Juni. pg. E. Bach-N., **G. rivále L.**

Rosáceae    139

## 16. Alchemílla, Frauenmantel, Sinau.

1. Untere Bl. rundlich-nierenförmig, 7—9 lappig, langgestielt. Lappen fast halbkreisförmig, ringsum gesägt. (Fig. 335.) Btn. in endständigen Trugdolden. Staubbl. 4. K. grün. Wiesen, Wegränder, Wälder. Meist häufig. Mai—Juli. pg. und 2 geschlechtl. E. apog.
Gemeiner oder Wiesen-F., **A. vulgáris L.**

Fig. 335.

2. Bl. handförmig-3(—5)spaltig, am Grunde keilförmig. Zipfel vorn eingeschnitten, 3—5 zähnig. (Fig. 336.) Btn. in blattachselständigen Knäueln. Staubbl. 1. K. grün. Äcker, Brachen. Verbreitet. ⊙ Mai—Sept. autg.    Acker-F., Ohmkraut, **A. arvénsis Scop.**

## 17. Filipéndula, Mädesüß, Rüster- oder Spierstaude.

Fig. 336.

1. Stgl. beblättert, 60—150 cm hoch. Bl.chen groß, eiförmig, beiderseits grün oder unterseits weißfilzig, ungeteilt, das endständige größer, handförmig 3 bis 5 spaltig, alle ungleich gesägt. Fr.chen kahl, gewunden. Btn. weiß oder gelblichweiß, von starkem Geruch. Feuchte Wiesen, Gebüsche, Ufer. Juni, Juli. hg. Po. (Spirǽa Ulmária L.)
Sumpf-M., **F. Ulmária Maxim.**

2. Stgl. oben fast blattlos, 30—60 cm hoch. Bl.chen klein, länglich, fiederspaltig eingeschnitten. Fr.chen behaart, gerade. Btn. weiß, außen oft rötlich, gewöhnlich 6 zählig. Wz.fasern in der Mitte knollig verdickt. Sonnige Wiesen, Triften, Hügel. Sehr zerstreut. Juni, Juli. (Ulmária Filipéndula J. Hill.) hg. Po.
Knolliges oder Hügel-M., **F. hexapétala Gilib.**

## 18. Agrimónia, Odermennig.

1. K. dicht-rauhhaarig, bei der Reife mit tiefen, fast bis zum Grunde reichenden Furchen und abstehenden Stacheln besetzt. Bl. unterseits fast drüsenlos. Von angenehmem Geruch, wie die folgende Art. Stgl. 30—80 cm hoch. Gebüsche, Wegränder. Verbreitet. Juni bis Aug. hg. Po.    Gemeiner O., **A. Eupatória L.**

2. K. locker behaart, bei der Reife mit seichten, nur bis zur Mitte reichenden Furchen und zurückgeschlagenen Stacheln. Bl. unterseits mit zahlreichen kleinen, gelblichen Drüsen besetzt. Stgl. höher. Laubwälder, Gebüsche. Sehr zerstreut. Juni—Aug. hg. Po.
Wohlriechender O., **A. odoráta Mill.**

## 19. Sanguisórba, Wiesenknopf.

1. Btn. in dunkelbraunen, eiförmig-länglichen Ähren, zwitterig. Staubbl. 4, so lang wie der K. Narbe kopfförmig. Bl.chen länglich, am Grunde oft herzförmig, gesägt, unterseits blaugrün. Stgl. aufrecht, kantig, 50—150 cm hoch. Feuchte Wiesen. Meist häufig. Juli bis Sept. hg. D. und autg.    Großer W., **S. officinális L.**

Rosáceae

2. Btn. in grünlichen, kugeligen Ähren, die unteren männlich, mit 20—30 langen, herabhängenden Staubbl., obere weiblich mit pinselförmigen Narben, die mittleren oft zwitterig. Bl.chen rundlich oder länglich-eiförmig, unterseits meist nicht blaugrün. Stgl. aufsteigend, 30—45 cm hoch. Trockene Hügel, Abhänge, Raine. Zerstreut. Mai bis Juli. W. (Potérium Sanguisórba L.)
Kleiner W., S. minor Scop.

### 20. Rosa, Rose.

I. Strauch mit niederliegenden, selten kletternden Ästen. Bl. rundlich- oder eiförmig-elliptisch, dünn. Btn.stiele sehr lang. K.bl. ungeteilt, oft etwas fiederspaltig. Kr. weiß. Griffel zu einem Säulchen etwa von der Länge der Staubfäden verwachsen. Stacheln gleich, sichelförmig. Gebüsche, Hecken, besonders in West- und Süddeutschland. Juni. hg. Po. und autg. (R. repens Scop.)
Kriechende R., **R. arvénsis Huds.**
II. Aufrechte Sträucher. Griffel frei, meist zu einem kurzen Köpfchen vereinigt.
  A. Kr. dottergelb bis scharlachrot. Staubbl. am Grunde spießförmig. Äußere K.zipfel fiederteilig, kürzer als die Kr.bl., an der Fr. abstehend oder zurückgeschlagen. Bl. eiförmig-rundlich oder elliptisch, doppelt-gesägt, gleichfarbig. Stacheln ungleich, gerade. Angepflanzt und verwildert. Aus dem Orient. Juni, Juli. Gelbe R., **R. lútea Mill.**
  B. Kr. purpurn, rosenrot oder weiß.
    1. K.bl. ungeteilt, an der Fr. zusammenschließend.
      a. Nebenbl. an den blühenden und nichtblühenden Zweigen fast gleich, flach. Stacheln zerstreut, gerade, zahlreich. Bl.chen klein, eiförmig oder rundlich-eiförmig, kahl, oberseits dunkelgrün, unterseits blasser. Btn. einzeln. Kr. klein, weiß. Fr. schwarz-purpurn. In Mitteldeutschland und an der Nordseeküste einheimisch, sonst angepflanzt und zuweilen verwildert. Juni, Juli. hg. Po. und autg.
Bibernell-R., **R. pimpinellifólia L.**
      b. Nebenbl. der nichtblühenden Zweige mit fast röhrig zusammenschließenden Rändern. Stacheln der zimmetbraunen Zweige zu 2 unter den Nebenbl., gekrümmt. Bl. eiförmig bis länglich, unterseits dicht-grau-weichhaarig. Btn zu 3—5. Kr. rosa, gewöhnlich halb gefüllt. Sonnige Abhänge. In Süddeutschland. Auch angepflanzt und verwildert. Mai, Juni. Zimmet-R., **R. cinnamómea L.**
    2. Äußere K.bl. fiederteilig. Griffel frei, meist zu einem kurzen Köpfchen vereinigt.
      a. Alle Nebenbl. und Deckbl. (wenn vorhanden) schmal. Bl.chen 3—5, groß, etwas lederig, breit elliptisch, oberseits dunkelgrün, unterseits blasser. Btn.stiele drüsig. Kr. sehr groß, rosenrot oder fast purpurrot. Stacheln ungleich. Gebüsche, Waldränder in Mittel- und Süddeutschland, gern auf Kalkboden. Juni. Französische R., **R. gállica L.**

Rosáceae 141

Gebaute Formen der R. gallica sind die Garten-R., R. centifólia L. (Btn. gefüllt, nickend. Bl.chen wenig starr, drüsig-gewimpert), die Damaszener-R., R. damascéna Mill. (Strauch ungleich-stachelig, mit kräftigen, sichelförmigen Stacheln. K.bl. zur Bte.zeit zurückgeschlagen), die Kreisel-R., R. turbináta Ait. (Strauch gleichstachelig, ohne Borsten. Äußere K.bl. ungeteilt. Fr. kreiselförmig), die weiße R., R. alba L. (Strauch ungleichstachelig. Bl.-chen unterseits behaart. Btn.stiele borstig. K.bl. zur Bte.zeit herabgeschlagen. Kr. weiß oder blaßrosa angehaucht).

b. Nebenbl. an den blühenden Zweigen breiter. Deckbl. meist groß.

aa. Bl.chen unterseits drüsenlos oder doch nur am Mittelnerv drüsig.

α. Bl.chen beiderseits kahl, höchstens am Bl.stiel mit vereinzelten Haaren.

αα. Btn.stiele kurz, von den großen Deckbl. verdeckt. K.zipfel aufrecht, lange bleibend. Bl.-chen breit-eiförmig (weit größer als bei R. canína.) Griffel ein weißwolliges Köpfchen bildend. Fr. birnförmig, kugelig-ellipsoidisch oder kugelig, bereift. Kr. lebhaft rosa. Hügel, Waldränder. Zerstreut. Juni. (R. Reutéri Godet.)

Graugrüne R., **R. glauca Vill.**

ββ. Btn.stiele lang. K.zipfel zurückgeschlagen und bald abfällig. Griffel behaart bis kahl. Fr. länglich-ellipsoidisch bis kugelig, knorpelig, sehr spät reifend. Kr. hellrosa oder weiß. Sehr veränderlich. Raine, Gebüsche, Waldränder. Häufig. Juni. hg. Po. und autg.

Hunds-R., **R. canína L.**

β. Bl.chen beiderseits oder doch unterseits behaart.

αα. Stacheln aus breitem Grunde sichelförmig gekrümmt. Bl.chen rundlich-eiförmig oder breitelliptisch, fast stets einfach-(drüsenlos-)gesägt, unterseits anliegend behaart. Btn.stiele lang (etwa doppelt so lang als die Deckbl. u. die Fr.), wie der K. kahl. K.bl. an der Fr. zurückgeschlagen. Kr. weißlich oder blaßrosenrot. Gebüsche, Hecken. Verbreitet. Juni.

Hecken-R., **R. dumetórum Thuill.**

ββ. Stacheln gerade oder wenig gebogen. Bl.chen unterseits filzig. Btn.stiele und Btn.boden drüsenborstig. Siehe R. tomentósa S. 142.

bb. Bl.chen unterseits, wenigstens auf den stärkeren Seitennerven, mit Drüsen, stets doppelt-gesägt, indem die Zähne wieder 1 oder mehrere kleine, drüsentragende Zähnchen besitzen. (Man achte auf die unteren Bl. der Btn.zweige!)

Rosáceae

α. Bl.chen groß oder mittelgroß, graugrün, unterseits filzig. Stacheln gerade oder wenig gebogen.
  αα. Strauch gedrungen, mit kurzen, geraden Ästen. Btn.stiele kurz, wie der Btn.boden drüsig-weichstachelig. Kr. ziemlich klein, lebhaft rosenrot. Griffel weiß-wollig. Bl.chen groß, gleichbreitlänglich oder elliptisch. Fr. groß, kugelig. K.bl. an der Fr. aufrecht, zusammenneigend, bleibend. Im Berglande. Häufig angepflanzt und verwildert. Juni.  Apfel-R., **R. pomífera Herrm.**
  ββ. Strauch locker, mit verlängerten, bogigen Ästen. Btn.stiele länger als die Deckbl., wie der Btn.-boden drüsenborstig. Kr. blaßrosenrot. Griffel kahl oder behaart. Bl.chen elliptisch, unterwärts drüsig oder drüsenlos. K.bl. nach dem Verblühen abstehend oder halbaufrecht, meist vor der Fr.-reife abfallend. Waldränder, Hecken, Raine. Verbreitet. Juni. Filz-R., **R. tomentósa Smith.**
β. Bl.chen klein, unterseits reichdrüsig. Stacheln breit, gebogen.
  αα. Bl.chen rundlich-eiförmig oder elliptisch, mit kurzen Zähnen, unterseits etwas weichhaarig. Btn.-stiele kurz, kaum so lang als die Fr., wie die K.bl. stieldrüsig. K.bl. an der Fr. abstehend oder aufgerichtet. Griffel ein wolliges Köpfchen bildend. Kr. lebhaft rosenrot. Strauch gedrungen, kurzästig. Von angenehmem Obstgeruch. Sonnige Hügel, Abhänge. Nicht selten. Juni. Schwach pg. E. und autg.
    Wein-R., **R. rubiginósa L.**
  ββ. Bl.chen länglich oder schmal-elliptisch, meist an beiden Enden oder doch am Grunde verschmälert, mit spitzen, tiefen Zähnen. Btn.stiele ziemlich lang, länger als die Fr., wie die K.bl. meist drüsenlos und kahl. K.zipfel nach dem Verblühen zurückgeschlagen. Griffel kahl. Kr. weißlich oder blaßrosa. Strauch mit verlängerten Ästen. Abhänge, Raine, Hecken. In Mittel- und Süddeutschland häufig. Juni. (R. sépium Thuill.)  Zaun-R., **R. agréstis Savi.**

21. **Prunus,** Pfirsich, Aprikose, Pflaume, Kirsche, Ahle.

A. Btn. einzeln oder zu 2.
  1. Btn. kurzgestielt oder fast sitzend. Fr. sammetartig-filzig, auf einer Seite gefurcht, gelb, auf der Lichtseite rötlich überlaufen. Pfirsich, Aprikose.
    a. Kr. trübrosenrot (pfirsichblütenrot). Bl.stiel meist ohne Drüsen. Bl. lanzettlich, scharf gesägt, in der Knospe gefaltet.

Rosáceae

Steinkern unregelmäßig gefurcht und grubig-punktiert. Angepflanzt. Aus Mittelasien. April, Mai. hg. H. mpch.
  Pfirsich, **P. pérsica Stokes.**
  b. Kr. weiß. Bl.stiel an der Spitze 1- oder 2 drüsig. Bl. eiförmig, am Grunde fast herzförmig, zugespitzt, doppelt-gesägt, in der Knospe eingerollt. Steinkern glatt. Angepflanzt. Aus Mittelasien. April. hg. H. Aprikose, **P. armeníaca L.**
 2. Btn. deutlich gestielt. Kr. weiß. Fr. kahl, bläulich bereift. Pflaume.
  a. Btn.stiele kahl. Btn. vor den Bl. erscheinend, meist einzeln in jeder Knospe. Bl.chen elliptisch oder länglich-elliptisch, gesägt, zuletzt kahl. Äste dornig. Zweige behaart. Fr. kugelig, aufrecht, dunkelblau. Hecken, Waldränder, Hügel. Häufig. April, Mai. pg. E. und autg.
  Schlehe, Schwarzdorn, **P. spinósa L.**
  b. Btnstiele weichhaarig. Btn. meist zu 2 in jeder Knospe. Fr. hängend. Bl. unterseits behaart.
   aa. Zweige kurzhaarig. Kr.bl. rundlich, reinweiß. Fr. kugelig, mit stumpfem Steinkern. Wenig dornig. Angepflanzt und verwildert. Aus Südeuropa. April, Mai. Schwach pg. H.
   Kriechen-Pf., **P. insitícia L.**
   bb. Zweige kahl, dünner. Kr.bl. länglich, grünlichweiß. Fr. länglich, mit spitzem Steinkern. Ohne Dornen. Angepflanzt und verwildert. Mutmaßlich aus Mittelasien. April. pg.—hg. E. und autg.
   Garten-Pf., Zwetsche, **P. doméstica L.**
B. Btn. in Dolden, Doldentrauben oder Trauben. Kr. weiß. Fr. kahl, unbereift, kugelig. Kirsche.
 1. Btn. in Dolden oder Doldentrauben.
  a. Btn. in 3—mehrblütigen Dolden, langgestielt.
   aa. Bl. unterseits weichhaarig, dünn, etwas runzelig. Bl.stiel an der Spitze 1- oder 2 drüsig. Btn.knospen ohne Laubbl. Baum mit aufrecht-abstehenden Ästen. Fr. klein, rot oder schwarz, süßlich. Gebaute Formen sind die Herz-K. (Fr. mit weichem Fleisch, rot, gelblich oder schwarz) und die Knorpel-K. (mit hartem, brüchigem Fleisch, rot oder gelblich). Gebüsche, Wälder. Verbreitet, doch wohl oft nur verwildert. Vielfach angepflanzt. April, Mai. hg. E. mph. Vogel-K., Süß-K., **P. ávium L.**
   bb. Bl. kahl, glänzend, etwas derb, flach. Drüsen am Bl.stiel fehlend oder an den unteren Bl.zähnen. Btn.knospen mit einigen Laubbl. Fr. niedergedrückt-kugelig, sauer. Saft des Fr.fleisches farblos (Glas-K.) oder rötlich (Morelle). Strauch oder niedriger Baum mit schlanken abstehenden oder hängenden Ästen. Häufig angepflanzt und verwildert. Aus Asien. April, Mai. pg. H.
   Sauer-K., **P. Cérasus L.**
  b. Btn. in kurzen, aufrechten Doldentrauben. Bl. eiförmig oder rundlich-eiförmig, am Grunde etwas herzförmig, gekerbt-gesägt, kahl, unterseits etwas bläulich. Fr. klein, schwarz.

Strauch oder kleiner Baum. Felsige Abhänge, im südwestlichen Deutschland. Angepflanzt. Mai. Schwach pg. H. mph. Weichsel-K., **P. Máhaleb L.**

2. Btn. in vielblütigen Trauben, an der Spitze beblätterter Zweige. Fr. klein. Ahle.

Bl. meist doppelt-gesägt, dünn, länglich-verkehrt-eiförmig oder elliptisch, zugespitzt, fast kahl, mit abstehenden Sägezähnen. Trauben meist hängend. Fr. schwarz. Feuchte Laubwälder, Gebüsche, Ufer. Verbreitet, meist häufig. Mai. pg. E. und autg. mph.

Trauben-A., Traubenkirsche, **P. Padus L.**

## 29. Fam.: Leguminósae, Hülsenfrüchtler.

### (Papilionáceae, Schmetterlingsblütler.)

I. Bl. alle oder doch die oberen ungeteilt. Alle 10 Staubbl. verwachsen. Sträucher mit gelben Btn.
   A. Griffel gekrümmt. Narbe schief, nach innen abschüssig. (Fig. 337.) Kleinere Sträucher mit länglich-lanzettlichen oder länglich-elliptischen Bl. Genísta 147.
   B. Griffel kreisförmig eingerollt, sehr lang. Narbe kopfig. (Fig. 338.) Rutenstrauch mit grünen Zweigen und hinfälligen Bl.chen. Untere Bl. 3zählig. Sarothámnus 148.

Fig. 337.

Fig. 338.

II. Bl. gefiedert oder gefingert.
   A. Bl. 3—mehrzählig-gefingert oder 3zählig-gefiedert.
      1. Bl. 5—mehrzählig. Schiffchen geschnäbelt. (Fig. 339a.) Narbe kopfig. (Fig. 339b.) Hülse mit schwammigen Querwänden. Btn. in Trauben.
         Lupínus 147.
      2. Bl. 3zählig (oder durch große Nebenbl. scheinbar 5zählig).
         a. Schiffchen nebst den Staubbl. und dem Griffel spiralig eingerollt. (Fig. 340.) Kräuter mit oft windendem Stgl. Bl. sehr groß, mit kleinen Nebenbl.chen am Grunde der Bl.chen. Phaséolus 156.
         b. Schiffchen nicht eingerollt. Bl. kleiner, ihre Bl.chen nie mit besonderen Nebenbl.chen. Stgl. nie windend.
            aa. K. 2lippig oder 2teilig. Alle 10 Staubbl. zu einer Röhre verwachsen. Schiffchen stumpf. (Fig. 341.) Btn. gelb.
               Cýtisus 147.
            bb. K. 5zähnig oder 5spaltig.
               α. Schiffchen geschnäbelt.
                  αα. Alle 10 Staubbl. zu einer Röhre verwachsen. Kr. rosa bis weiß. Btn. einzeln oder zu 2. Meist

Fig. 339.

Fig. 340.

Fig. 341.

Leguminósae

Halbsträucher. Hülse so lang oder kürzer als der K. (Fig. 342.)
    Onónis 148.
βγ. 9 Staubb. verwachsen, das obere frei. Kr. gelb. Btn. in doldigen Köpfen. Hülsen' lineal, viel länger als der K. Kräuter. Bl. mit großen Nebenbl. und dadurch scheinbar 5 zählig. (Fig. 343.)
    Lotus 151.

Fig. 342.

Fig. 343.

β. Schiffchen nicht geschnäbelt.
  αα. Kr.bl. unter sich und mit den Staubfäden verwachsen, beim Welken bleibend, rot, weiß oder gelb. Hülse kurz, vom K. oder der Kr. eingeschlossen. Btn. in ährigen oder doldigen Köpfen. (Fig. 344.)   Trifólium 149.
  ββ. Kr.bl. nicht mit den Staubfäden verwachsen,
    א. Btn. in langen, lockeren, ährenförmigen Trauben. Hülse gerade, kurz, 1—3 samig. (Fig. 345.) Kr. gelb oder weiß.
        Melilótus 149.
    ב. Btn. in kurzen, oft kopfigen Trauben. Hülse sichel- oder schneckenförmig eingerollt. (Fig. 346.) Kr. gelb, violett oder bläulich.   Medicágo 148.

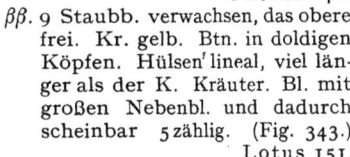

Fig. 344.

Fig. 345.

Fig. 346.

B. Bl. gefiedert, meist mit mehreren Bl.chenpaaren oder wenn 1 paarig, dann ohne Endbl.chen.
  1. Bl. unpaarig gefiedert.
    a. Bäume oder Sträucher.
      aa. Kr. gelb oder rötlich-gelb. Schiffchen mit kurzem, gestutztem Schnabel. (Fig. 347 a.) K. 5 zähnig. Hülse aufgeblasen, gestielt. (Fig. 347 b.) Btn. in armblütigen, aufrechten Trauben. Nebenbl. klein, nicht verdornend.   Colútea 151.
      bb. Kr. weiß. Schiffchen stumpf. K. glockig, fast 2 lippig. Hülse zusammengedrückt, fast sitzend. Btn. in hängenden Trauben. Nebenbl. verdornend.   Robínia 151.

Fig. 347.

    b. Kräuter.
      aa. Btn. in kopfigen Dolden oder Köpfen.
        α. Schiffchen geschnäbelt. Hülse gegliedert.
          αα. Hülse stielrund od. fast 4 kantig, an den Gelenken eingeschnürt. (Fig. 348.) Kr rosa. Coronílla 152.

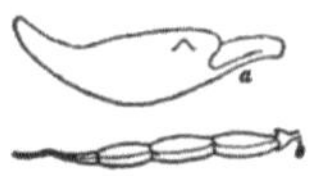

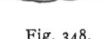
Fig. 348.

Wünsche-Schorler, Verbr. Pflanzen Deutschlands. 9. Aufl.   10

Leguminósae

βΒ. Hülse zusammengedrückt, die
Glieder und die Samen hufeisenförmig gekrümmt. (Fig.
349.) Kr. gelb.

Fig. 349.
Hippocrépis 153.
β. Schiffchen stumpf oder spitzlich.
αα. Kr. weißrötlich oder rosa, klein.
K. röhrig. Hülse gegliedert, mehrsamig. (Fig. 350.) Btn. in achselständigen Dolden. End.blchen
nicht größer. Ornithopus 152.
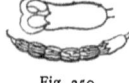
Fig. 350.
ββ. Kr. gelb, oft rot überlaufen. K.
bauchig, filzig, über der 1 samigen Fr. geschlossen. (Fig. 351.)

Fig. 351.
Btn. in vielblütigen Köpfen. Endbl.chen viel
größer als die seitlichen. Anthýllis 151.
bb. Btn. in Trauben.
α. Hülse durch die einwärts gebogene untere Naht unvollständig- oder vollständig-
2fächerig. (Fig. 352.) Kr. nicht
rosa. Astrágalus 152.
β. Hülse 1fächerig, 1samig, nicht
aufspringend, oft stachelig gezähnt. (Fig. 353.) Kr. rosa.

Fig. 352.
Onobrýchis 153.
2. Bl. paarig-gefiedert, ihre Spindel in eine Granne oder
Wickelranke endigend.
Fig. 353.
a. Sträucher. Btn. einzeln oder doldig in den Bl.achseln. Kr. gelb. Caragána 152.
b. Kräuter.
aa. Staubfadenröhre schief abgeschnitten, so daß der freie
Teil der oberen Staubbl. viel länger ist
als der der unteren. (Fig. 354a.)
α. K.zähne mehrmals länger als die K.-
röhre. Griffel flach, auf der Fahnenseite mit Haarleiste, auf der Schiffchenseite kahl. (Fig. 355.) Hülse
1- oder 2samig. Lens 155.
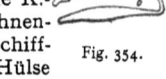
Fig. 354.
β. K.zähne kürzer oder wenig länger als die
K.röhre. Griffel fadenförmig ringsum behaart. Hülse 3- bis mehrsamig. (Fig.
354b.) Vícia 153.
Fig. 355.
bb. Staubfadenröhre gerade abgeschnitten, so daß der freie Teil
aller verwachsenen Staubbl. gleichlang ist. (Fig. 356a.)
α. Griffel der Länge nach rinnig
zusammengebogen, oberwärts
auf der inneren Seite bärtig.
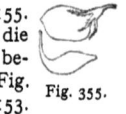
Fig. 356.

Leguminósae 147

(Fig. 356b und c.) Bl. mit geteilter Wickelranke. Nebenbl. sehr groß (größer als die Bl.chen).
Pisum 156.
β. Griffel flach, eben, auf der inneren Seite mit einer Haarlinie, auf der äußeren kahl. Bl. mit oder ohne Wickelranke. Nebenbl. kleiner als die Bl.chen.
Láthyrus 155.

### 1. Lupínus, Lupine.

1. Pfl. 1jährig.
   a. Unterlippe des K. 3zähnig, Oberlippe 2teilig. Btn. fast sitzend, in traubig angeordneten Quirlen. Bl.chen länglich. Kr. hochgelb. (Fig. 339.) Besonders auf Sandboden angebaut als Futterpflanze und zur Gründüngung. Aus Südeuropa. ☉ Juni bis Sept. hg. Hb. Pumpeneinr. Die Samen werden beim Aufspringen der Hülse bis 7 m weit fortgeschleudert.
   Gelbe L., **L. lúteus L.**
   b. Unterlippe des K. ungeteilt. Btn. abwechselnd in Trauben. hg. Hb. Pumpeneinr.
      aa. Bl.chen verkehrt-eiförmig-länglich. Btn. gestielt. Oberlippe des K. ungeteilt. Kr. weiß. Seltener gebaut. Aus Südeuropa. ☉ Juni—Sept. hg. Hb. Pumpeneinr.
      Weiße L., **L. albus L.**
      bb. Bl.chen lineal. Btn. kurzgestielt. Oberlippe des K. 2spaltig. Kr. himmelblau. Zuweilen gebaut. Aus Südeuropa. ☉ Juni bis Sept. Wie vorige. Blaue L., **L. angustifólius L.**
2. Pfl. ausdauernd. Kr. blau bis purpurn, Fahne in der Mitte gelb oder weißlich. K.lippen fast ungeteilt. Bl.chen lanzettlich, zu 13—15. 1—1,5 m. Zierpfl. aus dem westlichen Nordamerika, auch als Wildfutter angepflanzt und verwildert. Juni—Aug. Wie vorige.
   Vielblättrige L., **L. polyphýllus Lindl.**

### 2. Cýtisus, Geißklee.

1. Größerer, 3—5 m hoher Strauch oder Baum. Trauben hängend, bl.-achselständig. Bekannter Zierstrauch. Heimisch in den Gebirgen Süd- und Südosteuropas. Mai, Juni. Giftig! hg. Hb. Klappeinr.
   Traubiger G., Goldregen, **C. Labúrnum L.**
2. Kleiner, 30—80 cm hoher Strauch mit aufsteigenden, rutenförmigen Zweigen. Trauben aufrecht, endständig. (Fig. 341.) Trockene Waldränder, Gebüsche. Zerstreut in Mittel- und Süddeutschland. Juni—Aug. hg. Hb. Klapp- bis Pumpeneinr.
   Schwarzwerdender G., **C. nígricans L.**

### 3. Genísta, Ginster.

1. Stgl. völlig unbewehrt.
   a. Btn. einzeln oder zu 2 in den Achseln der Laubbl., seitenständig. Btn.stiele, K., Kr. und Hülse angedrückt-seidenhaarig. Stgl. am Grunde niederliegend, sehr ästig. Dürre Heiden, Hügel, Kiefernwälder. Stellenweise, ostwärts seltener. Mai, Juni. hg. Hb. Btn. schwach explodierend. Behaarter G., **G. pilósa L.**

148     Leguminósae

b. Btn. in endständigen Trauben. Kr. kahl. Stgl. aufsteigend bis aufrecht. Lichte Wälder und Gebüsche, trockene Triften. Meist häufig. Juni—Aug. hg. Hb. Explosionseinr.
                                Färber-G., **G. tinctória L.**
2. Stgl. wenigstens unterwärts mit Zweigdornen.
  a. Junge Äste, Btn.stiele und Hülsen abstehend-rauhhaarig. Deckbl. pfriemlich, halb so lang wie der Btn.stiel. Bl. grasgrün. Trockene Wälder, Hügel. Meist nicht selten. Mai, Juni. hg. Hb. Klappeinr.              Deutscher G., **G. germánica L.**
  b. Ganze Pfl. kahl. Deckbl. eiförmig, länger als der Btn.stiel. Bl.blaugrün. Feuchte, torfige Heiden. In Nordwestdeutschland bis zur Altmark verbreitet. Mai—Aug. Explosionseinr.
                                Englischer G., **G. ánglica L.**

### 4. Sarothámnus, Besenstrauch.

Stgl. nebst den rutenförmigen Ästen kantig, 50—150 cm hoch. Bl. 3zählig, obere einfach, ungeteilt. Btn. bl.achselständig, einzeln oder zu 2. Hülse an den Nähten abstehend-behaart. Kr. gelb. Sandige, trockene Wälder, Hügel, Wegränder. Verbreitet, doch oft nur angepflanzt. Mai, Juni. hg. Hb. und Hh. Explosionseinr.
                                Gelber B., **S. scopárius Koch.**

### 5. Onónis, Hauhechel.

1. Hülse so lang oder länger als der K. Stgl. aufrecht oder aufsteigend, 1- oder 2reihig behaart, mit zahlreichen, oft gezweiten Dornästen. Raine, Triften, Wegränder. Meist häufig. Juni—Sept. hg. Hb. Pumpeneinr.                  Dornige H., **O. spinósa L.**
2. Hülse kürzer als der K. (Fig. 342.) Stgl. ringsum drüsig-zottig.
  a. Stgl. niederliegend, an der Spitze aufsteigend, oberwärts meist dornig. Btn. entfernt, meist einzeln. Wie vorige.
                                Kriechende H., **O. repens L.**
  b. Stgl. aufrecht, bis 60 cm hoch, stets völlig ohne Dornen. Btn. zu zweien in den Bl.achseln, oberwärts traubig-gehäuft. Weg- und Ackerränder, Triften. In Ostdeutschland ziemlich verbreitet. Juni bis Aug. Btn.einr. wie bei vorigen. (O. hircína Jacq.)
                                Stinkende H., **O. arvénsis L.**

### 6. Medicágo, Luzerne, Schneckenklee.

1. Btn. mäßig groß, in vielblütigen Trauben. Windungen der Hülse in der Mitte einen leeren Raum lassend. Nebenbl. pfriemlich.
  a. Stgl. aufrecht, ziemlich kahl. Btn.trauben länglich. Hülse mit 2 oder 3 Windungen. (Fig. 346.) Kr. violett oder bläulich. Häufig gebaut und verwildert. Aus Südeuropa. Juni—Sept. hg. Hb. Explosionseinr.            Futter-L., **M. satíva L.**
  b. Stgl. liegend oder aufsteigend, angedrückt-behaart. Trauben kurz, oft fast kugelig. Hülse sichelförmig oder kaum mit 1 Windung. Kr. hellgelb. Hügel, Wegränder, Raine. Zerstreut. Juni bis Sept. hg. Hb. Explosionseinr.       Sichel-L., **M. falcáta L.**

Leguminósae 149

2. Btn. klein, goldgelb, in vielblütigen, zur Bte.zeit fast kugeligen Trauben. Nebenbl. länglich-eiförmig, ganzrandig oder gezähnelt. Hülse nierenförmig, an der Spitze etwas gewunden. Wegränder, Wiesen, Grasplätze. Häufig. ⊙ Mai—Okt. hg. Hb. Explosionseinr. Hopfen-L., **M. lupulína L.**

### 7. Melilótus, Honigklee.

1. Kr. goldgelb.
   a. Stgl. aufrecht. Flügel und Schiffchen so lang wie die Fahne. Hülse zugespitzt, angedrückt-kurzhaarig, meist 2 samig. Wohlriechend, wie die beiden folgenden Arten. Wiesen, feuchte Gebüsche, Gräben. Zerstreut. ⊙ Juli—Sept. hg. Hb. Klappeinr.
   Hoher H., **M. altíssimus Thuill.**
   b. Stgl. aufsteigend oder liegend. Flügel länger als das Schiffchen, so lang als die Fahne. Hülse stumpf, stachelspitzig, kahl, meist 1 samig. Weg- und Ackerränder, Hügel. Ziemlich verbreitet. ⊙ Juni—Sept. hg. Hb. Klappeinr. mch.
   Echter H., **M. officinális Lam.**
2. Kr. weiß. Flügel so lang wie das Schiffchen, kürzer als die Fahne. Hülse stumpf, stachelspitzig, kahl, meist 1 samig. (Fig. 345.) Stgl. aufrecht. Raine, Wiesen, Wegränder. Ziemlich verbreitet. ⊙ Juni bis Sept. hg. Hb. Klappeinr. Weißer H., **M. albus Desr.**

### 8. Trifólium, Klee.

I. Krone gelb, verblüht bräunlich.

A. Köpfe 15—25 blütig, locker, klein. Kr. hellgelb. Fahne fast glatt, zusammengefaltet. Nebenbl. eiförmig. Stgl. niederliegend oder aufsteigend. Wiesen, Triften, Grasplätze. Häufig. ⊙ Juni bis Herbst. hg. Hb. Klappeinr. wie bei den folgenden Arten. (T. minus Rchb., T. dúbium Sibtb.)
Kleiner oder Faden-K., **T. filifórme L.**
B. Köpfe 20—40 blütig. Fahne gefurcht, vorn gewölbt, ausgebreitet.
   1. Nebenbl. halb-eiförmig, am Grunde breiter. Mittleres Bl.chen auffallend länger gestielt als die übrigen. Köpfe größer, mit goldgelben Btn. und ihr Stiel etwa so lang wie das Bl. (so besonders auf Stoppelfeldern) oder kleiner, mit blaßgelben Btn. und ihr Stiel bis doppelt so lang als das Bl. Äcker, Wiesen, Wegränder. Häufig. ⊙ Juni—Sept. hg. Hb.
   Feld-K., **T. procúmbens L.**
   2. Nebenbl. länglich-lanzettlich. am Grunde nicht breiter. Bl.chen alle 3 fast gleich kurz gestielt. Stgl. aufsteigend oder aufrecht. Kr. goldgelb. Trockene Wiesen, Gebüsche, lichte Waldstellen. Verbreitet. Juni—Aug. hg. Hb. (T. aúreum Poll., T. strepens Crantz.) Gold-K., **T. agrárium L.**

II. Krone rot, rosa, weiß oder gelblichweiß.

A. Btn. länger oder kürzer gestielt.
   1. K.zähne gleichlang. Bl.chen unterseits behaart. Stgl. aufrecht oder aufsteigend, anliegend-behaart. Btn.stiele $\frac{1}{2}$ oder $\frac{1}{3}$ mal so

Leguminósae

lang als die K.röhre. Kr. weiß. Trockene Wiesen, grasige Hügel, lichte Wälder und Gebüsche. Meist häufig. Juni—Sept. hg. Hb. und F.     Berg-K., **T. montánum L.**

2. K.zähne ungleich, die 2 oberen länger. Bl.chen meist kahl.
   a. Stgl. kriechend, wurzelnd, 7—20 cm lang. Nebenbl. plötzlich in eine Granne zugespitzt, trockenhäutig. Innere Btn.stiele lang wie die K.röhre. Kr. weiß, selten rosa. Wiesen, Triften, Wege. Gemein. Auch gebaut. Mai—Sept. hg. Hb.
        Kriechender K., Weiß-K., **T. repens L.**
   b. Stgl. aufsteigend, hohl, kahl, 30—60 cm hoch. Nebenbl. eiförmig, in eine Granne allmählich zugespitzt, krautartig. Innere Btn.stiele 2—3 mal so lang als die K.röhre. Kr. anfangs weiß, dann rötlich. Feuchte Wiesen, Gräben. Verbreitet. Stellenweise auch gebaut. Juni—Aug. hg. Hb.
        Bastard-K., Schweden-K., **T. hýbridum L.**

B. Btn. sitzend oder nur sehr kurz gestielt.
  1. K. nach dem Verblühen blasig-aufgetrieben, netznervig, sein Schlund innen kahl. Stgl. niederliegend und wurzelnd. Köpfchen einzeln, langgestielt, kugelig, am Grunde mit einer vielteiligen Hülle. Kr. fleischfarbig. Wiesen, Triften, Ufer, gern auf salzhaltigem Boden. Zerstreut.
        Erdbeer-K., **T. fragiférum L.**
  2. K. nach dem Verblühen nicht blasig aufgetrieben, sein Schlund innen mit einem schwieligen Ring oder Haarkranz.
   a. K.röhre außen kahl, nur die Zähne gewimpert.
    aa. Stgl. aufsteigend. Nebenbl. lanzettlich, spitz, gewimpert. Bl.chen elliptisch. Köpfe einzeln, kugelig, meist unbehüllt. K. 10 nervig. Laubwälder, Gebüsche, trockene Wiesen. Meist häufig. Juni—Aug. hg. Hh.
        Mittlerer K., **T. médium L.**
    bb. Stgl. aufrecht. Nebenbl. eiförmig bis lanzettlich, zugespitzt, kahl. Bl.chen länglich-lanzettlich. Köpfe meist zu 2, länglich-walzenförmig, am Grunde meist behüllt. K. 20 nervig. Bergige Laubwälder, buschige Abhänge. Zerstreut, in einigen Gegenden fehlend. Juni, Juli.
        Purpur- oder Fuchsschwanz-K., **T. rubens L.**
   b. K.röhre außen behaart.
    aa. Kr. kürzer als der K. Köpfe am Grund ohne Hülle, länglich-walzenförmig. K. dicht-weichhaarig, seine Zähne borstenförmig. Kr. weiß, später rötlich. Ganze Pfl. zottigbehaart. 10—30 cm hoch. Äcker, Hügel, Grasplätze. Gemein. Juni—Okt. hg. Hb.
        Hasen- oder Acker-K., **T. arvénse L.**
    bb. K. kürzer als die Kr.
     α. Köpfe einzeln, langgestielt, eiförmig, zuletzt walzenförmig, unbehüllt. Kr. meist blutrot. Stgl. zottig-behaart. Pfl. einjährig. Hier und da angebaut und verwildert. Aus Südeuropa. Juni—Aug. hg. Hh.
        Blut-K., Inkarnat-K., **T. incarnátum L.**

Leguminósae 151

β. Köpfe meist zu 2, von 2 Bl. umhüllt. Pfl. ausdauernd.
Stgl. angedrückt-behaart.
αα. K.röhre 10 nervig. Nebenbl. eiförmig, plötzlich in
eine Granne verschmälert. Bl.chen eiförmig oder
elliptisch. Kr. meist hellpurpurn, seltener weiß.
Wiesen, Triften, Gebüsche. Gemein. Auch sehr
häufig und in vielen Sorten angebaut. Mai—Sept.
hg. Hh. Wiesen-K., Rotklee, T. praténse L.
ββ. K.röhre 20 nervig. Nebenbl. lanzettlich-pfriemlich.
Bl.chen länglich-lanzettlich. Kr. meist dunkelpurpurn. Trockene, lichte Wälder und Gebüsche.
Meist nicht selten. Juni—Aug. hg. Hh. und F.
Wald-K., Roter Berg-K., T. alpéstre L.

9. **Anthýllis**, Wundklee.

Stgl. mehrere, aufsteigend. Bl. meist unpaarig-gefiedert, unterste einfach, langgestielt. Btn. in kugeligen Köpfen, jeder mit einem fingerig-geteilten Deckbl. K. bauchig, weißfilzig. (Fig. 351.) Kr. hellgelb oder goldgelb, selten rot. Trockene Wiesen, Hügel. Meist häufig. Mai—Aug. hg. Hb. Pumpeneinr.
Gemeiner oder Gelber W., **A. Vulnerária L.**

10. **Lotus**, Hornklee.

1. Köpfe meist 5 blütig. Schiffchen rechtwinkelig aufsteigend, plötzlich in den Schnabel zugespitzt. (Fig. 357.) Stgl.
kantig, markig oder engröhrig, 10—30 cm hoch.
Wiesen, Triften, Wegränder, Gebüsche. Gemein.
Mai bis Sept. hg. Hb. Pumpeneinr.
Wiesen-H., **L. corniculátus L.** 
Fig. 357.
2. Köpfe 10- und mehrblütig. Schiffchen bogenförmig aufsteigend, allmählich in den Schnabel zugespitzt. (Fig. 358.)
Stgl. stielrund, weitröhrig, weich, 30—50 cm hoch.
Gräben, Ufer, feuchte Wiesen. Verbreitet. Juni
bis Sept. hg. Hb. Pumpeneinr.
Sumpf-H., **L. uliginósus Schkuhr.** Fig. 358.

11. **Robínia**, Robinie.

Nebenbl. zu starken Stacheln umgebildet. Zweige und Hülsen kahl. Bl.chen 9—17, eiförmig bis länglich-eiförmig. Btn.trauben locker, kurzgestielt. Btn. weiß, wohlriechend. Zierbaum aus Nordamerika, zuerst von V. Robin Anfang des 17. Jahrh. bei Paris angepflanzt. Auch verwildert. Mai, Juni. hg. Hb. Bürsteneinr. Die reifen Hülsen öffnen sich erst Anfang März, ihre Hälften fallen mit den Samen ab und werden durch den Wind verbreitet. (Fälschlich ,,Akazie" genannt.)
Weiße R., **R. Pseudacácia L.**

12. **Colútea**, Blasenstrauch.

1. Bl.chen meist 11, verkehrt-eiförmig bis elliptisch, meist ausgerandet, mattgrün, deutlich geadert. Traube 3—6 blütig. Hülse an der

Spitze geschlossen. (Fig. 347b.) Kr. hochgelb, Fahne mit braunem Fleck. Buschige Hügel in Süddeutschland. Zierstrauch. Juni bis Aug. hg. Hb. Bürsteneinr. **Deutscher B., C. arboréscens L.**

2. Bl.chen 7 oder 9, blaugrün, sehr schwach oder gar nicht geadert. Traube meist 3 blütig. Hülse an der Spitze offen. Kr. rot- oder braungelb, Fahne mit 2 gelben Flecken. Zierstrauch aus Südosteuropa. Juni—Aug. **Orientalischer B., C. orientális Mill.**

### 13. Caragána, Erbsenstrauch.

1. Btn. einzeln in den Blattwinkeln. Bl.chen 2 paarig, genähert, länglich-spatelförmig. Nebenbl. häutig oder stachelig. Zierstrauch aus dem südlichen Rußland. Mai, Juni.
**Kleiner E., C. frutéscens D.C.**

2. Btn. gebüschelt, doldig. Bl.chen 4—6 paarig, elliptisch, nach dem Grunde meist etwas verschmälert. Nebenbl. stachelig. Zierstrauch aus Sibirien. Mai. **Großer E., C. arboréscens Lmk.**

### 14. Astrágalus, Tragant.

1. Kr. gelblich.
   a. Stgl. fast kahl, liegend. Bl.chen 11—13, groß, elliptisch oder eiförmig. Hülsen lineal, etwas gebogen, kahl. Kr. grünlichgelb. Trockene Wälder und Gebüsche, Waldränder. Verbreitet. Juni, Juli. hg. Hb. Klappeinr. **Bärenschote, A. glycyphýllos L.**
   b. Stgl. aufrecht, anliegend-behaart. Bl.chen 17—25, eiförmig bis länglich. Hülse fast kugelig, aufgeblasen, rauhhaarig. Kr. hellgelb. Sonnige Hügel, Wegränder. Zerstreut. Juni, Juli.
**Kicher-T., A. Cicer L.**
2. Kr. hellpurpurn bis lila, selten weiß. Traube locker, 3—8 blütig. Bl.chen 7—9, lineal. Hülse länglich-walzlich, grau-behaart. Pfl. meist dicht anliegend-grauhaarig. Sandige Hügel, Kiefernwälder, Heiden. In Ostdeutschland ziemlich verbreitet. Juni—Aug.
**Sand-T., A. arenárius L.**

### 15. Orníthopus, Vogelfuß, Klauenschote.

1. Stgl. niederliegend. Bl.chen 15—25. elliptisch bis länglich. K.röhre 3 mal so lang wie die eiförmigen K.zähne. Hülsen meist etwas gebogen. (Fig. 350.) Kr. klein, weißlich. Schiffchen gelblich, Fahne rot gestreift. Sandige Felder, Nadelwälder. Zerstreut. ⊙ Mai bis Juli. hg. Hb. Klappeinr. **Kleiner V., O. perpusíllus L.**
2. Stgl. meist aufsteigend. K.röhre wenig länger als die pfriemlichen K.zähne. Hülsen meist gerade. Kr. rosa, größer als bei voriger Art. Auf Sandboden zuweilen gebaut, im südwestlichen Europa einheimisch. ⊙ Juni—Aug. hg. Hb. Klappeinr.
**Gebauter V., Serradella, O. satívus Brot.**

### 16. Coronílla, Kronwicke.

Stgl. niederliegend oder aufsteigend, krautartig, hohl. Bl.chen 13 bis 21. Nebenbl. getrennt. Dolden 10—20 blütig. Btn.stiele 3 mal so lang wie die K.röhre. Kr. weiß, Fahne rosa, Schiffchen mit dunkel-

Leguminósae 153

purpurnem Schnabel. (Fig. 348.) Wald- und Wegränder, Raine, Gebüsche. Verbreitet. Juni—Sept. hg. Hb. Pumpeneinr.
Bunte K., **C. vária L.**

### 17. Hippocrépis, Hufeisenklee.

Bl.chen 11—15, eiförmig bis länglich. Dolden 4—8 blütig. Btn. hängend, mäßig groß. Hülsen gebogen. (Fig. 349.) Kr. gelb. Sonnige Hügel, meist auf Kalk. Mittel- und Süddeutschland. Zerstreut. Mai bis Juli. hg. Hb. Pumpeneinr. Schopfiger H., **H. comósa L.**

### 18. Onobrýchis, Esparsette.

Bl.chen 13—25, lineal-länglich. K.zähne doppelt so lang als die K.röhre. Flügel kürzer als die K.zähne. Kr. rosa. (Fig. 353.) Kalkige Hügel und Bergwiesen in Mittel- und Süddeutschland. Häufig gebaut. Mai bis Juli. hg. Hb. Klappeinr. (O. satíva Lmk.)
Gebaute E., **O. viciifólia Scop.**

### 19. Vícia, Wicke.

I. Btn. in sehr kurz gestielten Trauben oder einzeln oder zu zwei auf kurzen Stielen in den Bl.achseln.
A. Stgl. kräftig, aufrecht, kantig, röhrig. Bl. 2- oder 3 paarig, ohne Wickelranke. Traube 2—4 blütig. Hülse länglich-kurzhaarig. (Fig. 354.) Kr. weiß, die Flügel mit schwarzem Fleck. Hie und da gebaut. Aus Asien. ⊙ Mai—Juli. hg. Hb. Bürsteneinr. wie bei den meisten folgenden Arten.
Bohnen-W., Puff- oder Sau-Bohne, **V. Faba L.**
B. Stgl. schwach kletternd. Bl.chen 4—8 paarig, mit meist geteilter Wickelranke.
1. Btn. in 3—5 blütigen Trauben. K.zähne ungleich. Hülse bei der Reife kahl. Bl.chen eiförmig bis länglich, gewimpert. Kr. schmutzig-lila, seltener fast weiß. Gebüsche, Hecken, Wiesen. Gemein. Mai—Aug. hg. Hb.
Zaun-W., **V. sépium L.**
2. Btn. einzeln oder zu 2 in den Bl.achseln.
a. Fahne bläulich, Flügel purpurn. Hülse aufrecht, kurzhaarig, gelblichbraun oder braun. Bl.chen verkehrt-eiförmig-länglich, ausgerandet oder gestutzt, stachelspitzig. Überall gebaut. Aus Südeuropa. ⊙ Mai—Juli. hg. Hb.
Futter-W., **V. satíva L.**
b. Fahne und Flügel purpurn. Hülse abstehend, bei der Reife kahl und schwarz. Untere Bl.chen verkehrt-eiförmig, ausgerandet, obere lineal-lanzettlich bis lineal, abgestutzt oder stumpf, oft auch spitz. Äcker, Grasplätze, trockene Wälder. Häufig. ⊙ Mai—Juli. hg. Hb. Auch unterirdische kleistg. Btn.
Schmalblättrige W., **V. angustifólia Reich.**
II. Btn. in langgestielten, zuweilen wenig- bis 1 blütigen Trauben.
A. Trauben 1—6 blütig. Btn. klein, blaß oder weißlich.

154 Leguminósae

1. Bl.chen 3—4paarig, stumpf oder spitzlich. Traube 1—3 blütig. K.zähne kürzer als die K.röhre. Hülse meist 4samig, kahl. Kr. blaßviolett. Äcker, Wiesen, Gebüsche. Verbreitet. Juni, Juli. hg. Hb.
Viersamige W., **V. tetraspérma Moench**.
2. Bl.chen 4—8-, meist 6paarig, vorn gestutzt. Traube 3 bis 6blütig. K.zähne so lang wie die K.röhre. Hülse 2samig, behaart. Kr. bläulichweiß. Äcker, Gebüsche, sandige Ufer. Häufig. ☉ Juni—Aug. hg. u. autg. Hb. Klappeinr.
Behaarte W., **V. hirsúta Gray**.

B. Trauben vielblütig. Btn. mittelgroß.

1. Bl.chen lineal oder lineal-lanzettlich, 6—12paarig. Kr. blauviolett. Nebenbl. halb spießförmig, ganzrandig. (Fig. 359a.)

   a. Pfl. abstehend zottig-weichhaarig. Bl.chen 6—8paarig. Platte der Fahne höchstens halb so lang wie ihr Nagel. Unter der Saat. Zerstreut. Auch als Gemengepfl. gebaut. Juni bis Aug. Zottige W., **V. villósa Roth**.

   Fig. 359.

   b. Pfl. angedrückt-behaart bis fast kahl. Bl.chen meist 10paarig. Platte der Fahne etwa so lang wie ihr Nagel. Wiesen, Gebüsche, Äcker. Häufig. Juni—Aug. hg. Hb. Vogel-W., **V. Cracca L**.

2. Bl.chen eiförmig bis länglich. Kr. verschieden gefärbt, aber nicht blauviolett.

   a. Bl.chen 3—5paarig. Nebenbl. gezähnt.

      aa. Btn. hellgelb. Traube dichtblütig, kürzer als das Bl. Bl.chen groß, breit-eiförmig. Nebenbl. halbpfeilförmig. Buschige Hügel, bergige Laubwälder. Zerstreut, im Norden seltener. Juni—Aug.
      Erbsen-W., **V. pisifórmis L**.

      bb. Btn. schmutzig-violett. Traube locker, etwa so lang wie das Bl. Bl.chen länglich-eirund, stachelspitzig. Nebenbl. halbmondförmig. Gebüsche, Laubwälder. Zerstreut bis selten. Juni—Aug. hg. Hb.
      Hain-W., **V. dumetórum L**.

   b. Bl.chen 6—12paarig.

      aa. Kr. purpurviolett. Traube kürzer als das Bl. Stgl. aufrecht, selten etwas kletternd. Nebenbl. halbpfeilförmig, ganzrandig. Trockene Wälder, Hügel, Gebüsche. Zerstreut, im Osten häufig. Juni, Juli.
      Kassubische W., **V. caṣṣúbica L**.

      bb. Kr. weißlich, blau oder violett gestreift. Traube länger als das Bl. Nebenbl. halbmondförmig, 7—10spaltig. (Fig. 359b.) Stgl. meist kletternd. Bergige Laubwälder, Gebüsche. Zerstreut. Juni—Aug.
      Wald-W., **V. silvática L**.

Leguminósae 155

20. **Lens**, Linse.

Stgl. aufrecht, ästig, nebst den Bl. behaart. 15—30 cm hoch. Bl. mit einfacher oder geteilter Wickelranke. Bl.chen meist 6 paarig, länglich, gestutzt. Nebenbl. lanzettlich. Traube 1- bis 3 blütig. Hülse 3 samig, kahl. (Fig. 355.) Kr. bläulichweiß. Gebaut. Aus Westasien. ⊙ Juni, Juli. hg. Hb. Bürsteneinr. (L. esculénta Moench, Arum Lens L.) Eßbare L., **L. culináris Med.**

21. **Láthyrus**, Platterbse, Kicher.

1. Bl. ohne Wickelranke. Stgl. aufrecht, über 30 cm hoch.
 a. Stgl. ungeflügelt oder nur oberwärts sehr schmal geflügelt.
  aa. Bl.chen 2—4 paarig, lang zugespitzt, unterseits grasgrün, glänzend. Kr. purpurn, später blau, zuletzt blaugrün. Schattige Laubwälder, Gebüsche. Ziemlich häufig. April, Mai. hg. Hb. Bürsteneinr. wie bei den anderen Arten.
   Frühlings-P., **L. vernus Bernh.**
  bb. Bl.chen meist 6 paarig, eiförmig-länglich, unterseits blaugrün, glanzlos. Kr. purpurn. Ganze Pfl. getrocknet schwärzlich werdend. Lichte Laubwälder, Gebüsche. Verbreitet. Juni, Juli. hg. Hb. Schwarze P., **L. niger Bernh.**
 b. Stgl. deutlich geflügelt, 15—30 cm. Bl.chen 2- oder 3 paarig, länglich-lanzettlich bis lineal, unterseits blaugrün, glanzlos. Wz.-stock an den Gelenken knollig. Kr. hellpurpurn, endlich trübblau. Lichte Wälder, buschige Hügel, trockene Wiesen. Verbreitet. April—Juni, einzeln bis Aug. hg. Hb.
   Berg-P., **L. montánus Bernh.**
2. Bl. mit Wickelranke, kletternd.
 a. Bl.chen 1 paarig.
  aa. Traube 2- oder 3 blütig. Btn. sehr verschieden gefärbt (weiß, rosa, rot bis purpurn, violett usw.), groß. Stgl. deutlich geflügelt. Bl.chen elliptisch oder eiförmig. Zierpfl. aus Südeuropa. Juni—Aug.
   Wohlriechende P., Spanische Wicke, **L. odorátus L.**
  bb. Traube mehrblütig.
   α. Stgl. ungeflügelt, kantig.
    αα. Btn. purpurrot, etwas wohlriechend. Traube meist 5-blütig. Bl.chen länglich, stumpf. Nebenbl. lineal. Stgl. kahl. Wz.stock mit haselnußgroßen Knollen. Lehmige und Kalkäcker. Stellenweise verbreitet. Juni, Juli. hg. Hb. Knollige P., Erdeichel, **L. tuberósus L.**
    ββ. Btn. gelb, geruchlos. Traube 5—10 blütig. Stgl. buschig verzweigt, weichhaarig. Bl.chen länglich-lanzettlich, spitz. Nebenbl. breit-lanzettlich. Wz.stock ohne Knollen. Wiesen, Hecken, Gebüsche. Gemein. Juni bis Aug. hg. Hb. Wiesen-P., **L. praténsis L.**
   β. Stgl. deutlich geflügelt.
    αα. Traube so lang oder wenig länger als ihr Bl. Flügel des Stgl. meist etwa doppelt so breit wie die der Bl.-stiele. Bl.chen lanzettlich bis lineal zugespitzt. Kr.

Leguminósae. Geraniáceae

gelblichgrün, rosenrot überlaufen. Gebüsche, Waldränder. Verbreitet. Juli, Aug. Wald-P., **L. silvéster L.**
ββ. Traube mehrmals länger als ihr Bl. Flügel des Stgl. etwa so breit wie die der Bl.stiele. Bl.chen elliptisch- oder länglich-lanzettlich, abgerundet und kurzbespitzt. Kr. schön karminrot. Zierpfl. aus Südeuropa, auf buschigen Hügeln und an Felsen zuweilen verwildert. Juli, Aug. hg. Hb. Breitblättrige P., **L. latifólius L.**
b. Bl.chen wenigstens an den oberen Bl. mehrpaarig.
aa. Stgl. ungeflügelt, kantig. Bl.chen 4 paarig, elliptisch, stumpf. Nebenbl. groß, pfeilförmig. Trauben 4—7 blütig. Fahne purpurviolett, Flügel und Schiffchen heller. Am sandigen Strande, besonders auf Dünen. An der Nord- und Ostsee verbreitet. Juni—Aug.
Stranderbse, **L. marítimus Bigelow.**
bb. Stgl. schmal-geflügelt. Bl.chen 2—3 paarig, lanzettlich, spitz. Nebenbl. halbpfeilförmig. Trauben 3—5 blütig. Kr. schmutzigblau. Sumpfige Wiesen, Gebüsche. Zerstreut. Juni—Aug. Sumpf-P., **L. paluster L.**

### 22. Pisum, Erbse.

Sprosse kahl. Stgl. niederliegend oder kletternd. Bl. 1—3 paarig, mit mehrfach gegabelter Wickelranke. Bl.chen eiförmig oder breit elliptisch. Nebenbl.chen sehr groß, halb herzförmig, am Grunde gezähnt. Btn.traube 1—2 blütig. Kr. weiß oder (bei der Var. arvénse, Ackererbse, mit meist marmoriertem Samen) bunt. Überall angebaut. Aus dem Mittelmeergebiet. ☉ Mai—Juli. hg. Hb. Bürsteneinr. Bei uns meist autg. Saat-E., **P. satívum L.**

### 23. Phaséolus, Bohne.

1. Traube vielblütig, länger als die Bl. Hülse etwas sichelförmig, rauh. (Fig. 340.) Kr. scharlachrot, seltener weiß. Bl.chen eiförmig, kurz zugespitzt. Stgl. stets windend, 2—3 m hoch. Häufig gebaut. Aus Südamerika in der 2. Hälfte des 16. Jahrh. eingeführt wie auch die folgende. ☉ Juni—Sept. hg. Hh. Bürsteneinr.
Feuer-B., **Ph. multiflórus Lam.**
2. Traube wenigblütig, kürzer als das Bl. Hülse ziemlich gerade, glatt. Kr. meist weiß. Bl.chen eiförmig, lang zugespitzt. Stgl. windend, 2—4 m hoch, oder (Busch-B.) niedrig, 30—60 cm hoch, kaum windend. Häufig gebaut. Aus Südamerika. ☉ Juni—Sept. hg. Hh. Bürsteneinr. Schmink-B., **Ph. vulgáris L.**

## 30. Fam.: Geraniáceae, Storchschnabelgewächse.

I. Staubbl. 10, alle mit Staubbeutel. Fr.grannen innen kahl, bei der Reife sich bogenförmig aufwärts ablösend. (Fig. 360 a.) Geránium 157.
II. Staubbl. 10, nur 5 mit Staubbeutel. Fr.grannen innen behaart, bei der Reife sich am Grunde schraubenförmig zusammendrehend. (Fig. 360 b.) Eródium 159.

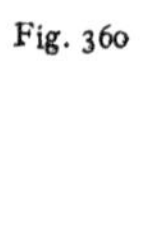

Fig. 360

Geraniáceae 157

1. **Gerániuɱ**, Storchschnabel.
1. Kr.bl. ungeteilt, nicht oder nur seicht ausgerandet.
   a. K.bl. aufrecht, zur Fr.zeit zusammenneigend, begrannt. Kr.bl. lang benagelt, rosenrot. Bl. 3—5zählig, mit gestielten, abnehmend-doppelt-fiederspaltigen Bl.chen. Stgl. abstehend-drüsigbehaart, meist rot. (Fig. 360a.) Feuchte, schattige Orte, Mauern. Häufig. ☉ Mai—Herbst. Schwach pa. E.
   Ruprechtskraut, Stinkender St., **G. Robertiánum L.**
   b. K.bl. ausgebreitet.
      aa. Stgl. oberwärts drüsenlos-behaart. Bl. 5—7spaltig.
         α. Kr.bl. dunkel-rotbraun, rundlich-verkehrt-eiförmig. Btn.stiele stets aufrecht. Fr.chen querrunzelig. Stgl. zerstreutrauhhaarig, oberwärts außerdem, wie die Btn.stiele, weichhaarig. Bergwälder, Gebüsche, Grasplätze in Süd- und Mitteldeutschland. Auch in Gärten und daraus verwildert. Mai, Juni. pa. Hb. Brauner St., **G. phæum L.**
         β. Kr.bl. purpurn, verkehrteiförmig. Btn.stiele nach dem Verblühen abwärts gebogen. Fr.chen glatt. Bl. s. Fig. 361. Stgl. oberwärts nebst den Btn.stielen mit rückwärts gerichteten Haaren besetzt. Sumpfige Wiesen, Gebüsche, Ufer. Verbreitet. Juni—Sept. pa. D. und H.
         Sumpf-St., **G. palústre L.**
      bb. Stgl. oberwärts nebst den Btn.stielen drüsig behaart.
         α. Kr. blau. Staubfäden aus eiförmigem Grunde plötzlich verschmälert. Btn.stiele nach dem Verblühen abwärts gebogen, später oft wieder aufrecht. Untere Bl. 7teilig, mit fast fiederspaltigen Zipfeln. (Fig. 362.) Wiesen, Gebüsche. Zerstreut. Juni—Aug. pa. E.
         Wiesen-St., **G. praténse L.**
         β. Kr. violett. Staubfäden lanzettlich, allmählich verschmälert. Btn.stiele stets aufrecht. Untere Bl. 7spaltig, mit eingeschnitten-gesägten Zipfeln. (Fig. 363.) Bergige Laubwälder. Sehr zerstreut. Mai—Juli. pa. E.
         Wald-St., **G. silváticum L.**

Fig. 361.

Fig. 362.

2. Kr.bl. deutlich ausgerandet oder 2spaltig.
   a. Bl. bis auf den Grund oder fast bis auf den Grund geteilt. (Fig. 364 u. 365.) K.bl. lang begrannt.

158  Geraniáceae

aa. Btn.stände 1 blütig. Kr.bl. groß (20 mm lang), weit länger als der K., ausgerandet, blutrot. Bl. s. Fig. 364. Stgl. nebst den Btn.ständen abstehend-behaart, 15—45 cm hoch. Sonnige Hügel, lichte, trockene Wälder. Sehr zerstreut. Juni bis Aug. pa. D., Hb. und autg.
Blut-St., **G. sanguíneum L.**

bb. Btn.stände 2 blütig. Kr.bl. klein (5—10 mm lang).

Fig. 364.   Fig. 363.

α. Stgl. abstehend-behaart, 15—30 cm hoch. Stiele der Btn.stände kurz, so lang oder kürzer als ihr Stützbl. Btn.stiele u. Fr.chen abstehend-drüsenhaarig. Kr. so lang wie der K., karminrot. Äcker, Wegränder, Schutt. Meist häufig. ☉ Mai—Okt. pg. E. und autg.
Schlitz-St., **G. disséctum L.**

Fig. 365.

β. Stgl. angedrückt-behaart, 30—60 cm hoch. Bl. s. Fig. 365. Stiele der Btn.stände sehr lang, ihre Stützbl. überragend. Btn.stiele ohne Drüsen. Fr.chen kahl oder drüsenlos weichhaarig. Kr. etwas länger als der K., hellpurpurrot. Gebüsche, Hügel, steinige Orte. Nicht selten. ☉ Juni bis Sept. pa. bis pg., auch autg. Btn. von 8 bis 5ʰ geöffnet.  Tauben-St., **G. columbínum L.**

b. Bl. kaum bis über die Hälfte gespalten. (Fig. 366 u. 367.) K.bl. kurz, stachelspitzig.

aa. Kr. wenig länger als der K.

α. Stgl. weichhaarig. Bl.zipfel keilförmig-länglich, vorn meist eingeschnitten-gekerbt. (Fig. 366.) Fr.chen glatt, angedrückt-behaart. Kr.bl. schwach ausgerandet, klein, lila. Zäune, Schutt, Wegränder. Gemein. ☉ Mai bis Okt. pg. D., H. und autg.
Kleiner St., **G. pusíllum L.**

Fig. 366.

β. Stgl. weichhaarig und von längeren Haaren zottig. Zipfel der unteren Bl. länglich, vorn eingeschnitten, die der oberen lanzettlich. (Fig. 367.) Fr.chen querrunzelig, kahl. Kr.bl. tief eingeschnitten, größer, rosa. Grasplätze, Wegränder, Zäune. Meist häufig. ☉ Mai bis Okt. Schwach pa. D. und H.
Weicher St., **G. molle L.**

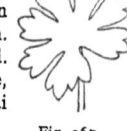

Fig. 367.

bb. Kr. etwa doppelt so lang als der K. (8—10 mm lang). Stgl. aufrecht, weichhaarig und zottig. Bl. meist gegenständig,

Geraniáceae. Oxalidáceae. Tropaeoláceae

rundlich, tief 7spaltig. Bl.zipfel keilförmig bis verkehrt-eiförmig, vorn kerbig. Kr. violettrot, seltener weiß. Grasplätze, Gebüsche, Hecken, wohl kaum ursprünglich, aber jetzt vielerorts eingebürgert. Juni—Aug. pa. Hb. und D.

Anger-St., **G. pyrenáicum L.**

Die gewöhnlich als „Geranien" bezeichneten bekannten Zimmerpfl. gehören der vorzugsweise in Südafrika heimischen Gattung **Pelargónium** an.

### 2. Eródium, Reiherschnabel.

Stgl. ausgebreitet, rauhhaarig. Bl. gefiedert. Bl.chen fiederspaltig, mit eingeschnitten-gesägten Zipfeln. K.bl. begrannt. Kr.bl. ungleich, purpurn, gefleckt oder ungefleckt. Bebauter Boden. Wegränder. Häufig. ⊙ April—Okt. pa.—hg. E. und autg. Bohrfr. Hygrometer!

Reiherschnabel, **E. cicutárium L'Hérit.**

## 31. Fam.: Oxalidáceae, Sauerkleegewächse.

### 1. Óxalis, Sauerklee.

1. Stgl. beblättert, 10—30 cm lang. Btn.stiele 2—5 blütig. Kr. hellgelb.
 a. Stgl. aufrecht oder aufsteigend. Bl.stiele am Grunde ohne Nebenbl.chen. Kr.bl. abgerundet. Fr.stiele aufrecht-abstehend. Auf bebautem Boden, Schutt. Ursprünglich in Nordamerika heimisch. Meist häufig. Juni—Okt. hg. E. und autg.

Steifer S., **O. stricta L.**

 b. Stgl. niedergestreckt, am Grunde wurzelnd. Bl.stiele am Grunde mit 2 kleinen, angewachsenen Nebenbl.chen. (Fig. 368.) Kr.bl. ausgerandet. Fr.stiele abwärts gebogen. Auf bebautem Boden. Sehr zerstreut. In Südeuropa einheimisch. ⊙ Mai bis Okt. hg. E. und autg.

Gehörnter S., **O. corniculáta L.**

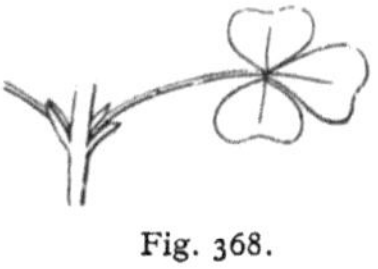

Fig. 368.

2. Stgl. nicht beblättert, nur mit 2 Deckbl., 1 blütig, länger als die Bl., 5—12 cm lang. Kr. weiß oder rötlichweiß, rot geadert, mit gelben Flecken am Grunde. Gebüsche, schattige Laubwälder. Häufig. April, Mai. hg. D. u. Cl., auch kleistg.

Wald-S., Hasenklee, **O. Acetosélla L.**

## 32. Fam.: Tropaeoláceae, Kapuzinerkressengewächse.

### 1. Tropǽolum, Kapuzinerkresse.

Stgl. klimmend. Bl. kreisförmig, ausgeschweift, unterseits blaugrün, lang gestielt. Kr.bl. stumpf, die 3 vorderen am Grunde gefranst, orange mit feuerroten Streifen bis rot. (Fig. 369.) Zierpfl. aus Peru, 1684 bei uns eingeführt. ⊙ Juni—Okt. pa. Hh.

Große K., **T. majus L.** Fig. 369.

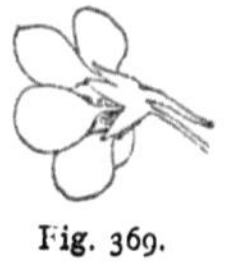

160  Lináceae. Rutáceae. Polygaláceae

### 33. Fam.: **Lináceae**, Leingewächse.

#### 1. **Linum**, Lein.

1. Bl. wechselständig, kahl. Btn. ziemlich groß. K.bl. fein gewimpert. Kapseln geschlossen bleibend (Dreschlein, Schließlein) oder aufspringend (Springlein, Klanglein). Kr. himmelblau, selten weiß. (Fig. 179.) Auf Äckern gebaut. Heimat und Abstammung unsicher. In Ägypten schon vor 5000 Jahren gebaut. ⊙ Juni, Juli. hg. E. und autg. Btn.-zeit $5\frac{1}{2}-12^{h}$.
Gebauter L., **L. usitatíssimum L.**
2. Bl. gegenständig, am Rande wimperig-rauh. Btn. klein. K.bl. drüsig-gewimpert. Kr.bl. weiß, am Grunde gelb. Stgl. fadenförmig, oberwärts gabelästig, 7—20 cm hoch, Wiesen, Triften, Waldränder. Verbreitet. ⊙ Juni—Aug. hg. D und autg. Mrh.
Wiesen-L., **L. cathárticum L.**

### 34. Fam.: **Rutáceae**, Rautengewächse.

I. K. 4teilig, bleibend. Kr.bl. 4, gleich. Staubbl. 6—10, aufrecht. (Fig. 370.) Kapsel 4lappig. Ruta 160.
II. K. 5teilig, abfallend. Kr.bl. 5, etwas ungleich. Staubbl. 10, abwärts geneigt. (Fig. 371.) Kapsel 5lappig. Dictámnus 160.

Fig. 370.   Fig. 371.

#### 1. **Ruta**, Raute.

Pfl. kahl, graugrün. Stgl. mehrere, aufrecht. Bl. gestielt, abnehmend-doppelt- bis 3fach-gefiedert. Bl.chen länglich, die endständigen verkehrt-eiförmig. Btn. trugdoldig, 4- (die Gipfelbtn. 5-)zählig. Kr. gelb. Aus Südeuropa stammend, in Gärten besonders früher gebaut und bisweilen in Weinbergen verwildert. Juni—Aug. pa. De.
Wein-R., Garten-R., **R. gravéolens L.**

#### 2. **Dictámnus**, Diptam.

Stgl. besonders oberwärts kurzhaarig und drüsig. Bl. unpaarig-gefiedert. Bl.chen eiförmig bis lanzettlich, klein-gesägt, durchscheinend punktiert. Btn. in Trauben, Kr. groß, rosa, mit dunkleren Adern, selten weiß. Sonnige Hügel, Gebüsche, Bergwälder in Süd- und Mitteldeutschland. Auch Zierpfl. Mai—Juli. pa. H.
Weißer oder eschenblättriger D., **D. albus L.**

### 35. Fam.: **Polygaláceae**, Kreuzblumengewächse.

#### 1. **Polýgala**, Kreuzblume.

1. Seitennerven der 3nervigen, flügelartigen K.bl. an der Spitze nicht mit dem mittleren verbunden, wenig verästelt. Untere Bl. größer als die übrigen, meist rosettig, verkehrt-eiförmig oder spatelförmig.

Polygaláceae. Euphorbiáceae

Btn. lebhaft blau bis weißlich. Mäßig feuchte Wiesen, Kalkberge. Zerstreut. Mai, Juni. Pfl. von bitterem Geschmack.

Fig. 372.

Bittere K., **P. amára L.**

2. Seitennerven der 3 nervigen, flügelartigen K.bl. an der Spitze durch einen Schrägnerv mit dem mittleren verbunden, außen netzartig verästelt. Untere Bl. meist kürzer, wenn auch breiter als die oberen, nicht rosettig.
   a. Deckbl. vor dem Aufblühen die Btn. nicht überragend, halb so lang wie die Btn.stielchen. Traube locker. Btn. blau, seltener rot oder weiß. Trockene Wiesen, Hügel, lichte Wälder. Häufig. Mai—Juli. hg. Hb. mch.      Gemeine K., **P. vulgáris L.**
   b. Die oberen Deckbl. so lang oder länger als die Btn.stielchen, vor dem Aufblühen die Btn. überragend, die Traube daher schopfig erscheinend. Traube vielblütig. Btn. trübrosenrot, selten weiß oder blau. Grasige Hügel, trockene Wiesen und Gebüsche. Zerstreut. Mai—Juli. hg. Hb.   Schopf-K., **P. comósa Schkuhr.**

## 36. Fam.: Euphorbiáceae, Wolfsmilchgewächse.

I. Pfl. ohne Milchsaft. Btn. 2 häusig. Btn.hülle 3- oder 4 teilig. Staubbl. 9—12. Fr.kn. mit kurzem Griffel und 2 Narben. (Fig. 373.) Bl. ungeteilt.    Mercuriális 161.

II. Pfl. mit Milchsaft. Btn. 1 häusig. Mehrere aus 1 Staubbl. bestehende männliche Btn. und 1 gestielte weibliche Bte.

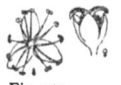 

Fig. 373.   Fig. 374.

von einer kelchartigen, am Rande 4 oder 5 Drüsen tragenden Hülle umgeben. (Fig. 374.)      Euphórbia 161.

### 1. Mercuriális, Bingelkraut.

1. Stgl. einfach, stielrund. Bl. länglich-eiförmig bis elliptisch-lanzettlich. Weibliche Btn. lang gestielt. Kapsel rauhhaarig. Schattige, feuchte Laubwälder, Gebüsche. Häufig. April, Mai. W. mch.

   Ausdauerndes B., **M. perénnis L.**

2. Stgl. ästig, 4kantig. Bl. länglich-eiförmig bis länglich-lanzettlich. Weibliche Btn. fast sitzend. Kapsel mit spitzen, ein Haar tragenden Höckern. (Fig. 373.) Gartenland, Äcker, Schutt, Zäune. Zerstreut. ☉ Juni—Okt. W. mch. Die ♂ Btn. werden beim Öffnen der Staubbeutel bis 22 cm weit fortgeschleudert.

   Einjähriges B., **M. ánnua L.**

### 2. Euphórbia, Wolfsmilch.[1]

1. Randdrüsen der becherförmigen Hülle rundlich oder quer-elliptisch, ganzrandig.
   a. Kapsel glatt. Bl. verkehrt-eiförmig oder rundlich-spatelig, gegen den Grund stielartig verschmälert. Dolde meist 5strahlig, ihre

---

[1] Der Milchsaft aller Arten, E. dulcis ausgenommen, scharf und **giftig**!

Strahlen erst 3teilig, dann 2gabelig. Drüsen gelb. Äcker, Gartenland, Schutt, Wegränder. Häufig. ⊙ Juni—Herbst. pg. D.
Sonnenwendige W., Sonnen-W., **E. helioscópia L.**
 b. Kapsel warzig. Pfl. ausdauernd mit länglichen Bl.
  aa. Dolde 3—5strahlig, ihre Strahlen meist nur einfach-gabelteilig. Drüsen dunkelpurpurn oder braunrot. Bl. länglich-lanzettlich, stumpf, in den kurzen Bl.stiel verschmälert. Schattige Laubwälder, Gebüsche. Zerstreut, in Norddeutschland sehr selten. Mai, Juni. pg. D. mch.
   Süße W., **E. dulcis Jacq.**
  bb. Dolde 5—vielstrahlig, ihre Strahlen zuerst 3-, dann 2teilig. Drüsen wachsgelb, später bräunlich. Bl. lanzettlich. Stgl. dick, hohl, 80—150cm hoch, im Herbst purpurrot überlaufen. Sumpfige Wiesen und Weidengebüsche, Auwälder. Zerstreut, hauptsächlich im Gebiet größerer Ströme, in Nordostdeutschland sehr selten. Mai, Juni.
   Sumpf-W., **E. palústris L.**
 2. Randdrüsen der becherförmigen Hülle halbmondförmig oder 2-hörnig.
  a. Dolde 3—5strahlig. Kapsel glatt. Samen grubig oder höckerig.
   aa. Bl. gestielt, verkehrt-eiförmig, abgerundet-stumpf, ganzrandig. Deckbl. eiförmig, fein stachelspitzig. Kapselfächer auf dem Rücken mit 2flügeligen Längsleisten. Stgl. 10 bis 30 cm hoch. Gartenland, Äcker, Schutt. Häufig. ⊙ Juli bis Okt. pg. D. mch. Garten-W., **E. Peplus L.**
   bb. Bl. lineal, meist mit etwas breitem Grunde sitzend, spitz oder stumpflich, stachelspitzig. Deckbl. aus breitem, fast herzförmigem Grunde lineal. Kapselfächer ohne Längsleisten. Lehmige Äcker, Brachen. Meist häufig. ⊙ Juni—Herbst. pg. D. Zwerg-W., **E. exígua L.**
  b. Dolde vielstrahlig. Kapsel fein punktiert-rauh. Samen glatt.
   aa. Bl. über der Mitte am breitesten, nach dem Grunde verschmälert, keilförmig-länglich-lanzettlich bis lineal-länglich. Drüsen gelb. (Fig. 374.) Stgl. 30—60 cm hoch. Weg- und Ackerränder, Ufer. Meist nicht selten. Mai—Juli. pg. D.
    Scharfe W., „Esels-W.", **E. Esúla L.**
   bb. Bl. fast gleichbreit oder unter der Mitte am breitesten, schmallineal. Drüsen gelb, zuletzt braun. Stgl. 15—30 cm hoch, meist mit unfruchtbaren Ästen. Hügel, Triften, Wegränder. Meist häufig, in Norddeutschland seltener. April, Mai. pg. D. Zypressen-W., **E. Cyparíssias L.**

## 37. Fam.: **Callitricháceae**, Wassersterngewächse.

### 1. **Callítriche**, Wasserstern, Büngel.

1. Fr.chen breit-(flügelig-)gekielt, voneinander abstehend. Griffel mittellang, aufrecht oder abstehend, bleibend. (Fig. 375.) Bl. alle verkehrt-eiförmig oder die unteren lineal. Stehende und fließende Gewässer. Verbreitet. Juni-Okt. pg. W. und H. Teich-W., **C. stagnális Scop.** Fig. 375.

Buxác. Anacardiác. Celastrác. Staphyleác. Aquifoliác. 163

2. Fr.chen von einem sehr schmalen Kiel umzogen.
   a. Griffel mittellang, aufrecht, erst kurz vor der Reife abfallend. Deckbl. schwach gebogen. Stehende und fließende Gewässer. Häufig. Mai—Okt. pg. W.  Frühlings-W., **C. verna L.**
   b. Griffel sehr lang, zurückgebogen, bald abfallend. Deckbl. kreissichelförmig, an der Spitze hakenförmig. Stehende und fließende Gewässer. Weniger häufig. Mai—Okt. pg. W.
   Haken-W., **C. hamuláta Kütz.**

38. Fam.: **Buxáceae**, Buchsbaumgewächse.

1. **Buxus**, Buchsbaum.

Bl. gegenständig, elliptisch, ganzrandig, lederig, oberseits dunkelgrün, unterseits weißlich. Btn. geknäuelt in den Bl.achseln, gelblichweiß. West- und Südwestdeutschland. Häufig angepflanzt. März, April. 1 häusig. D. H. (und W. ?) mch.
Immergrüner B., **B. sempervírens L.**

39. Fam.: **Anacardiáceae**, Sumachgewächse.

1. **Rhus**, Sumach.

Bl. zusammengesetzt, unpaarig-gefiedert. Bl.chen 11—25, länglich-lanzettlich, zugespitzt, scharf-gesägt. Btn. in dichter Ripse, meist 2 häusig, gelblichweiß. Fr. rot. Zierstrauch aus Nordamerika. Juni, Juli. Hb.  **R. týphina L.**

40. Fam.: **Celastráceae**, Spindelbaumgewächse.

1. **Evónymus**, Spindelbaum.

Äste 4 kantig. Bl. länglich bis eiförmig-länglich, zugespitzt, stachelspitzig-kleinkerbig-gesägt. Kr.bl. länglich-hellgrün. (Fig. 181.) Kapsel rosa. Samenmantel orange. Samen weiß. Gebüsche, Waldränder. Verbreitet. Mai, Juni. pa. D.
Gemeiner Sp., Pfaffenhütchen, **E. európæa L.**

41. Fam.: **Staphyleáceae**, Klappernußgewächse.

1. **Staphyléa**, Pimper- oder Klappernuß.

Bl. 5—7 zählig-gefiedert. Bl.chen länglich-lanzettlich oder länglich, zugespitzt, gesägt. Kapsel rundlich, meist 2 lappig. (Fig. 183.) Kr. weiß, außen oft rötlich. Bergwälder in Süddeutschland. Auch als Zierstrauch angepflanzt. Mai, Juni. hg. D. und autg.
Gefiederte P., **S. pinnáta L.**

42. Fam.: **Aquifoliáceae**, Hülsstrauchgewächse.

1. **Ilex**, Hülsstrauch.

Bl. eiförmig, stachelspitzig, stachelig-gezähnt und wellig, glänzend, lederartig. Btn. in blattachselständigen, 1—3 blütigen Trugdolden.

Aceráceae. Hippocastanáceae

Kr. weiß. (Fig. 188.) Fr. rot. Wälder, Triften im nördlichen und nordwestlichen Deutschland. Auch angepflanzt. Mai, Juni. Hb. Die Bl. werden bis 2 Jahre alt.

Stechender H., Stechpalme, I. **Aquifólium L.**

## 43. Fam.: **Aceráceae**, Ahorngewächse.

### 1. **Acer**, Ahorn.

1. Bl. handförmig-gelappt.
    a. Btn. in aufrechten Doldentrauben. Flügel der Fr. fast wagerecht abstehend. (Fig. 184.)
        aa. Bl. meist über 10 cm lang, buchtig 5—7lappig, unterseits kahl. Lappen lang zugespitzt, beiderseits mit 1 oder 2 in lange Spitzen ausgezogenen Zähnen. Buchten stumpf. Btn. kurz vor oder mit den Bl. erscheinend. Laubwälder. Zerstreut und meist einzeln. Häufig angepflanzt. April, Mai. Hb. Spitz-A., **A. platanoídes L.**
        bb. Bl. meist kleiner, 3—5lappig, unterseits weichhaarig. Lappen stumpf, ganzrandig oder kerbig-eingeschnitten. Buchten spitz. (Fig. 376a.) Btn. kurz nach den Bl. erscheinend. Wälder, Gebüsche. Meist nicht selten, oft nur strauchförmig. Mai, Juni. Hb.
        Feld-A., **A. campéstre L.**
    b. Btn. in hängenden Trauben. Flügel der Fr. aufrecht-abstehend (Fig. 377). Bl. groß, 5lappig, unterseits blaugrün. Lappen zugespitzt, ungleich-kerbig, gesägt. (Fig. 376b.) Bergwälder. Häufig angepflanzt. Mai, Juni. Hb. und D.
        Berg-A., **A. Pseudoplátanus L.**
2. Bl. 3-, 5- oder seltener 7zählig-gefiedert, eschenähnlich. Btn. 2-häusig, die männlichen büschelig, an fadenförmigen Stielen herabhängend, die weiblichen in verlängerten hängenden Trauben. Kr. fehlend. Flügel der Fr. spitzwinklig spreizend oder bogenförmig gegeneinander gekrümmt. Häufig angepflanzt. Aus Nordamerika. April, Mai.

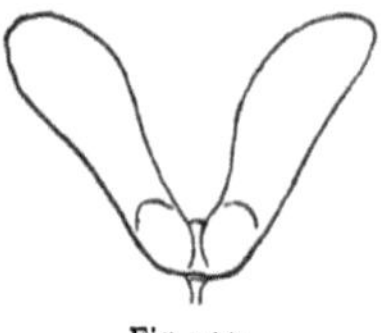

Eschen-A., **A. Negúndo L.**

Fig. 376.

Fig. 377.

## 44. Fam.: **Hippocastanáceae**, Roßkastaniengewächse.

### 1. **Aésculus**, Roßkastanie.

1. Knospen mehr oder weniger klebrig. Kr.bl. meist 5, am Rande wellig, weiß, gelb und hellpurpurn gefleckt. Staubbl. meist 7, niedergebogen. Kapsel stachelig. Bl. 5- oder 7zählig. Bl.chen keilförmig-verkehrt-eiförmig, kurz zugespitzt, gezähnelt, etwas faltig, die

Balsamináceae. Rhamnáceae

äußersten kleiner. Häufig angepflanzt. Stammt aus Nordgriechenland. Mai, Juni pg. Hh. Weiße R., **A. Hippocástanum L.**
2. Knospen nicht klebrig. Kr.bl. 4. Staubbl. 5—8, gerade. Kapsel ohne Stacheln. Bl.chen länglich, am Grunde keilförmig, zugespitzt.
a. Kr. trüb-purpurn. Bl. 5 zählig. Bl.chen gesägt, unterseits nebst den Stielen fast kahl, nur in den Nervenwinkeln bärtig. Zierbaum aus Nordamerika. Mai, Juni. Rote R., **A. Pávia L.**
b. Kr. hellgelb. Bl. 5—7 zählig. Bl.chen ungleich-gesägt, unterste nebst dem Bl.stiel weichhaarig. Mai, Juni. Aus Nordamerika.
Gelbe R., **A. flava Ait.**

## 45. Fam.: **Balsamináceae**, Springkrautgewächse.

### 1. Impátiens, Springkraut, Balsamine.

1. Btn. hängend, groß, mit gekrümmtem Sporn. (Fig. 378.) Trauben kürzer als die Bl., 3- oder 4 blütig. Kr. gelb, innen rot punktiert. Die der Reife nahen Fr. springen bei der geringsten Berührung elastisch auf und schleudern die Samen mit großer Kraft umher. Feuchte Stellen in Wäldern und Gebüschen, an Gräben, Bächen. Meist häufig. ⊙ Juli, Aug. pa. Hh. Gemeines oder Wald-S.,

Fig. 378.

Rühr mich nicht an, **I. Noli-tángere L.**
2. Btn. aufrecht, klein, mit geradem Sporn. Trauben so lang oder länger als die Bl., 4—10 blütig. Kr. hellgelb. Hier und da verwildert und eingebürgert. Aus der Mongolei und dem südlichen Sibirien. ⊙ Juni bis Sept. pa. Ds. Kleines S., **I. parviflóra D.C.**

## 46. Fam.: **Rhamnáceae**, Kreuzdorngewächse.

I. Btn. unvollständig-2 häusig. Kr.bl. 4, unbenagelt. Staubbl. 4. Griffel 2- bis 4 spaltig. Zweige und Bl. gegenständig, in Dornen übergehend. Rhamnus 165.
II. Btn. zwitterig. Kr.bl. 5, benagelt. Staubbl. 5. Griffel ungeteilt. Zweige und Bl. wechselständig. Dornenlos. Frángula 165.

### 1. **Rhamnus**, Kreuzdorn.

Bl. eiförmig-elliptisch oder elliptisch. Bl.stiel 2- oder 3 mal so lang als die Nebenbl. Kr. grünlich. Fr. schwarz. (Fig. 180.) Gebüsche, Waldränder, Zäune. Verbreitet. Mai, Juni. E.
Echter K., **Rh. cathártia L.**

### 2. **Frángula**, Faulbaum.

Zweige wechselständig, dornenlos. Bl. elliptisch, ganzrandig. Btn. in bl.achselständigen Trugdolden. Kr. grünlichweiß. Fr. erst rot, dann schwarz. Gebüsche, Wälder. Häufig. Mai, Juni. (Rhamnus Frángula L.) pa. E. und autg. Faulbaum, **Fr. Alnus Mill.**

## 47. Fam.: Vitáceae, Rebengewächse.

I. Kr.bl. oben verbunden, vom Grunde aus mützenartig sich lösend. (Fig. 379.) Griffel kurz. Bl. meist buchtig gelappt. Vitis 166.
II. Kr.bl. ausgebreitet, von der Spitze nach dem Grunde sich trennend. Narbe sitzend. Bl. gefingert. Ampelópsis 166.

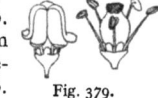

Fig. 379.

### 1. Vitis, Rebe.

Bl. herzförmig, 3—5 lappig, grob-gezähnt, kahl, seltener behaart oder filzig, im Herbst sich nicht rot färbend. Btn. rispig, meist zwitterig. Kr. gelblichgrün. Beeren dunkelblau oder bräunlich. In vielen Abarten gebaut. Aus dem Orient. Juni, Juli. hg. E. (und W.?) und autg. Wein-R., **V. vinífera L.**

### 2. Ampelópsis, Zaunrebe.

Bl. 3—5 zählig, kahl. Bl.chen eiförmig-lanzettlich oder länglich, gesägt, glänzend, im Herbst sich rot färbend. Btn. in Trugdolden. Kr. grün. Beeren dunkelblau bis schwärzlich. Häufig angepflanzt. Aus Nordamerika. Juli, Aug. pa. Hb. Ranken mit Haftscheiben und korkzieherartigen Windungen.

Fünfblättrige Z., wilder Wein, **A. quinquefólia R. u. Sch.**

## 48. Fam.: Tiliáceae, Lindengewächse.

### 1. Tília, Linde.

1. Bl. unterseits weichhaarig, in den Nervenwinkeln weißlich-bärtig, beiderseits meist hellgrün. Trugdolden 2—5 blütig, hängend. (Fig. 173.) Griffel behaart, mit zusammenhängenden Narben. Nüsse kantig mit holziger Schale. Kr. hellgelb. Laubwälder. Häufig angepflanzt. Juni. pa. Hb. und D.

Großblättrige oder Sommer-L., **T. platyphýllos Scop.**

2. Bl. beiderseits kahl, unterseits blaugrün, in den Nervenwinkeln rostfarben-bärtig. Trugdolden 5—9 blütig, vorgestreckt. Griffel unbehaart, mit zuletzt abstehenden Narben. Nüsse undeutlich kantig, dünnschalig. Kr. gelblich-weiß. Laubwälder, Gebüsche. Häufig angepflanzt. Juni, Juli. pa. Hb. und D. (T. ulmifólia Scop.)

Kleinblättrige oder Winter-L., **T. cordáta Mill.**

## 49. Fam.: Malváceae, Malvengewächse.

I. Fr.chen in einen Kreis gestellt. (Fig. 380.)
  A. Außenk. 3 spaltig oder 3 blättrig.
    1. Außenk. 3 blättrig, am Grunde mit dem K. verwachsen. Malva 167.
    2. Außenk. 3 spaltig, nicht mit dem K. verwachsen. (Fig. 381.) Lavatéra 168.
  B. Außenk. 6—9 spaltig, frei. (Fig. 382.) Althǽa 167.

Fig. 380. Fig. 381.

II. Fr.chen (und Stempel) ein Köpfchen bildend. (Fig. 383.) Außenk. 3 blättrig, den K. verhüllend, seine Bl. herzförmig. Málope 168.

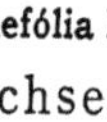

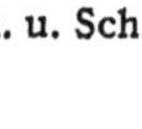

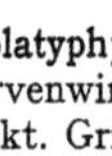

Fig. 382. 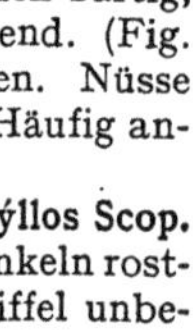 Fig. 383.

Malváceae 167

## 1. Malva, Malve, Käsepappel.

1. Bl. fast bis zum Grunde handförmig-5—7 teilig, mit eingeschnitten-gezähnten bis doppelt-fiederspaltigen Zipfeln. (Fig. 384.) Btn. einzeln in den Bl.achseln oder nur oberwärts büschelig.
   a. Stgl. durch anliegende Sternhaare graugrün. Bl.-chen des Außenkelches eiförmig oder eiförmig-länglich. Untere Stgl.bl. 5-, obere 3 teilig, mit 3 spaltigen, eingeschnitten-gesägten Zipfeln. Btn. rosa, geruchlos. Sonnige Hügel, Wald- und Wegränder. Zerstreut. Juni—Sept. pa. E.
   Rosen-M., Siegmarswurz, **M. Álcea L.**

Fig. 384.

   b. Stgl. von abstehenden, meist einfachen Haaren rauh. Bl.chen des Außenkelches länglich-lineal. Stgl.bl. 5 teilig, mit fiederspaltigen bis doppelt-fiederspaltigen Zipfeln. Btn. hellrosa bis weiß, wie die ganze Pfl. schwach nach Moschus duftend. Hügel, Wegränder, Raine, besonders im westlichen Deutschland. Juli bis Sept. pa. E. Moschus-M., **M. moscháta L.**
2. Bl. eckig handförmig-gelappt, herzförmig-rundlich. (Fig. 385.) Btn. in den Bl.achseln büschelig-gehäuft.
   a. Kr.bl. 3—4 mal so lang wie der K., tief ausgerandet, hellpurpurn, mit dunkleren Längsstreifen. Btn. mittelgroß. Stgl. rauhhaarig, niederliegend bis aufrecht. Außenk.bl. länglich. Zäune, Wegränder, Schutt. Meist häufig. Juni—Okt. pa. E. Fr.-stiele abstehend oder aufrecht.
   Wilde M., **M. silvéstris L.**
   b. Btn. klein. Kr.bl. höchstens doppelt so lang als der K. Außenk.bl. lineal-lanzettlich. Fr.stiele abwärts gebogen. Stgl. meist niederliegend.

Fig. 385.

   aa. K.zipfel flach. Kr.bl. tief ausgerandet, etwa doppelt so lang wie der K., rosa bis weiß. Fr.chen glatt, am Rande abgerundet. (Fig. 380.) Wegränder, Schutt. Gemein. Juni—Okt. (M. vulgaris Fr.) pa. E. und autg.
   Weg-M., kleine M., **M. negléctra Wallr.**
   bb. K.zipfel kraus. Kr.bl. seicht ausgerandet, so lang oder kürzer als der K., weißlich. Fr.chen runzlig, scharf berandet. Ackerränder, Wege. Zerstreut in Nord- und Mitteldeutschland. Juni—Okt. Schwach pa. E. und autg.
   Rundblättrige M., **M. rotundifólia L.**

## 2. Althǽa, Eibisch.

1. Btn. in reichblütigen, bl.achselständigen Büscheln. Bl. eiförmig, schwach gelappt. Stgl. 60—120 cm hoch. Ganze Pfl. sammetartig-filzig. Kr. rötlichweiß. (Fig. 382.) Feuchte Gebüsche, Wiesen, an Gräben, gern auf etwas salzhaltigem Boden. Sehr zerstreut. Juli, Aug. pa. Hb. u. Hh. Echter E., **A. officinális L.**
2. Btn. einzeln in den Bl.achseln. Bl. rundlich, am Grunde meist herzförmig, 5—7 eckig, oder lappig-gekerbt, steifhaarig-filzig. Stgl. zer-

Malváceae. Hypericáceae

streut-rauhhaarig, 1,2—2 m hoch. Kr. sehr groß, purpurn oder fast schwarz, weiß, gelb. Zierpfl. aus dem Balkan. ⊙ Juli—Okt. pa. Hb. u. Hh. **Stockrose, Rosen-E., A. rósea Cav.**

### 3. Lavatéra, Lavatere, Strauchpappel.

Sternhaarig-filzig. Untere Bl. rundlich, seicht-5 lappig, obere 3 lappig. Btn.stiele aufrecht. Kr.bl. tief ausgerandet, hellrosa. (Fig. 381.) Sonnige Hügel, Wegränder, Gebüsche. Süd- und Mitteldeutschland. Zerstreut. Juli—Sept. pa. **Thüringische L., L. thuringíaca L.**

### 4. Málope, Malope.

Bl. langgestielt, rundlich, kahl, gezähnt, 3 spaltig oder gelappt oder ungeteilt. Btn. langgestielt, einzeln in den Bl.achseln, groß. Außenk.bl. borstig-gewimpert. (Fig. 383.) Kr. purpurn, dunkler gestreift. Zierpfl. aus Spanien. ⊙ Juli—Okt. pa.

**Dreispaltige M., M. trífida L.**

## 50. Fam.: Hypericáceae, Hartheugewächse.

### 1. Hypéricum, Johanniskraut, Hartheu.

1. Stgl. ausgebreitet-niederliegend, nur an den Sproßenden aufsteigend, fast 2 kantig, kahl. Bl. länglich-eiförmig, nur die oberen durchscheinend punktiert. K.bl. länglich, ganzrandig. Kr.bl. hellgelb, wenig länger als der K. Sandige Äcker, Triften, Waldränder, Heiden. Meist verbreitet. Juni—Sept. hg. Po. (wie alle Arten), auch autg. **Niederliegendes J., H. humifúsum L.**
2. Stgl. aufrecht.
  a. Stgl. und Bl. dicht-kurzhaarig. Bl. eiförmig oder länglich-eiförmig, sehr kurz gestielt, durchscheinend punktiert. Stgl. stielrund. Btn. in langgestreckter Ripse. K.bl. lanzettlich, spitz, durch schwarze, kurzgestielte Drüsen gewimpert. Kr. hell-goldgelb. Laubwälder, Gebüsche. Zerstreut in Mittel- und Süd-, seltener in Norddeutschland. Juni—Aug.
  **Behaartes J., H. hirsútum L.**
  b. Pfl. kahl.
  aa. K.bl. am Rande drüsig-gewimpert oder -gezähnt. Stgl. stielrund.
  α. Stgl. meist einfach, nach oben zu wenig beblättert. Btn. wenige, fast kopfig-gehäuft. Bl. eiförmig bis länglich, am Rande schwarz punktiert, nur die oberen durchscheinend punktiert, am Grunde herzförmig, sitzend. K.bl. lanzettlich, spitz, mit gestielten Randdrüsen. Kr. blaßgelb. Lichte, bergige Laubwälder und Gebüsche. Juni—Aug.
  **Berg-J., H. montánum L.**
  β. Stgl. meist ästig. Btn.stand eine lockere, schmale, langgestreckte Rispe. Bl. herzeiförmig, sehr stumpf, sitzend, am Rande ohne schwarze Punkte, durchscheinend punktiert. K.bl. verkehrt-eiförmig, sehr stumpf, fein drüsig-

Hypericáceae. Cistáceae. Violáceae 169

gezähnt. Kr.bl. goldgelb, oft rot überlaufen. Bergwälder,
Heiden, Triften. Besonders im Westen und Südwesten.
Juli—Sept. Schönes J., **H. pulchrum L.**
bb. K.bl. ganzrandig, nicht oder doch nur sehr sparsam drüsig,
gewimpert. Stgl. kantig.
α. Stgl. 2 kantig, derb. Bl. eiförmig-länglich, stark durchscheinend punktiert. K.bl. lanzettlich, sehr spitz. Kr.
goldgelb. Hügel, Raine, lichte Wälder und Gebüsche.
Häufig. Juli—Sept.
Getüpfeltes (durchlöchertes) J., **H. perforátum L.**
β. Stgl. 4 kantig, hohl.
αα. Stgl. schwach 4 kantig. Bl. breit-eiförmig, nicht oder
sehr wenig durchscheinend punktiert. K.bl. elliptisch
oder eiförmig stumpf. Kr. goldgelb. Waldwiesen, Gebüsche, Laub- und Mischwälder. Verbreitet. (H. maculátum Crantz.)
Vierkantiges J., **H. quadrángulum L.**
ββ. Stgl. geflügelt-4 kantig. Bl. eiförmig, dicht durchscheinend punktiert. K.bl. lanzettlich, zugespitzt, fast
so lang wie die hellgelbe Kr. Feuchte Wiesen, Gräben,
Ufergebüsche. Zerstreut. (H. tetrapterum Fr.)
Flügel-J., **H. acútum Mnch.**

## 51. Fam.: Cistáceae, Zistrosengewächse.

### 1. Heliánthemum, Sonnenröschen.

Stgl. niederliegend oder aufsteigend, nebst den Bl. mehr oder weniger behaart. Bl. eiförmig bis länglich, stumpf, beiderseits grün, seltener unterseits grau oder weißfilzig, am Rande etwas umgerollt. Btn.
in Scheintrauben. Fr.stiele zurückgebogen. Kr. zitrongelb, am Grunde
dunkler gefleckt. Hügel, Wiesen, Waldränder. Verbreitet. Juni bis
Okt. hg.—pg. Po. und autg. Gemeines S., **H. Chamaecístus Mill.**

## 52. Fam.: Violáceae, Veilchengewächse.

### 1. Víola, Veilchen.

I. Die 2 mittleren Kr.bl. nach aufwärts gerichtet und mit
ihren Rändern die 2 oberen deckend. Griffel mit kuge-
ligem, fast krugförmig-ausgehöhltem Narbenkopf. (Fig.
386.) Nebenbl. groß, leierförmig fiederspaltig. Bl. gekerbt, die unteren herz-eiförmig, die oberen länglich-
elliptisch bis lanzettlich. Btn. 3 farbig oder ganz weißgelb, jedoch in Größe und Farbe sehr veränderlich.
Äcker, Brachen, Wiesen, Hügel, Waldränder. Mai bis
Herbst. hg. Hb. mch.

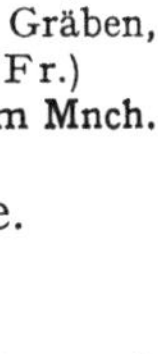

Fig. 386.

Dreifarbiges V., Stiefmütterchen, **V. trícolor L.**
Die beiden wichtigsten Unterarten dieser sehr veränderlichen Pfl.
sind:

Violáceae

Kr.bl. klein, kürzer als der K., gelblichweiß, das untere dunkler, selten die 2 oberen bläulich oder hellviolett. Pfl. stets einjährig. So auf Äckern, Brachen. Gemein. hg. autg.

**V. arvénsis Murr.**

Kr.bl. größer, meist länger als der K., die 2 oberen violett, die mittleren hellviolett, das untere gelb mit violetten Streifen und violetter Spitze, oder auch die 4 oberen gelb und das untere gelblichweiß. Pfl. meist ausdauernd. So zerstreut auf Dünen, Hügeln, Triften. In Gärten auch als Zierpfl. mit größeren Btn. hg. Hb.
**V. vulgáris Koch.**

Die großblütigen, vielfarbigen Gartenstiefmütterchen sind meist durch künstliche Kreuzung gezüchtete Bastarde der V. trícolor mit anderen Arten, wie V. lútea (Alpen, Riesengebirge), V. altáica (Gebirge Asiens vom Kaukasus bis Turkestan) u. a. m.

II. Seitliche Kr.bl. wagerecht abstehend oder nach abwärts gerichtet. Griffel nicht oder wenig verdickt.
  A. Pfl. ohne entwickelten Stgl., Laubbl. und Btn.stiele grundständig.[1]) K.bl. stumpf.
    1. Pfl. mit dünnem, langgliedrigem, weitkriechendem Wz.stock. Bl. zu wenigen. Btn.stiele zur Fr.zeit aufrecht, an der Spitze hakig. Narbe in ein schiefes Scheibchen ausgebreitet. (Fig. 387.) Btn. blaßlila, das untere Kr.bl. violett gestreift. Bl. rundlich-nierenförmig, entfernt gekerbt, kahl. (Fig. 388.) Torfsümpfe, sumpfige Wiesen und Gebüsche. Zerstreut. Mai, Juni. hg. Hb. Sumpf-V., **V. palústris L.**

Fig. 387.   Fig. 388.

    2. Wz.stock kurzgliedrig. Pfl. oft ausläufertreibend. Bl. in reichblättriger Rosette. Fr.stiele schlaff, niederliegend. Narbe in ein hakig herabgebogenes Schnäbelchen verschmälert. (Fig. 389.)
      a. Ausläufer kurz oder fehlend. Bl. eiförmig oder eiförmig-länglich, am Grunde herzförmig (Fig. 390), nebst den Bl. und Btn.stielen abstehendbehaart. Btn. geruchlos, meist hellviolett, Sporn rötlich-violett. Lichte Gebüsche, grasige Hügel. Meist verbreitet. April, Mai. hg. Hb., auch kleistg. mch.

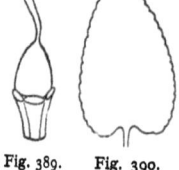

Fig. 389.   Fig. 390.

Rauhhaariges V., **V. hirta L.**
      b. Pfl. mit langen Ausläufern. Bl. rundlich-eiförmig, tief herzförmig, dicht und fein gekerbt, fein behaart, unterseits etwas glänzend. (Fig. 391.) Btn. wohlriechend, meist dunkelviolett, auch der Sporn. Gebüsche, Hecken, Grasplätze.

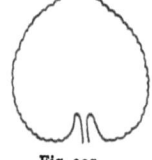

Fig. 391.

---

1) Vgl. auch V. mirábilis mit anfangs unentwickeltem Stgl., die aber durch die einreihige Behaarung leicht kenntlich ist.

Violáceae

Häufig, doch oft nur verwildert. Häufig angepflanzt.
März—Mai. hg. Hb., auch kleistg. mch.
    März-V., wohlriechendes V., **V. odoráta L.**
B. Pfl. mit entwickeltem, Bl. und Btn. tragendem Stgl. K.bl.
spitz oder zugespitzt. Narbe in ein herabgebogenes Schnäbelchen verschmälert. Fr.stiele aufrecht.
  1. Bl.- und Btn.stiele einreihig behaart, sonst die Pfl. kahl. Stgl.
  anfangs unentwickelt, mit blaßlila, wohlriechenden, aber
  meist unfruchtbaren Btn. in den Achseln grundständiger Bl.,
  später deutlich entwickelt, aufrecht, einreihig behaart, mit
  fruchtbaren, aber kr.losen Btn. in den Achseln, stgl.ständiger
  Bl. Bl. breit-herzförmig, kurz zugespitzt, klein gekerbt,
  untere fast nierenförmig. Lichte Gebüsche, bergige Laubwälder, gern auf Kalk. Zerstreut. April, die kleistg. Btn.
  bis Juni. hg. Hb. mch.    Wunder-V., **V. mirábilis L.**
  2. Stgl. und Btn.stiele kahl oder behaart, aber nie mit einer
  einzigen Längsreihe von Haaren. Stgl. von Anfang an entwickelt. Btn. geruchlos.
    a. Pfl. mit einer grundständigen Rosette von Bl., in deren
    Achseln die Stgl. entspringen.
      aa. Stgl. und Bl. kahl. Bl. herz-eiförmig,
      kurz zugespitzt.
        α. Nebenbl. schmal-lanzettlich,
        kammartig lang-gefranst. (Fig.
        392.) Stgl. aufsteigend, 8—15 cm
        hoch. K.bl. mit sehr kurzen, gestutzten, an der Fr. oft verschwindenden Anhängseln. Kr.-
        bl. violett. Sporn schlank-kegelförmig, nicht gefurcht, violett. Wälder, Gebüsche.
        Verbreitet. April—Juni. hg. Hb. und kleistg.
        (V. silvatica Fr.)    Wald-V., **V. silvéstris Lam.**

        Fig. 392.
        β. Nebenbl. ziemlich breit-lanzettlich, ganzrandig oder
        wenig gefranst. Stgl. aufsteigend bis aufrecht, meist
        kräftiger, 12—25 cm hoch. K.bl. mit 3 eckig-länglichen, vorgezogenen, auch an der Fr. deutlichen Anhängseln. Kr.bl. hell—blauviolett. Sporn dick,
        unten gefurcht, ausgerandet, gelblichweiß. Gebüsche, lichte Wälder. Meist weniger häufig als
        vorige. April, Mai. hg. Hb., auch kleistg. mch.
          Hain-V., großes Wald-V., **V. Riviniána Rchb.**
      bb. Stgl. und Bl. dicht-kurzhaarig, graugrün. Bl. klein,
      rundlich-herzförmig, stumpflich, etwas dick. Nebenbl. eiförmig-länglich, fransig-gesägt. Stgl. meist kurz,
      3—8 cm lang. Btn. blau- oder blaßviolett bis weiß.
      Sporn walzlich, rotviolett oder weiß. Fr.kn. und Kapsel fein behaart. Sandfelder, Nadelwälder, dürre
      sonnige Hügel. Zerstreut. April—Juni. hg. Hb. mch.
          Sand-V., **V. arenária DC.**

172 Violáceae. Thymelaeáceae. Elaeagnáceae

  b. Pfl. ohne grundständige Bl.rosette.
    aa. Nebenbl. viel kürzer als der halbe Bl.stiel, dieser nicht
        oder nur oberwärts etwas geflügelt. Bl.
        aus seicht-herzförmigem oder fast gestutz-
        tem Grunde eiförmig oder länglich-eiför-
        mig, stumpflich (Fig. 393), kahl. Kr. blau,
        am Grunde gelblichweiß. Sporn fast doppelt
        so lang als die K.anhängsel, walzlich, gelb-
        lich oder weißlich. Stgl. meist niederliegend   Fig. 393.
        oder aufsteigend, 3—30 cm. Wiesen, Triften,
        Gebüsche, Wälder. Meist häufig in vielen Formen.
        Mai, Juni. hg. Hb., auch kleistg.
                                              Hunds-V., **V. canína L.**
    bb. Nebenbl. der mittleren Stgl.bl. etwa halb so lang wie
        der Bl.stiel, fransig-gesägt. Bl.stiel schmal geflügelt.
        Bl. schmal-eiförmig bis lanzettlich, am Grunde ge-
        stutzt oder sehr seicht-herzförmig, fein gekerbt. Stgl.
        aufrecht, meist ästig, bis 30 cm hoch. Btn. hellblau,
        die späteren milchweiß. Feuchte oder sumpfige Wie-
        sen und Gebüsche. Mai, Juni. (V. stagnina Kit.)
      Pfirsichblättriges V., Gräben-V., **V. persicifólia Roth.**

### 53. Fam.: **Thymelaeáceae**, Kellerhalsgewächse.

#### 1. **Daphne**, Kellerhals, Seidelbast.

Bl. lanzettlich, am Grunde keilförmig-verschmälert. Btn. in seitlichen, meist 3 blütigen, sitzenden Btn.ständen (Trugdolden), vor den
Bl. erscheinend. Btn.hülle dunkelrosenfarben. (Fig. 156.) Beere
scharlachrot. Gebüsche, Laubwälder. Zerstreut. März, April. hg.
Mrh. Giftig!                              Roter K., **D. Mezéreum L.**

### 54. Fam.: **Elaeagnáceae**, Ölweidengewächse.

 I. Btn. 2 häusig. Männliche Btn.: Btn.hülle tief-2 teilig. Staubbl. 4.
    Weibliche Btn.: Btn.hülle röhrig, 2 spaltig.
    Narbe 1. (Fig. 394.) Scheinbeere 1 samig.
                                      Hippóphaë 172.
II. Btn. zwitterig, zum Teil durch Fehlschlagen des
    Stempels männlich. Btn.hülle glockig, meist 4-
    oder 5 spaltig. (Fig. 395.) Staubbl. 4—6. Grif-   Fig. 394.  Fig. 395.
    fel 1.                             Elaeágnus 173.

#### 1. **Hippóphaë**, Sand- oder Seedorn.

Dorniger Strauch. Bl. lineal-lanzettlich, kurzgestielt, oberseits kahl,
unterseits weiß- oder grau-schülferig. Btn. klein. Btn.hülle bräunlich.
Scheinbeere orange. Auf Dünen und an Steilufern der Ost- und Nord-
seeküste, sowie auf Kiesalluvionen der Alpenflüsse. Auch oft angepflanzt. Mai, Juni. W.          Weiden-S., **H. rhamnoídes L.**

Lythráceae. Oenotheráceae 173

## 2. Elaeágnus, Ölweide.

1. Junge Zweige rostfarben-schülferig. Bl. elliptisch, beiderseits silberweiß-schülferig. Btn. zuletzt abwärts gebogen, wohlriechend. Btn.hülle innen gelb. Zierstrauch aus Nordamerika. Mai, Juni.
Breitblättrige Ö., **E. argéntea Pursh.**
2. Junge Zweige silberweiß-schülferig. Bl. länglich-lanzettlich bis lanzettlich, unten dicht-, oben locker-silberweiß-schülferig. Btn. aufrecht, sehr wohlriechend. Btn.hülle innen gelb. (Fig. 395.) Zierstrauch aus Südeuropa. Mai, Juni. E.
Schmalblättrige Ö., **E. angustifólia L.**

## 55. Fam.: Lythráceae, Weiderichgewächse.

1. K.röhre walzlich. Kr.bl. 4—6. Staubbl. 12. Kapsel länglich, 2- bis 4zähnig aufspringend. Lythrum 173.
2. K.röhre glockig. (Fig. 396.) Kr.bl. 6, klein, hinfällig. Staubbl. meist 6. Kapsel fast kugelig, unregelmäßig zerreißend. Peplis 173. Fig. 396.

### 1. Lythrum, Weiderich.

Bl. gegenständig oder quirlig, aus herzförmigem Grunde lanzettlich. Btn. in verlängerter, endständiger Ähre. Kr. purpurn. Staubbl. 12, davon 6 länger, so daß die Staubbeutel sich in 2 Stockwerken befinden. Feuchte Wiesen und Wälder, Ufer, Gräben. Häufig. Juli bis Sept. hg. (lang-, mittel- und kurzgrifflige Btn.) E.
Blut-W., **L. Salicária L.**

### 2. Peplis, Sumpfquendel.

Stgl. liegend, oft am Grunde wurzelnd, rot angelaufen, 5—20 cm lang. Bl. gegenständig, länglichverkehrt-eiförmig, stumpf. Btn. achselständig, fast sitzend. (Fig. 397.) Kr. rosa. Überschwemmt gewesene Stellen, Ufer, feuchte Äcker. Nicht selten. ☉ Juli—Sept. hg. und autg. Portulak-S., **P. Pórtula L.**

Fig. 397.

## 56. Fam.: Oenotheráceae, Nachtkerzengewächse.

I. Staubbl. 4 oder 8. Kr. 4blättrig.
  A. Staubbl. 8. Kapselfr.
   1. Kr. rot bis weißlich. Kapsel lineal. Samen mit einem Haarschopf. (Fig. 398a.) Epilóbium 174.
   2. Kr. gelb. Kapsel länglich oder keulenförmig. Samen ohne Haarschopf. (Fig. 398b.) Oenothéra 175.

Fig. 398.  Fig. 399.

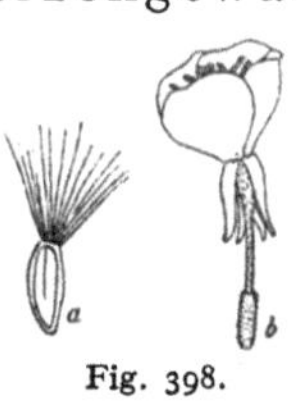

  B. Staubbl. 4. Schließfr. Kr. weiß. Wasserpfl. mit einer Rosette rhombischer Schwimmbl. (Fig. 168.) Trapa 175.
II. Staubbl. 2. Kr. 2blättrig, weiß, oft rötlich überlaufen. Fr. eine 1- oder 2fächerige Schließfr., meist mit hakigen Borsten besetzt. (Fig. 399.) Bl. gegenständig. Circǽa 175.

Oenotheráceae

## 1. Epilóbium, Weidenröschen.

1. Staubbl. und Griffel abwärts gebogen. Kr.bl. ganz oder sehr seicht ausgerandet, verkehrt-eiförmig, benagelt, ausgebreitet, hellpurpurn, ziemlich groß. Btn. in verlängerter Traube. Bl. lanzettlich, zugespitzt, sitzend, ganzrandig oder schwach gezähnelt, unterseits bläulichgrün, mit hervortretenden Seitennerven. Waldränder, Holzschläge. Häufig. Juli—Sept. pa. H. Btn. stäuben 6—$7^h$ Vm., schließen sich nachts und dauern 2 Tage.
Schmalblättriges W., **E. angustifólium** L.

2. Staubbl. und Griffel aufrecht. Kr.bl. tief ausgerandet oder 2 spaltig. Kr. trichterförmig. Untere oder fast alle Bl. gegenständig, obere wechselständig.

   a. Narben getrennt, 4-lappig ausgebreitet (wenigstens in ihrer völligen Entwicklung). Stgl. stielrund, ohne erhabene Linien.
   aa. Bl. sitzend oder fast sitzend.
   
   α. Bl.stgl.-umfassend, etwas herablaufend, stachelspitzig, kleingesägt. Stgl. mit längeren, abstehenden Haaren und kurzen Drüsenhaaren besetzt, 80—120 cm hoch. Kr. groß, dunkelrot, 10—20 mm lang. Ufer, Gräben, feuchte Gebüsche. Verbreitet. Juli, Aug. hg.—pa. E. und autg.
   Rauhhaariges W., **E. hirsútum** L.
   
   β. Bl. mit abgerundetem oder verschmälertem Grunde sitzend, spitz, gezähnelt. Stgl. mit einfachen Haaren zottig oder weichhaarig, 20—60 cm hoch. Kr. klein, hell-lila. Ufer, Gräben, feuchte Gebüsche. Häufig. Juni—Sept. hg. E. und autg.
   Kleinblütiges W., **E. parviflórum** Schreb.
   
   bb. Bl. kurzgestielt, am Grunde schwach oder deutlich herzförmig. Btn. vor dem Aufblühen nickend.
   
   α. Stgl. einfach oder wenig ästig. Bl. verhältnismäßig groß, grasgrün, die mittleren dicht gezähnt. Btn.knospen eiförmig, kurz bespitzt, reichdrüsig. Btn. mittelgroß (8—10 mm lang). Wälder, Gebüsche. Hecken. Häufig. Juni—Sept. hg. D. und autg.
   Berg-W., **E. montánum** L.
   
   β. Stgl. meist vom Grunde an vielästig, derb, die mittleren entfernt-gezähnelt. Btn.knospen fast kugelig-eiförmig, stumpf, fast drüsenlos. Btn. klein (4—6 mm lang). Steinige, felsige Orte. Verbreitet in Mittel- und Süddeutschland. Juni—Sept. hg. E. und autg.
   Hügel-W., **E. collínum** Gmel.
   
   b. Narben keulenförmig verwachsen. Btn. vor dem Aufblühen nickend.
   aa. Bl. alle ziemlich lang gestielt, länglich, am Grunde keilförmig verschmälert, dicht gezähnelt. Btn. klein, blaß-rosenrot bis weiß. Btn.knospen am Gipfel mit abstehenden K.bl.-spitzen. Stgl. ästig. mit 2—4 von den Bl.stielen herablaufenden, erhabenen Linien, 30—80 cm hoch. Gräben, Bäche, Ufer. Verbreitet. Juli—Sept. hg. E. und autg.
   Rosenrotes W., **E. róseum** Schreb.

Oenotheráceae 175

bb. Bl. sitzend, am Rande umgerollt, fast ganzrandig, lanzettlich
bis lineal-lanzettlich. Btn. mittelgroß, rötlichweiß. Stgl.
ohne erhabene Linien, 10—45 cm hoch. Wz.stock mit dünnen, am Ende zu einer zwiebelähnlichen Knospe verdickten
Ausläufern. Moorige Wiesen, Gräben, Ufer. Verbreitet. Juli,
Aug.  Sumpf-W., E. palústre L.

## 2. Oenothéra, Nachtkerze.

Bl. der nicht blühenden Rosetten länglich-verkehrt-eiförmig,
stumpf, stachelspitzig. Stgl.bl. länglich-lanzettlich. Btn. in langen
Ähren, groß, gelb. Aus Nordamerika 1614 nach Europa eingeführt,
jetzt an Eisenbahndämmen und Wegrändern, auf Sandfeldern und an
Flußufern vielerorts eingebürgert. Juni—Aug. pa. Fn. und H. Die
Btn. öffnen sich abends und schließen sich am nächsten Vormittag.
Zweijährige N., O. biénnis L.

## 3. Circǽa, Hexenkraut.

1. Btn.stiele am Grunde ohne Deckbl. Bl. matt, eiförmig
bis länglich, am Grunde abgerundet, zugespitzt, gezähnelt, mit oberseits rinnigem, ungeflügeltem Stiel. Fr.
birnförmig, 2 fächerig. (Fig. 400.) Stgl. meist behaart,
20—50 cm hoch. Schattige, feuchte Laubwälder, Gebüsche. Verbreitet. Juni—Aug. hg. Ds.

Fig. 400.

Großes H., C. lutetiána L.

2. Btn.stiele mit sehr kleinen, borstenförmigen Deckbl.chen. Bl. fettglänzend, am Grunde herzförmig, geschweift-gezähnt. Stgl. kahl.
a. Fr. (durch Fehlschlagen eines Faches) 1 fächerig, länglich-keulenförmig. Narbe ausgerandet. Deckbl.chen deutlich sichtbar. Bl.
breit-herz-eiförmig, fast durchsichtig, mit flachem, geflügeltem
Stiel. Stgl. 7—15 cm hoch. Schattige, feuchte und moorige
Wälder. Zerstreut. Juni—Aug. hg. Ds.
Kleines oder Gebirgs-H., C. alpína L.

b. Fr. 2 fächerig, birnförmig. Narbe 2 lappig. Deckbl.chen mit blo-
ßem Auge kaum sichtbar. Bl. aus herzförmigem Grunde länglich-
eiförmig, zugespitzt, mit oberseits rinnigem, ungeflügeltem Stiel.
Stgl. 15—30 cm hoch. Schattige Laubwälder. Zerstreut. Juni
bis Aug. hg. Ds.  Mittleres H., C. intermédia Ehrh.

## 4. Trapa, Wassernuß.

Untergetauchte Bl. gegenständig, lineal, hinfällig, an ihrem Grunde
fiederförmig-verzweigte Wz., schwimmende Bl. rosettig, lang gestielt,
rautenförmig, gezähnt, lederig. (Fig. 168.) Bl.stiele in der Mitte oft
bauchig-aufgeblasen. Btn. einzeln in den Bl.achseln. Kr. klein, weiß.
Stehende und langsam fließende Gewässer. Zerstreut bis selten. Juli,
Aug. autg.  Schwimmende W., T. natans L.

## 57. Fam.: **Halorrhagáceae**, Tausendblattgewächse.

### 1. Myriophýllum, Tausendblatt.

1. Deckbl. sämtlich kammförmig-fiederteilig oder gefiedert, so lang oder weit länger als die Btn. Bl.quirle 5- oder 6zählig. Stgl. 7 bis 30 cm lang. Gräben, Sümpfe, Seen. Meist häufig. Juni—Aug. W.
Quirliges T., **M. verticillátum L.**
2. Obere Deckbl. ungeteilt, ganzrandig, kürzer als die Btn., untere fiederspaltig. Bl.quirle meist 4zählig. Stgl. 30—150 cm lang. Gräben, Teiche, Flüsse, Seen. Häufig. Juli, Aug. W.
Ähriges T., **M. spicátum L.**

## 58. Fam.: **Hippuridáceae**, Tannenwedelgewächse.

### 1. Hippúris, Tannwedel.

Stgl. röhrig, dicht beblättert, 20—60 cm hoch. Bl. zu 8—12 quirlständig, lineal, ganzrandig, die untergetauchten zurückgeschlagen. Btn. bl.achselständig, sitzend, grünlich. (Fig. 161.) Stehende und langsam fließende Gewässer. Zerstreut. Juni—Aug. pg. W.
Quirliger T., **H. vulgáris L.**

## 59. Fam.: **Araliáceae**, Efeugewächse.

### 1. Hédera, Efeu.

Stgl. kletternd, mit zahlreichen Wz. sich anklammernd. Bl. lederartig, eckig-3—5 lappig, die der blühenden Zweige eiförmig, ungeteilt. Btn. in Dolden. Kr. grünlichgelb. Beeren schwarz. Wälder, Felsen. Verbreitet. Auch angepflanzt. Sept., Okt. pa. D. Die Bl. werden 2½ Jahre alt.
Echter E., **H. Helix L.**

## 60. Fam.: **Umbellíferae**, Doldengewächse.[1])

**A. Blüten in nicht deutlich zusammengesetzten Dolden.**

I. Bl. ungeteilt, schildförmig. Dolden klein, kopfförmig, wenigblütig. (Fig. 401.) Hülle 3—5blättrig. K.saum undeutlich.
Hydrocótyle 180.
II. Bl. geteilt oder zusammengesetzt. K.saum 5zählig. Fr. fast. stielrund.

Fig. 401.    Fig. 402.

A. Btn. in Köpfen. Hülle vielteilig, dornig. Pfl. distelähnlich. (Fig. 402.)
Erýngium 181.
B. Btn. in Dolden. Bl. handförmig-geteilt.

---

[1]) Die Umbelliferen sind nur mit reifen Früchten sicher zu bestimmen.

Umbelliferae

1. Dolden einfach. Fr. stachellos. Teilfr.chen mit 5 stumpfen, gezähnten, hohlen Rippen. Hülle groß, gefärbt. (Fig. 403.)
    Astrántia 181.
2. Dolden zusammengesetzt, aber die Döldchen kopfförmig, mit männlichen Randbtn. (Fig. 404.) Fr. mit hakenförmigen Stacheln besetzt.

Fig. 403.  Fig. 404.

Sanícula 181.

B. Blüten in zusammengesetzten Dolden.
I. Kr. gelb, grünlichgelb oder grünlich.
  A. Bl. einfach, ungeteilt, ganzrandig. Hülle 1—mehrblättrig oder fehlend. Hüllchen mehrblättrig. (Fig. 405.) Kr.bl. eingerollt, gelb. Bupleúrum 183.
  B. Bl. zusammengesetzt.
    1. Hülle und Hüllchen vielblättrig. Fr. geflügelt. Bl. doppelt-gefiedert. K.saum undeutlich. Kr.bl. rundlich, eingerollt. Alle Rippen geflügelt. Levísticum 186.
    2. Hülle fehlend. Hüllchen vielblättrig.

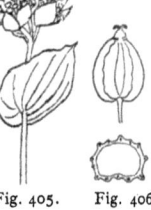

Fig. 405.  Fig. 406.

      a. K.saum undeutlich. Fr. nicht geflügelt.
        aa. Kr.bl. rundlich, in ein eingebogenes Läppchen verschmälert, grünlichgelb. Fr. von der Seite zusammengedrückt, 2 kantig. (Fig. 406.)
            Petroselínum 183.
        bb. Kr.bl. länglich-verkehrt-eiförmig, in ein eingebogenes Spitzchen verschmälert (Fig. 407), blaßgelb. Fr. im Querschnitt rundlich. Fig. 407.
            Sílaus 186.
          Vgl. auch Angélica 186.
      b. K.saum 5 zähnig. Fr. am Rande geflügelt. Kr.bl. elliptisch, einwärts gebogen, grünlich.
            Angélica (Archangelica) 186.
    3. Hülle und Hüllchen fehlend oder nur aus 1 oder 2 unbeständigen Bl.chen bestehend.
      a. Stgl. fein gestreift. Bl.zipfel pfriemlich oder fadenförmig.
        aa. Bl.scheiden an der Spitze mit mützenförmigem Öhrchen. Fr. im Querschnitt rundlich, Fig. 408. nicht geflügelt. (Fig. 408.)
            Foeniculum 185.
        bb. Bl.scheiden ohne Öhrchen. Fr. linsenförmig, breit geflügelt. (Fig. 409.)
            Anéthum 185.

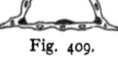

Fig. 409.

178  Umbelliferae

b. Stgl. gefurcht. Bl.zipfel eiförmig bis lanzettlich. Kr.bl. rundlich, gestutzt, eingerollt, gelb. Teilfr.chen am Rande
geflügelt. (Fig. 410.)  Pastináca 187.

Fig. 410.

II. Kr. weiß oder rötlich.
  A. Fr.kn. (Fr.) lineal oder geschnäbelt.[1] K.saum
     undeutlich.
     1. Fr. kurz[1]) geschnäbelt, flaschenförmig
        (Schnabel höchstens halb so lang als die
        Fr., gerippt), rippenlos, kahl oder borstig.
        (Fig. 411.)  Anthríscus 182.

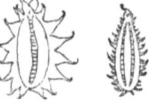
Fig. 411.   Fig. 412.

     2. Fr. ungeschnäbelt, stumpf gerippt, kahl. (Fig. 412.)
        Chaerophýllum 181.
  B. Fr.kn. (Fr.) borstig oder stachelig, ungeschnäbelt. K.saum
     5 zähnig.
     1. Hüllbl. 3 teilig bis fiederteilig, mit linealen Zipfeln.
        Fr. zusammengedrückt, elliptisch, ihre Hauptrippen
        borstig, die Nebenrippen stachelig. (Fig. 413.)
        Daucus 188.
     2. Hüllbl. ungeteilt oder fehlend.
        a. Dolden 2- oder 3 strahlig. Hülle fehlend oder
           1 blättrig. Hüllchen wenigblättrig. Fr. länglich, Fig. 413.
           mit stacheligen Rippen. (Fig. 414.)
           Caúcalis 182.
        b. Dolden vielstrahlig. Hülle und Hüll-
           chen vielblättrig. Fr. eiförmig, dicht
           mit Stacheln und Borsten besetzt, 4 bis
           5 mm lang. (Fig. 415.)  Tórilis 182.
  C. Fr.kn. länglich bis eiförmig oder rundlich,
     ungeschnäbelt, kahl, höchstens feinhaarig.  Fig. 414.  Fig. 415.
     1. Hülle und Hüllchen fehlend
        oder nur aus 1 oder 2 un-
        beständigen Blättchen be-
        stehend.
        a. Bl. 3 zählig oder doppelt-
           3 zählig. Bl.chen unge-
           teilt, gesägt. (Fig. 416.)
           Fr. länglich, schwach
           seitlich zusammenge-
           drückt.
           Aegopódium 184.
        b. Bl. gefiedert.
           aa. Bl. doppelt- bis 3 fach-
               gefiedert. Dolde viel-
               strahlig. Kr.bl. ver-
               kehrt-herzförmig, mit
               eingebogenem Läppchen, weiß. (Fig. 417.) Carum 184.

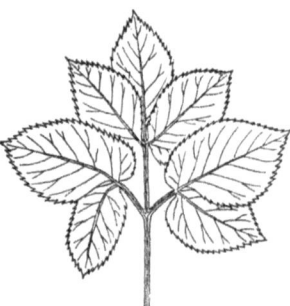
Fig. 416.

---

1) Bei Anthríscus erscheint der Schnabel oft nur als ein dunkelgrüner, gerippter Hals über dem Fr.kn. Mit dem „Schnabel" dürfen nicht das Griffelpolster oder gar die Griffel verwechselt werden.

Umbelliferae 179

bb. Bl. einfach-gefiedert.
 α. Kr.bl. rundlich, ganzrandig, sternförmig ausgebreitet, grünlichweiß. Fr. rundlich, 2knotig. (Fig. 418.) Apium 183.
 β. Kr.bl. verkehrt-herzförmig, mit eingebogenem Läppchen, weiß. Fr. eiförmig oder länglich-eiförmig. (Fig. 419.)
   Pimpinélla 184.

Fig. 417.   Fig. 418.   Fig. 419.

2. Hülle fehlend oder nur aus 1 oder 2 unbeständigen Bl.chen bestehend. Hüllchen 3—mehrblättrig.
 a. Hüllchen einseitswendig, meist 3blättrig.
  aa. Dolden 3—5strahlig. Hüllchen kürzer als die Döldchen. K.saum 5zähnig. Fr. kugelig. (Fig. 420.)   Coriándrum 183.

Fig. 420.

  bb. Dolden 10—15strahlig. Hüllchen meist länger als die Döldchen. Fr. kugelig-eiförmig. (Fig. 421.)
   Aethúsa 186.
   Vgl. auch Anthríscus 182.
 b. Hüllchen allseitswendig, 3—mehrblättrig.
  aa. K.saum undeutlich.
   α. Bl.chen in haarfeine Zipfel geteilt. Fr. länglich-eiförmig, ungeflügelt. (Fig. 422.)   Méum 186.

Fig. 421.   Fig. 422.

   β. Bl.chen fiederspaltig, mit lanzettlichen Zipfeln. Fr. am Rande 2flügelig. (Fig. 423.) Stgl. kantiggefurcht.   Selínum 186.
   γ. Bl.chen eiförmig oder breit-lanzettlich, groß. Fr. am Rande 2flügelig. (Fig. 424.) Stgl. stielrund, gestreift.   Angélica 186.

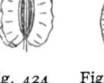
Fig. 423.

  bb. K.saum 5zähnig.
   α. Bl. einfach-gefiedert oder fiederteilig, mit großen, breit-eiförmigen, gelappten bis fiederspaltigen Bl.chen. Fr. linsenförmig, am Rande geflügelt. (Fig. 425.)
   Heracléum 187.

Fig. 424.   Fig. 425.

   β. Bl. 3fach-gefiedert, mit großen, lanzettlichen bis lineal-lanzettlichen, scharf-gesägten Bl.chen. Fr. rundlich, 2knotig, gerippt. (Fig. 426.)   Cicúta 184.

Fig. 426.   Fig. 427.

   γ. Bl. 1fach- bis 3fach-gefiedert, mit kleinen, linealen Bl.chen oder Bl.zipfeln.

αα. K.zähne lang, spitz, dünn. Griffel lang, aufrecht. (Fig. 427.) Sumpfpfl.
  Oenánthe 185.
ββ. K.zähne kurz, dick, 3eckig. Griffel zurückgebogen. Landpfl.
  Séseli 185.
3. Hülle u. Hüllchen 3—mehrblättrig.
 a. Bl. einfach-gefiedert oder 3zählig.
  aa. Bl. 3zählig mit 2-oder 3spaltigen Bl.chen und lineal-lanzettlichen, scharf-knorpelig-gesägten Zipfeln. (Fig. 428.) Kr.bl. länglich-elliptisch, stumpf. Fr. ungeflügelt.
   Falcária 184.
  bb. Bl. einfach-gefiedert. Kr.-bl. verkehrt-eiförmig, mit einwärts gebogenem Spitzchen. Fr. eiförmig, fast 2knotig. Sium 184.

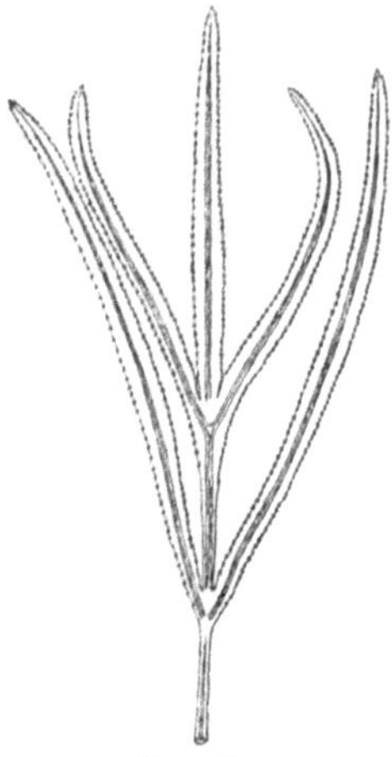

Fig. 428.

 b. Bl. doppelt bis 3fach-gefiedert.
  aa. K.saum undeutlich.
   α. Hüllchen einseitswendig, 2- bis 4blättrig, kürzer als die Döldchen. Fr. eiförmig, mit wellig-gekerbten Rippen. (Fig. 429.)
    Conium 183.

Fig. 429.

   β. Hüllchen allseitswendig. Fr. länglich, mit fadenförmigen Rippen. (Fig. 417.)   Carum 184. Vgl. auch Méum 186.
  bb. K.saum 5zähnig.
   α. Fr. ungeflügelt, stielrund, kurzhaarig. (Fig. 430.) K.zähne abfällig. Stgl. kantig-gefurcht, meist weichhaarig.

Fig. 430.    Fig. 431. 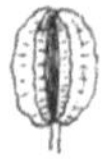   Fig. 432.

    Séseli 185.
   β. Fr. nur am Rande geflügelt. (Fig. 431.) Stgl. nicht steif-haarig, kahl. Hülle und Hüllchen zurückgeschlagen.
    Peucédanum 187.
   γ. Fr. 8flügelig. (Fig. 432.) Stgl. kantig-gefurcht und unterwärts steifhaarig oder stielrund und kahl.
    Laserpítium 188.

## 1. Hydrocótyle, Wassernabel.

Stgl. kriechend, 6—20 cm lang. Bl. lang gestielt, schildförmig, kreisrund, gekerbt. Dolden kopfförmig, 3—5blütig. (Fig. 401.) Sumpf- und Moorboden, feuchte Waldstellen. Zerstreut. Juli, Aug. pa.—hg. D. u. autg.   Gemeiner W., **H. vulgáris L.**

Umbelliferae

## 2. Erýngium, Mannstreu, Disteldolde.

1. Hüllbl. eiförmig, dornig-gezähnt, die inneren 3 spitzig. Untere Bl. gestielt, nierenförmig, die stgl.ständigen handförmig-gelappt, sitzend, stgl.umfassend, alle dornspitzig. Kr. weißlich oder bläulich. Ganze Pfl. weißlich- oder bläulich-meergrün, oberwärts zur Bte.zeit amethystblau überlaufen. Am Strande und auf Dünen der Nord- und Ostseeküste verbreitet (als Naturdenkmal zu schützen). Juni—Aug.    Strand-M., Strand-Distel, **E. marítimum** L.
2. Hüllbl. lineal-lanzettlich, dornig-gezähnt.
   a. Bl. 3 zählig, mit doppelt-fiederspaltigen, stachelig-gezähnten Bl.chen. Köpfe fast kugelig. (Fig. 402). Ganze Pfl. sehr sparrig-verästelt, ausgebreitet, starr, graugrün oder weißlich. Dürre Hügel, Wegränder. Zerstreut, besonders in Mittel- und Süddeutschland. Juli, Aug. pa. D. und H.
                                         Feld-M., **E. campéstre** L.
   b. Grundständige Bl. ungeteilt, ei-herzförmig, gestielt, gekerbt. Obere Bl. 3—5 spaltig, stachelig-gezähnt, sitzend. Köpfe eiförmig. Kr. blau. Pfl. oberwärts amethystblau überlaufen. Sandige Flußufer, Wegränder. In Ostdeutschland, besonders im Oder-, Warthe- und Weichselgebiet ziemlich verbreitet. Auch in Gärten angepflanzt. Juli, Aug.
                                 Flachblättrige M., **E. planum** L.

## 3. Astrántia, Sterndolde, Strenze.

Grundbl. handförmig-5 teilig, mit 2- oder 3 spaltigen Zipfeln. Hüllbl. so lang oder länger als die Dolde (Fig. 403), weißlich oder rosa, grün geadert. Gebüsche, Waldränder, Waldwiesen, besonders im Berglande. Juli, Aug. pa. und ♂. D. Die Dolden hängen des Nachts und bei schlechtem Wetter.       Große St., **A. major** L.

## 4. Sanícula, Sanikel.

Stgl. mit 1 oder 2 sitzenden Bl. Grundbl. handförmig-geteilt, mit 3 spaltigen Zipfeln, unterseits gänzend. Zwitterbtn. sitzend, männliche kurz gestielt. (Fig. 404). Schattige Wälder. Zerstreut. Mai, Juni. pa. und ♂. D.             Wald-S., **S. europǽa** L.

## 5. Chaerophýllum, Kälberkropf.

1. Bl. doppelt-3 zählig mit fiederspaltigen Bl.chen und eingeschnitten-gesägten Zipfeln. Kr.bl., wie die Hüllchenbl., gewimpert, weiß oder rötlich. Griffel länger als das Stempelpolster. Bäche, Gebüsche, Laubwälder. Im mittel- und süddeutschen Berglande verbreitet, in der Ebene selten. Mai, Juni. pa. und ♂. E.
                               Rauhhaariger K., **Ch. hirsútum** L.
2. Bl. doppelt- bis 4 fach-gefiedert. Kr.bl. wimperlos, weiß.
   a. Griffel so lang wie das Stempelpolster.
      aa. Stgl. zerstreut-rauhhaarig, unter dem Knoten etwas verdickt, meist überall rot gefleckt, Bl. doppelt-gefiedert, trüb-

grün, mit fiederspaltigen Bl.chen und stumpfen Zipfeln. Hüllchenbl. gewimpert. (Fig. 412.) Hecken, Gebüsche, Waldränder. Häufig. ⊙ Mai—Juli. pa. und ♂. E.

Betäubender K., **Ch. témulum L.**

bb. Stgl. unterwärts steifhaarig und nur daselbst rot gefleckt, oberwärts kahl, unter den Kn. verdickt. Bl. 3- oder 4fachgefiedert, mit spitzen, lanzettlichen bis linealen Zipfeln. Hüllchen fast immer kahl. Flußufer, Gebüsche. Verbreitet. ⊙ Juni, Juli. pa. und ♂. E. Knolliger K., **Ch. bulbósum L.**

b. Griffel länger als das Stempelpolster. Hüllchen 5—7 blättrig. Hüllchenbl. gewimpert, zurückgeschlagen. Bl. 3 fach-gefiedert, mit lang zugespitzten, am Grunde fiederspaltigen, an der Spitze gesägten Bl.chen. Stgl. unten kurzhaarig, oben kahl. Reife Fr. gelblich. Waldränder, Gebüsche in Mittel- und Westdeutschland. Juni, Juli. pa. und ♂. E.

Gelbfrüchtiger K., **Ch. aúreum L.**

## 6. Anthríscus, Kerbel.

1. Dolden 8—15 strahlig, alle gestielt. Hüllchenbl. 5, gewimpert. Griffel länger als das Griffelpolster. Fr. länglich, gegen 5 mal so lang als der Schnabel. (Fig. 411.) Stgl. gefurcht. Pfl. mehrjährig. Wiesen, Zäune, Hecken, Gebüsche. Häufig. Mai, Juni. pa. und ♂. E. Wilder K., **A. silvéstris Hoffm.**
2. Dolden 3—7 strahlig, teils gestielt, teils sitzend. Hüllchenbl. 2 oder 3, einseitswendig. Stgl. gerillt. Pfl. 1- oder 2 jährig.
    a. Strahlen der Dolde fein behaart. Fr. lineal, kahl, doppelt so lang als der Schnabel. Griffel länger als das Griffelpolster. Dolde 3—5 strahlig. Gebaut und verwildert. Aus Südeuropa. ⊙ Mai, Juni. pa. und ♂. E. Garten-K., **A. Cerefólium Hoffm.**
    b. Strahlen der Dolde kahl. Fr. eiförmig, dicht mit gekrümmten Borsten besetzt, etwa 3 mal so lang als der Schnabel. Griffel sehr kurz. Dolde 5—7 strahlig. Wegränder, Zäune, Hecken. Zerstreut. ⊙ Mai, Juni. hg. und autg.

Gemeiner K., **A. vulgáris Pers.**

## 7. Caúcalis, Haftdolde.

Stgl. behaart, 10—30 cm hoch. Bl. doppelt- bis 3 fach-gefiedertfiederteilig, mit lanzettlichen oder linealen Zipfeln. Dolden 2- bis 5 strahlig. Hüllchenbl. lanzettlich, häutig-berandet. Kr. weiß, anfänglich rötlich. (Fig. 414). Acker- und Gartenland. Zerstreut und oft unbeständig. ⊙ Juni, Juli. hg. und ♂. H. und autg.

Möhren-H., **C. daucoídes L.**

## 8. Tórilis, Klettenkerbel, Borstendolde.

Stgl. sehr ästig, von rückwärts angedrückten Haaren rauh. Bl. doppelt-gefiedert, mit fiederspaltigen oder eingeschnitten-gesägten Zipfeln. Hülle und Hüllchen 5—mehrblättrig. Stacheln der Fr. schwach einwärts gekrümmt, an der Spitze nicht hakig. Kr. weiß oder rötlich. Zäune, Hecken, Gebüsche. Gemein. ⊙ Juni—Aug. pa. und ♂. E.

Kletten-B., **T. Anthríscus Gmel.**

Umbelliferae 183

## 9. Coriándrum, Koriander.

Untere Bl. gefiedert, mit fiederspaltigen Bl.chen und eiförmigen Zipfeln, obere doppelt-gefiedert, mit ungeteilten oder fiederspaltigen Bl.chen und linealen Zipfeln. Kr. strahlend. Nach Wanzen riechend. Stgl. 30—60 cm hoch. (Fig. 424). Angebaut und verwildert. Stammt aus Südeuropa. ⊙ Juni—Aug. pa. und ♂. Gebauter K., **C. satívum L.**

## 10. Coníum, Schierling.

Stgl. am Grunde oft braunrot gefleckt, 80—100 cm hoch. Untere Bl. 3fach gefiedert, glänzend, mit stielrunden, hohlen Bl.stielen, tieffiederspaltigen Bl.chen und eingeschnitten-gesägten Zipfeln. Hüllchen 2- bis 4blättrig, zurückgeschlagen, einseitswendig. (Fig. 429). Schutt, Wegränder, Zäune. Zerstreut. Juli, Aug. pa. E. Sehr giftig!
Gefleckter Sch., **C. maculátum L.**

## 11. Bupleúrum, Hasenohr.

1. Obere und mittlere Bl. vom Stgl. durchwachsen, eirund. Hülle fehlend. Hüllchenbl. 3—5, eiförmig, zugespitzt, doppelt so lang als das Döldchen. Unter der Saat auf Kalk- und Tonboden. Zerstreut in Mittel- und Süddeutschland. Juni, Juli.
Rundblättriges H., **B. rotundifólium L.**
2. Bl. nicht durchwachsen, die oberen sitzend, die unteren in den Bl.stiel verschmälert.
   a. Bl. derb, elliptisch- bis länglich-lanzettlich, die unteren gestielt und oft sichelförmig-gebogen, die oberen mit schmalem Grunde sitzend. Bl.nerven parallel, ohne deutliches Adernetz. Hülle wenigblättrig. Hüllchenbl. 5, etwa so lang wie das Döldchen. Stgl. bis 1 m hoch, meist verästelt. Sonnige Hügel, Gebüsch- und Wegränder. Zerstreut. Juli—Sept. pa. E.
Sichelblättriges H., **B. falcátum L.**
   b. Bl. schlaff, dünn, die unteren eiförmig-länglich und in den Bl.stiel verschmälert, die oberen mit tief-herzförmigem Grunde stgl.umfassend. Bl.nerven mit deutlichem Adernetz. Hülle 3- bis 5blättrig. Hüllchenbl. meist 5, zur Bte.zeit so lang oder länger als das Döldchen. Stgl. hochwüchsig, wenig verästelt. Bergwälder, lichte Mischwälder, buschige Abhänge. Sehr zerstreut. Juni—Aug. Langblättriges H., **B. longifólium L.**

## 12. Ápium, Eppich.

Bl. glänzend, untere gefiedert, obere 3zählig, mit keilförmigen Bl.chen. Dolden sehr kurz gestielt. (Fig. 418). Am Seestrand und auf Salzboden, besonders an Gräben und Bächen. Häufig gebaut. ⊙ Aug., Sept. Schwach pa. D. Küchen-E., Sellerie, **A. gravéolens L.**

## 13. Petroselínum, Petersilie.

Untere Bl. 3fach-gefiedert, mit eiförmig-keiligen, knorpelig-gezähnten bis 3spaltigen, oben glänzenden Bl.chen, obere Bl. 3zählig, mit lanzettlichen, ganzrandigen Bl.chen. Kr. gelblich. (Fig. 406). Küchen-

184  Umbelliferae

gewächs. Aus Südeuropa. ☉ Juni, Juli. pa. D. und H. (P. satívum
Hoffm.) Garten-P., P. horténse Hoffm.

### 14. Cicúta, Wasserschierling.

Wz.stock dick, fleischig, hohl, durch Querwände fächerig. Bl. 3-
fach-gefiedert, mit scharf-gesägten, lanzettlichen bis linealen Bl.chen.
(Fig. 433.) Sümpfe, Teichränder, Gräben. Verbreitet. Juli, Aug. pa.
und ♂. D. Sehr giftig! Giftiger W., C. virósa L.

### 15. Falcária, Sicheldolde.

Stgl. ästig, ausgebreitet. Bl. meist 3 zählig,
das mittlere Bl.chen tief-3 spaltig, die seitlichen 2- oder 3 spaltig, alle mit linealen,
scharf-stachelig-gesägten Bl.chen. (Fig. 428.)
Äcker, Weg- und Wiesenränder. Zerstreut.
Juli, Aug. pa. und ♂. D. (F. Rivini Host.)
Gemeine S., F. vulgáris Bernh.

### 16. Carum, Kümmel.

Fig. 433.

Pfl. kahl. Bl. doppelt-gefiedert. Bl.chen fiederspaltig, mit linea-
lischen Zipfeln, die beiden untersten Paare zweiter Ordnung an die
Blattspindel herabgedrückt und mit den gegenüberliegenden ein
Kreuz bildend. Hülle fehlend. Hüllchen fehlend oder wenigblättrig.
Dolde 8—10 strahlig. (Fig. 417). Wiesen, Wegränder, Raine. Häufig.
☉ Mai, Juni. pa. und ♀. E. Wiesen-K., C. Carvi L.

### 17. Aegopódium, Giersch.

Untere Bl. doppelt-3 zählig, mit eiförmig-länglichen, ungleich ker-
big-gesägten Bl.chen (Fig. 416) und bauchigen Scheiden, obere Bl.
einfach-3 zählig. Gebüsche, Hecken, Grasgärten. Gemein. Juni, Juli.
pa. und ♂. E. Gemeiner G., A. Podagrária L.

### 18. Pimpinélla, Bibernell.

1. Stgl. kantig-gefurcht, beblättert, 50—100 cm hoch. Bl.chen der unteren Bl. gestielt, eiförmig oder länglich, eingeschnitten-gesägt, die
der oberen lineal. Griffel zur Bte.zeit länger als der Fr.kn.(Fig.
419.) Wiesen, Gebüsche, Waldränder. Zerstreut. Juni—Sept. pa.
und ♂. E. Große B., P. magna L.
2. Stgl. stielrund, gestreift, oberwärts fast bl.los, 30—60 cm hoch. Bl.-
chen der Grundbl. sitzend, rundlich, die der Stgl.bl. fiederteilig, mit
lanzettlichen oder linealen Zipfeln. Griffel zur Bte.zeit kürzer als
der Fr.kn. Wiesen, Hügel, trockene Wälder. Gemein. Juli—Sept.
pa. und ♂. E. Kleine B., P. Saxífraga L.

### 19. Sium, Merk.

1. Stgl. kantig-gefurcht, 60—120 cm hoch. Bl.chen schief-lanzettlich,
scharf-gesägt, die der untergetauchten Bl. doppelt-fiederteilig, mit
linealen Zipfeln. Dolden endständig. Fr. länglich-eiförmig. Gräben,
Sümpfe, Teichränder. Zerstreut. Juli, Aug. pa. und ♂. E.
Breitblättriger M., S. latifólium L.

Umbelliferae 185

2. Stgl. stielrund, gestreift, 30—60 cm hoch. Bl.chen der unteren Bl. eiförmig, die der oberen länglich oder lanzettlich, gesägt. Dolden scheinbar blattgegenständig. Fr. eiförmig, fast 2 knotig. Gräben, Teich- und Sumpfränder. Nicht selten. Juli, Aug. (Bérula angustifólia Koch.) Schmalblättriger M., **S. angustifólium L.**

### 20. Séseli, Sesel, Bergfenchel.

1. Stgl. fein rauh, stielrund, gestreift. Bl. blaugrün, Hüllchenbl. länlich, breit-häutig-berandet. Dolden 15—30 strahlig. Kr. weiß oder rötlich. Bergwiesen, Hügel, Waldblößen. Zerstreut, in Norddeutschland selten. Juli—Sept. pa. Starrer S., **S. ánnuum L.**
2. Stgl. kantig, 60—120 cm hoch. Untere Bl. meist doppelt-gefiedert, Bl.chen fiederspaltig, mit lanzettlichen Zipfeln, unterseits blaugrün, die untersten Paare zweiter Ordnung meist am Bl.stiele gekreuzt. Trockene Hügel, Gebüsche. Zerstreut. Juli, Aug. pa. und ♂. E. Die Pfl. kommt erst im 4. Jahre und noch später zur Bte. und stirbt dann ab. (Libanótis montána Crtz.) Berg-S., **S. Libanótis Koch.**

### 21. Foenículum, Fenchel.

Bl.scheiden lang, an der Spitze mit mützenförmigem Öhrchen. Bl. 3- bis mehrfach-gefiedert, mit verlängerten pfriemlichen Zipfeln, blaugrün. Dolden 10—20 strahlig. Kr. gelb. (Fig. 408). Zuweilen gebaut. Aus Südeuropa. Juli, Aug. pa. und ♂. Hw.
Gemeiner F., **F. vulgáre Mill.**

### 22. Anéthum, Dill.

Bl. 2- oder 3 fach-gefiedert, mit mehrteiligen Bl.chen und fadenförmigen Zipfeln. Bl.scheiden kurz, weiß berandet, an der Spitze ausgerandet. Kr. gelb. (Fig. 409). Allgemein gebaut und verwildert. Aus Südeuropa. ☉ Juli—Sept. hg. D. und H.
Gemeiner D., Gurkenkraut, **A. gravéolens L.**

### 23. Oenánthe, Rebendolde, Pferdesaat.

1. Stgl. wenigästig, wie die Bl.stiele weitröhrig. Untere Bl. doppelt-, obere einfach-gefiedert, kürzer als der Bl.stiel, mit linealen, oft 3 spaltigen Bl.chen. (Fig. 434 b.) Endständige Dolde 3 strahlig, fr.tragend, seitenständige 3—5 strahlig, unfruchtbar. Wz. büschelig, mit knollig-verdickten Fasern. (Fig. 427.) Gräben, Sümpfe. Zerstreut. Juli, Aug. Schwach pa. und ♂. E.
Röhrige R., **O. fistulósa L.**
2. Stgl. ästig. Bl. doppelt-gefiedert-fiederspaltig, mit lanzettlichen, eingeschnitten-gesägten Zipfeln (Fig. 434 a), die untergetauchten mit fädlichen Zipfeln. Dolden bl.gegenständig, vielstrahlig. Wz. fadenförmig. Gräben, Sümpfe. Häufig. Juli, Aug. pa. und ♂. E. (O. Phellándrium Lmk.)
Wasserfenchel, Roßkümmel, **O. aquática Poir.**

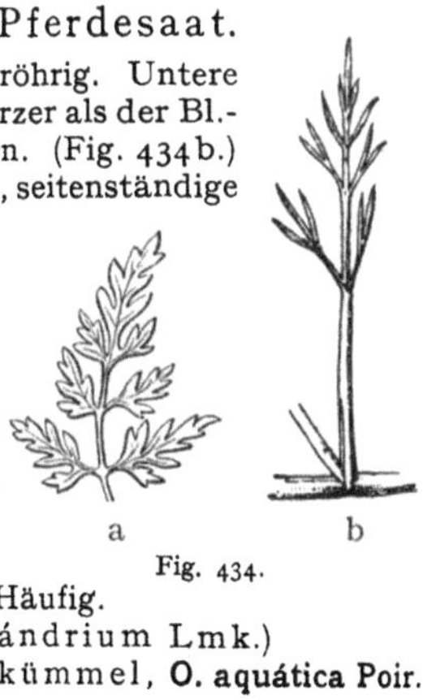

Fig. 434.

Umbelliferae

### 24. Aethúsa, Gleiße.

Bl. glänzend, doppelt- bis 3 fach-gefiedert. Bl.chen fiederspaltig bis gesägt. Hüllchen 3 blättrig, zurückgeschlagen, einseitswendig, meist viel länger als die Döldchen. (Fig. 435.) Stgl. 30—80 cm oder (auf Stoppelfeldern) 3—10 cm hoch. Gartenland, Äcker, Zäune. Gemein. Juni—Sept. pa.—hg. E. und autg. Giftig!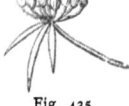

Fig. 435.

Garten-G., Hundspetersilie, **A. Cynápium L.**

### 25. Sílaus, Silau.

Grundbl. 3- oder 4 fach gefiedert, mit lanzettlich-linealen, feingesägten Zipfeln. Hüllchenbl. lineal-lanzettlich, häutig-berandet. Kr. blaßgelb. (Fig. 407). Fruchtbare Wiesen, Gräben, Gebüsche. Stellenweise häufig, im nördlichen Gebiete sehr selten. Juni—Aug. pa. H. (S. praténsis Bess). Wiesen-S., **S. flavéscens Bernh.**

### 26. Méum, Bärwurz.

Bl. doppelt-gefiedert. Bl.chen im Umriß rundlich, in viele haarfeine quirlige Zipfel geteilt. (Fig. 422). Wz.stock oben schopfig. Bergwiesen in Süd- und Mitteldeutschland. Mai, Juni. pa. und ♂.

Echte B., **M. athamánticum Jacq.**

### 27. Selínum, Silge.

Stgl. kantig gefurcht. Untere Bl. 3 fach-, obere doppelt-gefiedert. Bl.chen tief-fiederspaltig, mit weiß-gespitzten Zipfeln. Laubwälder, Gebüsche, Wiesen. Häufig. Juli, Aug. pa. und ♂. H.

Kümmelblättrige S., **S. Carvifólia L.**

### 28. Levísticum, Liebstöckel.

Untere Bl. doppelt-, obere einfach-gefiedert. Bl.chen breit-verkehrt-eiförmig, am Grunde keilig, meist eingeschnitten. Kr. blaßgelb. Stgl. 1—2 m hoch. In Dorfgärten angepflanzt und verwildert. Heimat unsicher, wahrscheinlich aus dem Orient (Persien). Juli, Aug. pa. D. und H. Garten-L., **L. officinále Koch.**

### 29. Angélica, Brustwurz.

1. Bl. 3 fach-gefiedert mit seicht rinnigen Stielen. Bl.chen meist eiförmig, zuweilen 2- oder 3 spaltig. Bl.scheiden bauchig-aufgeblasen. Doldenstrahlen meist mehlig-weichhaarig. Stgl. 80—150 cm hoch. Wiesen, Gebüsche, Gräben. Häufig. Juli—Sept. pa., ♂ und ♀. E.
Wilde oder Wald-B., **A. silvéstris L.**
2. Bl. doppelt-, untere oft 3 fach-gefiedert, mit drehrunden, dicken, hohlen Stielen. Bl.chen eiförmig bis länglich, ungleich gesägt, das endständige 3-, die seitenständigen meist 2 lappig. Doldenstrahlen

Umbelliferae 187

mehlig-weichhaarig. Kr. grünlichweiß. Stgl. 1—2 m hoch. Ufer, Gräben, feuchte Wiesen. Zerstreut. Auch angepflanzt. ☉ Juni, Juli. pa. und ♂. E. Blüht gewöhnlich im 4. Jahre und stirbt dann ab. (Archangélica officinális Hoffm.)
Engelwurz, A. Archangélica L.

30. Peucédanum, Haarstrang.

1. Stgl. kantig-gefurcht, hohl. Untere Bl. 3 fach-gefiedert. Bl.chen meist tief-fiederspaltig, mit lanzettlichen, weißspitzigen Zipfeln. (Fig. 436 c.) Hülle und Hüllchen mit häutig-berandeten Bl.chen. Sumpfige Wiesen und Gebüsche. Verbreitet. Juli, Aug. pa. und ♂. E.     Sumpf-H., P. palústre Moench.

Fig. 436 c.

2. Stgl. stielrund, gestreift.
  a. Untere Bl. 2- oder 3 fach-gefiedert. Verzweigungen des Bl.stiels spitzwinkelig abstehend. Bl.chen scharfgesägt (Fig. 436 a), unterseits graugrün, fast lederartig. Wiesen, Hügel, Laubwälder. Zerstreut. Juli bis Sept. pa. und ♂. E.
    Starrer H., Hirschwurz, P. Cervária Cusson.

Fig. 436.

  b. Untere Bl. 3 fach-gefiedert. Verzweigungen des Bl.stiels abwärts gebogen. Bl.chen eingeschnitten bis fiederspaltig, mit länglich-lanzettlichen Zipfeln (Fig. 436 b), beiderseits grün, glänzend. Sonnige Hügel, buschige Bergabhänge, Kiefernwälder. Zerstreut. Juni—Aug. pa. und ♂. E.
Berg-H., Bergpetersilie, Bergsellerie, P. Oreoselínum Moench.

31. Pastináca, Pastinak.

Stgl. kantig-gefurcht, kurzhaarig. Bl. gefiedert. Bl.chen eiförmig oder länglich, am Grunde oft herzförmig, das endständige gelappt. Kr. gelb. (Fig. 410). Wiesen, Waldränder, Gräben. Verbreitet. Auch gebaut. ☉ Juli—Sept. pa. und ♂. D. und H.
Garten-P., P. satíva L.

32. Heracléum, Bärenklau.

Ganze Pfl. steifhaarig. Stgl. kantig-gefurcht. Bl. gefiedert, seltener nur fiederspaltig. Bl.chen breit-eiförmig bis lanzettlich, oft gelappt oder handförmig-geteilt. Bl.scheiden bauchig. Btn. weiß, die Randbtn. strahlend (dagegen gelblichgrün mit nicht strahlenden Randbtn. bei der Unterart sibíricum im östlichen Norddeutschland). (Fig. 425.) Wiesen, Weg- und Waldränder. Gemein. Juni—Okt. pa. E.
Wiesen-B., H. Sphondýlium L.

## 33. Laserpítium, Laserkraut.

1. Stgl. stielrund, gestreift, kahl. Untere Bl. 3 zählig-doppelt-gefiedert. Bl.chen herz-eiförmig, gesägt, alle ungeteilt. Bl.scheiden aufgeblasen. (Fig. 432.) Bergige Laubwälder. Sehr zerstreut. Juli, Aug. pa. und ♂. Breitblättriges L., **L. latifólium L.**

2. Stgl. kantig-gefurcht, steifhaarig. Untere Bl. doppelt-gefiedert, am Rande wie die Bl.stiele, steifhaarig. Unterste Bl.chen fiederspaltig, mit länglichen oder lanzettlichen Zipfeln. Wiesen, Gebüsche. Zerstreut. ⊙ Juli, Aug. pa. Preußisches L., **L. pruténicum L.**

## 34. Daucus, Möhre.

Stgl. steifhaarig. Bl. doppelt- bis 3 fach-gefiedert. Bl.chen fiederspaltig, mit länglich-lanzettlichen, haarspitzigen Zipfeln. Dolde zur Fr.zeit vogelnestartig vertieft. (Fig. 413.) Wiesen, Wald- und Wegränder. Gemein. Auch überall gebaut. ⊙ Juni—Sept. pa. und ♂. E. In der Mitte der Dolde steht eine purpurrote kleistogame Bte., die „Mohrenbte.". Die Fr.dolde schließt und öffnet sich je nach der Witterung. Wilde M., **D. Caróta L.**

## 61. Fam.: Cornáceae, Hornstrauchgewächse.

### 1. Cornus, Hornstrauch, Hartriegel.

1. Btn. gelb, in einfachen, von einer 4 blättrigen Hülle umgebenen Dolden, vor den Bl. erscheinend. Dolden fast kugelig, so lang wie die Hülle. Bl. eiförmig, zugespitzt, beiderseits grün, kurzhaarig. Fr. länglich, hängend, kirschrot und glänzend. (Fig. 157.) Sonnige Hügel, Felsen in Süd- und Mitteldeutschland. Zerstreut. Nicht selten angepflanzt. März, April. hg. D. u. Cl. und autg.
Gelber H., Kornel(ius)kirsche, **C. mas. L.**

2. Btn. weiß, in flachen Trugdolden, nicht von einer besonderen Hülle eingeschlossen, nach den Bl. erscheinend. Äste im Herbst und Winter blutrot.

   a. Bl. beiderseits grün, eiförmig-elliptisch, zugespitzt, unterseits kurzhaarig. Äste aufrecht. Fr. kugelig, schwarz. Kr. weiß. Griffel oberwärts keulenförmig verdickt. Wälder, Gebüsche, Hecken. Verbreitet. In Parkanlagen nicht selten angepflanzt. Juni. hg. E. und autg. Roter H., **C. sanguínea L.**

   b. Bl. unterseits graugrün, eiförmig bis elliptisch, zugespitzt. Äste abstehend bis herabgezogen. Fr. kugelig, weiß. Kr. weiß. Griffel nach oben nicht verdickt. In Parkanlagen häufig angepflanzt. Aus Nordamerika und Ostasien. Juni, Juli.
   Weißer H., **C. alba L.**

Piroláceae 189

2. Unterklasse: **Sympétalae,** Verwachsenkronblättrige Netzblätter.[1])

62. Fam.: **Piroláceae,** Wintergrüngewächse.

I. Pfl. mit grünen Bl. Btn. 5 zählig.
A. Btn. einzeln oder in Trauben. Griffel lang.     **Pírola** 189.
B. Btn. in Doldentrauben. Griffel kurz.     **Chimóphila** 189.
II. Pfl. ohne grüne Bl., von bleichgelber Farbe. End.bte. 5-, Seitenbtn. 4 zählig.     **Monótropa** 190.

### 1. **Pírola,** Wintergrün.

1. Btn. einzeln, endständig, groß, schwach wohlriechend. (Fig. 437.) Kr. flach ausgebreitet, weiß. Bl. rundlich, kerbig-gesägt. Schattige Wälder. Zerstreut. Mai, Juni.     Einblütiges W., **P. uniflóra L.**

Fig. 437.

2. Btn. in Trauben.
   a. Traube einseitswendig, dicht, vielblütig. Kr. glockig, grünlichweiß. Griffel länger als die Kr. Bl. eiförmig, spitz, klein-gekerbt. Wälder. Nicht selten. pg. E. und autg.
       Einseitswendiges W., Birnkraut, **P. secúnda L.**
   b. Trauben allseitswendig, locker.
   aa. Kr. fast kugelig, geschlossen, weiß oder rötlich. Staubbl. zusammenneigend. Griffel gerade. (Fig. 438.) Bl. rundlich, ganzrandig oder schwach gekerbt. Wälder. Verbreitet. Juni, Juli. hg. D. und Kl.

Fig. 438.      Fig. 439.

    Kléines W., **P. minor L.**
   bb. Kr. offen, glockig. Staubbl. aufwärts, Griffel abwärts gekrümmt. (Fig. 439.)
   *α.* Kr. weiß, selten rötlich. Griffel länger als die Kr. K.-zipfel lanzettlich, zugespitzt. Bl. eiförmig-rundlich, länger als ihr Stiel. Schattige Wälder, Gebüsche. Zerstreut. Juni, Juli. hg. und autg.
       Rundblättriges W., **P. rotundifólia L.**
   *β.* Kr. grünlichweiß. Griffel so lang wie die Kr. K.zipfel rundlich-eiförmig. Bl. kürzer als ihr Stiel. Schattige, trockene Wälder. Zerstreut. Juni, Juli.
       Grünblütiges W., **P. chlorántha Sw.**

### 2. **Chimóphila,** Winterlieb.

Bl. lanzettlich-keilförmig, scharf gesägt, scheinbar quirlständig, dick-lederartig. Btn. doldig. Kr. flach-glockig, rosenrot. Trockene Nadel-, meist Kiefernwälder. Zerstreut. Juni, Juli. (P. umbelláta L.)

    Doldiges W., **Ch. umbelláta Nutt.** Fig. 440.

---

1) Bei einigen Gattungen sind die Kr.bl. frei.

Empetráceae. Ericáceae

### 3. Monótropa, Fichtenspargel, Ohnblatt.

Ganze Pfl. blaßgelb. Stgl. fleischig, mit Schuppenbl. besetzt. Btn. in dichter, nickender Traube. (Fig. 438.) Schattige Wälder. Verbreitet. Von Orobánche durch die regelmäßige Bte. leicht zu unterscheiden. Juni bis Aug. hg. H. Saprophyt mit verpilzten Wurzeln.
Gemeiner F., **M. Hypópitys** L.

### 63. Fam.: Empetráceae, Krähenbeerengewächse.

#### 1. Émpetrum, Krähenbeere.

Vielästiger Zwergstrauch mit niederliegendem Stgl. und aufsteigenden, dicht beblätterten Ästen. Bl. nadelartig, immergrün, am Rande umgerollt. Btn. in den Bl.achseln, klein (♂) oder purpurn (♀), meist 2 häusig. Beeren schwarz. Torfmoore, moorige Kiefernwälder, Dünen und Heiden. In Norddeutschland ziemlich verbreitet, außerdem auf den höheren Mittelgebirgen („Brockenmyrte"). April, Mai. pa. ♂ und ♀. W. und E. Schwarze K., **E. nigrum** L.

### 64. Fam.: Ericáceae, Heidekrautgewächse.

I. Fr.kn. oberständig.
  A. Kr. nach dem Verblühen abfallend. Bl. flach, zuweilen am Rande umgerollt. Staubbl meist 10.
    1. Kr. freiblättrig, 5 zählig, ziemlich klein, weiß. Btn. doldig. Staubbeutel ohne Hörner. Bl. fast lineal. **Ledum** 190.
    2. Kr. verwachsenblättrig, 5 zähnig, krugförmig, rötlich bis weiß. Staubbeutel in 2 Hörner ausgezogen.
      a. Fr. eine Kapsel. Btn. in doldiger Anordnung. Bl. lanzettlich bis elliptisch, am Rande umgerollt.
      **Andrómeda** 191.
      b. Fr. eine beerenartige, mehlige, rote Steinfr. mit 5 einsamigen Steinen. Btn. in kurzen Trauben. Bl. verkehrt-eiförmig, am Rande nicht umgerollt.
      **Arctostáphylus** 191.
  B. Kr. nach dem Verblühen vertrocknend und bis zur Fr.zeit bleibend. Bl. klein, nadel- oder schuppenförmig. Staubbl. 8, Staubbeutel meist 2 hörnig.
    1. K. länger als die Kr., 4 teilig, gefärbt. Kr. glockig, 4 spaltig. (Fig. 441 b.)
    **Callúna** 191.
    2. K. kürzer als die Kr., grün. Kr. krugförmig, 4 zähnig. (Fig. 442.)
    **Erica** 191.
II. Fr.kn. unterständig. Fr. eine Beere. Bl. flach. (Fig. 443.) **Vaccínium** 191.

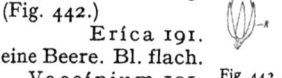

Fig. 441. Fig. 442. Fig. 443.

### 1. Ledum, Porst.

Bl. lineal-lanzettlich, am Rande umgerollt, unterseits nebst den jüngeren Ästen rotbraun-filzig, ledrig, immergrün. Btn. doldig,

Ericáceae

weiß. Kapseln hängend. 60—120 cm hoher Strauch von betäubendaromatischem Geruch. Torfmoore, moorige Wälder, besonders im östlichen Norddeutschland. Mai—Juli. hg. D. und autg.
Sumpf-P., Mottenkraut, **L. palústre L.**

2. **Andrómeda**, Rosmarinheide, Gränke.

Bl. elliptisch bis lineal-lanzettlich, am Rande stark umgerollt, unterseits bläulichweiß, immergrün. Btn. in endständigen, wenigblütigen Doldentrauben, nebst ihren langen Stielen hellrosa bis weißlich, nickend. Kr. kugelig-eirund. Moore, Torfsümpfe. Zerstreut. April, Mai und im Aug. zum zweiten Male. hg. Hh. und Ft.
Moor-Rosmarin, **A. polifólia L.**

3. **Arctostáphylus**, Bärentraube.

Stgl. niederliegend, reich verzweigt und wurzelnd. Bl. verkehrt eiförmig, stumpf, unterseits netzadrig (Unterschied gegenüber der äußerlich ähnlichen Preiselbeere!). lederig, immergrün. Btn. in kurzen, überhängenden Trauben, Kr. krugförmig, weiß, am Saume rosa. Fr. scharlachrot. Kiefernwälder und Heiden, in Norddeutschland zerstreut bis ziemlich verbreitet, seltener in Mittel- und Süddeutschland. April, Mai. Schwach pg. Hh., auch autg.
Gemeine oder immergrüne B., **A. uva ursi Spr.**

4. **Callúna**, Heidekraut, Besenheide.

Bl. sehr klein. linealisch, 4 reihig, dachziegelig sich deckend. Btn. in dichten, fast einseitswendigen Trauben. K. und Kr. hellrot bis rötlich-violett, selten weiß. Heiden, Hügel, Wälder. Gemein. Aug. bis Okt. Schwach pa. E. Gemeines H., **C. vulgáris Salisb.**

5. **Eríca**, Heide.

1. Kr. rosa bis dunkelrot. Staubbeutel aus der Kr. hervorragend. (Fig. 443.) Btn. in einseitswendigen Trauben. Bl. wie die ganze Pfl. kahl, stachelspitzig. Nadelwälder, Heiden in Süd- und selten in Mitteldeutschland. Auch in Gärten als Zierpfl., besonders an Felspartien. April, Mai. Ft. Schnee-H., **E. cárnea L.**
2. Kr. fleischfarbig. Staubbeutel in der Kr.röhre eingeschlossen. (Fig. 444.) Btn. in endständigen, kopfigen Dolden. Bl. steifhaarig bewimpert, stumpflich. Btn.-stiele wollig-filzig. Feuchte Heiden, Moore. Am häufigsten im nordwestlichen Deutschland, östlich bis zur Lausitz und der Danziger Bucht. Juni—Aug. Schwach pa. Hb. Glocken-H., Moor-H., **E. tetrálix L.**

Fig. 444.

6. **Vaccínium**, Heidelbeere, Preiselbeere, Moosbeere.

1. Kr. bis zum Grunde 4 teilig, radförmig, hellpurpurn. (Fig. 445.) Stgl. fadenförmig, kriechend. Bl. klein, immergrün, lanzettlich, am Rande stark umgerollt, unterseits weißgrau. Btn. zu 1—4,

doldig, langgestielt, nickend. Beere braunrot. Torfsümpfe, moorige Wälder, meist zwischen Torfmoos. Zerstreut. Mai—Juli. hg. Hb.
   Moosbeere, **V. Oxycóccus L.**
2. Kr. krug- oder glockenförmig, 4- oder 5 zähnig. Stgl.
aufrecht.
 a. Bl. sommergrün, krautig, flach. Kr. krugförmig.
 Beeren meist blauschwarz.

Fig. 445.

  aa. Bl. eiförmig oder länglich-eiförmig, spitz, klein gekerbt-gesägt, beiderseits hellgrün. Äste scharfkantig. Btn. einzeln,
  rötlichgrün. Beere schwarzblau, selten weiß. Wälder, Gebüsche, Heiden. Häufig. Mai, Juni. Schwach pa. Hb.
    Heidelbeere, Blaubeere, **V. Myrtíllus L.**
  bb. Bl. verkehrt-eiförmig, ganzrandig, unterseits blaugrün bis
  weißlich. Äste stielrund. Btn. zu 1—3, grünlich- oder rötlichweiß. Beeren blauschwarz. Moore, torfige Heiden, moorige Wälder. Zerstreut. Mai, Juni. Schwach pa. D.
    Rauschbeere, Trunkelbeere, **V. uliginósum L.**
 b. Bl. immergrün, lederig, am Rande umgerollt, verkehrt-eiförmig
 oder elliptisch, stumpf, unterseits hellgrün, zerstreut dunkel punktiert. Btn. in dichten Trauben. Kr. glockig, weiß, meist rosa
 überlaufen. Beere rot. Nadelwälder, trockene Heiden. Verbreitet. Mai—Aug. hg. Hb.
   Preißelbeere, Kronsbeere, **V. Vitis idǽa L.**

## 65. Fam.: **Primuláceae**, Primelgewächse.

I. Bl. kammförmig-fiederteilig. (Fig. 446a.) Kr. mit kurzer, walzlicher Röhre und flachem, 5 teiligem Saum. (Fig. 446b.) Wasserpfl.          Hottónia 193.
II. Bl. ungeteilt. Landpfl.
 A. Bl. in grundständiger Rosette. Kr.
 mit walzlicher, oben erweiterter
 Röhre und 5 teiligem Saum (Fig. 447),
 gelb oder rot.    Prímula 193.
 B. Bl. am Stgl. verteilt.

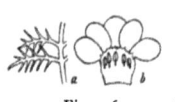

Fig. 446.   Fig. 447.

  1. Kr. fehlend. K. innen hellrosa gefärbt, glockig, 5spaltig. Btn. in
  den Bl.achseln.    Glaux 194.
  2. Kr. vorhanden, meist radförmig.
   a. Btn. 5 zählig.
    aa. Btn. gelb. Kapsel mit 5 oder
    10 Klappen aufspringend.
       Lysimáchia 193.
    bb. Btn. rot oder blau. Kapsel
    mit Deckel aufspringend.
    (Fig. 448.) Anagállis 194.

Fig. 448.   Fig. 449.

   b. Btn. 7 zählig, weiß. Bl. oberwärts am Stgl. gehäuft.
   fast quirlig. (Fig. 449.)    Trientális 194.

Primuláceae

1. **Prímula,** Schlüsselblume, Himmelschlüssel, Primel.
1. Bl. runzelig, unterseits behaart. Btn.stiele einseitswendig.
   a. K. walzlich, oben wenig erweitert, weißlich mit grünen Kanten. K.zähne lang zugespitzt. Kr. mit flachem Saum, hellgelb, mit dottergelbem Fleckenring am Schlunde. Btn. fast geruchlos. Wiesen, Gebüsche, Wälder. Häufig. März—Mai. hg. Hh. und Ft. mit lang- und kurzgriffeligen Btn.
   Hohe oder geruchlose S., **P. elátior** Jacq.
   b. K. glockig-erweitert (Fig. 447), ganz weißlich. K.zähne kurz zugespitzt. Kr. mit vertieftem Saum, dottergelb, mit 5 rotgelben Flecken am Schlunde. Btn. wohlriechend. Hügel, trockene Wiesen, Waldränder. Häufig, in manchen Gegenden selten oder fehlend. April, Mai. Wie vorige.
   Echte oder wohlriechende S., **P. officinális** Jacq.
2. Bl. nicht runzelig, am Rande drüsig-gewimpert und mehlig-bestäubt. Kr.röhre doppelt so lang wie der K. Kr. gelb (so bei der wildwachsenden Pfl. der Alpen), purpurn oder bunt (so bei den in Gärten unter dem Namen Aurikel gezogenen Mischlingsformen). März—Juni. hg. Ft. Lang- und kurzgriffelig.
   Aurikel-P., **P. Aurícula** L.

2. **Hottónia,** Wasserfeder, Sumpfprimel.

Bl. untergetaucht, rosettig, kammförmig-fiederteilig. (Fig. 446a.) Btn. quirlig, in endständiger, lockerer Traube. Kr. weiß oder blaßrosa, am Schlunde gelb. Gräben, Sümpfe. Zerstreut. Mai, Juni. hg. D. und H. Lang- und kurzgriffelig. Sumpf-W., **H. palústris** L.

3. **Lysimáchia,** Felberich, Gilbweiderich, Friedlos.
1. Stgl. aufrecht. Bl. gegenständig oder auch zu 3—4 wirtelig.
   a. Btn. klein, in achselständigen, dichten, gestielten Trauben, meist 6 zählig. Kr. mit linealen Zipfeln, hellgelb. Bl. lanzettlich, sitzend. Sümpfe, Gräben. Zerstreut. Mai—Juli.
   Strauß-F., **L. thyrsiflóra** L.
   b. Btn. mittelgroß, 5 zählig, in pyramidenförmiger Rispe. Stgl. 60 bis 120 cm hoch, meist stark verzweigt. Bl. eiförmig-länglich, kurzgestielt. Feuchte Gebüsche, Ufer. Häufig. Juni—Aug. hg. Po. Hb. D. und autg.
   Gemeiner oder Gold-F., **L. vulgáris** L.
2. Stgl. kriechend. Btn. einzeln, seltener zu 2 in den Bl.achseln.
   a. Bl. rundlich, stumpf. Btn.stiele meist kürzer als ihr Bl. K.zipfel fast herzförmig. Kr. groß, goldgelb. Feuchte Wiesen, Gebüsche, Ufer. Häufig.
   Rundblättriger F., Pfennigkraut, **L. Nummulária** L.

Fig. 450.

   b. Bl. eiförmig, spitz. Btn.stiele meist viel länger als ihr Bl. (Fig. 450.) K.zipfel schmal-lanzettlich oder lineal. Kr. klein, hellgelb.

194 Primuláceae. Plumbagináceae. Oleáceae

Feuchte Laubwälder, Haine. Zerstreut, in Ostdeutschland selten oder fehlend.    Hain-F., **L. némorum L.**

### 4. Anagállis, Gauchheil, Milchkraut.

Stgl. ausgebreitet, liegend. Bl. sitzend, eiförmig oder eiförmiglänglich. Kr. wenig länger als der K., mennigrot, selten fleischfarben oder lila oder (so bei der Unterart coerúlea Schreb.) himmelblau. (Fig. 448.) Äcker, Gartenland. Meist häufig. hg-E., meist autg. Die Btn. öffnen sich nur im Sonnenscheine etwa von 9ʰvm bis 3ʰnm.
Acker-G., **A. arvénsis L.**

### 5. Glaux, Milchkraut.

Stgl. dicht beblättert. Bl. klein, sitzend, länglich-elliptisch oder eiförmig, etwas fleischig. Btn. einzeln, bl.achselständig, hellrosa. Salzhaltige, feuchte Wiesen am Meeresstrande und im Binnenlande, meist gesellig. Juni, Juli.    Strand-M., **G. marítima L.**

### 6. Trientális, Siebenstern.

Bl. sitzend, untere verkehrt eiförmig, einzeln, klein, obere lanzettlich, größer, quirlig zusammengedrängt, sehr ungleich. Btn. lang gestielt. (Fig. 449.) Schattige Laub- und Nadelwälder. Zerstreut. Mai, Juni. pg. bis hg. und autg.    Weißer S., **T. európa L.**

### 66. Fam.: Plumbagináceae, Bleiwurzgewächse.

#### 1. Arméria, Grasnelke, Korbnelke.

Stgl. 1 köpfig, 20—40 cm hoch, 4—6 mal so lang als die Bl., kahl. Bl. in grundständiger Rosette, lineal, 1 nervig, am Grunde gewimpert. Hüllbl. trockenhäutig, äußere haarspitzig, innere sehr stumpf. Kr. rosa und lila. (Fig. 185.) Trockene Grastriften. Verbreitet. Juni bis Sept. Schwach pa. E. und autg.    Gemeine G., **A. vulgáris Willd.**

### 67. Fam.: Oleáceae, Ölbaumgewächse.

I. Btn. vor den Bl. erscheinend.
  A. Hohe Bäume. Btn. rötlich. K. und Kr. fehlend. Bl. gefiedert. Fr. geflügelt. (Fig. 451.)    Fraxinus 194.
  B. Sträucher. Btn. gelb, mit K. und Kr. Bl. einfach oder 3 zählig.    Forsýthia 195.
II. Btn. nach den Bl. erscheinend. Kr. stets vorhanden. Bl. einfach, ungeteilt.
  A. Fr. eine Kapsel. Kr. meist lila, doch auch weiß. (Fig. 452.)    Syrínga 195.
  B. Fr. eine Beere. Kr. weiß. (Fig. 453.)
   Ligústrum 195.

Fig. 451. Fig. 452. Fig. 453.

### 1. Fráxinus, Esche.

Bl.chen 9—13, fast sitzend, länglich-lanzettlich, zugespitzt, kleingesägt. Staubbeutel dunkelrot. Fr. überhängend. Feuchte Wälder.

Oleáceae. Gentianáceae

Zerstreut. Oft angepflanzt, auch in einer Form mit hängenden Zweigen (Traueresche). April, Mai. hg.—pg., auch ♂ und ♀. W. und E.
Gemeine E., **F. excélsior L.**

## 2. Forsýthia, Forsythie, Goldweide.

1. Äste hellbraun, überhängend. Bl. lanzettlich, gesägt, einfach oder 3 zählig. Btn. vor den Bl. erscheinend, leuchtend gelb. Kr.röhre kurz, Kr.lappen viel länger. Zierstrauch aus Ostasien. März, April.
Überhängende F., **F. suspénsa Vahl.**
2. Äste stets aufrecht, dunkelgrün. Sonst wie vorige, aber Bl. stets einfach und K.zipfel kürzer als die Kr.röhre.
Dunkelgrüne F., **F. viridíssima Lindl.**

## 3. Syrínga, Flieder.

1. Bl. am Grunde herzförmig, breit-eiförmig, zugespitzt, ganzrandig, kahl. Saum der Kr. etwas vertieft. Kr. bläulich, lila, violett oder weiß. Zierstrauch aus Ungarn. Nicht selten verwildert. Mai, Juni. Meist hg. E. und autg. Türkischer F., **S. vulgáris. L.**
2. Bl. am Grunde verschmälert.
   a. Bl. eiförmig-lanzettlich, zugespitzt. Saum der Kr. flach. Kr. rötlich oder lila. Zierstrauch. Bastard von S. vulgáris und S. pérsica? Mai, Juni. pa.—hg. E. und autg. Btn. unfruchtbar.
   Chinesischer F., **S. chinénsis Willd.**
   b. Bl. lanzettlich, am Grunde breiter, zuweilen fiederspaltig eingeschnitten. Saum der Kr. etwas vertieft. Kr. blaulila oder weiß. Zierstrauch aus Persien (?). Mai, Juni. hg. und ♀. E.
   Persischer F., **S. pérsica L.**

## 4. Ligústrum, Liguster.

Bl. länglich-lanzettlich bis lanzettlich, ganzrandig, kahl, etwas lederartig. Btn. in endständiger, gedrängter Rispe. Beere schwarz, seltener weiß, gelb, grün. Waldränder, Gebüsche in Süd- und Mitteldeutschland. Häufig angepflanzt. Juni, Juli. hg. E. und autg.
Gemeiner oder Hecken-L., **L. vulgáre L.**

## 68. Fam.: Gentianáceae, Enziangewächse.

I. Bl. gegenständig, einfach. Staubbl. 5 (4).
   A. Griffel fadenförmig, mit kopfiger Narbe. Staubbeutel nach dem Verblühen schraubenförmig zusammengedreht. (Fig. 454.) Kr. rosenrot. Btn. in Trugdolden.
   Erythrǽa 196.
   B. Griffel sehr kurz oder fehlend. Narben 2 teilig. Staubbeutel nicht gedreht. Kr. meist blau. (Fig. 455.) Gentiána 196.
II. Bl. grundständig (wechselständig), 3 zählig. Kr. trichterförmig, mit bärtigem Saum. (Fig. 456.) Staubbl. 5. Fr.kn. am Grunde von einem gewimperten Drüsenring umgeben. Sumpfpfl. Menyánthes 196.

Fig. 454.    Fig. 455.   Fig. 456.

Gentianáceae

## 1. Erythrǽa, Tausendgüldenkraut.

1. Stgl. 15—45 cm hoch, erst oberwärts ästig. Untere Bl. rosettig gehäuft. Btn. in büscheligen Trugdolden, stets ziemlich gleich hoch. Wiesen, Triften, Gebüsche. Meist nicht selten. ⊙ Juli—Sept. hg. Po? E. und autg. Bte.zeit von 6—1 h. Dauer der Einzelbte. 5 Tage.                             Großes T., **E. Centaúrium Pers.**
2. Stgl. 3—12 cm hoch, meist vom Grunde an gabelästig. Untere Bl. nicht rosettig. Btn. in lockerer Trugdolde. Feuchte Äcker, Wiesen, Gräben. Zerstreut. ⊙ Juli—Sept. hg. E. und autg.
                                 Kleines T., **E. pulchélla Fr.**

## 2. Gentiána, Enzian.

1. Schlund der Kr. innen bärtig (Fig. 455) oder die Kr.zipfel am Rande gefranst.
   a. Zipfel der 4 spaltigen Kr. in ihrer unteren Hälfte am Rande lang gefranst. Schlund kahl. Kr. blau, groß. Stgl. meist 1 blütig. Bl. lineal-lanzettlich. Sonnige Hügel, auf Kalk. Sehr zerstreut, in Süddeutschland häufiger. Aug.—Okt.
                             Gefranster E., **G. ciliáta L.**
   b. Zipfel der Kr. nicht gefranst. Schlund bärtig. Kr. violett, seltener gelblichweiß. Ein- oder zweijährige Arten. Stgl. meist ästig.
   aa. K. und Kr. 4teilig. Kapsel fast sitzend. Hochgelegene trockene Wiesen, Triften. Zerstreut. Mitte Juni—Okt.
                             Feld-E., **G. campéstris L.**
   bb. K. und Kr. 5teilig. Kapsel meist lang gestielt. Hügel, Wiesen, Triften in Mittel- und Süddeutschland. Aug.—Okt. pa. Hh. und F.     Deutscher E., **G. germánica Willd.**
2. Schlund der Kr. innen kahl. Pfl. mehrjährig.
   a. Btn. in den Achseln der oberen Bl. und am Gipfel des Stgls. quirlig gehäuft, 4 zählig, mittelgroß. Bl. länglich-lanzettlich, 3 nervig, die unteren am Grunde in eine lange, die oberen in eine kurze Scheide verwachsen. Sonnige Hügel, Gebüsche, Wiesen. Zerstreut. Juni —Aug. pa. Hh.     Kreuz-E., **G. cruciáta L.**
   b. Btn. in traubiger Rispe, 5 zählig, groß. Bl. lineal-lanzettlich oder lineal, 1 nervig; am Grunde in eine kurze Scheide verwachsen. Kr. dunkel-azurblau, grün punktiert, außen mit 5 grünen Streifen. Etwas moorige Wiesen. Zerstreut. Juli—Sept. pa. Hh.
                             Lungen-E., **G. Pneumonánthe L.**

## 3. Menyánthes, Bitter- oder Fieberklee.

Bl. 3 zählig, lang gestielt. Bl.chen verkehrt-eiförmig, fast sitzend. Btn. in lang gestielter Traube. Kr. rötlichweiß oder weiß. Sümpfe, Gräben, Teichränder. Ziemlich verbreitet. Mai, Juni. Schwach pg. lang- und kurzgriffelig. E. und autg.
                Bitter- oder Fieberklee, **M. trifoliáta L.**

Apocynáceae. Asclepiadáceae. Convolvuláceae

## 69. Fam.: **Apocynáceae**, Immergrüngewächse.

### 1. **Vinca**, Immergrün, Sinngrün.

Bl. kurz gestielt, elliptisch- oder eiförmig-lanzettlich, kahl. Btn. einzeln. K. kahl. Kr. hellblau, selten weiß. (Fig. 187.) Schattige Laubwälder, Gebüsche. Zerstreut. In Gärten nicht selten angepflanzt. April, Mai. H. mch.  Kleines I., **V. minor L.**

## 70. Fam.: **Asclepiadáceae**, Seidenpflanzengewächse.

### 1. **Vincetóxicum**, Schwalbenwurz.

Bl. gegenständig, kurz gestielt, herz-eiförmiglänglich zugespitzt, die obersten länglich-lanzettlich. Btn. in bl.achselständigen Trugdolden. Kr. radförmig, weiß. Staubbeutel außen mit Anhängseln, die zu einem 5 spaltigen Kranz verwachsen sind. (Fig. 457.) Sonnige Hügel, Felsen, lichte Wälder und Gebüsche. Meist ziemlich verbreitet. Juni—Aug. Dkl. Giftig!  Weiße Sch., **V. officinále Moench.**

Fig. 457.

## 71. Fam.: **Convolvuláceae**, Windengewächse.

I. Stgl. beblättert. Btn. groß oder mittelgroß, einzeln oder zu wenigen in den Bl.achseln. K. 5 teilig. Kr. glockigtrichterförmig.
  A. Narbe 2 lappig oder 2 teilig. Kapsel vollständig- oder unvollkommen-2 fächerig, mit 1 samigen Fächern. (Fig. 458.)  Convólvulus 197.
  B. Narbe kopfig. Kapsel 3- oder 4 fächerig. (Fig. 459.)  Pharbítis 198.
II. Stgl. blattlos, meist rötlich. Btn. geknäuelt, sehr klein. K. 4—5 spaltig. Kr. glockig oder krugförmig, 4—5 spaltig. (Fig. 460.) Griffel 2. Kapsel 2 fächerig, meist 4 samig.  Cuscúta 198.

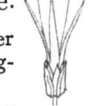

Fig. 458.

Fig. 459. Fig. 460.

### 1. **Convólvulus**, Winde.

1. Stgl. windend (links). Bl. gestielt. Kr. weiß oder rötlich. Pfl. mehrjährig.
  a. Deckbl. groß, herz-eiförmig, den K. verdeckend. (Fig. 458.) Bl. am Grunde pfeilförmig, mit abgestutzten Öhrchen. Kr. groß, schneeweiß. Stgl. 1,5—3 m lang. Feuchte Gebüsche, Hecken. Verbreitet. Juli—Herbst. hg. Fn.  Zaun-W., **C. sépium L.**
  b. Deckbl. klein, lineal, von den Btn. entfernt. Bl. spieß- oder pfeilförmig mit spitzen Öhrchen. Kr. kleiner, weiß oder rötlich, außen mit 5 roten Streifen. Stgl. 30—60 cm lang. Äcker, Wegränder. Häufig. Juni—Herbst. Entweder großblütig (pa. Hh.) oder kleinblütig (hg.—schwach pg. Hb. und autg.).
  Acker-W., **C. arvénsis L.**

Convolvuláceae. Polemoniáceae

2. Stgl. aufrecht oder aufsteigend. Bl. sitzend, länglich-spatelförmig bis länglich-lanzettlich, vorn breiter. Deckbl. fast borstenförmig, von den Btn. entfernt. Kr. dunkelblau, die Röhre weiß, am Grunde hellgelb. Zierpfl. aus Südeuropa. ⊙ Juni—Sept.
Dreifarbige W., **C. tricolor L.**

### 2. Pharbítis, Winde.

Stgl. windend, rückwärts angedrückt-behaart. Bl. herz-eiförmig, wie die Btn.stiele behaart. Btn.stände 2—5 blütig. Kr. violett-purpurn, selten purpurn oder weiß. Zierpfl. aus dem tropischen Amerika. ⊙ Juli—Herbst. pg. u. autg. Purpur-W., **Ph. purpúrea Voigt.**

### 3. Cuscúta, Seide.

1. Griffel so lang oder kürzer als der Fr.kn. und die Kr.-Zipfel der Kr. eiförmig, stumpf. (Fig. 460.) Kr.-schuppen 2 spaltig, oben eingeschnitten-gesägt. (Fig. 461 b.) Stgl. verhältnismäßig kräftig, oft an höheren Pfl. kletternd. Feuchte Wälder und Gebüsche, Ufer. Häufig. Auf vielen Pfl. (z. B. Nesseln, Hopfen, Weiden) schmarotzend. Juni—Aug. hg. Hw. und autg.

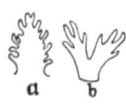

Fig. 461.

Gemeine oder große S., Hopfen-S., **C. europæa L.**
2. Griffel länger als der Fr.kn. und die Kr.zipfel der Kr. zugespitzt. Kr.schuppen ungeteilt halbkreisförmig oder länglich, gezähnt. (Fig. 461 a). Stgl. meist sehr dünn. Trockene Triften, Heiden, Äcker. Zerstreut. Auf Thymian, Ginster, Heide, Luzerne und Klee (auf diesem eine Abart von kräftigem Wuchs und mit größeren, bleichen Btn., Klee-S., C. Trifólii Babingt.) schmarotzend. Juli, Aug. hg. Hw. und autg. Quendel-S., **C. Epíthymum L.**

## 72. Fam.: Polemoniáceae, Himmelsleitergewächse.

I. Bl. ungeteilt. Kr. mit langer Röhre, stieltellerförmig, mit flachem Saum. Staubfäden in ungleicher Höhe angeheftet. (Fig. 462.) Phlox 198.
II. Bl. gefiedert, wechselständig. Kr. mit sehr kurzer Röhre und weitglockigem oder fast radförmigem Saum. (Fig. 463a.) Staubfäden in gleicher Höhe angeheftet, am Grunde behaart. (Fig. 463b.) Polemonium 199.

Fig. 462.  Fig. 463.

### 1. Phlox, Flammenblume.

1. Stgl. kahl. Bl. herz-eiförmig. K.zähne borstlich zugespitzt, gerade. Kr. purpurn, rosa, lila oder weiß. Zierpfl. aus Nordamerika. Aug., Sept. pa. Ft. Rispige F., **P. paniculáta L.**
2. Stgl. drüsenhaarig-rauh. Bl. länglich bis lanzettlich, die oberen mit herzförmigem Grunde stengelumfassend. K.zipfel zurückgerollt. Kr. purpurn, rosenrot oder lila. (Fig. 462.) Zierpfl. aus Texas. ⊙ Juli—Sept. Einjährige F., **P. Drummóndii Hook.**

Borragináceae 199

2. **Polemónium,** Himmelsleiter.

Bl. vielpaarig-gefiedert. Bl.chen eiförmig oder elliptisch-lanzettlich, spitz. Btn. in endständiger Rispe. Kr. himmelblau oder weiß. (Fig. 463.) Feuchte Wiesen, Waldränder in Nordost- und Mitteldeutschland. Auch angepflanzt und verwildert. Juni, Juli. pa. H.
Blaue H., P. coerúleum L.

73. Fam.: **Borragináceae,** Rauhblättler.

I. Kr. am Schlunde ohne Schuppen.
  A. Kr. mit schiefem, ungleich-5lappigem Saum, am Schlunde kahl. Staubbl. hervorragend ungleich. (Fig. 464.)     Échium 203.
  B. Kr. mit regelmäßigem Saum. Staubbl. eingeschlossen.
    1. Kr. trichterförmig (Fig. 465), violett oder blau, am Schlunde mit 5 Haarbüscheln. Nüßchen kreiselförmig.
      Pulmonária 201.
    2. Kr. trichter- oder stieltellerförmig (Fig. 466), weißlich, gelblich oder blau, mit kleinen Schlundschuppen oder hervorspringenden Falten am Schlunde. Nüßchen eiförmig oder 3 seitig.
      Lithospérmum 202.

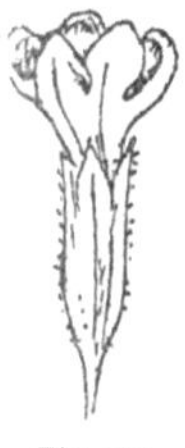

Fig. 464.    Fig. 465.

II. Kr. am Schlunde durch Schuppen geschlossen oder verengert.
  A. Kr. radförmig, mit ganz kurzer Röhre und spitzen Zipfeln. Staubfäden an der Spitze mit einem hornförmigen Anhängsel. (Fig. 467.)
      Borrágo 200.
  B. Kr. trichterig, glockig oder stieltellerförmig.
    1. K. nach der Bte.zeit vergrößert, zusammengedrückt, 2 buchtig-gezähnte Lappen bildend. (Fig. 468 a.) Kr. trichterförmig, klein, blau. (Fig. 468 b.) Nüßchen warzig-rauh.
      Asperúgo 200.

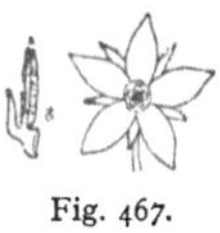

Fig. 466.

Fig. 467.

Fig. 468.

    2. K. nach der Bte.zeit nicht zusammengedrückt.
      a. Nüßchen mit widerhakigen Stacheln besetzt.
        aa. Kr. stieltellerförmig, hellblau. Nüßchen mit hervorragendem, mit Stacheln besetztem Rande. (Fig. 469.)
          Láppula 200.
        bb. Kr. trichterförmig, braunrot oder purpurviolett. Nüßchen auf der ganzen Außenfläche stachelig. (Fig. 470.)
          Cynoglóssum 200.
      b. Nüßchen stachellos.

Fig. 469.

Fig. 470.

200  Borragináceae

aa. Kr. rosa-purpurn oder gelblich, mittelgroß, walzlich-glockig, mit lanzettlich-pfriemlichen, kegelförmig zusammenneigenden, drüsig-gezähnelten Schuppen. (Fig.471.) Symphytum 200.
bb. Kr. blau, violett oder doch nur anfangs gelb, dann blau, meist klein.

Fig. 471.

α. Schlundschuppen kahl, gelb. Kr. stieltellerförmig.
Myosótis 201.
β. Schlundschuppen behaart, weiß.
αα. Kr.röhre gerade. Kr.saum regelmäßig 5zipfelig. (Fig. 472.) Anchúsa 201.
ββ. Kr.röhre gekrümmt. (Fig. 473.) Kr.saum fast 2lippig. Lycópsis 201.

Fig. 472.   Fig. 473.

cc. Kr. grünlichgelb oder gelblichweiß, klein, röhrig-trichterig. (Fig. 466.) Lithospérmum 202.

### 1. Cynoglóssum, Hundszunge.

Pfl. kurzhaarig, grau. Bl. beiderseits kurzhaarig, mittlere und obere halbstgl. umfassend. Nüßchen mit hervortretendem Rand. Kr. braunrot, selten weiß. Wegränder, Schutt, Hügel. Zerstreut. ☉ Mai—Juli. hg. H. Echte H., C. officinále L.

### 2. Láppula, Igelsame.

Pfl. steifhaarig, meist grau. Bl. mit Haaren, die auf Höckerchen stehen. Fr.stiele aufrecht. Kr. hellblau. Trockene Hügel, Wegränder, Mauern. Zerstreut. ☉ Juli, Aug. hg. E. und autg.
Stacheliger I., L. Myosótis Moench,

### 3. Asperúgo, Schärfling, Scharfkraut, Schlangenäuglein.

Stgl. niederliegend, durch rückwärts gerichtete Stacheln rauh. Bl. elliptisch-lanzettlich. Btn. einzeln oder zu 2. Kr. klein, blau, mit weißer Röhre, anfangs purpurviolett. Wegränder, Schutt, Mauern. Zerstreut. ☉ Mai, Juni. hg. und autg.
Liegender Sch., A. procúmbens L.

### 4. Sýmphytum, Beinwell, Wallwurz.

Stgl. 40—120 cm hoch, meist von unten an ästig, durch die herablaufenden Bl. geflügelt. Bl. eiförmig- bis länglich-lanzettlich, steifhaarig. Kr. trübpurpurn bis rotviolett oder gelblichweiß. Feuchte Wiesen und Gebüsche, Gräben, Ufer. Häufig. Mai—Juli. hg. Hb. mch. Gemeiner B., Schwarzwurz, S. officinále L.

### 5. Borrágo, Boretsch.

Stgl. ästig, mit breiten, weißen Borsten. Untere Bl. in den Bl.stiel verschmälert, obere halb-umfassend. Btn. langgestielt, nickend. K.-

Borragináceae 201

zipfel bei der Fr.reife zusammenneigend. Kr. blau, selten weiß oder rötlich. Gebaut und auf bebautem Boden, Schutt, verwildert. Aus Südeuropa. ⊙ Juni—Aug. pa. Hb. mch.

Echter B., Gurkenkraut, **B. officinális L.**

## 6. Anchúsa, Ochsenzunge.

Kr.röhre gerade. (Fig. 472.) Btn.stiele nach der Bte.zeit nach außen gekrümmt. Bl. ganzrandig, untere in einen Stiel verschmälert, die oberen sitzend. Kr. purpurnviolett, seltener blau oder weiß. Wegränder, Äcker, Hügel. Nicht selten. Mai—Aug. hg. Hb. mch.

Echte O., **A. officinális L.**

## 7. Lycópsis, Krummhals.

Kr.röhre knieförmig gekrümmt. (Fig. 473.) Btn.stiele nach der Bte.zeit aufrecht. Bl. ausgeschweift-gezähnt, die oberen mit herzförmigem Grunde halbumfassend. Kr. hellblau, mit weißer Röhre. Äcker, Wegränder. Verbreitet. ⊙ Juni—Okt. hg. Hb. mch.

Acker-Kr., **L. arvénsis L.**

## 8. Pulmonária, Lungenkraut.

1. Grundständige Bl. der nichtblühenden Triebe am Grunde herzförmig oder abgerundet, plötzlich in den Bl.stiel verschmälert, entweder herz-eiförmig, spitz, $1\frac{1}{2}$ mal länger als breit, weißlich gefleckt und ihr Stiel kürzer als die Spreite, oder (var. obscúra Dum.) herz-eiförmig-länglich, doppelt so lang als breit, ungefleckt oder höchstens hellgrün gefleckt und Bl.stiel länger als die Spreite. Kr. anfangs rot, dann blauviolett. Schattige Laubwälder und Gebüsche. März, April. hg. Hh., lang- und kurzgrifflig. mch.

Gebräuchliches L., **P. officinális L.**

2. Grundständige Bl. lanzettlich, allmählich in den Stiel verschmälert, etwa 8 mal länger als breit, ungefleckt, oberseits steifhaarig, den Stgl. zuletzt überragend. Kr. azurblau. Laubwälder, Gebüsche. Zerstreut, besonders im mittleren und östlichen Deutschland. April, Mai. hg. Hh., lang- und kurzgrifflig.

Schmalblättriges L., **P. angustifólia L.**

## 9. Myosótis, Vergißmeinnicht.

A. K. angedrückt-behaart.

1. Stgl. kantig, Bl. länglich-lanzettlich, spitzlich. K. 5 zähnig. Griffel etwa so lang wie der K. Kr. himmelblau, seltener weiß. Gräben, feuchte Wiesen. Gemein. Mai—Aug. hg. E. und autg.

Sumpf-V., **M. palústris L.**

2. Stgl. stielrund. Bl. länglich, vorn breiter, stumpf. K. 5 spaltig. Griffel sehr kurz, kaum halb so lang wie der K. Kr. himmelblau. Wiesen, Gräben. Ziemlich zerstreut. ⊙ Juni—Aug. hg. E. u. autg., auch mit kleineren rein ♀ Btn.

Rasiges V., **M. caespitósa Schultz.**

Borragináceae

B. K. abstehend-behaart. Haare am Grunde des K. hakig-gekrümmt.
1. Saum der Kr. flach, 6—10 mm im Durchmesser.
   a. Fr.stiele 1½—2 mal so lang als der K. K. reichlich mit hakigen Haaren besetzt. K.zähne kürzer oder genau so lang wie die Kr.röhre (bei M. intermédia deutlich länger). Kr. himmelblau, etwa so groß wie bei M. palústris. Wälder, Gebüsche, Abhänge. Zerstreut. Mai, Juni. hg. E. u. autg.
   Wald-V., **M. silvática Hoffm.**
   b. Fr.stiele wenig länger als der K., dicker als an der Hauptart. K. mit zahlreichen angedrückten, aber wenigen abstehenden, hakigen Haaren besetzt, weißgrau. Kr. größer, schwach wohlriechend. Wiesen der höheren Gebirge (Riesengebirge, Alpen). Häufig in Gärten und daraus verwildert. (Unterart der vorigen). **M. alpéstris Schmidt.**
2. Saum der Kr. meist vertieft, 3—5 mm im Durchmesser.
   a. Trauben unterwärts beblättert. Btn. klein.
      aa. Trauben vielblütig, tief unten am Stgl. beginnend. Fr.stiele fast aufrecht, kürzer als der geschlossene Fr.k. Sandige Äcker, Hügel. Meist gemein. ☉ April—Juni. hg. E. und autg.
      Sand-V., **M. arenária Schrad.**
      bb. Trauben wenigblütig, Btn. sehr entfernt. Fr.stiele zuletzt zurückgekrümmt, 2—3 mal so lang wie der K. ☉ Feuchte Laubwälder, Gebüsche. Sehr zerstreut, im Osten häufiger. Mai, Juni. Hain-V., **M. sparsiflóra Mikan.**
   b. Trauben bl.los. Fr.stiele fast wagerecht oder doch aufrechtabstehend.
      aa. Kr. gelb, dann violett, zuletzt blau. Kr.röhre zuletzt fast doppelt so lang wie der K. Fr.stiele kürzer als der K. Sandige Äcker, Triften, Hügel, Waldränder. Zerstreut. ☉ Mai, Juni. hg. E. und autg. Buntes V., **M. versícolor Smith.**
      bb. Kr. blau. Kr.bl. im K. eingeschlossen.
         α. Fr.stiele bis doppelt so lang wie der K. K. zur Fr.zeit geschlossen. Trauben, auch entwickelt, meist kürzer als der Stgl. unter ihrem Beginn. Äcker, Raine, Wälder. Verbreitet. ☉ Mai—Herbst. hg. E. und autg.
         Mittleres V., **M. intermédia Link.**
         β. Fr.stiele so lang oder etwas kürzer als der K. K. zur Fr.zeit offen. Trauben ganz entwickelt, so lang oder länger als der dünne Stgl. unter ihrem Beginn. Trockene Abhänge, Hügel, Waldränder. Ziemlich häufig. ☉ Mai, Juni. hg. E. und autg.
         Steifhaariges V., **M. híspida Schldl.**

10. **Lithospérmum,** Steinsame.

1. Btn. klein, weißlich oder gelblich, selten bläulich.
   a. Stgl. dicht beblättert. Bl. mit hervorragenden Seitennerven. Kr. mit kurzer Röhre (Fig. 466) und kleinen Schlundschuppen, grünlichgelb oder weißlich. Nüßchen glatt, glänzend, weißlich oder blaugrau. Sonnige Hügel, Gebüsche. Zerstreut. Mai, Juni.
   Echter St., **L. officinále L.**

Borragináceae. Verbenáceae. Labiátae 203

b. Stgl. entfernt beblättert. Bl. mit nicht hervortretenden Seitennerven. Kr. mit langer Röhre, ohne Schlundschuppen, weißlich. selten bläulich. Nüßchen runzelig, fast glanzlos, braun. Äcker, Wegränder. Meist gemein. ☉ Mai, Juni. hg.—pg. E. und autg.
Acker-St., **L. arvénse L.**

2. Btn. mittelgroß (12—15 mm breit). Kr. mit weiter Röhre, ohne Schlundschuppen, anfangs rot, dann blau (an Pulmonária erinnernd). Stgl. mit langen Ausläufern. Gebüsche, Hügel in Süd- und Mitteldeutschland. Zerstreut. Mai, Juni. Schwach pg. Hb.
Purpurblauer St., **L. purpúreo-coerúleum L.**

## 11. Échium, Natterkopf.

Stgl. kurzhaarig und mit zerstreuten, längeren, auf weißen oder braunen Knötchen stehenden, stechenden Haaren. Bl. lanzettlich, sitzend, nicht stgl.umfassend. Kr. anfangs rötlich, dann blau, seltener weiß oder fleischfarben. (Fig. 464). Äcker, Hügel, Wegränder. Gemein. ☉ Juni bis Sept. pa. und ♀. Hb. Gemeiner N., **E. vulgáre L.**

## 74. Fam.: Verbenáceae, Eisenkrautgewächse.

### 1. Verbéna, Eisenkraut.

Stgl. 4kantig, ästig. Bl. gegenständig, untere länglich, mittlere 3spaltig, mit großem Mittelzipfel, obere länglich, eingeschnitten-gekerbt, oberste ganzrandig, Btn. klein, sitzend, in rispig angeordneten, dünnen Ähren. (Fig. 190.) Kr. blaßlila. Wegränder, Dorfplätze, Mauern. Verbreitet. Juli—Okt. hg. Hb. und autg.
Echtes E., **V. officinális L.**

## 75. Fam.: Labiátae, Lippenblütler.

**A. Krone nicht deutlich 2 lippig.**
I. Kr. scheinbar 1 lippig.
  A. Oberlippe sehr kurz, 2 lappig, Unterlippe 3 spaltig. (Fig. 474.) Kr.röhre innen mit einem Haarring. Kr bleibend. **Ajúga 206.**
  B. Oberlippe tief gespalten, ihre Zipfel der Unterlippe anliegend, daher diese scheinbar 5-spaltig. (Fig. 475.) Kr.röhre ohne Haarring. Kr. abfallend. **Teúcrium 206.**

Fig. 474.   Fig. 475.

II. Kr. fast regelmäßig-4spaltig.
  A. Staubbl. 2, meist noch 2 fädliche Nebengebilde (unfruchtbare Staubbl.). K. glockenförmig-5spaltig. (Fig. 476.) **Lycopus 214.**
  B. Staubbl. 3, fast gleichlang. Staubbeutelhälften gleichlaufend nebeneinander. K. 5zähnig (Fig. 477), seltener 2lippig. **Mentha 214.**

Fig. 476.   Fig. 477.

**B. Krone deutlich 2 lippig.**
I. Staubbl. 2.
  A. Oberlippe der Kr. ganzrandig oder schwach ausgerandet. Staubbl. in der Oberlippe verborgen, mit langem, bogigem Mittelband. (Fig. 478, S. 204.) **Sálvia 211.**

204  Labiátae

B. Oberlippe der Kr. 2spaltig. Staubbl.
hervorragend, gekrümmt, am Grunde
mit je einem rückwärts gerichteten
Zahn. (Fig. 479.) Rosmarínus 207.
II. Staubbl. 4, 2 längere und 2 kürzere.
A. Oberlippe der Kr. flach oder doch
nur wenig gewölbt.  Fig. 478.  Fig. 479.
1. Staubbl. abwärts gebogen, der Unterlippe anliegend, mit nierenförmigem Staubbeutel, welcher nach dem Öffnen ein flaches, rund-
liches Scheibchen darstellt. Kr. weiß oder blau.
  a. K. 2lippig, mit 4spaltiger Unterlippe und
  ungeteilter Oberlippe. Oberlippe der Kr.  Fig. 480.
  4spaltig, Unterlippe ungeteilt, schmal.
  (Fig. 480.)  Ócimum 215.
  b. K. kurz-5zähnig, zur Fr.zeit durch ein deckel-
  förmiges Anhängsel des oberen Zahnes geschlossen. (Fig. 481a.) Oberlippe der Kr. 2-,
  Unterlippe 3lappig. Staubbeutel bärtig (Fig.
  481c), in der Kr.röhre verborgen.
    Lavándula 207.  Fig. 481.
2. Staubbl., wenigstens die 2 längeren, oberwärts auseinandertretend, unter der Oberlippe hervorragend.
  a. Staubbeutelhälften getrennt, nach unten auseinander-
  gehend. (Fig. 482b.) Btn. ziemlich klein.
  Zipfel der Unterlippe ziemlich gleich.
    aa. K. 5zähnig oder schief gespalten,
    fast 2lippig. Btn. mit öfter gefärb-
    ten Deckbl. (Fig. 482a.)
      Oríganum 213.  Fig. 482. Fig. 483.
    bb. K. deutlich 2lippig. (Fig. 483.)
    Btn. ohne Deckbl., in kopfig gehäuften
    Scheinquirlen.  Thymus 213.
  b. Staubbeutelhälften oben verschmolzen. (Fig.
  484b.) Mittlerer Zipfel der Unterlippe größer
  als die seitlichen. K. 5zähnig. (Fig. 484a.)
  Btn. mittelgroß, blau, seltener rosa oder weiß.
    Hyssópus 213.  Fig. 484.
3. Staubbl. weder der Unterlippe anliegend noch
unter der Oberlippe hervorragend.
  a. K. 2lippig.
    aa. K. regelmäßig-2lippig (Oberlippe 3-, Unter-
    lippe 2spaltig oder 2zähnig), nicht auf-
    geblasen.
      α. K. walzlich.  Oberlippe der Kr. flach.
      Zipfel der Unterlippe gleich. (Fig. 485.) Fig. 485.
      Staubbeutelhälften oben getrennt.
        Calamíntha 212.

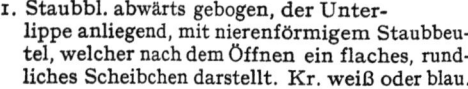

Labiátae 205

β. K. glockig. Oberlippe der Kr. etwas gewölbt. Mittelzipfel der Unterlippe größer. Staubbeutelhälften oben verschmolzen. (Fig. 486.) Melíssa 212.
bb. K. unregelmäßig-2 lippig, aufgeblasen, zur Fr.-zeit offen. Oberlippe der Kr. fast kreisrund, wenig gewölbt. (Fig. 487.) Die beiden Staubbeutelpaare ein Kreuz bildend.
Melíttis 208.

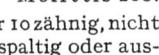

Fig. 486.

b. K. ziemlich regelmäßig 5-, seltener 10 zähnig, nicht aufgeblasen. Oberlippe der Kr. 2 spaltig oder ausgerandet.
aa. Oberlippe der Kr. ungeteilt, ausgerandet, Staubbl. unter derselben zusammenneigend. (Fig. 488.) Kr. klein. Bl. lineal-lanzettlich, ganzrandig. Saturéja 212.
bb. Oberlippe 2 spaltig. Bl. breiter.
α. Staubbeutel und Griffel aus der Kr.röhre hervorragend.
αα. Kr. blau. Staubbeutel nach dem Verblühen ein Kreuz bildend. Stgl. kriechend. Glechóma 208.
ββ. Kr. weiß oder rötlichweiß. Staubbeutel nach dem Verblühen auswärts gebogen. (Fig. 489.) Stgl. aufrecht. Népeta 208.
β. Staubbeutel und Griffel in der Kr.röhre eingeschlossen. K. 10 zähnig. (Fig. 490.) Kr. weiß, klein. Stgl. nebst den Bl. filzig.
Marrúbium 207.

Fig. 487.

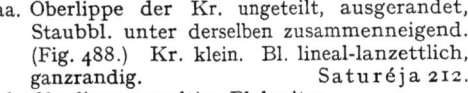

Fig. 488.

Fig. 489.

B. Oberlippe der Kr. ausgehöhlt oder gewölbt. Staubbl. dicht nebeneinander und wenigstens anfangs gleichlaufend unter die Oberlippe gestellt.
1. K. 2 lippig.

Fig. 490.

a. Beide Lippen des K. ungeteilt, ganz, die obere am Rücken mit einer aufrechten, hohlen Schuppe. (Fig. 491.) Oberlippe der Kr. 3 spaltig, Unterlippe ungeteilt. Scutellária 207.
b. Oberlippe des K. kurz-3 zähnig. Unterlippe 2 spaltig, Oberlippe der Kr. ungeteilt, Unterlippe 3 spaltig. Längere Staubbl. unter dem Staubbeutel gezähnt. (Fig. 492.) Brunélla 208.
2. K. regelmäßig 5 zähnig (Fig. 493), der hintere Zahn nicht breiter.

Fig. 491.

a. Btn. klein, rötlich. Staubbl. mehr oder weniger aus der Kr.röhre hervorragend. Nüßchen 3 kantig, oben gestutzt. Zipfel der Kr.unterlippe stumpf (durch Einrollen der Ränder spitz erscheinend). (Fig. 493.) Leonúrus 210.
b. Btn. groß oder mittelgroß.

Fig. 492.

Fig. 493.

aa. Seitenzipfel der Kr.unterlippe spitz, oft sehr
klein und zahnförmig. (Fig. 494.) Kr.
rot, weiß oder gelb.  Lámium 208.
bb. Seitenzipfel der Kr.unterlippe stumpf
und breit.
  α. Unterlippe der Kr. am Grunde
beiderseits mit 1 aufrechten, hoh- Fig. 494. Fig. 495
len, von unten her eingedrückten
Höcker (Zahn). (Fig. 495.) Galeópsis 209.
  β. Unterlippe der Kr. ohne Höcker.
    aa. K. röhrig-glockig, 5- oder 10 nervig.
(Fig. 496.) Längere Staubbl.
meist nach dem Verblühen gewunden und nach außen ge-
bogen. Stachys 210.
    ββ. K. trichterförmig, hervorsprin- Fig. 496. Fig. 497.
gend-10 nervig. (Fig. 497.)
Staubbl. auch nach dem Verblühen gerade, unter
der Oberlippe gleichlaufend. Ballóta 210.

## 1. Ájuga, Günsel.

1. Mit beblätterten Ausläufern. Stgl. kahl oder wenig behaart. Grundbl. groß, lang gestielt, spatelförmig. Deckbl. seicht gekerbt bis ganzrandig. (Fig. 474.) Wiesen, Gebüsche, Laubwälder. Häufig. Mai, Juni. Meist hg. Hh. und autg. mch.
    Kriechender G., **A. reptans L.**
2. Ohne Ausläufer. Stgl. dicht-zottig. Grundbl. zur Bte.zeit meist nicht mehr vorhanden. Deckbl. grob-gekerbt, die unteren und mittleren 3 lappig. Trockene Wälder, Triften, Hügel. Häufig. Mai, Juni, öfter Aug., Sept. wieder. pa. Hh. und autg.
    Genfer G., rottiger G., **A. genevénsis L.**

## 2. Teúcrium, Gamander.

1. Kr. gelb.
  a. Bl. lineal-lanzettlich, fast ganzrandig, am Rande umgerollt, unterseits graufilzig. Scheinquirle in einen endständigen Kopf zusammengedrängt. Kr. blaßgelb. Sonnige Kalkberge in Mittel- und Süddeutschland. Juni—Aug. pa. Hh. u. Hb.
    Berg-G., **T. montánum L.**
  b. Bl. herzförmig-länglich, gekerbt, runzelig. Btn. einzeln, schlanke Ähren bildend. K. 2 lippig, die Oberlippe ungeteilt, die Unterlippe 4 zähnig. (Fig. 475.) Kr. blaß-grünlichgelb. Wälder, Hügel, besonders in Süd- und Westdeutschland. Juli, Aug. pa. Hh.
    Salbeiblättriger G., **T. Scorodónia L.**
2. Kr. rot, selten weiß. Btn. in 2—6 blütigen Scheinquirlen.
  a. Bl. fast doppelt-fiederspaltig, gestielt. Kr. trüb-rosenrot, die Mittelzipfel der Unterlippe gelblich. Pfl. drüsig-zottig. Sonnige, steinige Kalkberge in Mittel- und Süddeutschland. Juli—Okt. pa. Hb. und autg. Trauben-G., **T. Botrys L.**

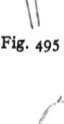

Labiátae 207

b. Bl. ungeteilt, grob- oder eingeschnitten-gekerbt.
aa. Bl. sitzend, länglich bis länglich-lanzettlich, die unteren am Grunde abgerundet, die oberen am Grunde keilförmig verschmälert und ganzrandig. Scheinquirle meist 4blütig. Kr. hellpurpurn. Von knoblauchartigem Geruch und bitterem Geschmack. Feuchte Wiesen, Gebüsche, Gräben. Meist nicht selten. Juli, Aug. pa. Hb.
Lauch-G., T. Scórdium L.
bb. Bl. gestielt, länglich, keilförmig in den Stiel verschmälert, eingeschnitten-gekerbt. Scheinquirle meist 6blütig, traubig. Kr. purpurn, selten weiß. Sonnige Hügel, Abhänge, besonders auf Kalk, in Mittel- und Süddeutschland. Zerstreut. Juli, Aug. pa. Hh.
Echter G., eichenblättriger G., T. Chamædrys L,

3. **Rosmarínus**, Rosmarin.

Immergrüner Strauch mit rutenförmigen, aufrechten Zweigen. Bl. sitzend, lineal, lederig, am Rande umgerollt, unterseits graufilzig. Kr. klein, blaßblau. In Gärten angepflanzt. Aus Südeuropa. April bis Juni. pa. Hb. mch. Garten-R., R. officinális L.

4. **Scutellária**, Helmkraut.

1. Bl. entfernt-gekerbt-gesägt, aus herzförmigem Grunde länglich-lanzettlich. Btn. entfernt, gegenständig, einseitswendig. K. meist kahl. (Fig. 491.) Kr. blauviolett, selten rötlich oder weiß. Gräben, Sumpfränder, feuchte Waldstellen. Nicht selten. Juni—Aug. pa. Hh. und Ft. Kappen-H., S. galericuláta L.
2. Bl. ganzrandig, länglich-lanzettlich, mittlere am Grunde beiderseits mit 1 oder 2 Zähnen, fast spießförmig. Btn. traubig-gehäuft. K. und Kr. drüsig-weichhaarig. Kr. blauviolett. Gräben, Wiesen. Seltener als vorige Art. Juni—Aug. pa. und ♀. Hb.
Lanzen-H., S. hastifólia L,

5. **Lavándula**, Lavendel.

Bl. lineal, am Rande umgerollt, anfangs graufilzig, zuletzt grün, unterseits drüsig-punktiert. Scheinquirle eine unterbrochene, endständige Ähre bildend. Kr. blauviolett. Angepflanzt und zuweilen verwildert. Aus Südeuropa. Juli—Sept. pa. und ♀. Hb.
Garten-L., L. Spica L.

6. **Marrúbium**, Andorn.

Stgl. ästig, weißwollig-filzig. Bl. stark runzelig, oberseits schwach, unterseits stark weiß-filzig, rundlich-eiförmig, untere lang, obere kurz, aber breit gestielt. Quirle reichblütig, fast kugelig. Kr. weiß. Wegränder, Zäune, Dorfplätze. Sehr zerstreut. Juli—Aug. hg. Hb.
Gemeiner A., M. vulgáre L.

Labiátae

### 7. Népeta, Katzenminze.

Bl. lang gestielt, herzförmig, fast 3 eckig, grob gesägt, oberseits kurzhaarig, grün, unterseits graufilzig. K.zähne pfriemlich, stachelspitzig, obere länger als die unteren. (Fig. 489.) Nüßchen glatt und kahl. Unterlippe purpurn punktiert. Zäune, Schutt, Mauern. Zerstreut. Juli, Aug. pa. und ♀. Hh.     Gemeine K., **N. Catária L.**

### 8. Glechóma, Gundermann, Gundelrebe.

Stgl. kriechend, blütentragende Zweige aufsteigend. Bl. nieren- oder rundlich-herzförmig, alle gekerbt. Scheinquirle meist 6 blütig. Wälder, Gebüsche, Äcker. Gemein. April—Juni. pa. und ♀. Hh.
Gemeiner oder efeublättriger G., **G. hederácea L.**

### 9. Brunélla, Brunelle.

1. Zähne der K.oberlippe sehr kurz, gestutzt. Kr. höchstens doppelt so lang als der K., violett oder rötlich. Kr.röhre gerade. Zahn der längeren Staubfäden pfriemlich, gerade. (Fig. 492.) Bl. eiförmig bis lanzettlich, gezähnt oder ganzrandig. Wiesen, Grasplätze, Wälder. Häufig. Juni—Okt. pa.—hg. und ♀. Hh.
Gemeine B., **B. vulgáris L.**
2. Zähne der K.oberlippe zugespitzt. Kr. 3—4 mal so lang als der K., violett. Kr.röhre etwas aufwärts gekrümmt. Zahn der längeren Staubfäden kurz, höckerartig. Trockene Wiesen, Hügel, Abhänge. Zerstreut. Juli—Sept. pa. und ♀. Hh.
Großblütige B., **B. grandiflóra Jacq.**

### 10. Melíttis, Immenblatt, Bienensaug.

Bl. herz- oder eiförmig-länglich, grob-gekerbt. Btn. groß, gestielt, zu 1—3 in den Bl.achseln. K. weitglockig. Kr. außen weiß, Oberlippe innen rötlich punktiert, Unterlippe innen rosa, der Mittelzipfel purpurn, weiß gesäumt. Laubwälder. In Süd- und Mitteldeutschland zerstreut, in Norddeutschland sehr selten. Mai, Juni. pa. Hh. und Fn.
Immenblatt, **M. Melissophýllum L.**

### 11. Lámium, Taubnessel, Bienensaug.

1. Kr. gelb. Unterlippe der Kr. mit 3 ziemlich gleichen, spitzen Zipfeln. Kr.röhre gekrümmt, innen mit einem schrägen Haarring. Staubbeutel kahl. Untere Bl. lang gestielt, herz-eiförmig, ungleich gekerbt, stumpf, oft weißlich gefleckt, obere kürzer gestielt, spitz. Feuchte Gebüsche, Laubwälder. Meist nicht selten. Mai, Juni. hg. Hb.     Gelbe T., Goldnessel, **L. Galeóbdolon Crantz.**
2. Kr. rot oder weiß. Unterlippe der Kr. mit sehr kleinen, zahnförmigen oder fehlenden Seitenzipfeln. Staubbeutel bärtig.
   a. Obere Bl. sitzend, stengelumfassend, nierenförmig, untere gestielt, herz-eiförmig oder rundlich, alle gekerbt. Kr.röhre dünn, gerade, innen ohne Haarring. Kr. purpurn. Äcker, Gartenland. Verbreitet. ⊙ April—Okt. hg. Hb. und autg., auch kleistg. mch. Stengelumfassende oder Kleine T., **L. amplexicaúle L.**

Labiátae

b. Bl. gestielt. Kr.röhre innen mit einem Haarring.
aa. Kr.röhre gerade, plötzlich in den Schlund erweitert. Btn. ziemlich klein. Untere Bl. rundlich, lang gestielt, obere herzeiförmig, kurz gestielt, alle gekerbt. Kr. hellpurpurn, selten weiß. Äcker, Gartenland, Schutt. Gemein. ⊙ März—Okt. hg. Hb. mch. Rote T., **L. purpúreum L.**
bb. Kr.röhre gekrümmt, allmählich in den Schlund erweitert. Btn. ziemlich groß.
   *α*. Kr. hellpurpurn, Unterlippe dunkler gefleckt. Schlund am Rande beiderseits nur mit 1 Zahn. Haarring der Kr.röhre quer verlaufend. Bl. herz-eiförmig, gekerbt oder kerbiggesägt. Kurze Sprossen treibend. Feuchte Gebüsche, Laubwälder, Hecken. Verbreitet. April—Juni. hg. Hh. mch. Gefleckte T., **L. maculátum L.**
   *β*. Kr. weiß. Schlund am Rande beiderseits außer mit einem größerem Zahne meist mit 1 oder mehreren kleineren. (Fig. 494.) Haarring der Kr.röhre schräg aufsteigend. Bl. zugespitzt, schärfer gesägt. Ausläufer treibend. Schutt, Hecken, Zäune. Gemein. April—Okt. hg. Hh. mch.
                     Weiße T., **L. album L.**

## 12. Galeópsis, Hohlzahn.

1. Stgl. unter den Gelenken nicht verdickt und nicht steifhaarig, mit weichen, abwärts angedrückten Haaren besetzt, 7—45 cm hoch.
a. Kr. mittelgroß bis klein, hellpurpurn, selten ganz weiß; Kr.röhre dünn, meist viel länger als der K. Bl. gestielt, ei- bis lineal-lanzettlich, nicht drüsig, punktiert. Äcker, Wegränder. ⊙ oder ⊙. Meist häufig. Juli—Okt. hg. Hh.
                     Acker-H., **G. Ládanum L.**
Kommt in 2 Unterarten vor:
aa. Bl. ei-lanzettlich oder länglich, unter der Mitte am breitesten, jederseits mit 4—8 Zähnen. K. abstehend-drüsenhaarig, seine Zähne fast gleich, zur Fr.zeit aufrecht. Stgl. meist buschig-ästig. Sehr häufig, besonders auf Sandboden.
                     **intermédia Vill.**
bb. Bl. lineal-lanzettlich, gegen die Mitte am breitesten, jederseits mit 1—4 seichten, entfernten Zähnen oder ganzrandig. K. angedrückt-behaart, seine Zähne ungleich, zur Fr.zeit abstehend. Stgl. meist locker-ästig. Besonders auf Kalkböden.
                     **angustifólia Ehrh.**
b. Kr. groß (25—30 mm lang), gelblichweiß. Bl. eiförmig bis eiförmig-lanzettlich, beiderseits dicht seidenhaarig. Scheinquirle 10—30blütig. K. abstehend-drüsenhaarig. Oberlippe der Kr. eingeschnitten-gezähnt. Sandige Äcker, besonders im westlichen Deutschland. ⊙ Juli—Okt. hg. Hh.
              Gelblichweißer H., **G. ochroleúca Lam.**
2. Stgl. unter den Gelenken deutlich verdickt und steifhaarig, 30 bis 70 cm hoch und höher. Bl. eiförmig bis länglich-eiförmig, zugespitzt.

210  Labiátae

a. Kr. groß (30—40 mm lang), schwefelgelb, der ganze Mittellappen der Unterlippe bis auf einen schmalen hellen Saum violett, rundlich-4 eckig, flach, gekerbt. (Fig. 498.) Kr.röhre 3—4 mal so lang als der K. Gebüsche, feuchte Waldplätze. Zerstreut. ☉ Juni—Okt. hg. Hh. (G. versícolor Curt.)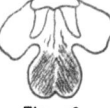

Fig. 498.

Bunter H., **G. speciósa Mill.**

b. Kr. klein oder mittelgroß, meist purpurn. Die Verdunkelung auf der Unterlippe in Gestalt einer Gitterzeichnung nimmt nur $\frac{2}{3}$ der Länge und Breite des Mittellappens ein. (Fig. 499 u. 500.)

aa. Bl. breit eiförmig, am Grunde gestutzt oder schwach herzförmig, dunkelgrün. Kr.röhre 2—3 mal so lang als der K. Mittellappen der Kr. regelmäßig verkehrt-herzförmig. (Fig. 499.) Äcker, Wegränder, Gebüsche, Waldschläge. In Mittel- und Süddeutschland häufig. ☉ Juni bis Okt. hg. Hh. Weicher H., **G. pubéscens Bess.**

Fig. 499.

bb. Bl. länglich-eiförmig, am Grunde meist verschmälert, trübgrün. Kr.röhre so lang oder kürzer als der K. Mittellappen der Kr. 4 eckig, vorn nur schwach ausgerandet. (Fig. 500.) K.röhre borstig, Zähne starr. Äcker, Schutt, Waldschläge. Gemein. ☉ Juli bis Okt. hg. Hh.

Fig. 500.

Gemeiner oder stechender H., **G. Tétrahit L**

### 13. Leonúrus, Herzgespann.

Bl. unterseits hellgrün, zerstreut-kurzhaarig, die unteren handförmig-5 spaltig, am Grunde herzförmig, die oberen 3 spaltig oder 3-lappig, am Grunde keilig. Kr. länger als der K. (Fig. 493), außen dicht-zottig, mit Haarring, rosenrot. Weg- und Waldränder, Schutt. Verbreitet. Juli, Aug. Schwach pa. Hh. Echtes H., **L. Cardíaca L.**

### 14. Ballóta, Schwarznessel.

Bl. kurz gestielt, grob-kerbig-gesägt, eiförmig spitz, die unteren herzförmig stumpf. K.zähne 3 eckig-eiförmig oder 3 eckig-lanzettlich, in eine mehr oder weniger lange Stachelspitze zugespitzt. (Fig. 497.) Kr. bläulichrot, selten weiß. Schutt, Wegränder, Zäune. Häufig. Juni—Okt. pa. Hb. Gemeine S., **B. nigra L.**

### 15. Stachys, Ziest.

1. Kr.röhre ohne Haarring. K.zähne lang gewimpert. Kr. purpurn, selten weiß. Btn.stand endständig, dicht. Bl. länglich-eiförmig, am Grunde herzförmig, untere sehr lang, obere kurz gestielt, kleiner. Stgl. meist einfach, kurzhaarig. Lichte Waldstellen, trockene Wiesen, Hügel. Häufig. Juli, Aug. pa.—hg. H. (S. Betónica Benth.)
Heil-Z., Betonie, **S. officinális Trev.**
2. Kr.röhre innen mit einem Haarring.
   a. Kr. hellgelb. Bl. am Grunde abgerundet oder verschmälert.
      aa. Bl. meist kahl, gestielt, untere länglich, stumpf, obere lan-

Labiátae 211

zettlich, spitz. Scheinquirle 4—6 blütig. K.zähne lanzettlich, mit behaarter Stachelspitze. Äcker, Weinberge, besonders auf Kalkboden. Zerstreut. ⊙ Juli—Okt. hg. Hb.
Sommer-Z., S. ánnua L.
bb. Bl. kurzhaarig, länglich bis lanzettlich, die untersten sehr kurz gestielt, obere sitzend. Scheinquirle 6—10 blütig. K.zähne 3 eckig, mit kahler Stachelspitze. Sonnige Hügel, Weinberge, Wegränder. Zerstreut. Juni—Okt. pa. Hb.
Aufrechter Z., Berg-Z., S. recta L.
b. Kr. rot. Untere und mittlere Bl. am Grunde herzförmig oder gestutzt.
aa. Scheinquirle 10—mehrblütig.
α. Stgl. dicht wollig-zottig. Bl. herz-eiförmig oder eiförmig-länglich, gekerbt, weißwollig-filzig, untere gestielt, obere sitzend. K.zähne 3 eckig, stachelspitzig. (Fig. 496.) Kr. hellpurpurn. Sonnige Hügel, Wegränder, steinige Äcker, gern auf Kalk. Zerstreut. Juli, Aug. pa. und ♀. Hb.
Wolliger Z., S. germánica L.
β. Stgl. lang weichhaarig, oberwärts drüsenhaarig. Bl. herz-eiförmig, klein-gekerbt, oberste ganzrandig, schwach weichhaarig. K. meist schmutzig rot. K.zähne breit eiförmig, stachelspitzig. Bergwälder in Mittel- und Süddeutschland. Juli, Aug. Alpen-Z., S. alpína L.
bb. Scheinquirle 4—10 blütig.
α. Bl. breit, herz-eiförmig, zugespitzt, mit Ausnahme der obersten lang gestielt, grob-kerbig-gesägt, weich. Kr. schmutzig-dunkel-purpurn. Schattige Laubwälder, Gebüsche, Hecken. Häufig. Juni—Aug. pa. H.
Wald-Z., S. silvática L.
β. Bl. schmal, länglich bis lanzettlich, spitz, am Grunde schwach-herzförmig, klein-kerbig-gesägt, untere kurz gestielt, obere sitzend, halbstengelumfassend. Kr. schmutzig-rosa. Feuchte Äcker, Gräben, Ufer. Häufig. Juli, Aug. pa. H. und F. Sumpf-Z., S. palústris L.

## 16. Sálvia, Salbei.

1. Kr.röhre innen mit Haarring. Oberlippe der Kr. nicht zusammengedrückt (hohl).
a. Scheinquirle 4—12 blütig. Btn. mittelgroß. Kr. violettblau. Griffel aus der Oberlippe hervorragend. (Fig. 478.) Bl. länglich, fein gekerbt, in der Jugend nebst den Ästen weißlich-graufilzig. Stgl. am Grunde holzig. In Gärten angepflanzt. Aus Südeuropa. Juni, Juli. pa. Hb. Garten-S., S. officinális L.
b. Scheinquirle 15—30 blütig. Btn. kleiner. Kr. hellblau-lila. Griffel auf der Unterlippe liegend. Bl. fast 3 eckig-herzförmig, ungleich-kerbig-gesägt, meist mit 2 getrennten Öhrchen am Bl.stiel, kurzweichhaarig. Stgl. krautig. Raine, Weg- und Waldränder. Zerstreut. Juni—Aug. pa. und ♀. Hb. und Hh.
Quirlblütiger S., S. verticilláta L.

Labiátae

2. Kr.röhre innen ohne Haarring. Oberlippe der Kr. zusammengedrückt. Scheinquirle meist 6 blütig. Bl. runzelig.
 a. Stgl. mit wenigen Bl.paaren. Grundbl. rosettig, länglich oder länglich-eiförmig, am Grunde herzförmig, kerbig-gezähnt. Deckbl. grün, obere kürzer als die K. Sonnige Hügel, Wiesen, Raine. Ziemlich verbreitet, stellenweise häufig. Mai—Juli. pa. und ♀. Hh. (Schlagwerk!) Wiesen-S., **S. praténsis L.**
 b. Stgl. dichtbeblättert, ohne grundständige Rosette. Bl. länglichlanzettlich, am Grunde abgerundet oder herzförmig, gekerbt. Deckbl. meist purpurn, die oberen so lang wie die K. Wegränder, Raine, Hügel. Zerstreut. Juli, Aug. pa. und ♀. Hb.
Wilde S., **S. silvéstris L.**

### 17. Melíssa, Melisse.

Bl. gestielt, eiförmig, gekerbt oder gekerbt-gesägt, am Grunde fast herzförmig, die oberen keilig. Scheinquirle wenigblütig, einseitswendig. Kr. weiß. Von angenehmem Zitronengeruch. Angepflanzt. Aus dem Mittelmeergebiet. Juli, Aug. pa.—hg. Hb., Hh. und autg.
Zitronen-M., **M. officinális L.**

### 18. Calamíntha, Köll, Bergminze.

1. Scheinquirle ohne pfriemliche Deckbl., 3—5 blütig.
 a. Btn.stiele ungeteilt. Bl. eiförmig oder länglich-rautenförmig, spitzlich gezähnelt. K. am Grunde einseitig bauchig. K.schlund durch einen Haarkranz geschlossen. Kr. lila, selten weiß. Stgl. 10—30 cm hoch. Triften, Hügel, Weg- und Waldränder. Nicht selten. Juni—Sept. pa. Hb. und Hh.
Berg-K., **C. Ácinos Clairv.**
 b. Btn.stiele gabelspaltig. Bl. eiförmig oder rundlich-eiförmig, stumpf, angedrückt-gesägt. K.schlund mit kaum vorragenden Haaren. Kr. purpurn. Stgl. 30—60 cm hoch. Hecken, Gebüsche, Wälder in Süddeutschland und den Rheingegenden. Juli, Aug. pa, und ♀. Hb. Gebräuchliche K., **C. officinális Moench.**
2. Scheinquirle am Grunde von lineal-pfriemlichen, langzottigen Deckbl. umgeben, vielblütig, kugelig. (Clinopódium.)
 Stgl. abstehend-zottig, 30—60 cm hoch. Bl. eiförmig, unterseits mehr blaßgrün. K. walzen- bis trichterförmig. K.schlund nicht durch Haare geschlossen. Kr. purpurn. (Fig. 485.) Wälder, buschige Hügel, Wegränder. Verbreitet. Juli—Sept. pa. und ♀. Hb. und Hh. (Cl. vulgáre L.) Borsten-K., **C. Clinopódium Spenner.**

### 19. Saturéja, Pfefferkraut.

Stgl. sehr ästig. Bl. lineal-lanzettlich, ganzrandig, gewimpert, glanzlos. Btn. klein, meist zu 5 in den Bl.achseln, scheinquirlig. Kr. lila oder weißlich, am Schlunde rot punktiert. Gebaut. Aus Südeuropa. ⊙ Juli—Okt. pa. und ♀. Hb.
Garten-Pf., Bohnenkraut, **S. horténsis L.**

Labiátae

## 20. Hyssópus, Ysop.

Strauchig, 30—60 cm hoch. Bl. lineal-lanzettlich, ganzrandig. Scheinquirle dicht, endständige, einseitswendige Ähren bildend. Steinige Orte in Süddeutschland, sonst angepflanzt und verwildert. Juli bis Sept. pa. Hb.   Echter Y., **H. officinális L.**

## 21. Oríganum, Dost.

1. Bl. eiförmig, undeutlich gezähnt, durchscheinend-punktiert. Deckbl. elliptisch, spitzlich, kahl, meist dunkelpurpurn. K. 5 zähnig. (Fig. 501 b.) Kr. hellpurpurn, selten weiß. Waldränder, Gebüsche, Hügel. Verbreitet. ☉ Juli, Aug. pa. und ♀. D. und H.

Gemeiner oder wilder D., **O. vulgáre L.**
2. Bl. elliptisch, ganzrandig. Deckbl. quer breiter, abgerundet, grau-filzig, drüsig, am Rande zottig. K. ungezähnt, vorn fast bis zum Grunde gespalten. (Fig. 501 a.) Kr. weiß oder hellrötlich. In Gärten angepflanzt. Stammt aus Nordafrika. ☉ Juli bis Sept. pa. Hb.   Garten-D., Majoran, Mairan, **O. Majorána L.**

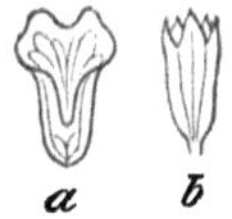

*a    b*
Fig. 501.

## 22. Thymus, Quendel, Thymian.

1. Stgl. niederliegend oder aufsteigend. Bl. flach oder schwach umgerollt. (T. Serpyllum L.)
  a. Äste oberwärts deutlich 4 kantig, an den Kanten behaart. Bl. ziemlich dünn, elliptisch, eiförmig oder rundlich, plötzlich in den Bl.stiel zusammengezogen, unterseits mit wenig hervortretenden Nerven, am Grunde oft kaum gewimpert, seltener zottig behaart oder fast kahl. Untere Scheinquirle öfter entfernt. Stgl. aufsteigend. nur am Grunde wurzelnd. Kr. hellpurpurn, zuweilen weiß. Hügel, Raine, Triften, Wegränder. Gemein. Juni bis Herbst. pa. und ♀. D., Hb. und autg.

Gamander-Q., **T. Chamǽdrys L.**
  b. Äste oberwärts stielrund oder undeutlich 4 kantig, ringsum kurzhaarig. Bl. etwas derb, klein, lineal bis länglich, allmählich in den Bl.stiel verschmälert, mit unterseits (besonders getrocknet) stark hervortretenden Nerven, am Grunde gewimpert, seltener zottig behaart. Scheinquirle kopfig gedrängt. Stgl. niederliegend, überall wurzelnd, mit kurzen, meist reihenweise angeordneten blütentragenden Ästen. Kr. hellpurpurn. Sandige Wälder (Kiefernwälder), Hügel, Triften, Wegränder. Weniger häufig. Juni bis Herbst. pa. und ♀. D., H. und autg.

Feld-Q., **T. angustifólius Pers.**
2. Stgl. aufrecht oder aufsteigend, am Grunde nicht wurzelnd, sehr ästig. Bl. sitzend, länglich bis lineal, am Rande stark umgerollt, in ihren Achseln mit verkürzten Zweigen (Bl.-büscheln). Kr. hellrot. In Gärten gebaut. Aus dem westlichen Südeuropa. Mai, Juni. pa. und ♀. D. und Hb.   Garten-Q., **T. vulgáris L.**

Labiátae

## 23. Lýcopus, Wolfstrapp.

Stgl. ästig. Bl. lanzettlich, grob-buchtig-gezähnt, am Grunde fiederspaltig. K.zähne länger als die Kr.röhre. Kr. weiß, innen purpurn punktiert. Gräben, Ufer, feuchte Orte. Gemein. Juli, Aug. pa. und ♀. D.     Gemeiner W., Ufer-W., **L. europǽus L.**

## 24. Mentha, Minze.

1. K. 5 zähnig, ohne Lippenbildung, mit offenem Schlunde. Kr.röhre allmählich in den Schlund erweitert.
    a. Scheinquirle in den Achseln von Hochbl., am Ende des Stgls. und der Äste ährenförmig zusammengedrängt.
        aa. Bl. sitzend oder nur die unteren kurz gestielt, länglich bis lanzettlich, unterseits filzig. (Fig. 502.) Scheinähre dünn, am Grunde meist unterbrochen. Btn.stiele und K. behaart. K.-zähne lineal-pfriemlich, zur Fr.zeit etwas zusammenneigend. Kr. blaß-rötlichlila. Ufer, Gräben. Zerstreut. Juli bis Sept. pa. und ♀. D. (M. silvéstris L.)
            Roß-M., **M. longifólia Huds.**
        bb. Bl. deutlich gestielt, meist länglich, spitz, scharf-, fast doppelt-gesägt, wie der Stgl. zerstreut behaart oder ziemlich kahl, seltener die Bl. (Krauseminze) kraus, eingeschnitten und im Umriß eiförmig. Scheinähre dick, ziemlich locker, am Grunde meist etwas unterbrochen. K.röhre gefurcht, am Grunde kahl. K.zähne lanzettlich-pfriemenförmig, zur Fr.zeit gerade vorgestreckt. Kr. lila. Gebaut und zuweilen verwildert. In England einheimisch. Juni—Aug. D.   Pfeffer-M., **M. piperíta L.**

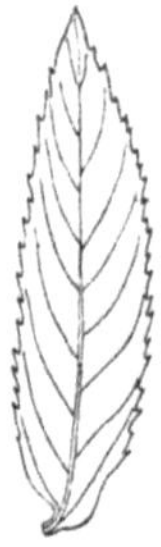

Fig. 502.

b. Scheinquirle, wenigstens die unteren, in den Achseln von Laubbl. Kr.röhre innen meist behaart. K.zähne zur Fr.zeit gerade vorgestreckt. Bl. gestielt.
    aa. Scheinquirle am Ende des Stgls. kopfigzusammengedrängt, darunter oft noch 1 oder 2 gesonderte in den Bl.achseln. K. röhrig-trichterförmig, gefurcht. K.zähne aus 3 eckigem Grunde pfriemlich, viel länger als breit. Bl. eiförmig oder eiförmig-länglich, meist zerstreut behaart, selten stärker behaart oder kahl. (Fig. 503.) Kr. rötlich-lila. Ufer, Gräben, feuchte Gebüsche. Gemein. Juni—Okt. pa. und ♀. D.   Wasser-M., **M. aquática L.**

Fig. 503.

bb. Scheinquirle alle voneinander entfernt (gesondert) in den Achseln fast gleichgroßer Laubbl., der Stgl. mit einem (btn.-losen) Bl.büschel endigend. K. besonders zur Fr.zeit glockig, nicht oder nur schwach gefurcht. K.zähne 3 eckig-eiförmig, nur etwa so lang wie breit. (Fig. 477.) Bl. eiförmig oder elliptisch, gesägt oder fast ganzrandig. Stgl. meist liegend oder

Labiátae. Solanáceae 215

aufsteigend. Kr. lila. Feuchte Äcker, Gräben, Ufer. Häufig.
Juli—Okt. pa. und ♀. D. Acker-M., **M. arvénsis L.**
2. K. fast 2 lippig, sein Schlund nach der Bte.zeit durch einen Haarkranz geschlossen. Kr.röhre plötzlich in den Schlund erweitert. (Pulégium.)
Bl. gestielt, elliptisch, sparsam gezähnt. Scheinquirle alle gesondert, bl.achselständig, kugelig. K. walzlich-trichterförmig, gefurcht. Kr. hellpurpurn oder lilarot. Ufer, feuchte Triften, Grasplätze. Zerstreut. Juli—Sept. pa. und ♀. D. (P. vulgáre Mill.)
Polei-M., **M. Pulégium L.**

### 25. Ócimum, Basilienkraut.

Stgl. oberwärts feinhaarig. Bl. eiförmig oder länglich, meist spitz. Scheinquirle meist 6 blütig. Kr. weiß oder rötlichweiß. Als Zier- und Gewürzpfl. gebaut. Aus Ostindien. ⊙ Juni—Herbst. D. und Hb.
Echtes B., **O. Basílicum L.**

## 76. Fam.: Solanáceae, Nachtschattengewächse.

I. Kr. radförmig oder fast radförmig. Staubbeutel zusammenneigend. Fr. eine Beere.
  A. Btn. einzeln, nickend. K. nach der Bte.zeit sehr vergrößert, die Beere einschließend. (Fig. 504.) Bl. einfach, ungeteilt, ganzrandig.    Phýsalis 216.
  B. Btn. doldig-traubig. K. nach der Bte.zeit nicht vergrößert. (Fig. 505.) Bl. einfach bis gefiedert.
                                                Solánum 216.
II. Kr. glockig, trichterig oder stieltellerförmig.
  A. Strauch. Kr. trichterig, hellrot oder violett. K. 3—5 zähnig oder 2 lippig. (Fig. 506.) Staubbeutel nicht zusammenneigend. Fr. eine Beere.
                          Lýcium 216.
  B. Kräuter.
    1. Kr. glockig, braun. Fr. eine kugelige, glänzend schwarze Beere. (Fig. 507.)    Átropa 216.
    2. Kr. gelblich, weiß, rosa oder rot, meist trichterförmig. Fr. eine Kapsel.
      a. Kr. nicht gefaltet, mit ungleich-5 lappigem Saum, schmutzig-gelb mit violetten Adern. K. krugförmig, bleibend. (Fig. 508.) Kapsel ringsum mit einem Deckel aufspringend.
              Hyoscýamus 216.
      b. Kr. mehr oder weniger gefaltet, mit meist gleichmäßig-5 lappigem Saum. Kapsel 2 fächerig.
        aa. K. bis auf den bleibenden, abgestutzten Grund

Fig. 504.

Fig. 505.    Fig. 506.

Fig. 507.    Fig. 508.

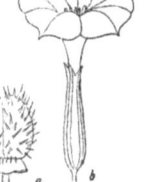

Fig. 509.     Fig 510.

Solanáceae

sich ringförmig ablösend. Kr. trichterig, weiß, seltener violett. Kapsel stachelig, 4klappig. (Fig. 509, S. 215.)
Datúra 217.
bb. K. bleibend. Kapsel glatt, 2klappig.
α. K. 5spaltig. Kr. trichterig-röhrig oder stieltellerförmig. Btn. rispig oder traubig. (Fig. 510, S. 215.)
Nicotiána 217.
β. K. tief 5spaltig, seine Zipfel fast bl.artig. Kr. trichterförmig, mit verlängerter Röhre. Btn. einzeln.
Petúnia 217.

### 1. Lýcium, Bocksdorn, Teufelszwirn.

Zweige schlank, überhängend, oft dornig. Bl. länglich-lanzettlich, allmählich in den Stiel verschmälert. Btn. einzeln oder in wenigblütigen Trugdolden in den Bl.achseln. K. 2lippig. Kr.zipfel fast so lang wie die Kr.röhre. Staubfäden am Grunde wollig-zottig. Kr. violettrot. Beere länglich, rot (Fig. 506). Häufig angepflanzt und verwildert. Aus dem östlichen Mittelmeergebiet. Juni—Sept. hg. Hb., Hh. und autg. (L. bárbarum Koch.) Giftig!
Meldeblättriger B., L. halimifólium Mill.

### 2. Átropa, Tollkirsche.

Bl. eiförmig, kurzgestielt, in den Stiel verlaufend, obere zu 2, davon 1 kleiner. Btn. nickend. Beere kugelförmig, glänzend schwarz, mit violettem Saft. Kr. rötlichbraun. (Fig. 507.) Schattige Bergwälder. Zerstreut. Juni—Aug. pg. Hh. Die Kr. verwelkt schon 1 Stunde nach erfolgter Bestäubung. Sehr giftig!
Gemeine T., A. Belladónna L.

### 3. Hyoscýamus, Bilsenkraut.

Stgl., Bl. und K. klebrig-zottig. Bl. länglich-eiförmig, grobbuchtiggezähnt, untere gestielt, obere stgl.umfassend. Btn. fast sitzend. Kr. schmutziggelb, zierlich violett geädert. (Fig. 508). Wegränder, Schutt, wüste Stellen. Nicht selten. ⊙ Juni—Okt. hg. Hh. Sehr giftig!
Schwarzes B., H. niger L.

### 4. Physalis, Judenkirsche, Schlutte.

Bl. eiförmig, spitz, ziemlich langgestielt, die oberen zu 2. Btn. nickend. Fr.stiele herabgeschlagen. Fr.kugelig, orangefarben. K. später sehr groß, scharlachrot. (Fig. 504.) Kr. weißlich. Schutt, trockene Hügel, Weinberge. Zerstreut. Juni—Aug. pg. und autg.
Gemeine J., Ph. Alkekéngi L.

### 5. Solánum, Nachtschatten.

A. Bl. unterbrochen-unpaarig-gefiedert.
1. Kr. doppelt so lang wie der K., 5eckig, bläulich, lila oder weiß. Staubbeutel frei, an der Spitze mit 2 Löchern aufspringend. Btn.

Solanáceae

ziemlich groß. Blättchen eiförmig, am Grunde schief, oft herzförmig, ganzrandig. Mit Knollen (an der Spitze knollige Ausläufer). Beere kugelig, ungefurcht, grünlich. Überall gebaut. Stammt aus Südamerika, 1553 (?) oder 1588 in Europa eingeführt. Juli, Aug. hg.—pg. Po. D. u. a. und autg.
Knolliger N., Kartoffel, S. tuberósum L.
2. Kr. so lang wie der K., gelb. Staubbeutel verwachsen, innen mit Längsspalten aufspringend. Btn. mehr als 5 zählig. Blättchen länglich, fiederspaltig-eingeschnitten. Ohne Knollen. Beere groß, niedergedrückt-kugelig, gefurcht, glänzend scharlachrot, selten gelb oder weiß. Angepflanzt und zuweilen auch verwildert. Aus dem tropischen Amerika. ☉ Juli—Okt.
Tomate, Liebesapfel, S. Lycopérsicum L.
B. Bl. nicht gefiedert.
 1. Stgl. holzig, oft kletternd, kahl. Bl. am Grunde oft herzförmig, die obersten oft spießförmig oder geöhrt-3 zählig. Kr. violett, selten weiß. Beere länglich, scharlachrot. Ufer, feuchte Gebüsche. Meist häufig. Juni—Aug hg. Hb. Giftig!
Bittersüßer N., S. Dulcamára L.
 2. Stgl. krautig, behaart oder fast kahl, an den Kanten oft höckeriggezähnt. Bl. kurz in den Bl.stiel verschmälert, seicht buchtiggezähnt bis ganzrandig. Kr. weiß. Beere kugelig, reif schwarz, seltener grün oder grünlichgelb bis wachsgelb. Wegränder, Schutt, Acker- und Gartenland. Nicht selten. ☉ Juni—Okt. hg. Po. H. und Ds. Giftig! Schwarzer N., S. nigrum L.

## 6. Datúra, Stechapfel.

Bl. gestielt, eiförmig, ungleich-buchtig-gezähnt, kahl. Btn. einzeln, gabel- und endständig. Kr. groß, weiß, selten blaßviolett. Kapsel eiförmig. Samen nierenförmig, schwarz. Schutthaufen, wüste Plätze, Gartenland. Zerstreut. Eingebürgert. Aus dem Orient? ☉ Juli, Aug. hg. Fn. Die Btn. öffnen sich 7—8ʰ Nm. und blühen nur eine Nacht. Sehr giftig!  Weißer St., D. Stramónium L.

## 7. Nicotiána, Tabak.

 1. Kr. rosa, trichterförmig, mit zugespitzten Saumlappen. Bl. länglich-lanzettlich, zugespitzt, die unteren herablaufend. Rispe ausgebreitet. (Fig. 510.) Gebaut. Um 1560 aus Südamerika eingeführt. ☉. Juli—Sept. pg.—hg., F. und autg. Giftig!
Virginischer T., N. Tabácum L.
 2. Kr. grünlichgelb, stieltellerförmig, mit abgerundeten, stumpfen oder kurz bespitzten Saumlappen. Bl. gestielt, eiförmig, oft am Grunde etwas herzförmig, stumpf. Zuweilen gebaut. Aus Mexiko. ☉. Juli—Sept. hg. und autg. Giftig! Bauern-T., N. rústica L.

## 8. Petúnia, Petunie.

 1. Btn.stiele länger als die Bl. Kr.röhre 3—4 mal länger als der K. Kr. weiß, violett gestreift, ihre Saumlappen abgerundet, stumpf. ☉. Zierpflanze aus Südamerika. Juni—Herbst.
Gestreifte P., P. nyctaginiflóra Juss.

218  Solanáceae. Scrophulariáceae

2. Btn.stiele ungefähr so lang wie die Bl. Kr.röhre etwa doppelt so lang wie der K. Kr. violett-rot,ihre Saumlappen spitz. Wie vorige.
Violette P., **P. violácea Lindl.**
Die meisten in Gärten angepflanzten Petunien sind Bastarde dieser beiden Arten.

## 77. Fam.: Scrophulariáceae, Braunwurzgewächse.

I. Pfl. mit grünen Bl.
  A. Staubbl. 5, ungleich, zum Teil oder alle mit violetter oder weißer Wolle besetzt. Kr. radförmig, 5 spaltig. K. 5 spaltig. (Fig. 511.) Verbáscum 219.

Fig. 511.

  B. Staubbl. 2.
    1. K. 5 teilig, dicht unter demselben 2 Vorbl. Kr. 2 lippig, mit verlängerter Röhre. (Fig. 512.) Außer den fruchtbaren 2 unfruchtbare Staubbl. Gratíola 221.
    2. K. 4-, seltener 5 teilig, ohne Vorbl. Kr. meist radförmig, 4 teilig, mit etwas ungleichen Zipfeln. (Fig. 513.) Keine unfruchtbaren Staubbl. Verónica 221.

Fig. 512.  Fig. 513.

  C. Staubbl. 4, 2 längere und 2 kürzere.
    1. Kr. am Grunde mit einem Sporn oder Höcker, 2 lippig, rachenförmig.
      a. Kr. am Grunde mit einem längeren Sporn. (Fig. 514.) Kapsel klappig aufspringend. Linária 220.
      b. Kr. am Grunde mit einem sackartigen Höcker. (Fig. 515.) Kapsel an der Spitze mit 3 Löchern aufspringend.

Fig. 514.  Fig. 515.

Antirrhínum 221.

    2. Kr. ohne Sporn oder Höcker.
      a. K. 4 zähnig oder 4 spaltig. Kr. 2 lippig. Bl. gegenständig.
        aa. K. bauchig-aufgeblasen, mehr oder weniger von der Seite her zusammengedrückt. Oberlippe der Kr. zusammengedrückt, unter der Spitze beiderseits mit 1 Zahn. (Fig. 516.)
Alectorólophus 226.
        bb. K. nicht aufgeblasen, röhrig oder glockig.
          α. Bl. alle oder doch die unteren mehr oder weniger deutlich gesägt. Kapselfächer mehrsamig. Samen gefurcht.
            αα. Oberlippe der Kr. 2 lappig, an den Rändern zurückgeschlagen. Zipfel der Unterlippe tief ausgerandet. (Fig. 517.)
Euphrásia 225.
            ββ. Oberlippe der Kr. ungeteilt oder ausgerandet, mit nicht zurückgeschlagenen Rändern. Zipfel der Unterlippe stumpf.

Fig. 516.

Fig. 517.

Odontítes 226.

Scrophulariáceae 219

β. Bl. (nicht zu verwechseln mit den gefärbten Hochbl.!) ganzrandig. Kapselfächer 1- oder 2 samig. Samen glatt.
(Fig. 518.) Melampýrum 227.

Fig. 518.

b. K. 5 zähnig bis 5 teilig oder 2 spaltig.
 aa. Bl. gegenständig.
  α. Kr. fast kugelig, 2 lippig, mit schmalem, 5 lappigem Saum. Mittellappen der Unterlippe zurückgeschlagen. (Fig. 519.) Als Ansatz zu einem 5. Staubbl. meist eine drüsige Schuppe.

Fig. 519.

Scrophulária 221.

  β. Kr. röhrig-trichterig, 2 lippig, mit 2 lappiger Ober- und 3 lappiger, am Schlunde öfter mit 2 Höckern versehener Unterlippe. (Fig. 529.)
Mímulus 221.

Fig. 520.

 bb. Bl. wechselständig.
  α. Kr. mit kurzem, 4 lappigem Saum, bauchig-röhrig. Bl. ungeteilt. (Fig. 521.)
Digitális 225.
  β. Kr. deutlich 2 lippig, rachenförmig, mit helmförmiger, zusammengedrückter Oberlippe. Bl. fiederteilig. (Fig. 522.)

Fig. 521.  Fig. 522.

Pediculáris 227.

II. Pfl. ohne grüne Bl., mit Schuppen, rosa oder weißlich. Btn.stand anfangs nickend, einseitswendig. Lathrǽa 227.

## 1. Verbáscum, Königskerze, Wollkraut.

1. Wolle der Staubfäden purpurn bis violett. Alle Staubfäden wollig.
   a. Btn. langgestielt, einzeln in den Achseln von schmalen Deckbl., eine einfache, verlängerte Traube bildend. Kr. flach, hellgelb, vor dem Aufblühen rötlich. Bl. kahl, länglich-verkehrt-eiförmig, die unteren kurz gestielt, die oberen mit etwas herzförmigem Grunde sitzend. Wegränder, feuchte Gebüsche, Ufer. Zerstreut. ☉ Juni—Aug. hg. E. und autg.
Motten-K., Schabenkraut, V. Blattária L.
   b. Btn. kurz gestielt, in Knäueln, die zu einer verlängerten, ziemlich dichten Ähre vereinigt sind. Bl. oberseits fast kahl, unterseits wie der Stgl. dünnfilzig, die unteren am Grunde herzförmig, gestielt, die oberen sitzend. Stgl. oberwärts scharfkantig. Kr. hellgelb, am Grunde oft rot gefleckt, selten weiß. Wegränder, Hecken, Gebüsche. Häufig. Juni—Sept. hg. E.
Schwarze K., V. nigrum L.
2. Wolle der Staubfäden weiß. Btn. stets in ährenförmig angeordneten Knäueln.
   a. Alle Staubfäden wollig. Staubbeutel ziemlich gleich, nicht am Staubfaden herablaufend. (Fig. 523 a.) Bl. nicht herablaufend, oberseits fast kahl, unterseits wie der Stgl. staubig-filzig, die

Scrophulariáceae

unteren in den oft langen Bl.stiel verschmälert, die oberen sitzend. Btn.stand rispig-ästig. Btn.stiele länger als der K. Stgl. oberwärts nebst den Ästen scharfkantig. Kr. hellgelb, zuweilen weiß. Sonnige Hügel, Wegränder. Ziemlich häufig. ⊙ Juni bis Aug. hg. Po. E. und autg.

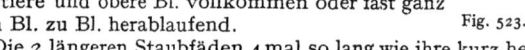

Mehlige K., **V. Lychnítis L.**
b. Nur 3 Staubfäden wollig, die 2 längeren kahl oder dünnhaarig, ihre Staubbeutel mehr oder weniger herablaufend. (Fig. 523b.) Bl. beiderseits wollig-filzig. Btn.stiele während der Bte.zeit sehr kurz.
  aa. Mittlere und obere Bl. vollkommen oder fast ganz von Bl. zu Bl. herablaufend.

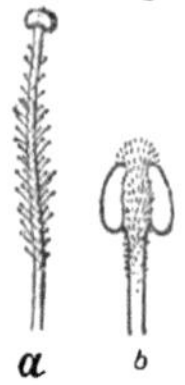

*a    b*

Fig. 523.

  α. Die 2 längeren Staubfäden 4 mal so lang wie ihre kurz herablaufenden Staubbeutel. Narbe kopfig. Kr. ziemlich klein (20—22 mm breit), hellgelb, ihr Saum vertieft. Sonnige Hügel, Abhänge, Felsen. Zerstreut. Juli—Sept. ⊙ hg. Hh. und Ds.    Kleinblumige K., **V. Thapsus L.**
  β. Die 2 längeren Staubfäden 1½—2 mal so lang wie ihre lang herablaufenden Staubbeutel. Narbe keulenförmig. Kr. groß (30—35 mm breit), ihr Saum flach. Wegränder, wüste Plätze, Hügel. Meist häufig. ⊙ Juli—Sept. pg.—hg. Po. Hh. und Ds.    Großblumige K., **V. thapsifórme Schrad.**
bb. Bl. wenig oder gar nicht herablaufend. Filz der Bl. gelblicher. Sonst wie vorige Art. Unfruchtbare Orte. Seltener. ⊙ Juli, Aug. hg. und autg.    Filzige K., **V. phlomoídes L.**

## 2. Linária, Leinkraut.

1. Stgl. niederliegend oder kriechend. Bl. gestielt. Btn. einzeln in den Bl.achseln.
  a. Pfl. drüsig-weichhaarig. Bl. länger als ihr Stiel, fiedernervig, die mittleren spieß-, die oberen pfeilförmig. (Fig. 524.) Kr. gelblichweiß, Oberlippe immer violett, Unterlippe hochgelb. Kalkige und lehmige Äcker. Zerstreut. ⊙ Juli—Okt.
Tännel-L., **L. Elátine Mill.**
  b. Pfl. kahl. Bl. kürzer als ihr Stiel, herzförmig-rundlich. eckig-5—7lappig, fingernervig, unterseits meist purpurn überlaufen. (Fig. 525.) Kr. hellviolett, Gaumen mit zwei gelben Flecken. Zierpflanze aus Südeuropa, an alten Mauern, Felsen u. dgl. verwildert und eingebürgert. Juni—Aug. hg. Hb. und D.

Fig. 524.

Zymbelkraut, **L. Cymbalária Mill.**
2. Stgl. aufrecht oder aufsteigend. Bl. sitzend, lanzettlich bis lineal.
  a. Btn. bl.achselständig, sehr lockere Trauben bildend. Btn.stiele 3—4mal so lang als der K. K.zipfel lineallänglich, stumpf. Bl. stumpf. Pfl. drüsig-behaart. Kr. hellviolett, mit blaßgelbem Gaumen. Äcker, Wegränder, Mauern. Zerstreut. ⊙ Juni—Okt. hg. und autg.

Fig. 525.

Kleines L., **L. minor Desf.**

Scrophulariáceae

b. Btn. in endständiger, dichter Traube. Btn.stiele etwa so lang wie der K. K.zipfel lanzettlich, spitz. (Fig. 514.) Bl. spitz. Pfl. kahl, nur der Btn.stand drüsenhaarig. Kr. hellgelb, mit orangefarbigem Gaumen. Äcker, Wegränder, Mauern. Häufig. Juni—Okt. hg. Hh.     Gemeines L., Frauenflachs, L vulgáris Mill.

## 3. Antirrhínum, Löwenmaul.

1. Stgl. rauhhaarig, 8—30 cm hoch. Btn. mittelgroß, in lockeren Ähren. K.zipfel lineal, so lang oder länger als die Kr. und Kapsel. Kr. blaßrot, sehr selten weiß. Äcker, Schutt. Zerstreut. ⊙ Juli bis Okt. hg. Hb.     Feld-L., **A. Oróntium L.**
2. Stgl. unterwärts kahl, 30—60 cm hoch. Btn. groß, in lockeren Trauben. K.zipfel rundlich-verkehrt-eiförmig, kürzer als die Kr. (Fig. 515.) Kr. sehr verschiedenfarbig. Häufige Zierpfl. aus Südeuropa. Juni—Sept. hg. Hh.     Garten-L., **A. majus L.**

## 4. Scrophulária, Braunwurz.

1. Stgl. scharf-4kantig. Bl. doppelt-gesägt. K.zipfel schmal häutigberandet. Ansatz zum 5. Staubfaden rundlich, quer breiter. Kr. trüb-rotbraun. (Fig. 519.) Schattige Wälder und Gebüsche, Hekken, Ufer. Häufig. Juni—Sept. pg. Hw. und autg.
    Knotige B., **S. nodósa L.**
2. Stgl. geflügelt-4kantig. Bl. einfach-scharf-gesägt. K.zipfel breit häutig-berandet. Ansatz zum 5. Staubfaden quer länglich, oben seicht 2lappig, mit abstehenden Lappen. Kr. grünlich-rotbraun. Sumpfige Gebüsche, Bäche, Gräben. Nicht selten. Juli—Sept.
    Geflügelte oder Wasser-B., **S. aláta Gil.**

## 5. Mímulus, Gauklerblume.

Bl. rundlich bis länglich-eiförmig, meist gezähnelt, untere gestielt, obere sitzend oder halb-stgl.umfassend. Kr. groß, hell- oder dottergelb, bisweilen mit großen, roten Flecken. (Fig. 520.) An Ufern eingebürgert. Aus dem westlichen Nordamerika. Juni—Okt. hg. Hb. (M. lúteus der Schriftsteller).     Gelbe G., **M. guttátus DC.**

## 6. Gratíola, Gnadenkraut.

Hellgrün. Stgl. oberwärts 4kantig. Bl. gegenständig, lanzettlich, halbstgl.umfassend, schwach-gesägt, meist 3nervig. Btn. gestielt, einzeln, bl.achselständig. Kr. gelblichweiß oder blaßrötlich. Ufer, Gräben, Wiesen. Zerstreut. Juni—Aug. Giftig! (Fig. 512.)
    Echtes oder gemeines G., **G. officinális L.**

## 7. Verónica, Ehrenpreis.

A. Btn. in scharf begrenzten, gestielten Trauben.
1. Trauben (am Stgl. oder auch zugleich an den Ästen) endständig, dichtblütig. K.röhre länger als breit.

Scrophulariáceae

a. Bl. spitz, bis zur Spitze scharf-, am Grunde fast doppelt-gesägt (Fig. 526), zu 3 oder 4 quirlständig oder gegenständig. Kr. himmelblau. Stgl. 60—120 cm hoch. Ufer, Gräben, feuchte Wiesen. Zerstreut. Juli, Aug. hg. Hb. und D.
Langblättriger E., **V. longifólia L.**
b. Bl. stumpf, gesägt-gekerbt, an der Spitze ganzrandig, gegenständig. Kr. himmelblau, selten rosa. Stgl. 20—40 cm hoch. Sonnige Hügel, Triften, Wegränder. Zerstreut. Juni—Aug. pg. und pa. H. und Ds.
Ähriger E., **V. spicáta L.**
2. Trauben nur bl.achselständig. Kr.röhre sehr kurz.
a. K. 5 teilig. Kapsel rundlich-verkehrt-eiförmig, spitz ausgerandet.

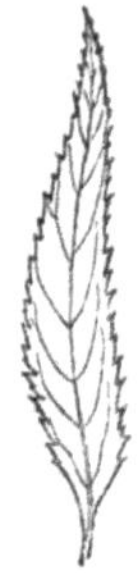

Fig. 526.

aa. Stgl. aufrecht oder am Grunde aufsteigend. Bl. eiförmig bis lanzettlich, am Grunde etwas herzförmig, ungleich-eingeschnitten-gesägt, die unteren kurz gestielt. Trauben verlängert. Kr. himmelblau. Sonnige Hügel, trockene Wiesen, Waldränder. Zerstreut. Juni, Juli. hg. Hb. und D. (V. latifólia Jacq.)
Breitblättriger E., **V. Teúcrium L.**
bb. Stgl. niederliegend-aufsteigend. Bl. lineal-lanzettlich, kurz gestielt, sparsam grob-gezähnt oder ganzrandig, am Rande zurückgerollt. Traube ziemlich kurz. Kr. hellblau, selten rosa oder weiß. Sonnige Hügel, Wegränder, Triften. Zerstreut, in Norddeutschland selten. Mai, Juni.
Niedergestreckter E., **V. prostráta L.**
b. K. 4 teilig.
aa. Stgl. und Bl. kahl.
α. Trauben gegenständig. Stgl. dick. Kapsel gedunsen, schwach ausgerandet.
αα. Stgl. fast 4 kantig, hohl. Bl. lanzettlich oder länglich-lanzettlich, spitz, sitzend, halb-stgl.umfassend. Trauben zerstreut-behaart. Kr. blaßblau, dunkler gestreift. (Fig. 513.) Gräben, Ufer. Nicht selten. Mai—Aug. pg. D. und autg.
Wasser-E., **V. Anagállis L.**
ββ. Stgl. stielrund, saftig. Bl. elliptisch oder länglich, stumpf, in einen kurzen Stiel verschmälert. Trauben kahl. Kr. himmelblau. Gräben, Quellen. Ziemlich häufig. Mai—Aug. pg. Ds.
Bach-E., Bachbunge, **V. Beccabúnga L.**
β. Trauben nicht gegenständig, sehr locker. Stgl. schlaff. Bl. lineal bis lanzettlich, spitz, sitzend, rückwärts gesägt. Kapsel flach, tief ausgerandet. (Fig. 527.) Kr. weißlich, rot oder bläulich geadert. Gräben, Sumpf- und Teichränder. Ziemlich häufig. Juni—Aug.

Fig. 527.

Schild-E., **V. scutelláta L.**

Scrophulariáceae 223

bb. Stgl. und Bl. behaart.
 α. Stgl. 2 reihig behaart, aufrecht. Bl. eiförmig oder herz-
  eiförmig, sitzend oder kurz gestielt, gekerbt.
  Trauben gegenständig, locker. Kapsel 3-
  eckig, am Grunde verschmälert. (Fig. 528.)
  Kr. himmelblau, dunkler geadert. Grasplätze,
  Gesträuch, Hecken. Gemein. Mai, Juni. hg.
  Ds.        Gamander-E., Männertreu,    Fig. 528.
                 V. Chamǽdrys L.
 β. Stgl. gleichmäßig behaart, kriechend oder aufsteigend.
  αα. Bl. kurz gestielt, verkehrt-eiförmig, elliptisch oder länglich, gekerbt-gesägt. Stgl.
   kriechend, rauhhaarig. Btn.stiele kurz.
   Kapsel 3 eckig, am Grunde verschmälert.
   (Fig. 529.) Kr. hellblau oder lila, selten
   weiß. Trockene Wälder, Triften. Häufig.
   Juni—Aug. hg. pg. und pa. D.
         Echter E., V. officinális L.  Fig. 529.
  ββ. Bl. lang gestielt, rundlich-eiförmig, runzelig, zart,
   wie der schlaffe Stgl. und die wenigblüti-
   gen Trauben zerstreut-behaart. Btn.stiele
   fadenförmig, mehrmal so lang wie der K.
   Kapsel groß, quer breiter, oben und unten
   ausgerandet. (Fig. 530.) Kr. bläulichweiß, mit dunkleren Adern. Schattige
   Laubwälder. Zerstreut. Mai—Juli. hg.
   Ds. und H.    Berg-E., V. montána L.  Fig. 530.
B. Btn. in lockeren, nicht scharf begrenzten Trauben oder
 einzeln in den Bl.achseln.
 1. Alle Bl. gleichgestaltet (die obersten zuweilen kleiner), gestielt.
  Btn. bl.achselständig. Stgl. mit verlängerten, niederliegenden
  Ästen.
  a. K.zipfel breit-herz-eiförmig, lang gewimpert. Bl. rundlich-
   eiförmig, am Grunde schwach-herzförmig, 3—5(—7)-lappig.
   (Fig. 531.) Kapsel fast kugelig-4 lappig. Samen
   2—3 mm groß, 1—2 in jedem Fache. Kr. klein,
   hellblau oder lila. Äcker, Wegränder, Hecken,
   Gebüsche. Gemein. ☉ März—Mai. hg. Hb. und
   autg. mch. Efeublättriger E., V. hederifólia L. Fig. 531.
  b. K.zipfel nicht herzförmig. Bl. gekerbt-gesägt. Kapsel aus-
   gerandet-2 lappig. Samen höchstens 1 mm groß, in jedem
   Fache mehrere.
   aa. Obere Btn.stiele meist mehrmal länger als die Bl. Bl. herz-
    eiförmig oder die unteren in den Stiel verschmälert, tief
    gekerbt-gesägt. K.zipfel länglich, spitz. Kapsel
    doppelt so breit als lang, mit breiter, stumpfer
    Bucht und seitlich vorgezogenen Lappen, netz-
    adrig. (Fig. 532.) Griffel 2—3 mm lang. Kr.
    himmelblau (10—15 mm breit). Acker- und
    Gartenunkraut. Auf schwerem Boden nicht Fig. 532.

Scrophulariáceae

selten. ☉, April, Mai und Juli—Herbst. hg. E. und autg. mch.

Tourneforts E., persischer E., **V. Tournefórtii Gmel.**

bb. Btn.stiele so lang oder wenig länger als die Bl. Kr. kleiner (5—7 mm breit). Kapsel mit spitzer Bucht und nach oben gerichteten Lappen, aderlos. Griffel kürzer, höchstens 1,5 mm lang.

α. Kr. weißlich, blau geadert. Kapsel zerstreut drüsenhaarig, wenig breiter als lang, tief und sehr spitzwinklig ausgerandet. (Fig. 533.) K.-zipfel länglich-eiförmig, stumpf. Bl. länglich- bis rundlich-eiförmig, gesägt-gekerbt, meist gelblichgrün. Acker- und Gartenunkraut, mehr auf leichten Böden. Verbreitet. ☉ April, Mai und Herbst. hg. Hb. D. und autg. Acker-E., **V. agréstis L.**

Fig. 533.

β. Kr. dunkelblau. Kapsel breiter als lang, ihre Behaarung aus einem Filz kurzer, drüsenloser Haare mit eingestreuten drüsentragenden bestehend.

αα. Bl. rundlich-eiförmig, stumpf und seicht-gekerbt, trübgrün, glanzlos, beiderseits wie der Stgl. zottigbehaart. K.zipfel länglich, stumpf, reichlich behaart. K.zipfel länglich, stumpf, reichlich behaart, besonders am Grunde fast zottig. Kapsel am Rande deutlich gekielt. Griffel die Kapsellappen etwas überragend. (Fig. 534.) Acker- und Gartenunkraut. Verbreitet. ☉ März—Mai und Herbst. hg. Hb. mch.

Fig. 534.

Glanzloser E., **V. opáca Fr.**

ββ. Bl. rundlich- bis länglich-eiförmig, kahl oder zerstreut behaart, dunkelgrün, oft glänzend. K.zipfel breit eiförmig, spitz, schwach behaart. Kapsel am Rande abgerundet, nicht gekielt. Griffel die Kapsellappen weit überragend. Acker- und Gartenunkraut. Auf schweren Böden häufig. ☉ März—**Mai** und Herbst. hg. E. und autg.

Glänzender E., **V. políta Fr.**

2. Die Bl., in deren Achseln die Btn. stehen, wenigstens die oberen, anders gestaltet als die übrigen, meist einfacher. Btn. bei vollständiger Entwicklung traubig.

a. Mittlere Bl. fiederteilig oder fingerteilig.

aa. Btn.stiele kürzer als der K. Traube ziemlich dicht. Mittlere Bl. fiederteilig. (Fig. 535 a.) Kapsel breiter als lang, zusammengedrückt. Samen flach. Kr. klein, dunkelblau. Sandige Äcker. Nicht selten. ☉ April, Mai.

Frühlings-E., **V. verna L.**

Fig. 535.

Scrophulariáceae 225

bb. Btn.stiele länger als der K. Traube locker.
Mittlere und obere Bl. fingerteilig. (Fig. 535b
und c.) Kapsel etwa so breit als lang, am
Grunde aufgetrieben. (Fig. 536.) Samen becken-
förmig. Kr. ziemlich groß, dunkelblau. Äcker,
Raine, Wegränder. Häufig. ☉ März—Mai. hg.
Hb. und autg.

Fig. 536.

Dreiblättriger E., **V. triphýllos L.**

b. Alle Bl. ungeteilt.
  aa. Kr. bläulichweiß, dunkler geadert. Btn.stiele etwas
  länger als der K. Traube vielblütig, verlängert. Bl.
  elliptisch, eiförmig oder länglich, undeutlich gekerbt,
  kahl, die meisten sitzend. Stgl. am Grunde wurzelnd,
  aufsteigend. Feuchte Äcker, Grasplätze, Wegränder.
  Nicht selten. Mai—Sept. hg.—pg. D.

Quendel-E., **V. serpyllifólia L.**

  bb. Kr. hellblau. Btn.stiele kürzer als K. Traube
  locker. Bl. herz-eiförmig, kerbig-gesägt. Kapsel tief spitzwinkelig-ausgerandet. (Fig. 537.)
  Pfl. zerstreut-behaart. Wegränder, Grasplätze,
  Äcker. Häufig. ☉ April—Okt. hg. Hb.

Feld-E., **V. arvénsis L.**
Fig. 537.

## 8. Digitális, Fingerhut.

1. Kr. hell- oder blaßgelb.
  a. Stgl. oberwärts nebst den Bt.nstielen drüsig-weichhaarig. Bl.
  länglich-lanzettlich, unterseits oder beiderseits weichhaarig. Kr.
  groß (30—45 mm lang), weitglockig, innen bräunlich geadert.
  Laubwälder, Gebüsche. Zerstreut. Juni, Juli. Giftig! pa. Hh.

Blaßgelber F., **D. ambígua Murr.**

  b. Stgl. und Btn.stiele kahl. Bl. kahl, gewimpert. Kr. kleiner (20
  bis 22 mm lang), röhrig, innen ungefleckt. Steinige Hügel und
  Bergabhänge in Süd- und Westdeutschland. Juni, Juli. pa. Hh.
  Giftig! Gelber F., **D. lútea L.**
2. Kr. hellpurpurn, mit weiß umrandeten Flecken, außen ganz kahl,
  innen bärtig. Stgl. und Btn.stiele graufilzig. Gebirgswälder in
  Mittel- und Westdeutschland. Auch bekannte Zierpfl. ☉ Juni bis
  Aug. pa. Hh. Giftig! Roter F., **D. purpúrea L.**

## 9. Euphrásia, Augentrost.

1. Kr. klein (4—9 mm lang). Kr.röhre nicht oder kaum aus der K.-
  röhre hervorragend. Bl. und Deckbl. kahl.
  a. Bl. mit begrannten Zähnen, beiderseits 3—5 zähnig, grasgrün.
  Deckbl. anliegend. K. 6—9 mm lang, blaßblau, violett gestreift,
  am Schlunde mit gelbem Fleck. Kapsel am Rande borstig. Stgl.
  steif-aufrecht, im unteren Teile ästig. Triften, Waldränder, Raine.
  Verbreitet. ☉ Hpr. Juni—Okt. pg. und autg.

Steifer A., **E. stricta Host.**

  b. Bl. mit spitzen, aber nicht begrannten Zähnen, nebst den Deckbl.
  im trockenen Zustande graugrün, glanzlos. Deckbl. abstehend

oder zurückgebogen. Kr. 4—6 mm lang, weißlich, bläulich gestreift und mit gelbem Fleck auf der Unterlippe oder mehr oder weniger bläulich. Kapsel am Rande lang gewimpert. Stgl. derb, im unteren Teile bis zur Mitte ästig. Triften, Waldränder. Meist häufig. ☉ Hpr. Juni—Sept. pg. Hb. und autg.

Hain-A., E. nemorósa Pers.

2. Kr. groß (am Rücken gemessen 8—14 mm lang). Kr.röhre deutlich, namentlich am Ende der Bte.zeit, aus der K.röhre hervorragend, weiß, violett gestreift, die Unterlippe mit gelbem Fleck. Deckbl. nebst den K. meist nicht drüsig. Bl. genähert, breit-eiförmig, jederseits 3—6 zähnig, mit spitzen Zähnen. Stgl. aufsteigend, unterwärts ästig. Wiesen, Triften. Meist gemein. ☉ Hpr. Juni—Okt. pg. Hb.

Wiesen-A., E. Rostkoviána Hayne.

## 10. Odontítes, Zahntrost.

Stgl. aufrecht, meist mit abstehenden oder aufsteigenden Ästen. Bl. lineal-lanzettlich, spitz, am Grunde breiter, entfernt-gesägt. Deckbl. so lang oder meist länger als die Btn. Staubbl. die Kr. wenig überragend. Staubbeutel durch Zotten verbunden. Kr. rot, selten weiß, zottig. Feuchte Äcker, Wiesen. Meist nicht selten. ☉ Mai—Aug. pg. Hb. und autg. (Euphrásia Odontítes L. z. T.)

Roter Z., O. verna Dum.

## 11. Alectorólophus, Klapper, Klappertopf.

1. Kr.röhre fast gerade, kürzer als die K. Oberlippe mit 2 kurz-eiförmigen, violetten oder weißlichen Zähnen (Zähne breiter als lang). (Fig. 516a.) Kr. dunkelgelb. K. kahl. Deckbl. grün, oft bräunlich überlaufen. Stgl. meist grün. 15—30 cm. Wiesen. Gemein. ☉ Hpr. Mai, Juni. hg. Hh. u. autg.

Kleiner Kl., A. minor W. u. Grab.

2. Kr.röhre gekrümmt, meist so lang wie die K. Oberlippe der Kr. mit 2 länglich-eiförmigen, hellvioletten Zähnen (Zähne länger als breit). (Fig. 516b.) Kr. hellgelb.
  a. K. kahl oder am Grunde kurzhaarig. Deckbl. bleich, ihre unteren Zähne 2 mal so lang wie die oberen. (Fig. 538.) Stgl. schwarz gestrichelt, fast kahl. 30—60 cm. Fruchtbare Wiesen. Meist häufig. ☉ Hpr. Mai—Juli. hg. Hh.

Großer Kl., A. major Rchb.

  b. K. nebst den Deckbl. und dem Stgl. mehr oder weniger zottig. Zähne der Deckbl. bis zur Spitze gleich groß. (Fig. 539.) Unter der Saat in Süd- und Mitteldeutschland. hg. Hh. und F.

Zottiger Kl., A. hirsútus All.

Fig. 538.

Fig. 539.

Scrophulariáceae

## 12. Pediculáris, Läusekraut.

1. Stgl. mehrere, fast vom Grunde an Btn. tragend, die äußeren niederliegend, 2—10 cm hoch. K. 5kantig, ungleich-5zähnig (Fig 540b), am Rande zottig. Oberlippe der Kr. mit vorn steil abfallendem Helm und 2 nach unten gerichteten spitzen Zähnen. (Fig. 540a.) Moorige Wiesen und Waldplätze. Zerstreut, besonders im Berglande. ⊙ Hpr. Mai, Juni. hg. Hh. mch. Wald-L., **P. silvática L.** Fig. 540.

2. Stgl. einzeln, aufrecht, ästig, 14—30 cm hoch. K. 2spaltig, mit bl.artigen, krausen, eingeschnitten-gezähnten, am Rande kahlen Lappen. (Fig. 541b.) Oberlippe der Kr. mit vorn wenig abgeschrägtem Helm und 2 nach außen gerichteten stumpfen Zähnen. (Fig. 541a.) Sumpfige Wiesen, Moorboden. Zerstreut. ⊙ Hpr. Mai—Juli. hg. Hh. Fig. 541.

Sumpf-L., Moorkönig, **P. palústris L.**

## 13. Melampýrum, Wachtelweizen.

1. Btn. in allseitswendigen, lockeren Ähren. Deckbl. eiförmig-lanzettlich, borstenförmig-gezähnt, obere hellpurpurn, unterseits schwarz punktiert. Kr. purpurn, mit weißlichem Ring. Äcker, Wegränder. Nicht selten. ⊙ Hpr. Juni—Sept. hg. Hh. und autg. mch.

Acker-W., **M. arvénse L.**

2. Btn. in einseitswendigen Ähren.
   a. Deckbl. herzförmig-lanzettlich, borstenförmig-gezähnt, obere blauviolett, selten rötlich oder weißlich. K. wollig-zottig. K.-zähne lanzettlich. (Fig. 518.) Kr. goldgelb, Röhre rotbraun. Gebüsche, Laubwälder. Häufig, in den Rheingegenden und in Westfalen fehlend. ⊙ Hpr. Juni—Aug. hg. Hh. und autg. mch.

Hain-W., **M. nemorósum L.**

   b. Deckbl. lanzettlich, ganzrandig oder am Grunde mit einigen Zähnen grün. Kr. kahl.
   aa. Deckbl. am Grunde mit pfriemlichen Zähnen. Btn. wagerecht-abstehend. K.zähne lineal, kürzer als die Kr.röhre. Kr. gelblichweiß, vorn dunkler. Waldwiesen, Gebüsche. Häufig. ⊙ Hpr. Juni—Aug. hg. Hh. und autg. mch.

Wiesen-W., **M. praténse L.**

   bb. Deckbl. ganzrandig oder die oberen am Grunde mit kurzen Zähnen. Btn. aufrecht. K.zähne eiförmig-lanzettlich, so lang oder länger als die Kr.röhre. Kr. dunkelgelb. Bergwälder. Zerstreut. ⊙ Hpr. Juli, Aug. hg. Hh. und autg. mch.

Wald-W., **M. silváticum L.**

## 14. Lathræa, Schuppenwurz.

Ganze Pfl. blaß-rosenrot, die Btn. dunkler. Btn. in dichter, nickender, vor dem Aufblühen eingerollter Traube. K. glockig, 4spaltig, seine Zipfel fast so lang wie die Kr. Oberlippe helmförmig, ungeteilt, Unterlippe 3lappig. (Fig. 542.) Staubbeutel behaart. Feuchte Gebüsche, Fig. 542.

Laubwälder (auf Wurzeln vieler Bäume und Sträucher schmarotzend). Verbreitet. März—Mai. pg. Hh. mch.

Gemeine Sch., L. Squamária L.

## 78. Fam.: Orobancháceae, Sommerwurzgewächse.

### 1. Orobánche, Sommerwurz.

1. Jede Bte. mit 1 Deckbl. und 2 dem K. anliegenden Vorbl. K. geschlossen, röhrig, 4—5zähnig.
    a. Stgl. ästig, dünn. Btn. klein (10—12 mm lang), weißlich oder bläulich. K. 4zähnig, Zähne eiförmig-3eckig. Auf Hanf, seltener auf Tabak, Nachtschattenarten u. a. Zerstreut, besonders im Südwesten. Juli, Aug. Ästige S., Hanfwürger, O. ramósa L.
    b. Stgl. einfach. Btn. größer (20—35 mm lang). K. 5zähnig. Zähne lanzettlich bis pfriemlich. Saum der Kr. blauviolett.
        aa. Staubbeutel kahl oder an der Spitze etwas schopfig behaart. Kr.röhre gekrümmt. Stgl. meist violett überlaufen. Kr. 18—30 mm lang. Ähre locker, 10 bis 20blütig. Auf Schafgarbe, Beifuß (Artemísia vulgáris). Sehr zerstreut. Juni, Juli. Blaue S., O. purpúrea Jacq.
        bb. Staubbeutel längs der ganzen Naht, besonders am Grunde wollig-behaart. Kr.röhre gerade. Ähre ziemlich dicht, vielblütig. Stgl. gelblichweiß oder blaßlila. Auf Feldbeifuß (Artemísia campsétris). Sehr zerstreut. Juli.

Sand-S., O. arenária Borkh.
2. Btn. nur mit je 1 Deckbl., ohne Vorbl. K. bis zum Grunde gespalten und dadurch 2teilig.
    a. Narbe gelb oder weißlich, bisweilen rot berandet.
        aa. Staubbl. nahe am Grunde der Kr.röhre eingefügt. Kr. glockig, vorn am Grunde kropfig-bauchig. (Fig. 543.) Staubfäden unterwärts ganz kahl. Kr. bräunlichgelb. Narbe gelb, mit rotem Rande. Stgl. am Grunde stark verdickt. Auf Besenstrauch (Sarothámnus), besonders in Westdeutschland. Mai, Juni.

Rüben-S., Ginster-S., O. Rapum Genístae Thuill. Fig. 543
        bb. Staubbl. dicht über dem unteren Drittel der Kr.röhre eingefügt, bis zur Mitte dicht zottig. Kr. gelblichbraun bis braunrötlich, am Grunde gekrümmt, röhrig-glockig, auf dem Rücken gerade, an der Spitze stark nach abwärts gebogen (Fig. 544), Narbe dunkelgelb. Auf Luzerne (Medicágo), Klee und Honigklee (Melilótus). Zerstreut. Mai, Juni. (O. rubens Wallr.) Fig. 544.

Gelbe oder Luzerne-S., O. lútea Baumg.
    b. Narbe rot, rotbraun oder violett.
        aa. Kr. klein, meist nicht über 12 mm lang, engröhrig, auf dem Rücken gleichmäßig leicht gekrümmt, gelblichweiß, violett geadert. Staubbl. über dem unteren Drittel der Kr.röhre eingefügt. Narbe purpurn oder violett. Auf Klee (besonders Trifólium praténse und médium), bei massenhaftem Auf-

Orobancháceae. Lentibulariáceae 229

treten sehr schädlich. Besonders im Westen und Süden.
Juni, Juli.    Kleine S., Kleeteufel, **O. minor Sutton.**
bb. Kr. größer, weitröhrig-glockig.
 α. Kr. weißlich, gegen den Saum zu rötlich überlaufen, violett geadert und auf der Oberlippe mit dunklen Drüsenhaaren besetzt. Staubbl. nahe dem Grunde der Kr.röhre eingefügt. Narbe dunkelpurpurn. Auf Thymian (Thymus) und anderen Lippenblütlern. Besonders in Mittel- und Süddeutschland. Juni—Aug. (O. EpíthymumD.C.)
 Weiße oder Quendel-S., **O. alba Stephan.**
 Fig. 545.
 β. Kr. gelblichbraun, gegen den Saum hin braunviolett oder rötlich überlaufen, auf der Oberlippe mit hellen Drüsenhaaren. Staubbl. nahe dem Grunde der Kr.röhre eingefügt, unterwärts dicht zottig. (Fig. 545.) Narbe dunkelpurpurn bis rotbraun. Auf Labkraut (Gálium). Zerstreut (die häufigste deutsche Art.) Juni, Juli. Nelkenartig duftend. hg. H., wie auch die anderen Arten.
  Nelkenduftende oder Labkraut-S.,
   **O. caryophyllácea Sm.**

## 79. Fam.: Lentibulariáceae, Wasserhelmgewächse.

I. Btn. einzeln. K. ungleich-5teilig. Kr. violett, offen. (Fig. 546.) Bl. in grundständiger Rosette, klebrig-drüsig, fettglänzend, gelbgrün.
  Pinguícula 229.
II. Btn. traubig. K. 2 teilig. Kr. gelb, geschlossen. Bl. im Wasser untergetaucht, vielteilig, mit linealen Zipfeln und rundlichen Blasen.
(Fig. 547.)

Fig. 546.     Fig. 547.

Utriculária 229.

### 1. Pinguícula, Fettkraut.

Bl. länglich-eiförmig oder elliptisch, stumpf. Btn. mittelgroß. Sporn der Kr. pfriemlich, etwa halb so lang wie die Kr. Kr. blauviolett. Moorige Wiesen. Zerstreut. Mai, Juni. hg. Hb. cv.
   Gemeines oder Blaues F., **P. vulgáris L.**

### 2. Utriculária, Wasserhelm, Wasserschlauch.

1. Bl.zipfel borstlich-gewimpert. Bl. 2- oder 3 fach-gefiedert-vielteilig, im Umriß eiförmig. (Fig. 547.) Btn. in 4—10 blütiger Traube. K.-zipfel stumpf. Sporn mehrmals länger als dick. Kr. dottergelb, mit orange gestreiftem Gaumen. Gräben, Sümpfe, Teiche. Verbreitet. Juli—Aug. hg. Ds. cv. Winterknospen!
   Großer W., **U. vulgáris L.**
2. Bl.zipfel ungewimpert. Bl. handförmig-wiederholt-gabelteilig, im Umriß kurz-eiförmig. Btn. in 2—4 blütiger Traube. K.zipfel zugespitzt. Sporn sehr kurz, höckerartig. Kr. blaßgelb, mit rotbraun gestreiftem Gaumen. Gräben, Torfstiche, Sümpfe. Zerstreut. Juni bis Aug. hg. Ds. cv.    Kleiner W., **U. minor L.**

Plantagináceae. Rubiáceae

## 80. Fam.: **Plantagináceae**, Wegerichgewächse.

### 1. **Plantágo**, Wegerich.

1. Alle Bl. in grundständiger Rosette. Stgl. einfach, blattlos.
  a. Bl. eiförmig oder elliptisch. Ährenstiele rundlich, schwach gestreift.
    aa. Bl. breit-eiförmig, ziemlich lang gestielt, 3—5 nervig. Ähren sehr verlängert, etwa so lang wie die Ährenstiele, ziemlich dünn. Kr. bräunlich. Staubfäden weißlich. Wege, Grasplätze, Triften. Gemein. Juni—Okt. hg. bis pg. W.
    Großer W., **P. major L.**
    bb. Bl. elliptisch, mit kurzem Stiel. 7—8 nervig. Ähre dicht, kürzer, etwa 6—8 mal kürzer als die Ährenstiele. Kr. durchscheinend. Staubfäden lila. Wiesen, Triften, Wegränder. Häufig. Mai—Sept. pg. und ♀ und ♂. W. und E. Schwach vanilleartig duftend. Mittlerer W., **P. média L.**
  b. Bl. lanzettlich oder lineal.
    aa. Bl. lanzettlich, mit langem, rinnenförmigem Stiel, 3—7 nervig. Ährenstiele gefurcht. Ähren eiförmig-länglich. Kr. durchscheinend, mit kahler Röhre. Staubfäden gelblichweiß. Wiesen, Triften, Wegränder. Gemein. Mai—Sept. pg. und ♀. W. und Hb. Spitz-W., **P. lanceoláta L.**
    bb. Bl. linealisch, fleischig, rinnenförmig, blaugrün, 3 nervig. Ähre lineal-walzlich, dicht. Kr. weißlich, mit behaarter Röhre. Staubfäden gelblich. Auf feuchten Wiesen und Triften am Strande, seltener an salzhaltigen Stellen im Binnenland. Juli—Sept. Strand-W., **P. marítima L.**
2. Stgl. ästig, mit gegenständigen, linealen Bl. Ähren fast doldig, kurz-eiförmig. Kr. bräunlich. Staubfäden gelblich. Sandige Felder und Triften, Wegränder. Im Flachlande ziemlich verbreitet, sonst seltener. ⊙ Juni—Sept. (P. arenaria W. u. K.)
Sand-W., **P. ramósa Aschers.**

## 81. Fam.: **Rubiáceae**, Rötegewächse.

I. K.saum deutlich (4—6) zähnig. Kr. trichterförmig, lila. (Fig. 548.)
Sherárdia 230.
II. K.saum undeutlich.
  A. Kr. trichterförmig oder glockig (Fig. 549), weiß oder rötlich.
  Aspérula 231.
  B. Kr. radförmig, flach (Fig. 550), weiß oder gelb. Gálium 231. Fig. 548. Fig. 549. Fig. 550.

### 1. **Sherárdia**, Ackerröte.

Stgl. meist liegend, ästig, wie die Bl. am Rande klein-stachelig-rauh. Bl. stachelspitzig, untere zu 4, spatelig, obere zu 6, lanzettlich. Btn. kopfförmig-gehäuft. Äcker, besonders auf Kalk- und Tonboden. Meist häufig. ⊙ Juni—Okt. pa. und ♀. F.?
Gemeine A., **S. arvénsis L.**

Rubiáceae

## 2. Aspérula, Meier.

1. Untere Bl. zu 6, spatelförmig, obere zu 8, lanzettlich, stachelspitzig, am Rande rauh. Stgl. 4kantig. Btn. trugdoldig, langgestielt, weiß. Fr. mit hakigen Borsten besetzt. Schattige Laubwälder. Meist nicht selten und sehr gesellig. Mai, Juni. hg. E. und autg. Wohlriechender M., Waldmeister, **A. odoráta L.**
2. Bl. schmal-lineal, zu 4—6 quirlig. Fr. glatt.
    a. Stgl. zahlreich, ausgebreitet, aufsteigend, Bl. stachelspitzig, meist zu 4. Kr. 4 spaltig, weiß bis rötlich. Deckbl. lanzettlich, stachelspitzig. Sonnige Hügel, buschige Abhänge, Felsen. Stellenweise, besonders im Hügellande. Juni, Juli. hg. E. und autg.
    Hügel-M., **A. cynánchica L.**
    b. Stgl. meist einzeln, aufrecht. Untere Bl. zu 6, obere zu 4, spitzlich. Kr. 3 spaltig, weiß. Deckbl. rundlich-eiförmig. Sonnige Hügel, lichte, trockene Misch- und Kiefernwälder. Sehr zerstreut. Juni, Juli. hg. E. und autg.
    Färber-M., **A. tinctória L.**

## 3. Gálium, Labkraut.

A. Bl. 3 nervig (neben dem Mittelnerv noch jederseits ein schwächerer Seitennerv), zu 4.
  1. Kr. gelb (Fig. 550). Btn. in blattachselständigen Trugdolden. Bl. länglich, stumpf, rauh gewimpert. Stgl. rauhhaarig-zottig. Gebüsche, Wegränder, Wiesen. Meist häufig. April—Juni. pa. bis hg. und ♂. Hb. Kreuz-L., **G. Cruciáta Scop.**
  2. Kr. weiß oder weißlich.
    a. Stgl. aufrecht, steif, 30—50 cm hoch. Bl. derb, lanzettlich bis lineal-lanzettlich, stumpflich, ohne Stachelspitze. Trugdolden in dichter Rispe. Wiesen, lichte Wälder. Zerstreut. Juli, Aug. pa.—hg. E. Nordisches L., **G. boreále L.**
    b. Stgl. aufsteigend, schlaff, 15—30 cm hoch. Bl. zart, untere eiförmig, obere elliptisch, kurz stachelspitzig. Btn. in sehr lockerer Trugdolde. Schattige Wälder. Ziemlich verbreitet. Juni—Aug. Rundblättriges L., **G. rotundifólium L.**
B. Bl 1 nervig, zu 6—12, seltener zu 4.
  1. Stgl. fast stets durch rückwärts gerichtete Stachelchen rauh. Bl. zu 4—8, Kr. weiß.
    a. An feuchten Orten. Durchmesser der Kr. größer als der der reifen Fr. Btn. stiele nach dem Verblühen aufrecht. Pfl. mehrjährig, 15—60 cm hoch.
      aa. Bl. zu 6—8, lineal-lanzettlich, spitz, stachelspitzig. Fr. körnig-rauh. Feuchte Wiesen, Sumpfränder, Ufer. Meist nicht selten. Juni—Sept. pa. und kleistg. E.
      Moor-L., **G. uliginósum L.**
      bb. Bl. meist zu 4, lineal-länglich, vorn breiter, stumpf, ohne Stachelspitze. Fr. sehr feinkörnig-rauh. Feuchte Wiesen, Gebüsche. Häufig. Mai—Sept. pa. D.
      Sumpf-L., **G. palústre L.**

Rubiáceae

b. An trockenen Orten. Durchmesser der Kr. kleiner als der der reifen Fr. Btn.stiele nach dem Verblühen gerade. Fr. meist hakig-borstig. Trugdolden zusammengesetzt, länger als das Bl. Bl. lineal-lanzettlich, stachelspitzig. Stgl. niederliegend oder kletternd, 60—120 cm lang. Äcker, Hecken, Zäune, Gebüsche. Gemein. ☉ Spreizklimmer! Juni—Okt. pa. D. und autg. Kletten-L., **G. Aparíne L.**

2. Stgl. ohne rückwärts gerichtete Stachelchen, kahl oder behaart.
  a. Zipfel der Kr. stumpflich, begrannt oder stachelspitzig.
    aa. Kr. zitrongelb. Rispe gedrängt. Bl. zu 8—12, lineal (gleichbreit), am Rande umgerollt, unterseits grau. Stgl. rundlich, mit 4 feinen Leisten, aufrecht oder aufsteigend. Btn. honigartig duftend. Trockene Wiesen, Raine, Hügel. Meist häufig. Juni—Okt. pa.—hg. D.
    Echtes L., **G. verum L.**
    bb. Kr. weiß oder gelblichweiß.
      α. Rispe doldentraubig, mit verlängerten, unterwärts blütenlosen Seitenästen. Kr. beckenförmig vertieft, mit kurz bespitzten Zipfeln, milchweiß. Stgl. steif-aufrecht, stielrundlich. Bl. meist 8, länglich-lanzettlich, meist stumpf, stachelspitzig, besonders unterseits blaugrün. Wz.stock meist einzelne, entfernte Stgl. treibend, kurzgliederig, fast knollig-verdickt. Wälder, Gebüsche. Meist häufig. Juli, Aug. pa. D.
      Wald-L., **G. silváticum L.**
      β. Rispe traubig, mit kurzen, ziemlich vom Grunde an blütentragenden Seitenästen. Kr.zipfel begrannt. Bl. vorn mehr oder weniger verbreitert, stachelspitzig, am Rande meist aufwärts stachelig-rauh, beiderseits grün. Stgl. meist zahlreich, 4 kantig. Kr. weiß oder gelblichweiß. Fr. kahl, etwas runzelig. Wiesen, Gebüsche, Wald- und Wegränder. Gemein. Mai—Sept. pa.—hg. D. Wiesen-L., **G. Mollúgo L.**
  b. Zipfel der Kr. einfach spitz, ohne Stachelspitze. Kr. weiß. Stgl. 4 kantig.
    aa. Stgl. niederliegend, die blühenden aufsteigend, 7—25 cm lang. Bl. meist zu 6, untere verkehrt-eiförmig, genähert, obere länglich-lanzettlich, entfernt. Fr. dichtkörnig-rauh. Feuchte, steinige Triften, Heiden, Torfmoore in Nord- und Mitteldeutschland. Juni—Aug. pa. D. (G. saxátile L.)
    Stein-L., **G. hercýnicum Weig.**
    bb. Stgl. niederliegend oder aufsteigend, gleichgestaltet, meist alle blühend, 15—30 cm lang. Bl. meist zu 8, vorn breiter, untere länglich, obere lineal, alle entfernt. Fr. fast glatt. Trockene Wälder, Hügel. Verbreitet. Juni—Aug. pa. bis hg. E. und autg. (G. púmilum Murr.)
    Heide-L., **G. silvéstre Poll.**

## 82. Fam.: Caprifoliáceae, Geißblattgewächse.

I. Kr. radförmig bis glockig, mit kurzer Röhre. Griffel kurz oder fehlend. Narben 3. Btn. in Trugdolden.
 A. Bl. unpaarig-gefiedert. Kr. radförmig, 5 teilig. Fr.kn. 3 fächerig. (Fig. 551.) **Sambúcus 233.**
 B. Bl. gelappt oder ungeteilt. Kr. glockig oder radförmig. 5 spaltig. (Fig. 552.) Fr.kn. 1 fächerig. **Vibúrnum 233.**

Fig. 551.   Fig. 552.   Fig. 553.

II. Kr. röhrig, trichterförmig oder glockig. Bl. einfach, ungeteilt, ganzrandig.
 A. Fr.kn. kugelig bis länglich. Fr. eine mehrsamige Beere.
  1. Kr. trichterig-glockig, fast regelmäßig 4—5 lappig. (Fig. 553.) Fr.kn. 4—5 fächerig. **Symphoricárpus 234.**
  2. Kr. röhrig bis glockig, unregelmäßig bis 2 lippig. (Fig. 554.) Fr.kn. 2—3 fächerig. **Lonicéra 234.**
 B. Fr.kn. walzlich, stielförmig. Fr. eine 2 fächerige Kapsel. Kr. trichterförmig, fast regelmäßig 5 spaltig. Staubbl. 5. (Fig. 555.) **Diervíllea 234.**

Fig. 554.  Fig. 555.

### 1. Sambúcus, Holunder.

1. Krautartige Pfl., 60—150 cm hoch. Stgl. gefurcht. Nebenbl. blattartig, lanzettlich, gesägt. Btn. in flachen Trugdolden. Kr. rötlichweiß. Staubbeutel rot, zuletzt schwärzlich. Fr. schwarz. Waldränder, Gebüsche in Süd- und Mitteldeutschland. Juni, Juli. H. und D. **Zwerg-H., S. Ebulus L.**
2. Sträucher. Nebenbl. klein, warzenförmig oder fehlend.
 a. Btn. in flachen Trugdolden. Kr. weiß. Fr. schwarz. Mark der Zweige weiß. Hecken, Gebüsche, Wälder. Auch häufig angepflanzt. Juni, Juli. hg. Po. und E.
  **Schwarzer H., Flieder, S. nigra L.**
 b. Btn. in eiförmigen Rispen. Kr. grünlichgelb. Fr. scharlachrot, selten goldgelb. Mark der Zweige gelblichbraun. Gebüsche, Waldränder. Verbreitet, besonders im Berglande. Auch in Parkanlagen angepflanzt. April, Mai. pg.—hg. Po. und E.mph.
  **Roter oder Trauben-H., S. racemósa L.**

### 2. Vibúrnum, Schneeball.

1. Bl. 3—5 lappig, grob-gezähnt, beiderseits grün, unterseits weichhaarig. Mittlere Btn. der lockeren Trugdolden glockig, fruchtbar, gelblich (Fig. 553), die äußeren viel größer, radförmig, strahlend, unfruchtbar, weiß. Fr. scharlachrot. Bei einer Gartenform sind sämtliche Btn. groß und unfruchtbar und die Trugdolden kugelig. Feuchte Gebüsche, Laubwälder. Verbreitet. Mai, Juni. hg. D.
 **Gemeiner Sch., V. Opulus L**

Caprifoliáceae

2. Bl. ungeteilt, oberseits locker-sternhaarig, unterseits sternhaarigfilzig, grauweiß, elliptisch oder elliptisch-länglich, gesägt-gezähnt. Btn. sämtlich fruchtbar, gleich, weißlich oder weiß. Fr. hochrot, zuletzt schwarz. Bergwälder, buschige Hügel in Süd- und Mitteldeutschland. Verbreiteter Zierstrauch. Mai, Juni. hg.—pg. D.
Wolliger Sch., Schlinge, V. **Lantána L.**

### 3. Symphoricárpus, Schneebeere.

Bl. rundlich, eiförmig oder elliptisch, ganzrandig, unterseits blaugrün. Btn. in endständigen, unterbrochenen Ähren. Kr. innen dicht behaart, rötlich. Fr. weiß. Häufiger Zierstrauch aus Nordamerika. Juli, Aug. hg. Hw.
Gemeine oder traubige Sch., **S. racemósus Mich.**

### 4. Lonicéra, Geißblatt, Heckenkirsche.

1. Stgl. (rechts) windend. Btn. quirlig-kopfig. Geißblatt.
   a. Bl. alle getrennt, die oberen sitzend. Btn. in gestielten Köpfen, außen behaart, wohlriechend. Kr. gelblichweiß, seltener purpurn Waldränder, Gebüsche. Zerstreut. Auch häufig angepflanzt. Juni bis Aug. pa. Fn.    Deutsches G., L. **Periclýmenum L.**
   b. Bl. der blühenden Zweige am Grunde verwachsen. Btn. in einem sitzenden Kopfe, stark duftend. Kr. hellpurpurn, gelblichweiß oder weiß, in der Farbe wechselnd. (Fig. 554.) Häufig angepflanzt und hier und da auch verwildert. Heimisch im südlichen und südöstlichen Europa bis Österreich. Mai, Juni. pa. Fn.
   Echtes G., Jelängerjelieber, L. **Caprifólium L.**
2. Stgl. nicht windend, aufrecht. Btn. zu 2. Heckenkirsche.
   a. Btn.standstiele so lang oder wenig länger als die Btn.
   aa. Bl. eiförmig oder elliptisch, spitzlich, beiderseits weichhaarig. Btn.standstiele behaart. Kr. gelblichweiß, am Grunde oft rötlich. Fr. scharlachrot. Laubwälder, Gebüsche. Zerstreut. Mai, Juni. hg. Hh.    Rote H., L. **Xylósteum L.**
   bb. Bl. herz-eiförmig, stumpf, nebst den Btn.standstielen kahl. Kr. rot, rosa oder weiß. Fr. gelblich oder rot. Häufig angepflanzt. Aus dem südöstlichen Europa. Mai, Juni. H. und Ds.    Tatarische H., **L. tatárica L.**
   b. Btn.standstiele 3—4 mal so lang wie die Btn., kahl. Bl. länglich, kahl, nur anfangs unterseits zerstreut-behaart. Kr. rötlichweiß oder weißlich. Fr. schwarz. Gebirgswälder in Süd- und Mitteldeutschland. Zerstreut. Mai, Juni. hg. Hb.
   Schwarze H., L. **nigra L.**

### 5. Diervíllea, Weigelie.

Bl. kaum gestielt, eiförmig-länglich, zugespitzt, nur auf dem Mittelnerv behaart. K.zipfel lanzettlich, kahl. Kr. rosenfarben. Zierstrauch aus China. Ende Mai—Juli. hg. Hb. (Weigélia rósea Lindl.)
Rosenrote W., **D. flórida Sieb. u. Zucc.**

Adoxáceae. Valerianáceae

## 83. Fam.: **Adoxáceae**, Moschuskrautgewächse.

### 1. **Adóxa**, Moschuskraut.

Grundständige Bl. lang gestielt, doppelt-3 zählig, das stgl.ständige Paar 3 zählig. Btn. zu 5—7 in endständigem, fast würfelförmigem Köpfchen. (Fig. 186.) Kr. grünlichweiß. Pfl. schwach nach Moschus duftend, 7—20 cm hoch. Feuchte Gebüsche, Laubwälder. Ziemlich verbreitet. März, April. hg. D.
Gemeines M., Bisamkraut, **A. Moschatellína L.**

## 84. Fam.: **Valerianáceae**, Baldriangewächse.

I. K.saum nicht eingerollt, schief-1—5 zähnig, zur Bte.zeit kaum bemerkbar. Kr. ohne Höcker, bläulich. (Fig. 556.) Bl. einfach, ungeteilt. Stgl. gabelästig.
Valerianélla 235.
II. K.saum eingerollt, später zu einem Haarkrönchen auswachsend. Kr. am Grunde höckerig (Fig.557), weiß oder rötlich. Stgl. einfach. Valeriána 235.

Fig. 556.    Fig. 557.

### 1. **Valerianélla**, Rapünzchen, Feldsalat.

1. K.saum undeutlich, kaum gezähnt. Fr. rundlich-eiförmig, zusammengedrückt. (Fig. 558.) Bl. meist ganzrandig, spatelförmig. Stgl. 8—20 cm hoch. Äcker, Gartenland. Ziemlich häufig. Auch gebaut. ⊙ April, Mai und Juli, Aug. hg. E. und autg.
Gemeines R., Salat-R., **V. olitória Moench.**

Fig. 558.

2. K.saum deutlich, schief-abgestutzt, ein Zahn auffallend größer. (Fig. 559.) Fr. ei-kegelförmig, ihre beiden leeren Fächer sehr eng, fadenförmig. Bl. gezähnt. Stgl. 15—30 cm hoch. Äcker. Meist häufig. ⊙ Juli, Aug. hg. Hb.   Gezähntes R., **V. dentáta Poll.**

Fig. 559.

### 2. **Valeriána**, Baldrian.

1. Bl. alle unpaarig-gefiedert, mit lanzettlichen, gesägten bis ganzrandigen Bl.chen. Btn. zwitterig. Kr. hellrötlich, wohlriechend. (Fig. 557.) Stgl. 50—100 cm hoch. Feuchte Gebüsche, Ufer, Wiesen. Meist nicht selten. Juli—Sept. pa. und ♀. H. und D.
Echter B., **V. officinális L.**

2. Stgl.bl. leierförmig-fiederteilig, Grundbl. sowie die der Laubtriebe eiförmig oder elliptisch. Btn. meist 2 häusig, ungleichförmig, auf verschiedenen Pfl. größer und kleiner, weiß oder rötlich. Stgl. 10 bis 30 cm hoch. Sumpfige Wiesen. Verbreitet. Mai, Juni. Hb.
Kleiner B., **V. dióica L.**

## 85. Fam.: **Dipsacáceae,** Kardengewächse

I. Stgl. und Btn.standstiele stachelig. Btn.boden mit stechenden Spreublättchen besetzt. K. beckenförmig, ohne Borsten. Außenk. 8-furchig. (Fig. 560.)
**Dípsacus** 236.

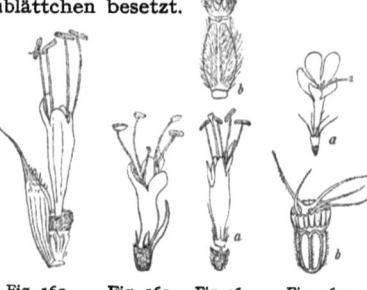

Fig. 560.   Fig. 561.   Fig. 562.   Fig. 563.

II. Stgl. und Btn.standstiele nicht stachelig. K.saum in Borsten geteilt.
  A. Kr. 4spaltig.
    1. Btn.boden mit Spreublättchen. Außenk. gefurcht. K 5borstig. Randbtn. nicht strahlend. (Fig. 561.) **Succísa** 236.
    2. Btn.boden ohne Spreublättchen, rauhhaarig. Außenk. ungefurcht. K. mit 8—16 Borsten. (Fig. 562.) Randbtn. strahlend. **Knaútia** 236.
  B. Kr. 5spaltig. K. 5borstig. Außenk. gefurcht, mit trockenhäutigem Saum. (Fig. 563.) Randbtn. strahlend. **Scabiósa** 237.

### 1. **Dípsacus,** Karde.

1. Spreubl.chen länger als die Btn., biegsam, gerade. Hüllbl. linealpfriemlich, bogenförmig gekrümmt. Grundbl. kerbig-gesägt, wie die länglich-lanzettlichen Stgl.bl. am Rande kahl oder zerstreut-stachelig. Kr. lila, selten weiß. Weg- und Waldränder, Ufer, Hügel. Stellenweise. ⊙ Juli, Aug. pa. Hh.
   Wilde K., **D. silvéster** Huds.
2. Spreubl.chen so lang wie die Btn., steif, an der Spitze zurückgekrümmt. (Fig. 560.) Hüllbl. lanzettlich-pfriemlich, wagerecht-abstehend, kaum länger als die Btn. Bl. ungeteilt, länglich-lanzettlich, fast oder ganz stachellos. Kr. lila. Hier und da gebaut (die Btn.köpfe dienen zum Aufrauhen wollener Stoffe). Aus Südeuropa. Juli, Aug. pa. Hh. (D. fullónum Moench.)
   Weber-K., **D. satívus** (L.) Honck.

### 2. **Succísa,** Abbiß.

Stgl. angedrückt-behaart oder kahl. Untere Bl. länglich oder länglich-lanzettlich, in den Bl.stiel verschmälert, obere lanzettlich. Btn.-köpfe halbkugelig, später kugelig. Kr. blau, seltener weißlich. Wurzelstock oft unten wie abgebissen. Wiesen, Grasplätze, Raine. Meist häufig. Juni—Sept. pa. und ♀. E.
Wiesen-A., Teufels-A., **S. praténsis** Moench.

### 3. **Knaútia,** Skabiose, Witwenblume.

Stgl. nebst den gewimperten Bl. von kurzen Haaren grau, außerdem meist von längeren Haaren steifhaarig. Obere Bl. meist fieder-

Dipsacáceae. Curcurbitáceae 237

teilig, die unteren meist ungeteilt, seltener alle ungeteilt oder alle fiederspaltig. Kr. bläulich oder lilafarben. Raine, Wald- und Wiesenränder. Häufig. Juli, Aug. pa. und ♀. E. mch.
Acker-S., **K. arvénsis Duby.**

### 4. Scabiósa, Skabiose, Grind- oder Krätzkraut.

Stgl. kahl, oberwärts rückwärts angedrückt-behaart. Untere Stgl.-bl. leierförmig, obere fiederteilig, mit fiederspaltigen bis ganzrandigen linealen Zipfeln. Bl. der nichtblühenden Triebe gekerbt bis leierförmig, stumpf. K.borsten braunschwarz. Kr. rötlichlila, selten weiß oder (so bei der Unterart ochroleúca L.) gelblichweiß. Wiesen, Triften, trockene Hügel. Zerstreut. Juni—Herbst. pa. und ♀. E.
Tauben-S., Sc. **Columbária L**

## 86. Fam.: Curcurbitáceae, Kürbisgewächse.

I. Staubbeutel frei. Kr. 5teilig, trichterförmig.
   A. Kr. klein, gelblichweiß. (Fig. 564.) Fächer der Beere 2samig. Samen kaum zusammengedrückt.
   Bryónia 237.
   B. Kr. groß, gelb. Fächer der Beere vielsamig. Samen zusammengedrückt, scharf gerandet. (Fig. 565.)
   Cúcumis 237.
II. Staubbeutel verwachsen. Kr. 5spaltig, groß,' gelb. (Fig. 566.) Fächer der Beere vielsamig. Samen mit wulstigem Rande. Cucúrbita 238.

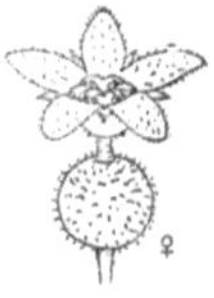

Fig. 564.   Fig. 565.

### 1. Bryónia, Zaunrübe.

Fig. 566.

1. Btn. 1häusig. K. der weiblichen Btn. so lang wie die Kr. Narben kahl. Bl. tief-herzförmig, 5lappig. Stgl. kletternd. Beere schwarz. Zäune, Hecken. Zerstreut. Juni, Juli. Hb. Giftig! Weiße Z., **B. alba L.**
2. Btn. 2häusig. K. der weiblichen Btn. halb so lang wie die Kr. Narben rauhhaarig. Beere kirschrot. Hecken, Zäune, besonders im westlichen Deutschland. Juni, Juli. Hb. Giftig!
Rote Z., **B. dióica Jacq.**

### 2. Cúcumis, Gurke.

1. Bl. spitz-5eckig-gelappt, ungleich-gezähnt, am Grunde mit tiefem, schmalem Einschnitt. Fr. länglich, gerade oder gekrümmt, grün, weiß oder gelb. Fr.fleisch grün oder weißlich. Kr. dottergelb. (Fig. 565.) Gebaut. Aus Nordindien. ⊙ Juni—Sept. ♂ u. ♀. Hb.
Garten-G., **C. satívus L.**
2. Bl. 5lappig, mit abgerundeten Lappen, am Grunde breit herzförmig-eingeschnitten. Fr. kugelig oder elliptisch, höckerig, rauh oder

Curcurbitáceae. Campanuláceae

mit netzförmiger Oberfläche, wohlriechend. Fr.fleisch orange oder rötlich, selten grün. Kr. blaßgelb, kleiner. Gebaut. Aus Indien und Afrika. ☉ Juni—Sept. ♂ u. ♀.   Melone, **C. Melo L.**

### 3. Cucúrbita, Kürbis.

Stgl. kletternd, nebst den Bl. steifhaarig. Bl. sehr groß, herzförmig, seicht-5-lappig. Wickelranken. ästig Fr. rundlich oder länglich, orange, grün oder weißlich, seltener gestreift. Kr. dottergelb. Häufig gebaut. Aus Amerika schon vor 1543 in Europa eingeführt. ☉ Juni—Aug. Hb.   Garten-K., **C. Pepo L.**

## 87. Fam.: Campanuláceae, Glockenblumengewächse.

I. Zipfel der Kr. frei. Kr. glockig oder trichterig. (Fig. 567.) Staubfäden am Grunde verbreitert. Staubbeutel frei. Kapsel kreiselförmig, mit 3—5 Löchern aufspringend.   Campánula 238.
II. Zipfel der Kr. lineal, anfangs verbunden, später vom Grunde aus sich lösend. Kapsel fast kugelig. Btn. kopfig oder ährig, meist von einer gemeinschaftlichen Hülle umgeben.
  A. Staubfäden am Grunde verbreitert. Staubbeutel frei. Btn. sitzend, mit gekrümmter Kr.röhre. (Fig. 568.) Narben fadenförmig, zurückgekrümmt.
    Phyteúma 240.
  B. Staubfäden am Grunde nicht verbreitert. Staubbeutel am Grunde zusammenhängend. Btn. kurz gestielt, mit gerader Kr.röhre. Narben keulenförmig. (Fig. 569.)
    Jasióne 240.

Fig. 567.

Fig. 568.    Fig. 569.

### 1. Campánula, Glockenblume.

A. K.buchten mit blattartigen, zurückgeschlagenen Anhängseln. Btn. sehr groß, weitglockig, kurzgestielt, in endständigen Trauben. Kr. lila, hellblau oder weiß. Pfl. steifhaarig. ☉ Häufige Zierpfl. aus Südeuropa.   Garten-G., Marienglocke, **C. Médium L.**
B. K.buchten ohne Anhängsel.
  1. Btn. sitzend, kopfig oder knäuelartig.
    a. Stgl. nebst den Bl. steifhaarig. Untere Bl. lanzettlich, in den Bl.stiel verschmälert, obere mit halbumfassendem Grunde sitzend. K.zipfel eiförmig, stumpf. Kr. hellblau. Lichte Waldstellen, Gebüsche, Hügel. Zerstreut. Juli, Aug. pa. Hb.
      Borstige G., **C. Cervicária L.**
    b. Stgl. meist grau-kurzhaarig. Untere Bl. eiförmig bis lanzettlich, am Grunde abgerundet oder herzförmig. K.zipfel lanzettlich, lang zugespitzt. Kr. hellviolett. Hügel, Abhänge, Gebüsche. Nicht selten. Juli—Sept. pa. Hb.
      Knäuel-G., **C. glomeráta L.**

Campanuláceae 239

2. Btn. gestielt, traubig oder rispig.
  a. Bl. herz-eiförmig oder länglich, weich oder rauhhaarig. Kapsel überhängend, am Grunde aufspringend. Kr. gewimpert.
    aa. Btn. überhängend, in einseitswendiger Traube. K.zipfel lanzettlich. Bl. ungleich-gesägt, untere herzförmig bis ei-länglich, obere lanzettlich. Stgl. wie die Bl. beiderseits kurzhaarig-rauh, stumpfkantig. Kr. hellviolett. Äcker, Raine, Gebüsche. Meist häufig. Juli—Sept pa. Hb.
          Acker-G., **C. rapunculoídes L.**
    bb. Btn. abstehend oder aufrecht, in allseitswendiger, lockerer Traube. K.zipfel eiförmig-lanzettlich. Bl. grob-doppeltgesägt, untere herzförmig-eiförmig, obere länglich. Stgl. scharfkantig, wie die Bl. und K. steifhaarig. Kr. blaulila, seltener weiß. Gebüsche, Laubwälder, Hecken. Häufig. Juli, Aug. pa. Hb.
          Nesselblättrige G., **C. Trachélium L.**
  b. Bl. (mit Ausschluß der unteren) lanzettlich bis lineal, meist kahl.
    aa. Btn. groß. Kr. 2,5—3,5 cm lang, weit glockig, in wenigblütigen Trauben. K.zipfel lanzettlich. Bl. kahl, derb, lanzettlich bis lineal, sitzend, untere länglich-keilförmig, in den Bl.stiel verschmälert. Kr. himmelblau. Waldränder. Gebüsche, Hügel. Ziemlich zerstreut. Juni—Aug. pa. Hb.     Pfirsichblättrige G., **C. persicifólia L.**
    bb. Btn. mittelgroß oder klein. K.zipfel pfriemlich.
      *α*. Kr. fast bauchig-glockig, 5 lappig, dunkelblau. Kapsel überhängend, am Grunde aufspringend. Btn. in lockerer Rispe. Untere Stgl.bl. lanzettlich, meist ganzrandig. Die Grundbl. (meist zur Bte.zeit nicht mehr vorhanden) nierenförmig oder herz-eiförmig, gekerbt. Trockene Wälder, Wiesen, Triften. Häufig. Juni—Okt. pa. Hb.
          Rundblättrige G., **C. rotundifólia L.**
      *β*. Kr. trichterförmig, 5spaltig, in vielblütigen, lockeren Rispen. Kapsel aufrecht, über der Mitte oder an der Spitze sich öffnend. Untere Stgl.bl. länglich-spatelförmig oder länglich-keilförmig.
        *αα*. Wz. dünn. Bl. flach. Rispe fast doldentraubig, ihre Äste abstehend. Seitliche Btn.stiele über der Mitte mit 2 Bl.chen. K.zipfel lanzettlich-pfriemlich. Kr. blaulila. Wiesen, Gebüsche, Wälder. Gemein. ⊙ Mai—Juli. pa. Hb.     Wiesen-G., **C. pátula L.**
        *ββ*. Wz. dick, fleischig. Bl. am Rande wellig. Rispe schmal, mit kurzen, aufrechten Ästen. Seitliche Btn.stiele nahe am Grunde mit 2 Bl.chen. K.zipfel lineal-pfriemlich. Kr. blau. (Fig. 567.) Wiesen, Wegränder, Hügel. Zerstreut, in der Rheinprovinz und in Westfalen gemein. ⊙ Juni—Aug. pa. Hb.
          Rapunzel-G., **C. Rapúnculus L.**

Campanuláceae. Compósitae

## 2. Phyteúma, Teufelskralle.

1. Btn.stand eiförmig oder länglich, zuletzt walzenförmig.
   a. Kr. gelblichweiß, an der Spitze grünlich. Btn.stand länglich, später fast walzenförmig. Hüllbl. lineal-lanzettlich bis borstenförmig. Bl. doppelt-gekerbt-gesägt, untere stets herzförmig, länglich-eiförmig. Wiesen, Gebüsche. Meist häufig. Mai, Juni, pa. Hb. Ährige T., **Ph. spicátum L.**
   b. Kr. dunkelviolett. Btn.stand mehr eiförmig. Bl. einfach- und ungleich-gekerbt. Sonst wie vorige Art. Wälder, Bergwiesen in Mittel- und Süddeutschland. Mai, Juni. pa. Hb. und Ds.
   Schwarze T., **Ph. nigrum Schmidt.**
2. Btn.stand kugelig. Kr. dunkelblau. Hüllbl. eiförmig-lanzettlich, etwas gesägt. Bl. gekerbt, eiförmig oder lanzettlich, in den Bl.stiel verschmälert. Wiesen, Waldränder, sonnige Kalkberge. In Süd- und Mitteldeutschland zerstreut. Mai, Juni. pa. E.
   Kugelige T., **Ph. orbiculáre L.**

## 3. Jasióne, Jasione, Sandglöckchen.

Stgl. oberwärts bl.los und kahl. Bl. ziemlich ganzrandig, am Rande welligkraus, die untersten verkehrt-eiförmig, stumpf, obere lanzettlich bis lineal, spitzlich. Kr. himmelblau. Sonnige Hügel, Acker- und Waldränder, Dünen. ⊙ Häufig. Juni—Aug. pa. E.
Berg-J., **J. montána L.**

## 88. Fam.: Compósitae, Korbblütler.

A. Kronen der Randblüten zungenförmig, meist einen deutlichen Strahl bildend, die der mittleren (Scheibenblüten) röhrig.
I. K., wenigstens der der mittleren Btn., aus Haaren gebildet. Btn.boden ohne Spreublättchen.
   A. Stgl. mit Schuppen besetzt. Btn. vor den Bl. erscheinend. Hüllbl. 1 reihig, mit einer Außenhülle. (Fig. 570a.)
      1. Stgl. 1 köpfig. Randbtn. weiblich (Fig. 570b), mittlere zwitterig (Fig. 570c). Kr. gelb. Tussilágo 253. 

      Fig. 570.
      2. Stgl. vielköpfig. Köpfe traubig. Btn. fast 2 häusig. Kr. purpurn oder weiß. Petasítes 253.
   B. Stgl. nicht mit Schuppen besetzt. Btn. nach den Bl. erscheinend.
      1. Strahlbtn. weiß, rot oder blau, nie gelb.
         a. Stgl. 1 köpfig. Kopf groß. Hüllbl. mehrreihig. (Fig. 571.) Strahlbtn. verschiedenfarbig. Callístephus 247.
         Fig. 571.  Fig. 572.
         b. Stgl. mehrköpfig.
            aa. Strahlbtn. 1 reihig, deutlich zungenförmig (lineal), weiß, rot, blau oder lila. Aster 247.

Compósitae  241

bb. Strahlbtn. mehrreihig, sehr schmal, fast fädlich, lila oder weißlich. (Fig. 572.)   Erígeron 248.
2. Strahlbtn. gelb oder orange.
   a. Hüllbl. dachziegelartig.
     aa. Strahlbtn. meist 5—8. Staubbeutel am Grunde ohne Anhängsel (Fig. 573.)    Solidágo 246.
     bb. Strahlbtn.zahlreich.Staubbeutel nach unten in 2 Borsten auslaufend (Fig. 574).

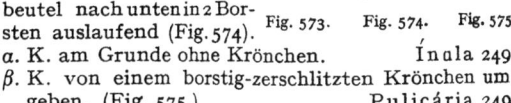

Fig. 573.    Fig. 574.    Fig. 575.

   α. K. am Grunde ohne Krönchen.  Ínula 249.
   β. K. von einem borstig-zerschlitzten Krönchen umgeben. (Fig. 575.)   Pulicária 249.
 b. Hüllbl. 1—3 reihig.
    aa. Köpfe groß, einzeln. Hüllbl. 2 reihig. (Fig. 576.) Bl. gegenständig.   Árnica 254.
    bb. Köpfe klein odér mittelgroß, rispig oder doldentraubig. Hüllbl. 1 reihig, an der Spitze meist gefärbt, am Grunde oft mit kurzer Außenhülle. (Fig. 577.)   Senécio 254.

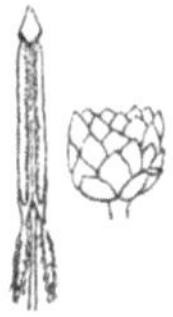

Fig. 576.    Fig. 577.

II. K. nicht aus Haaren bestehend.
 A. Bl. in grundständiger Rosette. Stgl. 1 köpfig. Hüllbl. 2 reihig, gleichlang. Btn.boden ohne Spreubl.chen. Strahlbtn. weiß.
   Bellis 247.
 B. Bl. gegenständig. Hüllbl. 1- oder mehrreihig.
  1. Köpfe sehr groß. Strahlbtn. verschiedenfarbig. K. fehlend.   Dáhlia 250.
  2. Köpfe mittelgroß oder klein.   Fig. 578.
   a. Strahlbtn. weiß, meist 5. Köpfe klein. Hüllbl. 1 reihig. K. spreublättrig. (Fig. 578.)
     Galinsóga 251.
   b. Strahlbtn. gelb. Hüllbl. 2 reihig, äußere und innere gleich oder ungleich. K. aus 2—4 widerhakigen Grannen bestehend. (Fig. 579.) Strahl oft fehlend.   Bidens 251.

Fig. 579.

 C. Bl. wechselständig, wenigstens die oberen.
  1. Strahlbtn. weiß.
   a. Btn.boden ohne Spreubl.chen. Hüllbl. mit deutlichem Hautrand.
    aa. Hüllbl. wenigreihig, ziemlich gleichlang. Bl. doppelt- bis 3 fach-fiederteilig, mit linealen bis fast fadenförmigen Zipfeln. (Fig. 580.)   Matricária 252.

Fig. 580.

    bb. Hüllbl. vielreihig, die äußeren kürzer. (Fig. 581.) Bl. ungeteilt oder fiederteilig oder gefiedert-fiederteilig mit breiteren Zipfeln.   Chrysánthemum 252.

Fig. 581.

Compósitae

b. Btn.boden mit Spreubl.chen besetzt.
  aa. Zunge der Strahlbtn. breit, rundlich, weiß. (Fig. 582.) Scheibenbtn. weißlich. Köpfe klein oder mäßig groß, doldentraubig. Achilléa 251.
  bb. Zunge der Strahlbtn. länglich. Scheibenbtn. gelb. Köpfe größer, einzeln. (Fig. 583.) Ánthemis 251.

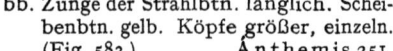

Fig. 582.   Fig. 583.

2. Strahlbtn. gelb, seltener bräunlich.
  a. Köpfe sehr groß. Stgl. 1—2 m hoch.
    aa. Btn.boden flach oder gewölbt. Hüllbl. unregelmäßig-dachziegelartig. K. aus 2—4 spreuartigen, abfälligen Bl.chen bestehend. (Fig. 584.) Heliánthus 250.        Fig. 584.
    bb. Btnboden kegelförmig bis walzlich. Hüllbl. 2 reihig. K. ein kurzer, gezähnter Rand. Rudbéckia 250.
  b. Köpfe groß bis klein. Stgl. niedriger.
    aa. Btn.boden ohne Spreubl.chen.
      α. Hüllbl. dachziegelartig (Fig. 581), mit deutlichem Hautrand. Alle Btn. fruchtbar. Chrysánthemum 252.
      β. Hüllbl. 2 reihig, ohne Hautrand. Nur die Randbtn. fruchtbar, weiblich. Fr. gekrümmt. (Fig. 585.) Caléndula 255.    Fig. 585.
    bb. Btn.boden mit lanzettlichen oder borstigen Spreubl.chen. (Fig. 583.) Hüllbl. dachziegelartig. K. fehlend. Bl. meist doppelt-fiederteilig. Ánthemis 251.

B. **Kronen aller Blüten röhrig oder trichterig, die der Randblüten zuweilen fädlich.**
  I. K. nicht aus Haaren gebildet.
    A. Btn. grünlich, 1 häusig. Staubbeutel frei. (Fig. 586 a.) Weibliche Btn. zu 2, in einer gemeinschaftlichen, stacheligen, zu einer Scheinfr. auswachsenden Hülle eingeschlossen. (Fig. 586 b.) Männliche Btn. zahlreich, in Köpfen. Hüllbl. 1 reihig, meist verwachsen.    Xánthium 250.   Fig. 586.
    B. Btn. nicht grünlich. Staubbeutel zu einer Röhre verwachsen.
      1. Köpfe doldentraubig, rispig oder traubig, mehrblütig.
        a. Köpfe rispig oder traubig, sehr klein (kaum bis 5 mm breit), kugelig oder eiförmig. Btn.boden kahl oder zottig. Fr. verkehrt-eiförmig. Kr. gelblich, rötlich oder bräunlich. Artemísia 253.
        b. Köpfe in flachen Doldentrauben, halbkugelig (über 5 mm breit). Btn.boden nackt. Kr. goldgelb. Chrysánthemum 252,
      2. Köpfe einzeln an der Spitze des Stgls oder der Äste.
        a. Bl. gegenständig. Hüllbl. 1- oder 2 reihig.
          aa. Hüllbl. 2 reihig, die äußeren abstehend. K. aus 2—4 widerhakigen Grannen bestehend. (Fig. 579.) Btn.boden flach.    Bidens 251.

Compósitae 243

bb. Hüllbl. 1 reihig, meist 5. K. spreublättrig. (Fig. 578.) Btn.boden kegelförmig. Köpfe klein. Galinsóga 251.
b. Bl. wechselständig. Hüllbl. dachziegelartig. Kr. rot oder blau. Randbtn. meist größer, trichterförmig, geschlechtslos. K. aus kurzen Haaren bestehend oder ganz fehlend. (Fig. 587.) Centauréa 258.

Fig. 587.

II. K. aus Haaren gebildet.
 A. Stgl.bl. dornig-gezähnt. Hüllbl. meist mit steifen, stechenden Spitzen, dachziegelartig.
  1. Kr. blauviolett. Hüllbl. ausgerandet, in der Ausrandung stachelspitzig, lederig (Fig. 588), am Grunde fleischig. Btn.boden fleischig. Haare des K. gefiedert. Cynára 258.
  2. Kr. gelblich bis weißlich, nicht purpurn.
   a. Innere Hüllbl. strahlend, gelblich oder weiß, trockenhäutig, äußere laubartig. (Fig. 589a.) Haare des K. gefiedert, am Grunde zu spreuartigen Bl.chen verwachsen. (Fig. 589b.) Fr. behaart. Carlína 256.

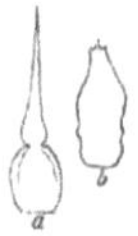

Fig. 588.

   b. Innere und äußere Hüllbl. laubartig, bleich. K. aus gefiederten Haaren bestehend. (Fig. 590a.) Kr. bleichgelb. Círsium 257.
  3. Kr. purpurn.
   a. Btn.boden tief-bienenzellig-grubig, fleischig, die Ränder der Gruben fransig-gezähnt. Haare des K. gewimpert, rötlich. Fr. fast 4kantig. (Fig. 591.) Onopórdon 258.
   b. Btn.boden nicht tief-grubig, borstig.
    aa. Bl. weißgefleckt oder marmoriert, groß. Äußere

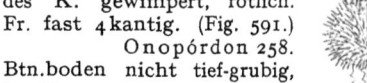
Fig. 589.   Fig. 590.

Fig. 591.   Fig. 592.

Hüllbl. mit laubartigem Anhängsel. (Fig. 592.) Haare des K. gezähnt. Staubfäden verwachsen. Kr. purpurn. Sílybum 258.
    bb. Bl. nicht weißgefleckt. Staubfäden frei.
     α. Haare des K. einfach. gezähnelt. (Fig. 590b.) Cárduus 256.
     β. Haare des K. gefiedert. (Fig. 590a.) Círsium 257.
 B. Stgl.bl. nicht dornig-gezähnt, höchstens scharfgesägt.
  1. Btn.boden mit Spreubl.chen, Borsten oder Haaren besetzt. Hüllbl. dachziegelartig. Kr. purpurn oder blau.
   a. Randbtn. meist größer, trichterig, geschlechtslos. Hüllbl. mit einem trocken-häutigen Anhängsel oder mit einem Stachel. K. kurz oder fehlend. (Fig. 587.) Centauréa 258.

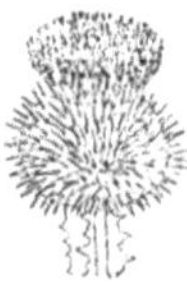

Compósitae

b. Randbtn. nicht größer. Kr. purpurn.
  aa. Hüllbl. an der Spitze nicht hakenförmig gekrümmt. (Fig.593.) Fr. zusammengedrückt. Serrátula 258.
  bb. Hüllbl. an der Spitze (zuweilen mit Ausnahme der innersten) hakenförmig gekrümmt. (Fig. 594.) Fr. zusammengedrückt-4kantig. Bl. ungeteilt, mehr oder weniger graufilzig. Árctium 256.

Fig. 593.   Fig. 594.

2. Btn.boden ohne Spreubl.chen.
  a. Bl. zur Bte.zeit noch nicht entwickelt. Stgl. vielköpfig. Köpfe traubig. Btn. fast 2 häusig. Hüllbl. 1 reihig. Petasítes 253.
  b. Bl. geteilt. Hüllbl. dachziegelartig oder 1 reihig.
    aa. Bl. gegenständig, wenigstens die unteren. Hüllbl. dachziegelartig. Köpfe 5- oder 6 blütig. (Fig.595.) Kr. rötlich. Eupatórium 246.
    bb. Bl. wechselständig. Hüllbl. 1 reihig, an der Spitze meist schwärzlich, am Grunde mit einigen kürzeren als Außenhülle. (Fig. 577.) Kr. gelb. Senécio 254.

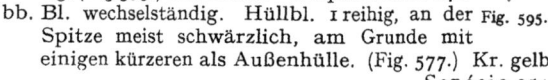

Fig. 595.

c. Bl. ungeteilt, wechselständig. Hüllbl. dachziegelartig, die äußeren allmählich kürzer.
aa. Hüllbl. krautig, grün oder grünlich, nicht wollig. Randbtn. weiblich.
  α. Kr. weißlich oder lila, Randbtn. mehrreihig, die äußeren zungenförmig, die inneren oft röhrig. (Fig. 572.) Erígeron 248.
  β. Kr. gelb. Strahlbtn. 1 reihig. Staubbeutel unterwärts in 2 Borsten auslaufend. (Fig. 574.) Inula 249.
bb. Hüllbl. mehr oder weniger trockenhäutig oder wollig. Weiß- oder graufilzige Pfl.
  α. Hüllbl. wollig, höchstens am Rande trockenhäutig. Weibliche Btn. mehrreihig. Äußere Fr. ohne Haark. Filágo 248.
  β. Hüllbl. kahl, trockenhäutig, meist gefärbt, glänzend. Alle Fr. mit Haark.
    αα. Alle Btn. eines Kopfes entweder weiblich, fädlich, oder zwitterig, 5zähnig. Btn.boden gewölbt. Hüllbl. weiß oder rosenrot. Antennária 248.
    ββ. Innere Btn. der Köpfchen zwitterig (Fig. 596b), die äußeren weiblich, fädlich, mehrreihig. (Fig.596a.) Btn.boden gewölbt. Hüllbl. oft bräunlich.
                  Gnaphálium 248.
    γγ. Weibliche Randbtn. 1 reihig oder fehlend. Btn.boden flach. Hüllbl. goldgelb. (Fig. 597.) Helichrýsum 249.

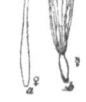

Fig. 596.

Fig. 597.

Compósitae 245

C. Kronen aller Blüten zungenförmig, flach.
  I. K. nicht aus Haaren gebildet, als kurzer häutiger oder schuppiger Rand erscheinend oder undeutlich.
    A. Kr. hellblau. Hüllbl. 2reihig, die äußeren abstehend, die inneren aufrecht. K. aus stumpfen Spreubl.chen bestehend. (Fig. 598b.)
       Cichórium 259.
    B. Kr. gelb. Hüllbl. 1reihig, mit kurzer Außenhülle.
      1. Stgl. beblättert. Hüllbl. 8—10, nach der Bte.zeit aufrecht. K. undeutlich.
         Lámpsana 259.
      2. Stgl. blattlos. Hüllbl. 16—20, nach der Bte.zeit zusammenneigend. K. deutlich. (Fig. 599.)
         Arnóseris 259.

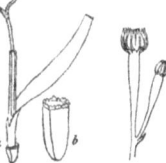

Fig. 598.   Fig. 599.

 II. K., wenigstens der der mittleren Btn., aus Haaren gebildet.
    A. Haare des K. (wenigstens zum Teil) gefiedert (d. h. mit Seitenhärchen versehen).
      1. Bl. in grundständiger Rosette.
        a. Btn.boden mit kleinen, schmalen Spreubl.chen besetzt. Fr. geschnäbelt (Fig. 600a) oder die randständigen schnabellos (Fig. 600b). Hüllbl. dachziegelartig.
           Hypochœris 259.
        b. Btn.boden ohne Spreubl.chen. Fr. kurz geschnäbelt. (Fig. 601.)   Leóntodon 260
      2. Bl. am Stgl. verteilt.
        a. Hüllbl. 1- oder 2reihig, am Grunde verwachsen, gleichlang. Fr. mit gekerbten Rippen, meist lang geschnäbelt, am Grunde ohne Schwiele. (Fig. 602.)   Tragopógon 260.
        b. Hüllbl. dachziegelartig, frei. Fr. nicht oder sehr kurz geschnäbelt. (Fig. 603.)
          aa. Fr. oben etwas verschmälert, am Grunde mit sehr kurzer Schwiele. (Fig. 603b.) Bl. ungeteilt.   Scorzonéra 260.
          bb. Fr. sehr kurz geschnäbelt. (Fig. 604.) Bl. ungeteilt, gezähnt.   Picris 260.
    B. Haare des K. einfach.
      1. Fr. in einen langen Schnabel verschmälert (K. dadurch gestielt erscheinend).
        a. Köpfe wenigblütig (5—10blütig). Stgl. beblättert.
          aa. Schnabel der Fr. am Grunde von 5 knorpeligen Schuppen umgeben. (Fig. 605.) Hüllbl. 8, mit kurzer Außenhülle.
             Chondrilla 261.

Fig. 600.   Fig. 601.

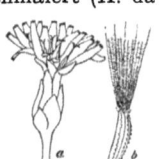

Fig. 602.

Fig. 604.

Fig. 603.   Fig. 605.

246      Compósitae

  bb. Schnabel der Fr. am Grunde ohne Schuppen. (Fig.
   606.) Hüllbl. zahlreich, dachziegelartig.      Lactúca 261.
 b. Köpfe vielblütig.
  aa. Stgl. nicht glänzend. Fr. geschnäbelt oder nur oberwärts verschmälert. (Fig. 607.) Äußere Hüllbl. kürzer, meist eine Außenhülle bildend.
       Crepis 262.

Fig. 606.   Fig. 607.

  bb. Stgl. glänzend, röhrig, 1 köpfig. Fr. lang geschnäbelt.
   Schnabel am Grunde von spitzen Höckern umgeben.
   (Fig. 608.)    Taráxacum 261.
2. Fr. abgestutzt oder kaum etwas verschmälert.
 a. Kr. purpurn oder rosa. Köpfe 5 blütig.
  Hüllbl. 6—8, die äußeren sehr kurz.
  (Fig. 609.) Fr. stielrund.
      Prenánthes 262.
 b. Kr. gelb oder orange.

Fig. 608.   Fig. 609.

  aa. Fr. stark zusammengedrückt. Hülle
   ei- oder fast kegelförmig. (Fig. 610.) Bl. am Rande
   dornig gezähnt.     Sonchus 261.
  bb. Fr. nicht oder schwach zusammengedrückt. Bl. nicht
   dornig-gezähnt.
   α. Äußere Hüllbl. kürzer, meist eine Außen-
    hülle bildend. Fr. stielrund, oben
    verschmälert oder geschnäbelt.
    (Fig. 607.)    Crepis 262.
   β. Äußere Hüllbl. meist keine
    Außenhülle bildend. Fr. fast
    walzlich, oben abgestutzt, unten
    verschmälert. (Fig. 611.)
     Hierácium 263.

Fig. 610.   Fig. 611.

## 1. Eupatórium, Wasserdost, Kunigundenkraut.

Bl. meist 3 teilig, grob-gesägt, mit lanzettlichen Zipfeln. Köpfchen klein, in dichten Doldentrauben. Kr. rosa, selten weiß. Ufer, Gräben, feuchte Gebüsche. Meist nicht selten. Juli, Aug. pa. Ft.
      Gemeiner W., **E. cannábinum L.**

## 2. Solidágo, Goldrute.

1. Köpfe in aufrechten, allsietswendigen Trauben. Untere Bl. elliptisch, mit geflügeltem Stiel, obere lanzettlich, fast sitzend. Zunge der Strahlbtn. verlängert. Trockene Wälder, Gebüsche, Hügel. Häufig. Juli—Sept. pa. und ♀. F. und D.
      Wilde G., **S. Virga-aúrea L.**
2. Köpfe in rispig-gehäuften, einseitswendigen Trauben, klein. Bl. länglich-lanzettlich bis lanzettlich, zugespitzt, scharf-gesägt. Zunge der Strahlbtn. sehr kurz, etwa so lang wie die Scheibenbtn. Zier-

Compósitae        247

pfl. aus Nordamerika. Bisweilen in Gebüschen an Flußufern verwildert. Aug.—Okt. pa. und ♀. D. und H.
                                Kanadische G., **S. canadénsis L.**

### 3. Bellis, Gänseblümchen.

Bl. spatelig, stumpf, gekerbt. Hüllbl. lanzettlich, vorn gewimpert, stumpf. Strahl weiß, unterseits oft rot. Grasplätze, Wiesen, Triften. In Gärten mit gefüllten Btn. (Tausendschönchen). Fast das ganze Jahr. pa. und ♀. D. Hb. und F.    Gemeines G., **B. perénnis L.**

### 4. Callístephus, Aster.

Untere Bl. gestielt, spatelförmig, grob-gezähnt oder gesägt, mittlere sitzend, länglich-rhombisch, etwas gezähnt, obere ganzrandig. Strahl blau, lila, weiß usw. (Fig. 571.) Zierpfl. aus China. ⊙ Aug.—Okt. pa. und ♀. E. (Aster chinénsis L.)
                                Garten-A., **C. chinénsis N. v. E.**

### 5. Aster, Aster, Staudenaster, Sternblume.

1. Stgl. einfach oder wenig ästig, nur oberwärts doldentraubig-rispig. Hüllbl. der Köpfchen stumpf. Strahlbtn. blauviolett.
 a. Stgl. und Bl. kurz-steif-haarig. Untere Bl. länglich-elliptisch, gestielt, die oberen länglich-lanzettlich, sitzend. Hüllschuppen etwas abstehend, die äußeren spatelförmig, die inneren länglich, ganz krautig oder die inneren an der Spitze hautrandig-purpurn. Sonnige Hügel, Waldränder, Felsen. Zerstreut bis sehr zerstreut. Juli—Sept. pa. und ♀. D. und H.
                                Berg-A., **A. Améllus L.**
 b. Ganze Pfl. kahl. Bl. ziemlich dicklich-fleischig, länglich bis lanzettlich. Hüllbl. angedrückt, lanzettlich, die äußeren schmalhäutig-berandet, die inneren mit breitem, rotem Hautrande. Auf Strandwiesen, im Röhricht und an Gräben in der Nähe des Nord- und Ostseestrandes häufig, seltener an salzhaltigen Stellen im Binnenlande. Juli—Sept.       Strand-A., **A. Tripólium L.**
2. Stgl. meist rispig-ästig. Hüllbl. hautrandig, zugespitzt. Aus Nordamerika stammende, bei uns an Flußufern zwischen Weidengebüsch verwilderte und vielfach eingebürgerte Arten.
 a. Stgl.bl. deutlich stgl.umfassend. Hüllbl. sehr locker abstehend. Stgl. doldentraubig-ästig, Köpfe an den Ästen meist traubig oder doldenrispig. Strahlbtn. lila. Sept., Okt.
                                Neubelgische A., **A. Novi-Bélgii L.**
 b. Stgl. mit breitem oder verschmälertem Grunde sitzend, nicht stgl.umfassend. Hüllbl. angedrückt.
  aa. Köpfe mittelgroß (etwa 2½ cm breit), ihre Hülle 6 mm hoch. Hüllbl. ziemlich gleichlang. Äste und Ästchen des Btn.-standes doldenrispig. Strahlbtn. zuerst weiß, später blauviolett. Aug.—Okt. (A. salicifolius Scholler.)
                                Weiden-A., **A. salígnus Willd.**
  bb. Köpfe klein (12—15 mm breit), ihre Hülle 4 mm hoch. Hüllbl. ungleich, die äußeren viel kürzer als die inneren. Strahl-

248    Compósitae

btn. weiß. Äste des Btn.standes nahezu doldentraubig. Aug.
bis Okt. (A. leucánthemus Desf.)
  Kleinblütige A., **A. Tradescánti L.**

## 6. Erígeron, Berufkraut.

1. Zungenbtn. etwa doppelt so lang wie die Röhrenbtn. Strahl weiß, öfter bläulich. Köpfe doldentraubig. Stgl. beblättert, 50—100 cm hoch. Untere Bl. verkehrt-eiförmig, mittlere länglich, obere lanzettlich. Früher Zierpfl., jetzt häufig verwildert. Aus Nordamerika. Juni—Sept. (Stenáctis ánnua N. v. E.)
  Einjähriges B., **E. ánnuus Pers.**
2. Zungenbtn. kaum länger als die Röhrenbtn., aufrecht.
   a. Köpfe sehr klein (4—5 mm breit), sehr zahlreich, in länglicher Rispe. Strahl weißlich. Hüllbl. fast kahl. Bl. lineal-lanzettlich, gewimpert. Stgl. grün, 30—80 cm hoch. Wegränder, Ufer, Äcker. Meist gemein. Aus Nordamerika. Juli—Okt. pa. und ♀. Hb.
     Kanadisches B., **E. canadénsis L.**
   b. Köpfe mittelgroß, weniger zahlreich, traubig oder doldentraubig. Strahl rötlich oder bläulich. Hüllbl. behaart. Bl. länglich, etwas wellig, stumpf, meist rauhhaarig. Stgl. meist rötlich, 10—30 cm hoch. K.saum weiß oder rötlich. Trockene Hügel und Triften. Nicht selten. Juni—Sept. pa. und ♀.
     Scharfes B., **E. acer L.**

## 7. Filágo, Filzkraut.

1. Stgl. oberwärts traubig-ästig. Bl. lanzettlich. Köpfchenknäuel seiten- und endständig. Hüllbl. nicht gekielt, bis zur Spitze dichtwollig. Äcker, Triften, Hügel. Häufig. ⊙ Juli—Sept. pa. und ♀.
   Acker-F., **F. arvénsis L.**
2. Stgl. gabelig-ästig. Bl. lineal-lanzettlich. Köpfchenknäuel gabel-, seiten- und endständig. Hüllbl. gekielt, die inneren mit trockenhäutiger, gelblicher, glänzender Spitze. Sandige Äcker und Triften. Ziemlich häufig. ⊙ Juli—Sept. pa. und ♀.
   Zwerg-F., **F. mínima Pers.**

## 8. Antennária, Katzenpfötchen.

Mit wurzelnden Ausläufern. Stgl. einfach, 7—20 cm hoch. Grundbl. spatelförmig. Stgl.bl. lineal-lanzettlich. Hüllbl. der männlichen Btn. meist weiß, die der weiblichen meist rosa. Kr. weiß oder rötlich. Hügel, trockene Wälder, Heiden. Häufig. Mai, Juni. ♀ und ♂ (reizbar). F.   Gemeines oder zweihäusiges K., **A. dióica Gaertn.**

## 9. Gnaphálium, Ruhrkraut.

1. Köpfe knäuelartig gehäuft. Pfl. 1 jährig.
   a. Stgl. vom Grunde an ausgebreitet-ästig. Bl. lineal-länglich, am Grunde verschmälert. Köpfchenknäuel beblättert. Hüllbl. gelblich oder bräunlich. Kr. gelblichweiß. (Fig. 596.) FeuchteÄcker, Ufer, ausgetrocknete Gräben und Sümpfe. Gemein. ⊙ Juli bis Okt. pa. und ♀. Hb.   Sumpf-R., **G. uliginósum L.**

Compósitae 249

b. Stgl. meist einfach, seltener mit aufsteigenden Ästen. Bl. halbstengel-umfassend, die unteren länglich, die oberen lineal-länglich. Köpfchenknäuel blattlos. Hüllbl. gelblichweiß. Kr. gelblichweiß. Sandiger, feuchter Boden, Triften, Teichränder. Zerstreut. ⊙ Juli, Aug. pa. und ♀. D. und H.

Gelblichweißes R., **G. lúteo-album L.**

2. Köpfe im oberen Teile des Stgls. ährenförmig angeordnet. Bl. alle gleichlang oder obere allmählich kleiner, 1 nervig, oberseits kahl werdend. Kr. gelblichweiß. Pfl. mehrjährig. Trockene Wälder und Heiden. Häufig. Juli—Sept. pa. und ♀.

Wald-R., **G. silváticum L**

### 10. Helichrýsum, Strohblume.

Stgl. nebst den Bl. wollig-filzig, einfach. Untere Bl. länglich-verkehrt-eiförmig, stumpflich, die oberen lineal-lanzettlich, spitz. Kr. orangefarben. Trockene Wälder, Hügel, Wegränder. Verbreitet. Juli, Aug. pa. und ♀.  Sand-St., **H. arenárium DC.**

### 11. Ínula, Alant.

1. Strahlbtn. zungenförmig, hochgelb.
 a. Innere Hüllbl. an der Spitze spatelig verbreitert, stumpf, äußere eiförmig, laubartig. (Fig. 574.) Bl. groß, ungleich-gezähnt, unterseits filzig, die stengelständigen herz-eiförmig, stengelumfassend. Stgl. 1—1,5 m hoch. Feuchte Wiesen, Ufer, besonders in Norddeutschland. Auch gebaut und verwildert. Juli, Aug. pa. und ♀. D. und H.  Echter A., **I. Helénium L.**
 b. Innere Hüllbl. lineal oder lineal-lanzettlich, zugespitzt. Stgl. 15—60 cm hoch.
  aa. Stgl. nebst den Bl. behaart, ästig oder einfach. Bl. weich, die unteren in den Bl.stiel verschmälert, die oberen mit herzförmigem Grunde stengelumfassend. Fr. kurzhaarig. Feuchte Wiesen, Gebüsche. Häufig. Juli—Sept. pa. und ♀.

Wiesen-A., **I. británnica L.**
  bb. Stgl. oberwärts nebst den Bl. kahl, einfach, steif. Bl. derb, rauh, mit herzförmigem Grunde stengelumfassend. Fr. kahl. Waldränder, trockene Wiesen. Zerstreut. Juli, Aug. pa. und ♀.  Weiden-A., **I. salicína L.**
2. Strahlbtn. fast röhrig, 3 spaltig, so lang wie die Hülle, rötlich. Hüllbl. an der Spitze abstehend. (Conýza L.)

Stgl. dünnfilzig. Bl. eiförmig bis lanzettlich, unterseits filzig, obere mit verschmälertem Grunde sitzend. Köpfe klein, doldentraubig. Strahlbtn. rötlich, Scheibenbtn. hellbräunlich. Sonnige Hügel, Abhänge, Gebüsche. Zerstreut. ⊙ Juli—Okt. pa. und ♀. Hb. und D. (I. Conýza DC.)

Sparriger A., Dürrwurz, **I. squarrósa Bernh.**

### 12. Pulicária, Flohkraut.

1. Köpfe klein, Strahlbtn. aufrecht, kaum länger als die Hülle. Untere Bl. kurz gestielt, obere mit abgerundetem Grunde sitzend. Stgl.

Compósitae

oberwärts zottig. Dorfplätze, Gräben. Meist häufig. ☉ Juli—Sept.
pa. und ♀. **Kleines Fl., P. vulgáris Gaertn.**
2. Köpfe mittelgroß. Strahlbtn. ausgebreitet, viel länger als die Hülle.
Bl. mit herzförmigem Grunde stengelumfassend, unterseits graufilzig. Stgl. oberwärts wollig-filzig. Feuchte Wiesen, Gebüsche,
Gräben. Zerstreut. Aug., Sept. pa. und ♀. E.
**Großes Fl., P. dysentérica Bernh.**

### 13. Xánthium, Spitzklette.

1. Stgl. ohne Stacheln. Bl. rundlich bis 3 eckig-eiförmig, 3 lappig.
   a. Pfl. graugrün. Bl. am Grunde herzförmig. Fr. grün, mit zerstreuten kahlen Stacheln und geraden Schnäbeln. Kr. grünlich.
   Dorfstraßen, Schutt, Wegränder, Ufer. Zerstreut. ☉ Juli—Okt.
   ♀ und ♂. **Gemeine S., X. strumárium L.**
   b. Pfl. gelbgrün. Bl. am Grunde gestutzt oder keilförmig. Fr.
   braun, mit dichten, am Grunde steifhaarigen Stacheln und gekrümmten Schnäbeln. Kr. grünlich. Ufer, Wegränder. Stellenweise häufig. ☉ Aug., Sept. ♀ und ♂. (X. itálicum Mor.)
   **Haken-S., X. echinátum Murr.**
2. Stgl. am Grunde der Bl.stiele mit 2 oder 3 starken, 3 teiligen, gelben
   Dornen. Bl. am Grunde keilförmig, meist 3 lappig, mit verlängertem Mittellappen, unterseits weißfilzig. Kr. grünlich. (Fig. 586.)
   Auf Schutt, an Wegrändern verwildert, oft unbeständig. Stammt
   aus Süd- und Südosteuropa. ☉ Aug., Sept. ♀ und ♂.
   **Dornige S., X. spinósum L.**

### 14. Rudbéckia, Sonnenhut.

Untere Bl. 5—7 zählig-gefiedert, mit eingeschnittenen Blättchen,
obere 3—5 spaltig oder -teilig, oberste eiförmig, ganzrandig. Köpfe
einzeln. Strahlbtn. dottergelb, herabhängend, Scheibenbtn. bräunlich. An Flußufern nicht selten verwildert. Aus Nordamerika. Juli,
Aug. pa. H. und Ds. **Schlitzblättriger S., R. laciniáta L.**

### 15. Heliánthus, Sonnenblume.

1. Untere Bl. gegenständig, herz-eiförmig, obere wechselständig, eiförmig. Köpfe aufrecht. Hüllbl. lanzettlich, spitz, dicht borstig-gewimpert. Kr. dottergelb. Mit länglichen Knollen. Gebaut und verwildert. Aus Nordamerika in der 2. Hälfte des 16. Jahrh. eingeführt. Aug. —Okt. pa. Hb. und Ds. mph.
   **Knollige S., Topinambur, H. tuberósus L.**
2. Bl. wechselständig, herz-eiförmig. Köpfe nickend. Hüllbl. eiförmig,
   zugespitzt, gewimpert. Strahlbtn. hochgelb, Scheibenbtn. braun.
   (Fig. 584.) Zierpfl. aus Amerika. Zuweilen verwildert. ☉ Juli bis
   Okt. pa. Hb. und Ds. **Einjährige S., H. ánnuus L.**

### 16. Dáhlia, Georgine, Dahlie.

Bl. meist 5 zählig-gefiedert, mit eiförmigen, zugespitzten, gesägten
Blättchen. Randbtn. mit Stempel. Strahlbtn. an den sogenannten
gefüllten Btn. meist unfruchtbar. Wz.stock mit länglichen Knollen.

Compósitae 251

Aus Mexiko 1789 eingeführt. Aug.—Okt. pa. und ♀. Hb. (Georgína variábilis Willd.)
Verschiedenfarbige G., **D. variábilis Desf.**

## 17. Bidens, Zweizahn.

1. Pfl. dunkelgrün. Bl. in einen kurzen, geflügelten Stiel verschmälert, meist 3(—5) teilig, seltener ungeteilt. Köpfe aufrecht, ohne Strahlbtn. Fr. mit 2 Grannen. (Fig. 579.) Kr. gelbbraun. Gräben, Sumpfränder, feuchte Wiesen. Häufig. ⊙ Juli—Okt. pa. Hb. und Ds. Dreiteiliger Z., **B. tripartítus L.**
2. Pfl. hellgrün. Bl. sitzend, am Grunde etwas verwachsen, lanzettlich. Köpfe nickend, mit oder ohne Strahlbtn. Fr. mit 3 oder 4 Grannen. Kr. dottergelb. Gräben, Sümpfe, Teichränder, überschwemmt gewesene Stellen. Ziemlich häufig. ⊙ Aug.—Okt. pa. Hb. und Ds.
Nickender Z., **B. cérnuus L.**

## 18. Galinsóga, Knopfkraut.

Stgl. sehr ästig. Bl. eiförmig, gezähnelt, oberste länglich-lanzettlich. Köpfe klein. Strahlbtn. zuweilen fehlend. Auf Äckern, Gartenland, an Zäunen, Wegen verwildert. Im westlichen Südamerika einheimisch. ⊙ Juni—Sept. Kleinblütiges K., **G. parviflóra Cav.**

## 19. Anthemis, Hundskamille.

1. Strahlbtn. gelb. Btn.boden fast halbkugelig. Spreubl.chen schmalrautenförmig, in eine Stachelspitze verschmälert. Weg- und Ackerränder, sonnige Hügel. Zerstreut. Juni—Sept. pa. und ♀. E.
Färber-H., **A. tinctória L.**
2. Strahlbtn. weiß. Btn.boden kugelförmig oder walzlich, innen markig. Fr. stumpf-4- oder 3kantig.
  a. Spreubl.chen lanzettlich, mit deutlichem Mittelnerv. (Fig. 583.) Strahlbtn. weiblich. Hüllbl. zuletzt an der Spitze zurückgeschlagen. Köpfe mäßig lang gestielt. Äcker, Wegränder. Gemein. ⊙ und ⊙. Juni—Sept. pa. und ♀. Hb. und D.
Acker-H., **A. arvénsis L.**
  b. Spreubl.chen lineal-pfriemlich, nervenlos. Strahlbtn. zuweilen geschlechtslos. Hüllbl. stets aufrecht. Köpfe kurz gestielt. Zäune, Wege, Schutt. ⊙ Verbreitet. Juni—Okt. pa.
Stinkende H., **A. Cótula L.**

## 20. Achilléa, Garbe.

1. Bl. 2- oder 3fach-fiederteilig, mit lanzettlichen oder lineal-lanzettlichen, eingeschnittenen Zipfeln, behaart bis kahl. Strahlbtn. 4—6, halb so lang als die Hülle, weiß, seltener rötlich. Wiesen, Grasplätze, Raine, Wegränder. Gemein. Juni—Herbst. pa. und ♀. E.
Schaf-G., **A. Millefólium L.**
2. Bl. ungeteilt, lineal-lanzettlich, bis zur Mitte klein und dicht, von da bis zur Spitze tief- und entfernt-gesägt, sitzend, nebst dem Stgl. kahl. Strahlbtn. etwa 10, so lang als die Hülle, weiß, Scheibenbtn.

Compósitae

gelblichweiß. Wiesen, Gräben, feuchte Gebüsche. Häufig. Juli, Aug. pa. und ♀. E. Sumpf-G., Bertrams G., **A. Ptármica L**

### 21. Matricária, Kamille.

1. Btn.boden lang-kegelförmig, hohl.
    a. Bl. mit schmal-linealen, flachen entfernten Zipfeln. (Fig. 580.) Köpfe ziemlich lang gestielt, mit Strahlbtn. Scheibenbtn. 5-zähnig. Fr. ohne Harzstreifen. Äcker, Wegränder. Nicht selten, stellenweise häufig. ☉ Mai—Aug. pa. D.
    Echte K., **M. Chamomílla L**.
    b. Bl. mit lineal-lanzettlichen bis linealen, genäherten Zipfeln. Köpfe kurz gestielt, ohne Strahlbtn. Scheibenbtn. 4zähnig. Fr. oberwärts auf beiden Seiten mit einem Harzstreifen. Verwildert und eingebürgert. In Ostasien und im westlichen Nordamerika einheimisch. ☉ Juni—Aug. pa. D.
    Strahllose K., **M. discoídea DC.**
2. Btn.boden halbkugelig oder kurz-kegelförmig, markig. Bl. mit fast fadenförmigen, unterseits gefurchten Zipfeln. Zunge der Strahlbtn. länger als die Hülle. Fr. querrunzelig, mit 3 kantigen Längsrippen, oben mit 2 vertieften Harzpunkten. K. krönchenartig. Äcker, Wegränder. Gemein. ☉—☉ Juni—Herbst. pa. D.
    Geruchlose K., **M. inodóra L.**

### 22. Chrysánthemum, Rainfarn, Wucherblume.

1. Köpfe doldentraubig angeordnet. Tanacétum Schultz bip., Rainfarn.
    a. Strahlbtn. fehlend. Köpfe zahlreich, in dichter Doldentraube, goldgelb. Bl. doppelt-fiederspaltig mit länglich-lanzettlichen, gesägten Zipfeln. Raine, Gebüsch, Ufer. Häufig. Juli—Sept. pa. E. Gemeiner R., **Ch. vulgáre Bernh.**
    b. Strahlbtn. vorhanden, weiß. Bl. fiederteilig bis gefiedert-fiederteilig.
    aa. Bl. im Umriß eiförmig, alle gestielt, fiederteilig, mit länglichen oder länglich-eiförmigen, stumpflichen, fiederspaltigen Zipfeln und länglichen, oft eingeschnitten-gesägten Zipfelchen und nicht gesägter Spindel (Mittelrippe). Fr. 10 kantig, harzig-punktiert. Gartenzierpfl. aus Südeuropa. Auf Schutt, an Wegrändern, Zäunen verwildert. Juni—Aug. pa. und ♀. D. und Hb. Mutterkraut, **Ch. Parthénium Bernh.**
    bb. Bl. im Umriß länglich, die unteren lang gestielt, am Grunde gefiedert, an der Spitze fiederteilig, die mittleren sitzend, fiederteilig, mit gesägter Spindel, alle mit länglichen bis lanzettlichen Zipfeln und lanzettlichen, scharf-gezähnten Zipfelchen. Fr. 5 kantig, kaum harzig-punktiert. Sonnige Hügel, Gebüsche, Felsen. Juni—Aug. pa. E.
    Ebensträußiger R., **Ch. corymbósum L.**
2. Köpfe am Stgl. und an den Ästen einzeln, groß. Wucherblume.
    a. Strahlbtn. weiß. Alle Fr. gleichgestaltet. Stgl. meist einfach und 1 köpfig. Grundständige Bl. lang gestielt, spatelförmig bis keil-

Compósitae 253

förmig-lanzettlich, meist gekerbt, die stengelständigen sitzend, länglich oder lanzettlich, gezähnt, am Grunde oft eingeschnitten. Wiesen, lichte Wälder. Gemein. Juni. Juli. pa. E.
Wiesen-W., Maßliebchen, Ch. Leucánthemum L.
b. Strahlbtn. gelb (Fig. 581), ihre Fr. anders gestaltet als die der Scheibenbtn. Stgl. meist etwas ästig. Bl. länglich-verkehrt-eiförmig bis lanzettlich, untere fast fiederspaltig, obere grob-gesägt, oft 2spaltig, mit herzförmigem Grunde stengelumfassend. Unter der Saat. In manchen Gegenden häufig, in anderen fehlend. Juni bis Aug. pa. und ♀. D. und Hb.
Saat-W., Ch. ségetum L.

### 23. Artemísia, Beifuß.

1. Bl. ungeteilt (höchstens die untersten 3 spaltig), lanzettlich bis lineal-lanzettlich, stachelspitzig, nebst dem Stgl. kahl. Köpfe kugelig. Kr. weißlich. Als Gewürzpfl. gebaut. Aus Südrußland. Aug., Sept. pa. und ♂. Po.   Estragon-B., A. Dracúnculus L.
2. Bl., wenigstens die unteren und mittleren, geteilt.
    a. Bl. beiderseits, wie der Stgl. seidenhaarig-weiß grau-filzig, 2- oder 3fach-fiederteilig. Bl.stiel nicht geöhrt. Hüllbl. filzig. Btn.-boden behaart. Kr. hellgelb. Steinige, unbebaute Orte in Süddeutschland, anderwärts angebaut und verwildert. Juli—Sept. pa. und ♀. Po. W.   Wermut, A. Absínthium L.
    b. Bl. oberseits oder beiderseits kahl. Btn.boden kahl.
        aa. Bl. fiederteilig, mit lanzettlichen Zipfeln, oberseits dunkelgrün und kahl, unterseits weißfilzig, am Rande umgerollt. Köpfe länglich-eiförmig, aufrecht. Hüllbl. filzig. Kr. gelb oder rotbraun. Stgl. meist rot. Wegränder, Hecken, Gebüsche. Meist häufig. Aug., Sept. pa. und ♀. Po.—W.
Gemeiner B., A. vulgáris L.
        bb. Bl. 2- oder 3fach-fiederteilig, mit linealen Zipfeln.
            α. Bl. am Grunde des Bl.stiels geöhrt, anfangs seidenhaarigfilzig, später kahl. Köpfe eiförmig. Hüllbl. kahl. Kr. rotbraun. Stgl. meist rot, 30—60 cm hoch. Hügel, Äcker, Wegränder. Meist häufig. Aug.—Okt. pa. und ♀. P.—W.
Feld-B., A. campéstris L.
            β. Bl. nicht geöhrt, unterseits grau behaart. Köpfe fast kugelig, nickend. Hüllbl. kurzhaarig. Kr. gelb. Stgl. 60—120 cm hoch. Als Heilpfl. gebaut. Aus Südeuropa. Sept., Okt. Stabwurz-B., Eberreis, A. Abrótanum L.

### 24. Tussilágo, Huflattich.

Stgl. mit eiförmig-lanzettlichen, meist rötlichen Schuppenbl. besetzt. (Fig. 570.) Bl. herzförmig-rundlich, eckig, ungleich gezähnt, unterseits weiß-filzig. Kr. goldgelb. Weg- und Ackerränder, Ufer. Verbreitet. März, April.   Gemeiner H., T. Fárfara L.

### 25. Petasítes, Pestwurz.

Bl. rundlich-herzförmig, unterseits dünn-grauwollig oder dünn-filzig, oft über 30 cm breit. Kr. trüb-purpurn oder rötlichweiß. Btn.-

Compósitae

stgl, rötlich überlaufen. Ufer, Gräben, feuchte Wiesen. Verbreitet. April, Mai. Rote P., **P. officinális Moench.**

## 26. Árnica, Wohlverleih.

Stgl. einfach, 1(—3)köpfig. Bl. sitzend, die grundständigen verkehrt-eiförmig, die stengelständigen länglich bis lanzettlich. Köpfe groß. Kr. orangefarben. Waldwiesen, Triften, besonders im Berglande. Meist häufig. Juni, Juli. pa. und ♀. E. Berg-W., **A. montána L.**

## 27. Senécio, Kreuzkraut.

A. Köpfe ohne Außenhülle, gedrängt. Hüllbl. an der Spitze kaum gefleckt, spitz. Bl. lanzettlich-halbstengelumfassend, die unteren buchtig-gezähnt. Stgl. meist ästig, klebrig-zottig, dick, hohl, 30 bis 60 cm hoch. Sümpfe, Torfstiche in Nord- und Westdeutschland. ⊙ Mai—Juli. Moor-K., **S. palúster DC.**

B. Köpfe am Grunde mit einer Reihe kürzerer Außenhüllbl. Hüllbl. an der Spitze stets gefleckt.

1. Bl. ungeteilt, elliptisch bis schmal-lanzettlich.

   a. Strahlbtn. 12—20, goldgelb. Außenhülle meist 10blättrig, halb so lang wie die Hülle. Bl. verlängert-lanzettlich, spitz, scharf gesägt. Stgl. 1—1,75 m hoch, dicht beblättert. Buschige Ufer, feuchte Wälder und Gebüsche. Zerstreut. Juli, Aug. Sumpf-K., **S. paludósus L.**

   b. Strahlbtn. 5—8. Außenhülle 3—5 blättrig.

      aa. Hülle kurz-walzenförmig, meist 8blättrig. Strahlbtn. meist 5. Bl. elliptisch bis schmal lanzettlich, mit gerade abstehenden Zähnen, alle in einen schmal geflügelten Bl.-stiel verschmälert. Stgl. oft rot überlaufen. Schattige Wälder, besonders Bergwälder. In Mittel- und Süddeutschland zerstreut. Juli—Sept. pa. und ♀. E.
      Fuchs-K., Wald-K., **S. Fúchsii Gmel.**

      bb. Hülle walzenförmig-glockig, 10—12blättrig. Strahlbtn. meist 6—8. Bl. länglich-lanzettlich mit vorwärts gerichteten Zähnen, untere gestielt, obere mit breitem Grunde sitzend. An Flußufern zwischen Weidengebüsch. Sehr zerstreut. Aug., Sept. pa. und D. (S. sarracénicus Koch.) Ufer- oder Fluß-K., **S. fluviátilis Wallr.**

2. Bl. buchtig-fiederspaltig bis fiederteilig.

   a. Hülle walzenförmig. Hüllbl. lineal. Strahlbtn. fehlend oder sehr kurz, meist zurückgerollt.

      aa. Strahlbtn. fehlend. Außenhüllbl. sehr kurz, etwa zur Hälfte schwarz. (Fig. 577.) Bl. meist kahl. Stgl. 10 bis 30 cm hoch. Äcker, Gartenland, Wegränder. Gemein. ⊙ Blüht fast das ganze Jahr. pa. D. und H. und autg.
      Gemeines oder Vogel-K., **S. vulgáris L.**

      bb. Strahlbtn. kurz, meist zurückgerollt, hellgelb. Stgl. 15 bis 80 cm hoch.

Compósitae                255

α. Ganze Pfl. drüsenhaarig-klebrig. Außenhülle locker, halb so lang wie die Hülle. Sandfelder, Waldschläge. Häufig. ⊙ Juni—Okt. pa. und ♀. autg.
  Klebriges K., **S. viscósus L.**
β. Pfl. spinnwebig-wollig, drüsenlos. Außenhüllbl. angedrückt, sehr kurz, nur $\frac{1}{4}$ so lang wie die Hülle. Lichte, sandige Wälder, Waldschläge, Sandfelder. Häufig. ⊙ Juni bis Aug. pa. und ♀. D. und autg.
  Wald-K., **S. silváticus L.**
b. Hülle glockig. Hüllbl. eiförmig bis lanzettlich. Strahlbtn. länger, abstehend.
  aa. Bl.spindel gezähnt. Bl. buchtig-fiederspaltig, beiderseits, jedoch besonders unterseits spinnwebig-zottig. Außenhülle 6—12 blättrig, mit schwarzer Spitze. Äcker, Wegränder, sandige Hügel, Dämme. Hat sich vom östlichen Deutschland her immer weiter westwärts ausgebreitet und in neuerer Zeit auch bereits den Rhein überschritten. Mai, Juni und wieder im Herbst.
    Frühlings-K., **S. vernális W. u. K.**
  bb. Bl.spindel ganzrandig.
    α. Außenhüllbl. 4—6, halb so lang wie die Hülle. Hüllbl. verkehrt-eiförmig, zugespitzt. Fr. alle behaart. Bl. graulich, fiederteilig. Bl.zipfel lineal, gezähnt oder fiederspaltig, die untersten öhrchenförmig. Wz.stockkriechend. Wiesen, Gebüsche, Gräben. Zerstreut. Aug., Sept. pa. und ♀. Hb
      Raukenblättriges K., **S. erucifólius L.**
    β. Außenhüllbl. 1—4, mehrmal kürzer als die Hülle. Randständige Fr. kahl.
      αα. Fr. der Scheibenbtn. dicht behaart. Untere Bl. zur Bte.zeit meist abgestorben, leierförmig-fiederteilig, mittlere mit vielteiligen Öhrchen, fiederteilig, mit fast rechtwinklig-abstehenden Seitenzipfeln. Köpfe in endständiger, dichter, aufrechtästiger Doldentraube. Strahlbtn. zuweilen fehlend. Sonnige Hügel, Raine, Wegränder. Häufig. ⊙ Juli, Aug. pa. und ♀. E.    Jakobs-K., **S. Jacobǽa L.**
      ββ. Fr. der Scheibenbtn. zerstreut behaart oder kahl. Untere Bl. zur Bte.zeit meist noch frisch, oft ungeteilt, mittlere leierförmig-fiederteilig, mit stark vorwärts gerichteten Seitenzipfeln und länglichem Endzipfel, alle gelbgrün. Köpfe in lockerer Doldentraube. Feuchte Wiesen, Gebüsche. Zerstreut. ⊙ Juli, Aug. pa. und ♀. D.
        Wasser-K., **S. aquáticus Huds.**

## 28. Caléndula, Ringelblume.

1. Bl. sämtlich länglich-lanzettlich. Äußere Fr. lineal, gerade geschnäbelt, mittlere kahnförmig, innere kreisförmig eingerollt. Kr. hell-

Compósitae

gelb. Äcker, Weinberge, Schutt in Süddeutschland. ☉ Juni bis Okt. ♂ und ♀. Hb. Die Köpfe schließen sich 3ʰ Nm.

Acker-R., **C. arvénsis L.**

2. Unterste Bl. stielartig verschmälert, fast spatelförmig. Fr. fast sämtlich kahnförmig (Fig. 585), nur einige der innersten lineal, gerade. Kr. orangefarben. Häufige Zierpfl. aus Südeuropa. ☉ Juni bis Okt. ♂ und ♀. H. und Ds. mch. Garten-R., **C. officinális L.**

### 29. Carlína, Eberwurz, Wetter- oder Silberdistel.

1. Stgl. verlängert (10—50 cm hoch), 2—mehrköpfig. Bl. länglich, lanzettlich, buchtig-gezähnt, unterseits meist schimmlich-filzig. Köpfe mittelgroß. Innere Hüllbl. strohgelb. K. so lang wie die Fr. Trockene Hügel, Wegränder. Ziemlich häufig. Juli—Sept. pa. H.

Stengel-E., **C. vulgáris L.**

2. Stgl. sehr kurz, mit einem einzigen, dicht am Boden sitzenden, großen Kopf, seltener bis 30 cm hoch. Bl. rosettig, tief-fiederspaltig bis gefiedert. Innere Hüllbl. schneeweiß. K. doppelt so lang als die Fr. (Fig. 590.) Trockene, steinige Hügel, Abhänge. Zerstreut. Juli. Aug. pa. Hh. Stengellose E., **C. acaúlis L.**

### 30. Arctium, Klette.

1. Hüllbl. alle mit hakenförmiger Spitze oder nur die innersten in eine gerade Spitze verschmälert. Köpfe kahl oder wenig spinnwebig.
 a. Köpfe traubig, ziemlich klein, etwa haselnußgroß, etwas spinnwebig-wollig. Stiele der grundständigen Bl. hohl. Hüllbl. kürzer als die Btn., die inneren an der Spitze rot. Wüste Plätze, Wegränder, Zäune. Häufig. ☉ Juli—Sept. pa. H.

Kleine K., **A. minus Schrk.**
 b. Köpfe locker-doldentraubig, ziemlich groß, fast kahl. (Fig. 594.) Hüllbl. länger als die Btn., sämtlich grün. Stiele der grundständigen Bl. markig. Wegränder, Schuttplätze, Zäune. Verbreitet. ☉ Juli, Aug. pa. Hh. und F. Große K., **A. Lappa L.**
2. Innere Hüllbl. stumpf oder stumpflich, mit aufgesetzter, kurzer Spitze, rot, fast strahlend. Köpfe etwas klein, genähert-doldentraubig, dicht-spinnwebig-wollig. Wegränder, wüste Plätze, Ufer. Verbreitet. ☉ Juli—Sept. pa. Hb. und Hh.

Filzige K., **A. tomentósum Schrk.**

### 31. Cárduus, Distel.

1. Hüllbl. über dem breiten Grunde etwas eingeschnürt und daselbst zurückgeknickt. Köpfe groß, einzeln nickend, niedergedrückt-kugelig, auf ziemlich langen, ungeflügelten Stielen. Bl. fiederteilig, mit fast handförmig-3—5spaltigen Zipfeln, beiderseits grün, lang- und derbdornig. Kr. purpurn. Weg- und Ackerränder, Hügel, Triften. Häufig. ☉ Juli—Aug. pa. Hb. Hh. u. F. mch.

Nickende D., **C. nutans L.**

2. Hüllbl. aufrecht oder bogig abstehend. Äste und Btn.stiele meist bis zur Spitze dornig geflügelt.

Compósitae 257

a. Bl. beiderseits grün, tief-fiederspaltig, mit gelblichen, 6—7 mm langen, ziemlich derben Dornen. Köpfe einzeln, mittelgroß. Weg- und Ackerränder, Triften. Meist häufig. ☉ Juni—Sept. pa. E.
Stachel- oder Wege-D., **C. acanthoídes L.**

b. Bl. unterseits dünn-weiß-spinnwebig-filzig, buchtig-fiederspaltig, mit kürzeren und weicheren Dornen. Köpfe gehäuft, ziemlich klein. Hecken, Gebüsche, Wegränder. Zerstreut. ☉ Juli—Sept. pa. H. und D.        Krause D., **C. crispus L.**

### 32. Círsium, Distel (Kratzdistel).

1. Kr. gelblichweiß. Köpfe von großen, bleichen Deckbl. umhüllt, gehäuft. Bl. dornig-gewimpert, stgl.umfassend, nicht herablaufend, die unteren fiederspaltig. Feuchte Wiesen und Gebüsche. Häufig. Juli—Sept. pa. H. und F.        Kohl-D., **C. oleráceum Scop.**

2. Kr. purpurn, selten weiß. Köpfe nicht von bleichen Deckbl. umhüllt.

a. Hüllbl. abstehend, in einen starken Dorn endigend. Bl. oberseits von kleinen Stacheln rauh, unterseits dünn spinnwebig-graufilzig, herablaufend, tief-fiederspaltig, ihre Zipfel 2 spaltig, lanzettlich, in einen langen, starren Dorn endigend. Stgl. 60—120 cm hoch, mit zahlreichen, bogig aufsteigenden Ästen. Köpfe einzeln. Kr. hellpurpurn. Wegränder, Raine, unbebaute Orte. Gemein. Juni—Sept. pa. und ♀. Hb.
Lanzettblättrige D., Speer-D., **C. lanceolátum Scop.**

b. Hüllbl. nicht mit stechender Spitze. Bl. oberseits kahl oder behaart, aber nicht stachelig.

aa. Stgl. sehr verkürzt (scheinbar fehlend), seltener bis 25 cm hoch (und dann der ganzen Länge nach beblättert und meist einfach). Bl. rosettig, am Boden ausgebreitet, fiederspaltig, mit dornigen Zipfeln. Kr. purpurn. Trockene Wiesen, Triften, Raine. Verbreitet. Juli—Sept. pa. und ♀. Hb. und F. mch.        Stengellose D., **C. acaúle All.**

bb. Stgl. gestreckt, 30—120 cm hoch.

α. Stgl. durch die herablaufenden Bl. dornig-geflügelt. Bl. buchtig-fiederspaltig. Köpfe klein, gehäuft, auf kurzen Stielen. Btn. sämtlich zwitterig. Kr. purpurn, ihr Saum bis zur Mitte 5 spaltig. Sumpfige Wiesen, Waldbrüche. Häufig. Juli—Sept. pa. und ♀. E.
Sumpf-D., **C. palústre Scop.**

β. Bl. nicht oder nur wenig herablaufend, ungeteilt oder buchtig-fiederspaltig, meist wellig-kraus, dornig-gewimpert. Wz.stock kriechend, mit beblätterten, nicht blühenden Ästen. Köpfe klein, trugdoldig-rispig. Btn. durch Fehlschlagen teilweise 2 häusig. Kr. hellpurpurn, ihr Saum bis zum Grunde 5 teilig. Äcker, Wegränder, wüste Plätze, Waldschläge. Häufig und oft sehr lästiges Unkraut. Juli bis Sept. pa. und ♀. E.    Acker-D., **C. arvénse Scop.**

Compósitae

### 33. Onopórdon, Eselsdistel.

Stgl. etwas wollig, durch die herablaufenden Bl. breit geflügelt. Bl. länglich, buchtig, spinnwebig-wollig, stachelspitzig. Köpfe einzeln, rundlich, ziemlich groß. (Fig. 591.) Hüllbl. lineal, pfriemlich, untere weit abstehend. K. rötlich. Kr. hellpurpurn. Wege, Schutt, unbebaute Orte. Meist nicht selten. ⊙ Juli, Aug. pa. Hh. (reizbare Staubf.). Gemeine E., **O. Acánthium L.**

### 34. Cynára, Artischocke.

1. Bl. stachelig, fiederteilig, unterseits graufilzig. Köpfe mit wenig fleischigem Btn.boden. Hüllbl. eiförmig-lanzettlich, stachelig. (Fig. 588a.) Kr. violettblau. Als Gemüsepfl. gebaut. Aus Südeuropa. Juli, Aug. Karden-A., **C. Cardúnculus L.**
2. Bl. weniger stachelig. Köpfe viel größer, mit fleischigem Btn.boden. Hüllbl. eiförmig, nicht oder wenig stachelig (Fig. 588b), am Grunde fleischig. Als Gemüsepfl. gebaut. Vaterland unbekannt. Juli, Aug. Gemüse-A., **C. Scólymus L.**

### 35. Sílybum, Mariendistel.

Stgl. und Bl. kahl. Bl. am Rande mit gelblichen Stacheln, weiß gefleckt, die unteren buchtig-fiederspaltig, obere lanzettlich, stengelumfassend. Hülle kugelig (Fig. 600), Kr. purpurn. Zierpfl. aus Südeuropa. Zuweilen verwildert. ⊙ Juli, Aug. pa. H.
Gemeine M., **S. Mariánum Gaertn.**

### 36. Serrátula, Scharte.

Bl. eiförmig, scharf-gesägt, ungeteilt oder mehr oder weniger fiederspaltig, untere lang gestielt, obere sitzend. Köpfe (Fig. 593) fast doldentraubig, 2häusig. Kr. purpurnlila. Wiesen, Gebüsche. Verbreitet. Juli—Sept. pa. u. ♀. Ds. u. F. Färber-Sch., **S. tinctória L.**

### 37. Centauréa, Flockenblume.

1. Hüllbl. a. d. Spitze mit einem deutl. gesonderten Anhängsel. Kr. rot.
   a. Anhängsel der Hüllbl., rundlich, gewölbt, angedrückt, ganz, gezähnelt oder unregelmäßig-eingerissen, seltener die untersten regelmäßig-gefranst. (Fig. 587c.) Bl. länglich-lanzettlich bis lineal, ungeteilt oder die untersten buchtig-gezähnt bis fiederspaltig. K. der Fr. fehlend. Trockene Wiesen, Wegränder, Gebüsche. Gemein. Juni—Okt. pa. und ♀ und ♂. H. und F. (reizb. Staubf.). mch. Gemeine oder Wiesen-Fl., **C. Jacéa L.**
   b. Anhängsel der Hüllbl. lanzettlich-pfriemlich, mit borstenförmigen Fransen (Fig. 612), zurückgekrümmt, die der innersten Reihe der Hüllbl. fransig-zerschlitzt, von denen der nächst äußeren Reihe verdeckt. K. vorhanden, ¹/₃ mal so lang wie die Fr. Wälder, Gebirgswiesen. Zerstreut. Juli, Aug. pa. H. und F. (reizb. Staubf.).
   Wald- oder Fransen-Fl., **C. pseudophrýgia C.A.Mey.**
2. Hüllbl. ohne deutlich gesonderte Anhängsel, am Rande und an der Spitze trockenhäutig, fransig-zerschlitzt oder borstenförmig-gefranst.

Fig. 612.

Compósitae

a. Bl. sämtlich gefiedert oder fiederspaltig.
aa. Bl. einfach- oder doppelt-fiederspaltig mit lanzettlichen Zipfeln. Köpfe groß, einzeln am Ende des Stgl. und der Äste, meist dunkelrot. Hülle kugelig. Hügel, Wegränder. Zerstreut. Juli, Aug. pa. D. H. F. (reizb. Staubf.). mch.
Skabiosenartige Fl., **C. Scabiósa L.**
bb. Bl. einfach- oder doppeltfiederteilig, mit linealischen Zipfeln. Köpfe rispig-gehäuft, klein, blaßpurpurn. Hülle eiförmig. Hügel, Wegränder. Zerstreut. Juli—Sept.
Rheinische Fl., **C. rhenána Bor.**
b. Bl. ungeteilt. Hüllbl. fransig-zerschlitzt. Randbtn. blau, selten rosenrot oder weiß. Scheibenbtn. violett.
aa. Bl. herablaufend, länglich-lanzettlich, ganzrandig oder entfernt-gezähnelt, seltener die unteren buchtig. Stgl. einfach oder wenig ästig. Hülle kugelig. K. $\frac{1}{3}$ mal so lang als die Fr. Bergwälder in Mittel- und Süddeutschland. Auch angepflanzt. Mai, Juni. pa. Hb. und Hh. (reizb. Staubf.).
Berg-Fl., **C. montána L.**
bb. Bl. nicht herablaufend, lineal lanzettlich, untere zuweilen 3teilig, am Grunde gezähnt, obere ganzrandig. Hülle eiförmig. K. so lang wie die Fr. Unter der Saat. Gemein. ⊙ Juni—Aug. pa. D. H. und F. (sehr reizb. Staubf.). mch.
Kornblume, **C. Cýanus L.**

### 38. Cichórium, Wegwarte.

1. Untere Bl. buchtig-fiederspaltig, obere länglich, ungeteilt, oberste aus breitem, fast umfassendem Grunde lanzettlich. (Fig. 613. Btn. s. Fig. 598.) Wegränder, Raine. Meist häufig. Auch gebaut. Juli, Aug. Bte.zeit 6—3 h. pa. H. und Ds. (reizb. Staubf.). Gemeine W., Cichorie, **C. Intybus L.**

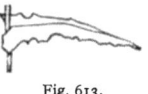
Fig. 613.

2. Untere Bl. länglich, buchtig-ausgeschweift, obere breit-eiförmig, mit herzförmigem Grunde stengelumfassend. Als Salatpfl. gebaut. Aus Ägypten. ⊙ Juli, Aug. Endivie, **C. Endívia L.**

### 39. Lámpsana, Rainkohl.

Bl. eckig-gezähnt, untere leierförmig, mit sehr großem Endzipfel, obere lanzettlich. Köpfe klein, wenigblütig, locker-rispig. Feuchte Wälder, Gebüsche, Zäune. Häufig. ⊙ Juni—Aug. Bte.zeit 8—11 h. pa. Ds. und Hb. und autg. Gemeiner R., **L. commúnis L.**

### 40. Arnóseris, Lammkraut.

Bl. rosettig, länglich-spatelförmig, gezähnt. Stgl. 1 köpfig oder mit einigen 1 köpfigen Ästen (Fig. 599), unten braunrot. Btn.stiele nach oben keulenförmig, hohl. Sandige Äcker. Verbreitet. ⊙ Juli, Aug. pa. D. Kleines L., **A. mínima Link.**

### 41. Hypochœris, Ferkelkraut.

1. Bl. kahl. Köpfe klein, auf etwas verdickten Stielen. Innere Hüllbl. so lang wie die Btn. Randständige Fr. schnabellos. (Fig. 600 b.)

Compósitae

Kr. hell-goldgelb. Stgl. 15—30 cm hoch. Sandige Äcker, Triften, Wegränder. Nicht selten. ⊙ Juli, Aug. pa. H.
Glattes F., **H. glabra L.**

2. Bl. zerstreut-borstig. Köpfe größer, auf kaum verdickten Stielen. Alle Hüllbl. kürzer als die Btn. Fr. sämtlich geschnäbelt. Kr. dunkel-goldgelb, äußere unten blaugrau. Stgl. 15—60 cm hoch. Wiesen, Triften, Wegränder. Häufig. Juli—Sept. pa. D.
Kurzwurzeliges F., **H. radicáta L.**

### 42. Leóntodon, Löwenzahn.

1. Stgl. einfach und 1 köpfig, mit 1 oder 2 pfriemlichen Blättchen besetzt oder blattlos. Köpfe vor dem Aufblühen nickend. Pfl. mehr oder weniger mit ästigen Haaren besetzt. Kr. dunkel-goldgelb. Wiesen, Triften, Waldplätze. Meist nicht selten. Juni—Okt. pa. D.
Steifhaariger L., **L. híspidus L.**

2. Stgl. meist ästig und 2—mehrköpfig, blattlos. Köpfe vor dem Aufblühen aufrecht. Pfl. kahl oder sparsam mit einfachen Haaren besetzt. Wiesen, Triften, Raine. Gemein. Juli—Sept. pa. D.
Herbst-L., **L. autumnális L.**

### 43. Picris, Bitterich.

Pfl. steifhaarig. Stgl. ästig, beblättert. Bl. länglich-lanzettlich, sitzend, geschweift- bis buchtig-gezähnt, seltener ganzrandig, die mittleren etwas umfassend. Köpfe doldentraubig. Kr. goldgelb. Wiesen, Wegränder, Gebüsche. Zerstreut. Juli, Aug. pa. D. H. und F.
Habichtskraut-B., **P. hieracioídes L.**

### 44. Tragopógon, Bocksbart.

1. Köpfchenstiele oberwärts allmählich keulenförmig verdickt. Hüllbl. länger als die Btn. Kr. blaßgelb. Randständige Fr. schuppigstachelig. Trockene Wegränder, Hügel, Weinberge. Zerstreut. ⊙ Juni, Juli. Bte.zeit 7—11ʰ Vm. Großer B., **T. major Jacq.**
2. Köpfchenstiele oberwärts nur wenig verdickt. Hüllbl. etwa so lang wie die Btn. Köpfe kleiner. Kr. schön gelb. Randständige Fr. körnig. Wiesen, Wegränder. Häufig ⊙ Mai—Juli. pa. E. Die Köpfe öffnen sich nur bei schönem Wetter und schließen sich gegen 1ʰ Vm.
Wiesen-B., **T. praténsis L.**

### 45. Scorzonéra, Schwarzwurzel.

1. Stgl. einfach, meist 1 köpfig, 5—45 cm hoch. Hülle meist wollig, halb so lang wie die Btn. Hüllbl. stumpflich. Zunge der Kr. so lang wie die behaarte Röhre. Kr. hellgelb. Wiesen, Wälder. Sehr zerstreut. Mai, Juni. pa. E. Die Btn. schließen sich schon 10ʰ Vm.
Niedrige Sch., **S. húmilis L.**

2. Stgl. oberwärts ästig, mit 1 köpfigen Ästen, 50—100 cm hoch. Hülle kahl, halb so lang als die Btn. Hüllbl. spitz. Zunge der Kr. etwas länger als die ziemlich kahle Röhre. Kr. zitrongelb. Wiesen, Hügel. Zerstreut, doch wohl nur verwildert. Als Gemüsepfl. gebaut. Aus Südeuropa. Juni—Sept. pa. E.
Echte Sch., **S. hispánica L.**

Compósitae

## 46. Chondrílla, Krümling, Knorpelsalat.

Stgl. ästig, beblättert, 30—100 cm hoch. Äste rutenförmig. Grundständige Bl. buchtig-fiederspaltig, rosettig, obere lineal-lanzettlich bis lineal. Köpfe klein, rispig. Kr. dottergelb. Sonnige Hügel, Abhänge, Raine, Wegränder. Zerstreut. Juli, Aug. pa. (Kompaßpfl.)
Großer oder binsenartiger K., **Ch. júncea L**

## 47. Taráxacum, Butter-, Kuh- oder Kettenblume, Löwenzahn.

Stgl. 1 köpfig, röhrig. Bl. alle in grundständiger Rosette, buchtigfiederspaltig, mit rückwärts gerichteten Zipfeln, seltener gezähnt oder fast ganzrandig. Kr. hell- oder goldgelb. Wegränder. Grasplätze, Wiesen, Triften. Gemein. Mai, vereinzelt bis Okt. pa. E. Btn.zeit 6—3$^h$. Gemeine B., **T. officinále Web.**

## 48. Sonchus, Gänsedistel, Saudistel.

1. Hülle meist kahl, oft weißflockig, selten mit einigen Drüsen. Pfl. 1 jährig.
 a. Bl. groß, weich, stachelspitzig-gezähnt, oft buchtig oder fiederspaltig, am Grunde pfeilförmig. Fr. fein querrunzelig. Kr. hellgelb. Äcker, Gartenland, Schutt. Gemein. ☉ Juni—Okt. pa. D. Kohl-G., **S. oleráceus L.**
 b. Bl. etwas blaugrün, derber, mit stechenderen Zähnen, am Grunde herzförmig. Fr. nicht querrunzelig. Kr. sattgelb. Bebauter, feuchter Boden, Schutt. Verbreitet. ☉ Juni—Okt. pa. D. H.
Rauhe G., **S. asper All.**
2. Hülle wie die Kopfstiele dicht gelblich-drüsenhaarig. Bl. am Grunde herzförmig, mit abgerundeten, angedrückten Öhrchen. Fr. oben deutlich verschmälert. Kr. goldgelb. Pfl. mehrjährig. Äcker, feuchte Wiesen, Gebüsche. Gemein. Juli—Okt. pa. E.
Acker-G., **S. arvénsis L.**

## 49. Lactúca, Lattich, Salat.

1. Kr. violettblau. Köpfe rispig-doldentraubig, vielblütig. Bl. kahl, fiederspaltig. Stgl. hohl. Sonnige Hügel, Bergabhänge, Weinberge. Sehr zerstreut. Mai, Juni. pa. E. Blauer L., **L. perénnis L.**
2. Kr. gelb.
 a. Stgl. grün, hohl. Bl. dünn, leierförmig-fiederteilig, mit rundlichen, eckig-gezähnten Zipfeln und großen Endlappen, in einen geflügelten, pfeilförmig-umfassenden Stiel verschmälert. Rispe mit abstehenden Ästen, locker. Btn. 5. Fr. mehrmal länger als der Schnabel. Wälder, Hecken, Mauern. Meist häufig. Juli, Aug. pa. D. Mauer-L., **L. murális Fres.**
 b. Stgl. meist gelblichweiß. Bl. derb, sitzend, mit herz- oder pfeilförmigem Grunde stgl.umfassend. Gift-L., **L. virósa L.**
 aa. Bl. meist wagerecht-abstehend, gezähnt, herz-pfeilförmigumfassend. Rispe doldentraubig, mit aufrechten Ästen. Überall gebaut, einzeln verwildert. ☉ Juli, Aug. pa. Bte.zeit 7—10$^h$ Vm. Garten-L., Salat, **L. satíva L,**

Compósitae

bb. Bl. senkrecht gestellt (ein Seitenrand nach oben, der andere nach unten gerichtet, Kompaßpfl.), pfeilförmig-umfassend, untere meist buchtig-fiederspaltig. Rispe pyramidal, mit anfangs nickenden Ästchen. Schutt, Wegränder, Hügel, Mauern. Verbreitet. ⊙ Juli—Okt. pa.
Stachel-L., **L. Scaríola L.**

### 50. Crepis, Pippau, Grundfeste.

1. Pfl. mehrjährig, mit braunem oder schwärzlichem Wz.stock.
    a. Stgl. beblättert, unterwärts oft rot, wie die Bl. kahl. Bl. deutlich, fast buchtig-gezähnt, die oberen mit herz- oder pfeilförmigem Grunde stengelumfassend. Köpfe locker doldenrispig. Köpfchenstiele und Hüllen schwärzlich-drüsenhaarig. Kr. dottergelb. Haare des K. gelblich, zerbrechlich. Sumpfige Wiesen, Waldplätze, Gebüsche. Nicht selten. Juni, Juli. pa. Hb.
    Sumpf-P., **C. paludósa Moench.**
    b. Stgl. blattlos oder nur am Grunde mit 1 oder 2 Bl., nebst den Bl. und Hüllen kurzhaarig. Bl. gezähnelt, länglich oder länglich-verkehrt-eiförmig, stumpf. Köpfe in oberwärts traubiger Rispe. Kr. hellgelb. Haare des K. schneeweiß, biegsam. Wz.stock wie abgebissen. Sonnige Hügel, Wiesen, Gebüsche. Zerstreut. Mai bis Juli. Abgebissener P., **C. praemórsa Tausch.**
2. Pfl. 1- oder 2jährig. Wurzel spindelförmig, bleich. Stgl. an der Spitze doldentraubig.
    a. Stgl.bl. mit öhrchenförmig-gezähntem, aber nicht pfeilförmigem Grunde etwas stengelumfassend, fast kahl, flach, meist am Grunde fiederspaltig. Köpfe mittelgroß (30—45 mm breit). Hüllbl. innen anliegend behaart. Außenhüllbl. abstehend. Griffel gelb. Kr. goldgelb. Stgl. unten oft rot. Weg- und Ackerränder, Hügel. Meist häufig. ⊙ Juni—Aug. pa. E. Zweijähriger P., **C. biénnis L.**
    b. Stgl.bl. mit pfeilförmigem Grunde stengelumfassend. Köpfe ziemlich klein. Kr. hochgelb.
        aa. Außenhüllbl. angedrückt. Hüllbl. auf der inneren Seite kahl. Griffel gelb. Fr. hellbraun, oberwärts wenig verschmälert, glatt. (Fig. 607.) Bl. flach. Pfl. grasgrün, meist ziemlich kahl. Wiesen, Äcker, Wegränder. Häufig. ⊙ Juni—Okt. pa. E. Grüner P., **C. virens Vill.**
        bb. Außenhüllbl. etwas abstehend. Hüllbl. auf der inneren Seite angedrückt-behaart. Griffel braun. Fr. kastanienbraun, in einen kurzen Schnabel verschmälert, oberwärts rauh. Stgl.-bl. lineal, am Rande umgerollt. Pfl. graugrün, kurzhaarig. Äcker, Wegränder, Grasplätze. Häufig. ⊙ Mai—Okt. pa. D.-H. Dach-P., **C. tectórum L.**

### 51. Prenánthes, Hasenlattich.

Stgl. beblättert. Bl. kahl, unterseits blaugrün, die stengelständigen länglich-lanzettlich, mit herzförmigem Grunde, umfassend ganzrandig. Köpfe rispig, anfangs nickend. Kr. hellpurpurn oder violett. Schattige Bergwälder in Mittel- und Süddeutschland. Juli, Aug. pa. H.
Roter H., **P. purpúrea L**

Compósitae 263

52. **Hierácium**, Habichtskraut.
A. Fr. klein (höchstens 2,5 mm lang), am oberen Rande gekerbt-gezähnt. Pfl. meist Ausläufer treibend. Bl. in grundständiger Rosette. Stgl. blattlos oder wenigblättrig. (Pilosélla Fr.)
1. Stgl. 1 köpfig, blattlos, 5—30 cm hoch. Bl. grün oder blaßgrün, borstig-behaart, unterseits grau- oder weißfilzig. Hüllbl. spitz, filzig und langhaarig, oft drüsenhaarig. Kr. gelb, die randständigen unterseits meist rötlich gestreift. Trockene Hügel, Triften, Raine, Wegränder, Wälder. Gemein. Mai—Okt. pa. E.
Kleines H., **H. Pilosélla L.**
2. Stgl. 2—vielköpfig. Bl. unterseits nie weiß- oder graufilzig.
a. Bl. bläulichgrün. Kr. hellgelb.
aa. Stgl. 2—5 köpfig, 1 blättrig, 10—30 cm hoch. Bl. verkehrt eiförmig-lanzettlich (zungenförmig), am Grunde durch schlängelige Borsten gewimpert, sonst kahl. Köpfe mittelgroß. Hüllbl. meist hell gerandet, kahl oder spärlich behaart. Wz.stock mit oberirdischen, mehr oder weniger verlängerten Ausläufern. Grasplätze, Triften, Wälder. Häufig. Mai, Juni. pa. E. Öhrchen-H., **H. Auricula L.**
bb. Stgl. 6—40 köpfig, 1—3 blättrig, 30—60 cm hoch. Bl. lineal-lanzettlich oder lineal, spitz, am Rande und auf dem Mittelnerv, seltener auf den Flächen borstig, unterseits zuweilen zerstreut-flockig. Köpfe klein. Hüllbl. flockig, drüsen- und borstenhaarig. Wz.stock ohne oberirdische Ausläufer. Wiesen, Hügel, Wegränder. Zerstreut. Juni, Juli. Hohes H., **H. praeáltum Vill.**
b. Bl. grün oder gelblichgrün, fast stets beiderseits behaart, obere am Rande oft mit vereinzelten Drüsenhaaren.
aa. Kr. purpurn, seltener orangefarben, die randständigen unterseits immer rot gestreift. Köpfe mittelgroß. Hüllbl. stumpflich. Stgl. 2—8 köpfig, 1—4 blättrig, hohl, aufsteigend, 20—45 cm hoch. Ganze Pfl. überall reichlich und dunkel behaart. Bergpfl. Angepflanzt und verwildert. Juni bis Aug. pa. meist F. Orangerotes H., **H. aurantiacum L.**
bb. Kr. gelb. Köpfe ziemlich klein.
α. Stgl. mit verlängerten, weichen Haaren besetzt, drüsig, hohl, unterwärts oft rot. Bl. mit langen, weichen Haaren, nur unterseits flockig. Köpfe dicht-doldentraubig. Hülle 7—9 mm lang, dunkel, mit zahlreichen einfachen Haaren und Drüsenhaaren. Grasplätze, Wiesen, Waldränder. Zerstreut. Juni—Aug. pa. D.
Wiesen-H., **H. praténse Tausch.**
β. Stgl. mit kurzen, steifen Haaren besetzt, welche kaum so lang als der Durchmesser des Stgls. sind, meist drüsenlos. Bl. steifhaarig, beiderseits mehr oder weniger reichlich-flockig. Köpfe fast doldig. Kopfstiele und Hüllen von zahlreichen weißen Haaren zottig und kurzdrüsenhaarig. Hülle 5—7 mm lang, schlank. Hügel, Waldwiesen. Zerstreut. Mai—Juli. pa. D.
Trugdoldiges H., **H. cymósum L.**

Compósitae

B. Fr. größer (3—5 mm lang), ihr oberer Rand nicht gezähnt. Ausläufer stets fehlend. Bl. seltener eine Rosette bildend (dafür der Stgl. oft mehr- bis vielblättrig), meist deutlich gezähnt.
1. Grundständige Bl. zur Bte.zeit noch vorhanden.
   a. Stgl. blattlos oder 1- oder 2 blättrig, oberwärts flockig und drüsenhaarig, mit meist bogig aufsteigenden Ästen. Grundständige Bl. zahlreich, am Grunde gestutzt, abgerundet oder etwas herzförmig und daselbst mit weit abstehenden oder rückwärts gerichteten Zähnen, alle beiderseits kurzhaarig. Sehr veränderliche Art. Wälder, Felsen, Mauern. Gemein. Ende Mai—Aug. pa. H.        Mauer-H., H. murórum L.
   b. Stgl. 3—vielblättrig, unterwärts rauhhaarig, mit meist geradeabstehenden Kopfstielen. Grundständige Bl. wenig zahlreich (1—3), am Grunde allmählich verschmälert, alle mit vorwärts gerichteten Zähnen, unterseits und am Rande rauhhaarig. Kopfstiele nebst den Hüllen schwarz-drüsenhaarig. Sehr formenreiche Art. Wälder, Gebüsche. Häufig. Juni—Aug. pa. E.        Gemeines H., H. vulgátum Fr.
2. Grundständige Bl. zur Bte.zeit fehlend (Stgl.grund daher scheinbar blattlos.)
   a. Mittlere Stgl.bl. am Grunde nicht umfassend, meist verschmälert, sitzend oder kurz gestielt.
      aa. Hüllbl. mit sperrig-abstehender oder zurückgebogener Spitze, kahl. Köpfe an der Spitze des Stgl.s fast doldig genähert. Bl. sehr zahlreich, mittlere und obere meist lanzettlich, bis lineal-lanzettlich, seltener lineal, mit 2—4 groben Zähnen jederseits, oder schmal-lineal bis fädlich, ganzrandig. Griffel meist gelb. Nach dem Abmähen des Hauptstgls. kommen im Herbste oft niedrige, dünne Seitentriebe, die nur wenige Bl. und oft nur 1 Kopf tragen. Wiesen, Waldränder, Gebüsche, Wegränder. Gemein. Mitte Juli—Herbst. pa. D. H. F.
            Doldiges H., H. umbellátum L.
      bb. Hüllbl. angedrückt. Griffel meist braun. Köpfe nicht doldig. Hüllbl. wenigreihig, innere etwas verschmälert bis spitzlich, am Rande bleichgrün, getrocknet nicht schwärzlich werdend, meist zerstreut-behaart und flockig. Bl. mäßig zahlreich, beiderseits mit wenigen (meist 3) großen Zähnen, lanzettlich bis lineal-lanzettlich mit verschmälertem Grunde sitzend. Wälder, Gebüsche. Zerstreut. Juli—Sept. (H. tridentátum Fr.)
         Glattes oder dreizähniges H., H. laevigátum Willd.
   b. Mittlere Stgl.bl. mit mehr oder weniger umfassendem oder breit abgerundetem Grunde sitzend. Hüllbl. mehrreihig, dachziegelartig, stumpf, dunkelgrün, besonders beim Trocknen oft schwärzlich werdend, meist ziemlich kahl. Bl. zahlreich, gezähnt, die oberen eiförmig-lanzettlich oder lanzettlich. Sehr veränderlich. Gebüsche, Wälder. Verbreitet. Aug.—Okt.
            Wald-H., H. silvéstre Tausch.

# Übersicht

einiger nach den Blüten nur schwierig zu bestimmenden Pflanzen.

### A. Schwimmende oder flutende Wasserpflanzen.

I. Bl. fehlend.
  A. Frei schwimmende oder etwas untergetauchte Pfl. mit blattartig verbreitertem Stgl. Lemna 41.
  B. Im Wasser untergetauchte, meist zarte Pfl. mit quirlständigen Ästen. Stgl. ohne gezähnte Scheiden. Charáceae.[1])
II. Bl. geteilt oder zusammengesetzt.
  A. Bl. mit rundlichen, häutigen Blasen zwischen den Bl.zipfeln. (Fig. 547.) Btn. gelb, 2lippig. Utriculária 229.
  B. Bl. ohne häutige Blasen, quirlständig.
    1. Bl. wiederholt gabelteilig, mit linealen, starren Zipfeln. Btn. einzeln in den Bl.achseln, klein und unscheinbar. Ceratophýllum 100.
    2. Bl. tief kammartig-fiederteilig. Btn. in unterbrochenen, quirligen Ähren. Myriophýllum 176.
III. Bl. einfach, ungeteilt.
  1. Bl. quirlständig.
    a. Bl. zu 3 oder 4 quirlständig, länglich bis lineal-lanzettlich, kleingesägt. (Fig. 41b.) Stgl. verästelt. Elodéa 14.
    b. Bl. zu 8—12 quirlständig, lineal, ganzrandig. Stgl. einfach. Hippúris 176.
  2. Bl. nicht quirlständig.
    a. Bl. lineal bis borstenförmig.
      aa. Bl. büschelig. Btn. in büschelig-trugdoldig angeordneten Köpfchen. Juncus 41.
      bb. Bl. wechselständig. Btn. in meist lang gestielten, blattachselständigen Ähren. Potamogéton 12.
    b. Bl. elliptisch oder eiförmig bis lanzettlich, gegen- oder wechselständig.
      aa. Btn. in gestielten, end- oder blattachselständigen Ähren, grünlich oder rötlich. Bl. elliptisch bis lanzettlich, wechsel-, seltener gegenständig. Potamogéton 12.
      bb. Btn. zu 3—5 in den Bl.achseln, gestielt, weiß. Bl. spatelig bis lineal-länglich, gegenständig. Móntia 90.

---

[1]) Die Characeen oder Armleuchteralgen bilden eine Abteilung der Algen und sind in dem vorliegenden Werkchen nicht enthalten.

cc. Btn. einzeln in den Bl.achseln, ohne deutliche Btn.hülle. (Fig. 163.) Bl. verkehrt-eiförmig bis lineal, die obersten rosettig oder doch gedrängt, gegenständig.
Callítriche 162.

B. **Land- oder Sumpfpflanzen oder im Wasser aufrecht wachsende und sich weit über dessen Spiegel erhebende Gewächse.**
I. Stgl. (zur Bte.zeit) fehlend. Eine grundständige Bte. mit einfacher, 6teiliger Btn.hülle. Staubbl. 6. Griffel 3. Bl. im nächsten Frühjahr erscheinend. Cólchicum 46.
II. Stgl. windend oder kletternd.
A. Bl. fehlend. Btn. klein, knäuelartig gehäuft, 4- oder 5spaltig. (Fig. 466.) Cuscúta 198.
B. Bl. vorhanden, am Grunde herzförmig, groß.
1. Bl. gegenständig, 3—5lappig oder 3—5spaltig, stachelspitzig-gezähnt-gesägt. Btn. 2häusig. (Fig. 212.)
Húmulus 79.
2. Bl. wechselständig.
a. Bl. ungestielt, herz-eiförmig, ganzrandig. Btn. zwitterig. Btn.hülle einfach, pfeifenkopfähnlich.
Aristolóchia 80.
b. Bl. 3—7lappig. Btn. 2häusig. Btn.hülle doppelt. Kr. 5teilig, radförmig. (Fig. 564.) Bryónia 237.
III. Stgl. niederliegend, kriechend. Meist kleine Kräuter.
A. Bl. fiederteilig. Btn. in kleinen, blattachselständigen Trauben, weiß. Corónopus 116.
B. Bl. ungeteilt.
1. Bl. nierenförmig oder kreisrund.
a. Bl. nierenförmig, fast gegenständig. Stgl. kurz. Btn. kurzgestielt, mittelgroß, bräunlich. (Fig. 216.)
Ásarum 80.
b. Bl. kreisrund, schildförmig. Stgl. fadenförmig, kriechend. Btn. in gestielten, 3—5blütigen Köpfchen, sehr klein, weiß oder rötlich. (Fig. 401.) Hydrocótyle 180.
2. Bl. elliptisch oder eiförmig bis lineal oder pfriemlich.
a. Zwergstrauch. Bl. immergrün, nadelartig, am Rande umgerollt, fast quirlständig. Btn. einzeln in den Bl.achseln, rötlich. Fr. schwarz, beerenartig. Émpetrum 190.
b. Kräuter. Bl. nicht immergün. Kleine, beerenartige Fr.
aa. Bl. wechselständig, nicht stachelspitzig.
α. Bl. am Grunde mit 2spaltigen Scheiden, meist lanzettlich. Btn. zu 3—5 in den Bl.achseln, grün oder rot und weiß berandet. Polýgonum 83.
β. Bl. am Grunde ohne Scheiden, länglich oder elliptisch. Btn. knäuelartig, grünlich. Herniária 99.
bb. Bl. gegenständig, wenigstens die unteren.
α. Bl. verkehrt-eiförmig, stumpf, gestielt. Btn. einzeln in den Bl.achseln. Peplis 173.

schwierig zu bestimmenden Pflanzen

β. Bl. länglich oder elliptisch, spitzlich, kurz gestielt. Btn. knäuelartig, grünlich. (Fig. 253.)
Herniária 99.
γ. Bl. fadenförmig oder pfriemlich, stachelspitzig. Btn. gestielt, 4zählig. (Fig. 258.) Sagína 97.
IV. Stgl. aufrecht oder aufsteigend.
 A. Pfl. ohne grüne Bl.
  1. Stgl. und Äste gegliedert.
   a. Äste quirlständig oder fehlend. Stgl. (und Äste) an den Knoten mit gezähnten Scheiden, am Ende mit einer von Sporenbehälter tragenden Bl. gebildeten Ähre.
Equisétum 4.
   b. Äste gegenständig. Stgl. und Äste ohne gezähnte Scheiden. Blattloses, fleischiges Kraut. Btn. in kurzen Scheinähren. (Fig. 228.) Salicórnia 88.
  2. Stgl. nicht gegliedert, ohne gezähnte Scheiden. Btn. in Ähren oder Trauben.
   a. Fr.kn. unterständig. Btn.hülle einfach, unregelmäßig, 6blättrig. (Fig. 129.) Neóttia 58.
   b. Fr.kn. oberständig. Btn.hülle doppelt, in K. und Kr. geschieden.
    aa. Btn. regelmäßig. Staubbl. 8 oder 10. (Fig. 437.)
Monótropa 190.
    bb. Btn. unregelmäßig, 2lippig. (Fig. 543.) Staubbl. 4, 2 längere und 2 kürzere. Orobancháceae 228.
 B. Grasartige, 30—150 cm hohe Pfl. mit lang-linealen, streifennervigen Bl.
  1. Btn. in kugeligen, gestielten, traubig angeordneten Köpfen.
Spargánium 11.
  2. Btn. in end- oder seitenständigen, walzenförmigen, fleischigen Ähren oder Kolben.
   a. Kolben (scheinbar) seitenständig. (Fig. 99.) Stgl. blattartig zusammengedrückt. Ácorus 40.
   b. Kolben endständig, übereinander stehend, gelblich bis braun. (Fig. 23.) Typha 11.
 C. Krautartige, kleinere oder größere Land- oder Sumpfpfl.
  1. Btn. in mehr oder weniger walzenförmigen, von einem großen Hüllbl. umgebenen Kolben. Bl. grundständig, herz- oder pfeilförmig. Aráceae 40.
  2. Btn. in kugeligen oder länglichen Köpfen. Bl. gelappt oder zusammengesetzt.
   a. Btn. 1häusig, die männlichen in Köpfen, die weiblichen zu 2 in einer dornigen, zu einer Scheinfr. auswachsenden Hülle. Xánthium 250.
   b. Btn. zwitterig, alle in Köpfen, von einer vielteiligen, dornigen Hülle umgeben. Bl. dornig-gezähnt. Pfl. distelartig. Erýngium 181.

3. Btn. weder in Kolben noch in Köpfen.
 a. Bl. geteilt oder zusammengesetzt.
  aa. Bl. wenigstens zum Teil fiederteilig, mit größerem Endlappen. Btn. meist 2 häusig, trugdoldig.
  Valeriána 235.
  bb. Bl. 3 zählig-doppelt-gefiedert. Btn. in rispig angeordneten Ähren, 2 häusig. Arúncus 133.
 b. Bl. ungeteilt, einfach.
  aa. Bl. quirlständig, zu 8—12, lineal. Btn. blattachselständig. (Fig. 161.) Hippúris 176.
  bb. Bl. wechselständig.
   α. Pfl. mit weißem Milchsaft. Btn.stand doldig.
   Euphórbia 161.
   β. Pfl. ohne weißen Milchsaft.
    αα. Bl. mit häutigen, umfassenden Scheiden, spieß- oder pfeilförmig und von meist saurem Geschmack. Rumex 81.
    ββ. Bl. ohne umfassende Scheiden, 3 eckig-pfeilförmig oder spießförmig, nicht sauer schmeckend. Spinácia 88.
    γγ. Bl. ohne umfassende Scheiden, herz-eiförmig. Btn. in den Bl.achseln, büschelig. (Fig. 217.)
    Aristolóchia 80.
  cc. Bl. gegenständig, wenigstens die unteren.
   α. Btn. weiß oder gelblich, Bl. pfriemlich oder fadenförmig. Stgl. 2—7 cm hoch. Sagína 97.
   β. Btn. grünlich, unscheinbar. Bl. elliptisch bis lanzettlich.
    αα. Pfl. ohne Brennhaare, 15—45 cm hoch.
    Mercuriális 161.
    ββ. Pfl. mit Brennhaaren, 15—100 cm hoch.
    Urtíca 79.
   γ. Btn. bläulich oder weiß. Bl. lineal bis elliptisch.
    αα. Stgl. 8—30 cm hoch. Btn. klein, bläulich. Bl. lanzettlich bis lineal, die unteren spatelförmig.
    Valerianélla 235.
    ββ. Stgl. 30—100 cm hoch. Btn. weiß. Kr. verwachsenblättrig. Bl. elliptisch bis lanzettlich.
    Asclepiadáceae 197.

# Tabellen
zum Bestimmen der Holzgewächse nach dem Laube.

## Übersicht der Hauptabteilungen.

I. Bl. nadel- oder schuppenförmig (klein oder sehr klein).
   Holzgewächse mit nadel- oder schuppenförmigen Bl. 269.
II. Bl. breiter, größer.
   A. Bl. einfach, ungeteilt.
      1. Bl. gegenständig.
         Holzgewächse mit ungeteilten, gegenständigen Bl. 270.
      2. Bl. wechselständig.
         Holzgewächse mit ungeteilten, wechselständigen Bl. 271.
   B. Bl. geteilt oder zusammengesetzt.
      1. Bl. gelappt, gespalten oder geteilt.
         Holzgewächse mit geteilten Bl. 274.
      2. Bl. gefiedert oder gefingert.
         Holzgewächse mit zusammengesetzten Bl. 274.

## A. Holzgewächse mit nadel- und schuppenförmigen Blättern.

I. Immergrüne Kleinsträucher.
   A. Bl. zerstreut, quirlig genähert, linealisch-länglich, am Rande umgerollt. Stgl. niederliegend bis aufsteigend. Émpetrum 190.
   B. Bl. 4reihig, dachziegelartig gedrängt, lineal-lanzettlich, sehr klein. Stgl. aufsteigend oder aufrecht. Callúna 191.
   C. Bl. zu 3 oder 4 quirlständig, lineal-länglich bis lineal, kahl oder steifhaarig. Stgl. aufsteigend oder aufrecht. Eríca 191.
II. Meist immergrüne größere Sträucher oder Bäume (Nadelhölzer).
   A. Bl. schuppenförmig und dachziegelartig sich deckend oder kurz abstehend, kaum 1 cm lang. Zweige flach. Thúja 9.
   B. Bl. nadelförmig, länger.
      1. Bl. zu 3 quirlständig, weit abstehend, oberseits flachrinnig, bläulichgrün, unterseits stumpf-gekielt. Juníperus 9.
      2. Bl. in Büscheln (an den jüngeren Jahrestrieben einzeln), weich, sommergrün (im Herbste abfallend). (Fig. 16.) Larix 7.
      3. Bl. zu 2—5 in einer Hautscheide, lang, immergrün. (Fig. 17.) Pinus 7.

4. Bl. einzeln.
   a. Bl. zusammengedrückt-4 kantig, spitz, nach oben und nach den Seiten gerichtet.    Pícea 8.
   b. Bl. flach, nur nach 2 Seiten gerichtet (kammförmig-2 zeilig).
     aa. Bl. stumpf, ausgerandet, unterseits mit 2 weißlichen Längsstreifen.    Ábies 8.
     bb. Bl. spitz, nicht ausgerandet, unterseits hellgrün, matt, ohne Längsstreifen. (Fig. 16.)    Taxus 7.

**B. Holzgewächse mit ungeteilten, gegenständigen Blättern.**

I. Auf Bäumen schmarotzender kleiner Strauch.
Bl. länglich oder lanzettlich-spatelförmig, ganzrandig, lederig. Stgl. gabelig verzweigt. (Fig. 215.)    Viscum 79.
II. Liegende oder windende Sträucher.
   A. Kleine niederliegende Sträucher. Bl. mehr oder weniger behaart.    Heliánthemum 169.
   B. Größere, windende Sträucher. Bl. kahl, die obersten sitzend oder verwachsen.    Lonicéra 234.
III. Aufrechte, nicht schmarotzende Sträucher.
   A. Bl. gesägt oder gezähnt.
     1. Bl. unterseits sternhaarig-filzig, grauweiß, oberseits lockersternhaarig, elliptisch oder elliptisch-länglich, spitz.
        Vibúrnum Lantána 234.
     2. Bl. kahl oder nur wenig behaart.
       a. Seitennerven bogenförmig nach der Bl.spitze verlaufend.
         aa. Bl. fein, aber dicht-kerbig-gesägt, eiförmig-elliptisch oder elliptisch. Dorniger Strauch.    Rhamnus 165.
         bb. Bl. entfernt-klein-gesägt, elliptisch, zugespitzt. Dornenloser Strauch.    Philadélphus 129.
       b. Seitennerven gegen den Rand verlaufend.
         aa. Äste 4kantig oder warzig.
          α. Bl. breit-lanzettlich, einfach oder geteilt, am Rande gesägt. Zweige graubraun, aufrecht oder überhängend.    Forsýthia 195.
          β. Bl. länglich bis eiförmig, zugespitzt, stachelspitzig-klein-gesägt. Zweige grün.    Evónymus 163.
         bb. Äste stielrund, glatt. Bl. lanzettlich, zugespitzt, gesägt, kahl oder unterseits fein-kurzhaarig.
            Salix 72.
   B. Bl. ganzrandig.
     1. Bl. mehr oder weniger lederartig, kahl.
       a. Bl. elliptisch, stumpf, steif, höchstens 2 cm lang.
         Buxus 163.
       b. Bl. länglich-lanzettlich bis lanzettlich, spitz, länger.
         Ligústrum 195.
     2. Bl. krautartig.
       a. Bl. am Grunde herzförmig-rundlich bis eiförmig, zugespitzt, kahl.    Syrínga 195.

Holzgewächse nach dem Laube

b. Bl. am Grunde nicht herzförmig.
aa. Die aus dem Mittelnerv entspringenden stärksten Seitennerven in der Bl.spitze bogig zusammenlaufend. Bl. eiförmig bis elliptisch, zugespitzt. Cornus 188.
bb. Seitennerven gegen den Bl.rand verlaufend. Bl. elliptisch, länglich oder länglich-elliptisch, spitz.
Lonicéra 234.
cc. Seitennerven gegen den Bl.rand verlaufend. Bl. rundlich, breit-eiförmig oder elliptisch, unterseits blaugrün. Symphoricárpus 234.

**C. Holzgewächse mit ungeteilten, wechselständigen Blättern.**

I. Kleine oder sehr kleine Sträucher.
A. Zweige grün, krautartig, meist lang. Stgl. niederliegend bis aufrecht. Bl. behaart oder kahl. Genísta 147.
B. Zweige mehr oder weniger holzig.
1. Bl. mit Nebenbl., lineal-lanzettlich bis verkehrt-eiförmig oder elliptisch. Salix 72.
2. Bl. ohne Nebenbl.
a. Bl. 3—7 cm lang, lanzettlich oder lineal-keilförmig. Aufrechter Strauch. Daphne 172.
b. Bl. bis etwa 3 cm lang, lineal-lanzettlich bis elliptisch, am Rande oft umgerollt. Ericáceae 190.
II. Größere Sträucher oder Bäume.
A. Bl. so lang oder wenig länger als breit, 3 eckig, rautenförmig, rundlich, verkehrt-eiförmig-rundlich, herzförmig-rundlich oder herz-eiförmig, nie ganzrandig.
1. Die dem Mittelnerv entspringenden, starken Seitennerven gehen in geradem Verlauf bis an den Bl.rand.
a. Bl. am Grunde herzförmig, rundlich-verkehrt-eiförmig.
Córylus 76.
b. Bl. am Grunde nicht herzförmig.
aa. Bl. 3 eckig bis rautenförmig, zugespitzt, doppelt-gesägt, kahl oder behaart. Bétula 76.
bb. Bl. rundlich oder rundlich-verkehrt-eiförmig, meist gestutzt oder ausgerandet, ausgeschweift-gesägt, kahl.
Alnus glutinósa 77.
2. Die dem Mittelnerv entspringenden Seitennerven erreichen nicht den Bl.rand, sondern lösen sich vor ihm in feine Zweige auf.
a. Bl. am Grunde herzförmig.
aa. Bl. zugespitzt, schief-herzförmig, gesägt, unterseits kahl oder kurzhaarig. Tília 166.
bb. Bl. stumpflich oder spitzlich, kerbig-gesägt, kahl.
Prunus Máhaleb 144.
b. Bl. am Grunde nicht oder nicht deutlich herzförmig.
aa. Bl. 3 eckig oder rautenförmig, kerbig-gesägt, zugespitzt, am Grunde meist gestutzt oder keilförmig.
Pópulus 72.

bb. Bl. rundlich bis elliptisch oder eiförmig.
    α. Bl.stiel von der Seite zusammengedrückt. Bl. fast kreisrund, ausgeschweift, stumpf gezähnt, kahl.
        Pópulus trémula 72.
    β. Bl.stiel nicht zusammengedrückt. Bl. rundlich bis elliptisch oder eiförmig, kleingesägt, kurz zugespitzt.    Pirus 133.

B. Bl. etwa doppelt so lang wie breit, elliptisch, eiförmig, verkehrt-eiförmig oder länglich-eiförmig.
  1. Die dem Mittelnerv entspringenden, starken Seitennerven gehen in geradem Verlauf bis an den Bl.rand.
    a. Bl. unterseits grau- oder weißfilzig, doppelt-gesägt oder klein-gelappt, elliptisch bis länglich.  Sorbus Ária 134.
    b. Bl. nicht grau- oder weißfilzig.
      aa. Bl. am Grunde schief oder ungleichseitig, doppeltgesägt.
        α. Bl. am Grunde meist auffallend ungleichseitig, unterseits kurzhaarig oder kahl und nur in den Nervenwinkeln bärtig, oft rauh.    Ulmus 78.
        β. Bl. am Grunde nur schief, nur an den Nerven unterseits sparsam-zottig, etwas faltig.  Carpínus 75.
      bb. Bl. am Grunde nicht schief oder ungleichseitig.
        α. Bl. am Rande wellig, undeutlich gezähnt, gewimpert, unterseits in den Nervenwinkeln mit Haarbüscheln.    Fagus 77.
        β. Bl. meist doppelt-gesägt, meist kurzhaarig.
            Alnus incána 77.
  2. Die dem Mittelnerv entspringenden Seitennerven erreichen den Bl.rand nicht, sondern lösen sich vor ihm in feine Zweige auf.
    a. Bl. ganzrandig oder fast ganzrandig.
      aa. Bl. unterseits weiß- oder graufilzig.
        α. Bl. 3 cm breit. Nebenbl. lanzettlich.
            Cotoneáster 133.
        β. Bl. 7 cm breit. Nebenbl. eiförmig-rundlich, drüsig-gezähnelt.  Cydónia 133.
      bb. Bl. kahl oder nur an den Nerven behaart, auf behaarten Stielen.  Frángula 165.
      Vgl. auch Salix S. 72.
    b. Bl. gesägt, gezähnt oder gekerbt.
      aa. Bl.stiel so lang oder halb so lang wie die Bl.spreite. Bl.chen meist behaart, klein-gesägt.  Malus 133.
      bb. Bl.stiel kürzer.
        α. Bl. anfangs unterseits filzig, beiderseits abgerundet oder vorn abgestutzt, kerbig-gesägt, Bl.stiel nie drüsig.  Amelánchier 134.
        β. Bl. unterseits kahl oder behaart, stumpf, spitzlich oder zugespitzt, gesägt bis doppelt-gesägt. Bl.stiel an der Spitze zuweilen drüsig.  Prunus 142.

Holzgewächse nach dem Laube 273

γ. Bl. kahl, oberseits glänzend, drüsig-gesägt, eiförmig-elliptisch. Bl.stiel drüsig.
Salix pentándra 73.

C. Bl. länger als doppelt so lang wie breit, länglich, lanzettlich bis lineal-lanzettlich.
1. Bl. ganzrandig oder fast ganzrandig.
   a. Bl. kahl.
      aa. Zweige herabgebogen oder überhängend. Bl. länglich-lanzettlich. Lýcium 216.
      bb. Zweige nicht überhängend, kurz. Bl. lanzettlich, am Grunde keilförmig verschmälert. Daphne 172.
      cc. Zweige aufrecht. Bl. länglich-verkehrt-eiförmig bis keilförmig-lanzettlich, an der Spitze entfernt gesägt, unterseits dünnfilzig, Strauch aromatisch duftend.
      Mýrica 71.
   b. Bl. nicht kahl.
      aa. Bl. fast sitzend, unterseits weiß- oder grauschülferig. lineal-lanzettlich. Dorniger Strauch.
      Hippóphaë 172.
      bb. Bl. gestielt, länglich-lanzettlich, unterseits filzig. Dornig oder dornenlos. Méspilus 134.
      cc. Bl. gestielt, schmal-lanzettlich bis elliptisch-lanzettlich, unterseits seidenhaarig oder filzig, mit Nebenbl. Dornenlos. Arten von Salix 72.
2. Bl. gesägt, gezähnt oder gekerbt.
   a. Knospen von einer kappenförmigen Hülle umschlossen. Bl. länglich bis lineal-lanzettlich, kahl, unterseits seidenhaarig oder filzig, meist klein-gesägt mit Nebenbl.
   Salix 72.
   b. Knospendecke aus mehreren übereinander liegenden Schuppen bestehend.
      aa. Bl. mehr oder weniger lederig.
         α. Bl. länglich-lanzettlich, 3- oder 4mal so lang als breit, verflacht, lang-zugespitzt-gesägt.
         Castánea 77.
         β. Bl. eiförmig-länglich, wenig über doppelt so lang als breit, wellig, stachelig-gezähnt. Ilex 163.
      bb. Bl. krautig, kahl.
         α. Bl. nach dem Grunde zu ganzrandig, länglich-lanzettlich, kahl. Zweige braun, kantig, gerieft.
         Spiræa salicifólia 132.
         β. Bl. wimperig-gesägt, länglich-verkehrt-eiförmig. Nebenbl. durch Stacheln vertreten. (Fig. 282.)
         Bérberis 108.
         γ. Bl. stachelspitzig-gesägt, lanzettlich, in den Bl.stiel verschmälert. Prunus 142.

## D. Holzgewächse mit geteilten Blättern.

I. **Klimmende Sträucher.**
   A. Bl. lederig, immergrün, 5 eckig-gelappt. Bl.lappen ganzrandig.
   Hédera 176.
   B. Bl. krautig, 3—5 lappig. Bl.lappen grob-gezähnt. Vitis 166.
II. **Aufrechte Sträucher oder Bäume.**
   A. Bl. gegenständig.
      1. Bl.stiel oberwärts mit höckerförmigen Drüsen. Bl. 3 lappig, grob-gezähnt. Vibúrnum Ópulus 233.
      2. Bl.stiel ohne Drüsen. Bl. 3—5 lappig, mit ganzrandigen, grob-kerbig-gesägten oder gezähnten Lappen, oder seltener gefiedert. Acer 164.
   B. Bl. wechselständig.
      1. Bl. auf demselben Baum (oder Strauch) teils ungeteilt, teils durch stumpfe Buchten 3—5 lappig oder -spaltig, alle ungleich-gesägt, am Grunde etwas ungleich, die oberen deutlich-herzförmig. Morus 78.
      2. Bl. gleichgestaltet.
         a. Bl. fiederförmig gelappt oder gespalten.
            aa. Bl.lappen ganzrandig. Bl. buchtig-gelappt, im Umriß verkehrt-eiförmig oder länglich-verkehrt-eiförmig.
            Quercus 77.
            bb. Bl.lappen gesägt oder gezähnt. Bl. im Umriß breit-eiförmig oder länglich-elliptisch bis länglich.
            Sorbus 133.
         b. Bl. fingerförmig (handförmig) gelappt oder gespalten.
            aa. Bl. sehr groß (8—15 cm im Durchmesser haltend), oder unterseits weißfilzig.
               α. Bl. unterseits weißfilzig, buchtig-gelappt.
               Pópulus alba 72.
               β. Bl. unterseits kahl oder kurzhaarig, groß.
               Plátanus 130.
            bb. Bl. kleiner, unterseits nicht weißfilzig.
               α. Bl. am Grunde keilförmig, in den Bl.stiel verschmälert, mit Nebenbl. Cratǽgus 134.
               β. Bl. am Grunde gestutzt oder herzförmig, ohne Nebenbl. Ribes 129.

## E. Holzgewächse mit zusammengesetzten Blättern.

I. Bl. gefingert, 3—7 zählig, wenigstens die unteren.
   A. Bl.chen ganzrandig.
      1. Obere Bl. einfach, ungeteilt, untere 3 zählig. Äste rutenförmig. Sarothámnus 148.
      2. Bl. alle 3 zählig. Cýtisus 147.
   B. Bl.chen gezähnt oder gesägt.
      1. Bl gegenständig, 5—7 zählig. Bl.chen groß, keilförmig-verkehrt-eiförmig. Bäume. Aesculus 164.

Holzgewächse nach dem Laube 275

2. Bl. wechselständig, 3—5 zählig.
  a. Bl.chen klein. Bl. 3 zählig. Äste meist zottig. Kleine, oft dornige Sträucher mit liegendem bis aufrechtem Stamm. Onónis 148.
  b. Bl.chen größer. Bl. 3—5 zählig.
    aa. Bl.chen mehr oder weniger behaart. Stachelige, aufrechte bis niederliegende Sträucher. Rubus 135.
    bb. Bl.chen kahl, glänzend. Unbewehrte, klimmende Sträucher. Ampelópsis 166.

II. Bl. gefiedert.
  A. Bl. gegenständig.
    1. Klimmende Sträucher. Bl. einfach bis gefiedert, mit herz- oder eiförmigen, ganzrandigen oder gekerbten Bl.chen. Clématis Vitálba 104.
    2. Aufrechte Sträucher.
      a. Jedes Fiederbl.chen am Grunde mit sehr kleinen, linealen Nebenbl.chen. Zweige holzig. Staphyléa 163.
      b. Fiederbl.chen ohne Nebenbl.chen.
        aa. Bl.chen sitzend, länglich-lanzettlich, vielpaarig. Zweige holzig. Knospen schwarz. Fráxinus 194.
        bb. Bl.chen mehr oder weniger deutlich gestielt. Zweige gerieft, markig. Sambúcus 233.
  B. Bl. wechselständig.
    1. Bl.chen deutlich gesägt.
      a. Stachelige Sträucher.
        aa. Nebenbl. bleibend, zur größeren Hälfte mit dem Bl.-stiel verwachsen. Rosa 140.
        bb. Nebenbl. klein, fädlich, vom Bl.stiel entspringend. Rubus Idǽus 135.
      b. Unbewehrte Sträucher oder Bäume.
        aa. Bl. sehr groß (30—40 cm lang), mit 17—23 Bl.chen. Zweige braunzottig. Rhus typhína 163.
        bb. Bl. kleiner, mit 11—15 Bl.chen, wenigstens anfangs behaart. Knospen filzig oder kahl. Sorbus 133.
    2. Bl.chen ganzrandig oder fast ganzrandig.
      a. Bl. paarig-gefiedert. Bl.chen verkehrt-eiförmig oder keilförmig-länglich, ganzrandig, stachelspitz. Caragána 152.
      b. Bl. unpaarig-gefiedert.
        aa. Bl.chen elliptisch bis länglich-eiförmig, stumpf oder ausgerandet.
          $\alpha$. Nebenbl. zu starken Stacheln umgebildet. Bl.chen bis 4 cm lang. Robínia 151.
          $\beta$. Nebenbl. klein, nicht grüne Zipfel darstellend. Bl.chen kaum 2 cm lang. Colútea 151.
        bb. Bl.chen länglich oder länglich-eiförmig, spitz oder zugespitzt, fast ganzrandig. Bäume. Juglans 71.

## Die wichtigsten pflanzengeographischen Verbreitungsgruppen der Pflanzenarten der deutschen Flora.

Unter den in Deutschland heimischen Gefäßpflanzenarten gibt es, abgesehen von hier nicht in Betracht kommenden Kleinarten z. B. der Brombeeren und Habichtskräuter, keine einzige Art, die in ihrem ursprünglichen Vorkommen ausschließlich auf Deutschland beschränkt wäre; vielmehr erstreckt sich ihr Verbreitungsgebiet stets mehr oder weniger weit über die deutschen Grenzen hinaus und umfaßt oft nicht bloß die oder einen Teil der angrenzenden Länder, sondern dehnt sich auch in vielen Fällen bis zu anderen Erdteilen aus. Schon innerhalb Deutschlands ist die Verbreitung auch der häufigeren, in diesem Buche allein berücksichtigten Arten keine ganz gleichmäßige; teilweise hängt das mit Unterschieden des Klimas zusammen, wie sie besonders ausgeprägt z. B. zwischen der besonders begünstigten oberrheinischen Tiefebene und dem sehr viel kälteren und rauheren Klima Ostpreußens oder auch zwischen dem im Winter milden, im Sommer verhältnismäßig kühlen und feuchten Klima der Heidegegenden im nordwestlichen Deutschland und dem heißeren und trockneren vieler mehr im Binnenlande gelegenen Landstriche bestehen, Unterschiede, denen gegenüber sich manche Pflanzen als recht empfindlich erweisen. Auch findet nicht jede Art überall gleich häufig die ihr zusagenden Standorte (z. B. Sumpf- und Moorpflanzen im Hügellande und andererseits Bewohner felsigen und steinigen Bodens im Flachlande); manche Arten sind in dieser Hinsicht recht wählerisch (z. B. Sesleria coerulea und Hippocrepis comosa nur auf Kalkbergen, Dentaria bulbifera und Melica uniflora nur im milden Humus schattiger Laub-, besonders Rotbuchenwälder, Carex arenaria nur auf losem, nicht dicht bewachsenem Sandboden), während andere wiederum (z. B. Anthoxanthum odoratum, Fragaria vesca, Potentilla Tormentilla, Tussilago Farfara) an Standorten von sehr verschiedener Beschaffenheit gleich gut zu gedeihen vermögen. Zu diesen durch die Ungleichheit der Ansprüche an Klima und Boden bedingten Verschiedenheiten im Verhalten der verschiedenen Arten kommt ferner ihre ungleiche Ausrüstung mit Verbreitungsmitteln, die sie zur Ausführung von Wanderungen befähigen, und ihre sehr verschiedene Fähigkeit, sich im Wettbewerb mit anderen Arten durchzusetzen; eine maßgebende Rolle spielt außerdem auch noch die Verbreitungsgeschichte, d. h. die Lage der ursprünglichen Heimat einer Art, von der aus sie ihre Ausbreitung einmal begonnen hat, ihre im allgemeinen freilich nicht ge-

## Die pflanzengeographischen Verbreitungsgruppen 277

nauer bekannten Schicksale während dieser Wanderung, der umgestaltende Einfluß, den Änderungen des Klimas wie z. B. die Eiszeit auf ihr Verbreitungsgebiet ausüben mußten u. ähnl. m. Alle diese Umstände machen es erklärlich, daß es kaum zwei Pflanzenarten gibt, die in ihrer Verbreitung vollständig übereinstimmten; immerhin aber kehren, wenn man die Gesamtverbreitungsgebiete einer größeren Zahl von Arten miteinander vergleicht, gewisse übereinstimmende Grundzüge wieder, auf Grund deren es möglich ist, die Arten zu bestimmten pflanzengeographischen Verbreitungsgruppen zusammenzufassen. Danach lassen sich die Arten, die den Grundstock der deutschen Flora bilden, auf folgende Hauptgruppen verteilen:

I. **Kosmopolitische Arten** sind solche, die in allen Erdteilen und daher meist auch unter sehr verschiedenen klimatischen Verhältnissen vorkommen. Hierher gehören neben einigen Farnpflanzen (z. B. Cystopteris fragilis, Dryopteris Filix mas, Pteridium aquilinum, Lycopodium Selago) vor allem zahlreiche Wasser- und Sumpfpflanzen (z. B. Typha latifolia, Potamogeton natans, Phragmites communis, Cyperus flavescens, Scirpus palustris, S. lacustris, Ceratophyllum demersum, Limosella aquatica) sowie verschiedene Unkräuter (Urtica urens, U. dioica, Rumex Acetosella, Polygonum aviculare, Stellaria media u. a. m.), von denen aber manche erst in verhältnismäßig neuer Zeit infolge von Verschleppung durch den Menschen (so z. B. Agrostemma Githago, Erodium cicutarium, Centaurea Cyanus) diese weite Verbreitung erlangt haben, während sie ursprünglich nur in Europa und Vorderasien heimisch waren.

II. **Zirkumpolare Arten** sind solche, deren Verbreitung sich über das ganze Festlandsgebiet der nördlichen Halbkugel (also Europa, Asien und Nordamerika) erstreckt. Zu ihnen gehört ein beträchtlicher Teil der Pflanzen unserer Wälder, Wiesen, Sümpfe und Moore, die man wohl auch als „Waldelement der nördlichen gemäßigten Zone" zusammenfaßt, weil sie in starkem Maße an der Zusammensetzung der Pflanzendecke der Erdgebiete beteiligt sind, in denen immergrüne Nadel- und sommergrüne Laubwälder besonders bezeichnend sind. Von unseren Bäumen und Sträuchern besitzen allerdings nur wenige (Juniperus communis, der als „Zwergwacholder" im hohen Norden und in den Alpen auch noch weit jenseits bzw. oberhalb der Baumgrenze vorkommt, ferner Alnus incana, Rubus idaeus, Viburnum Opulus und Sambucus racemosa) eine solche zirkumpolare Verbreitung, wohl aber zahlreiche andere Waldpflanzen, wie z. B. Equisetum silvaticum, Athyrium Filix femina, Lycopodium annotinum, Milium effusum, Poa nemoralis, Convallaria majalis, Majanthemum bifolium, Anemone nemorosa, A. Hepatica, Chrysosplenium alternifolium, Circaea Lutetiana, C. alpina, Epilobium angustifolium, Vaccinium Vitis idaea, V. Myrtillus, die Pirola-Arten, Scrophularia nodosa, Veronica officinalis, Adoxa Moschatellina, Solidago virga aurea u. a. m. Von Wiesenpflanzen seien genannt Anthoxanthum odoratum, Agrostis alba,

Phleum pratense, Avena flavescens, Festuca rubra, Polygonum Bistorta, Cardamine pratensis, Rumex Acetosa, Lathyrus pratensis, Alchemilla vulgaris, Parnassia palustris, ferner von Sumpf-, Moor- und Wasserpflanzen Aspidium Thelypteris, Molinia coerula, Glyceria aquatica, zahlreiche Carex-Arten (z. B. C. gracilis, C. vesicaria, C. rostrata usw.), Drosera rotundifolia, D. anglica, Comarum palustre, Epilobium palustre, Cicuta virosa, Lysimachia thyrsiflora, Menyanthes trifoliata, Pinguicula vulgaris, Utricularia vulgaris u. a. m. Manche von diesen zirkumpolaren Arten haben eine ausgeprägt nördliche Verbreitung, die nach Norden teilweise weit über die Waldgrenze in das arktische Gebiet hineinreicht, während sie nach Süden zu zwar in der norddeutschen Tiefebene noch ziemlich verbreitet sind, weiterhin aber nur noch in höheren Lagen der Mittelgebirge und der Alpen sich finden; dies gilt z. B. von Eriophorum vaginatum, Scirpus caespitosus, Juncus filiformis, Vaccinium uliginosum, Arctostaphylus uva ursi, Andromeda polifolia, Empetrum nigrum, Trientalis europaea, Polemonium cœruleum. Diese „borealen" Arten nähern sich also bereits etwas den sog. Eiszeit- oder Glazialrelikten, deren Verbreitung sich fast ausschließlich auf das arktische und subarktische Gebiet und die hohen Gebirge (besonders Riesengebirge und Alpen) beschränkt, während sie sonst nur an ganz vereinzelten und zerstreuten Standorten (in der Ebene besonders auf Mooren) angetroffen werden, an denen sie sich wahrscheinlich seit der Eiszeit zu erhalten vermocht haben. Die eigentlichen Glazialrelikte sind seltene Arten und deshalb in diesem Buche nicht genannt; am meisten nähert sich ihnen Saxifraga Hirculus.

III. Die **Eurasiatischen Arten** bewohnen im allgemeinen das gemäßigte Europa und Asien östlich bis nach China und Japan. Sie stellen ein noch stärkeres Kontingent unserer Wald-, Wiesen- und Moorpflanzen als die vorige Gruppe. Von Gehölzen gehören zu ihnen Pinus silvestris, Populus tremula, zahlreiche Weiden (z. B. Salix alba, S. fragilis, S. viminalis, S. Caprea usw.), Alnus glutinosa, Betula verrucosa und pubescens, Ulmus montana, U. campestris, Ribes alpinum und nigrum, Prunus Padus, Lonicera Xylosteum, von anderen Waldpflanzen u. a. Calamagrostis arundinacea, Festuca gigantea, Carex digitata, Lilium Martagon, Gagea lutea, Allium ursinum, Platanthera bifolia, Cypripedium Calceolus, Asarum europaeum, Actaea spicata, Alliaria officinalis, Fragaria vesca, Filipendula Ulmaria, Geranium Robertianum, Impatiens noli tangere, Viola mirabilis, V. canina, V. silvestris, Epilobium montanum, Angelica silvestris, Lysimachia vulgaris, Solanum Dulcamara, Lathraea squamaria, Galium Aparine, Valeriana officinalis, von Wiesenpflanzen u. a. Alopecurus pratensis, Briza media, Holcus lanatus, Festuca pratensis, Orchis maculatus und latifolius, Lychnis flos cuculi, Trifolium pratense, Vicia Cracca, Carum Carvi, Achillea Ptarmica, von Sumpf- und

Moorpflanzen Sagittaria sagittifolia, Sparganium ramosum, Butomus umbellatus, Calamagrostis lanceolata, Nuphar luteum, Ranunculus Lingua, R. Flammula, Lathyrus paluster, Lycopus europaeus, Veronica Beccabunga, Galium palustre, und von Arten anderer oder wechselnder Formationszugehörigkeit Calamagrostis epigeios, Festuca ovina, Bromus inermis, Silene nutans, S. inflata, Dianthus deltoides, Sedum maximum, Potentilla Tormentilla, Polygala vulgaris, Tussilago Farfara, Cirsium acaule. Einzelne der eurasiatischen Arten zeigen auch näheren Anschluß an die pontischen bzw. eurosibirischen, vorzugsweise Steppen bewohnenden Arten; besonders gilt dies für Anemone silvestris, Bupleurum falcatum, Seseli Libanotis und Artemisia campestris.

IV. Sehr gering ist gegenüber den beiden vorigen Gruppen die Zahl der **Europäisch-nordamerikanischen Arten**, deren Verbreitung sich also über das nördliche und gemäßigte Europa und Nordamerika erstreckt; als solche sind im wesentlichen nur Lycopodium inundatum, Carex leporina, C. flava, Juncus supinus, Drosera intermedia und Viola palustris zu nennen.

V. Die **Eurosibirischen Arten** unterscheiden sich von der Gruppe III vornehmlich dadurch, daß ihre Verbreitung außer dem gemäßigten Europa nur noch die Westhälfte des angrenzenden Asiens (östlich etwa bis zum Altai) umfaßt. Hierher gehören von Waldpflanzen z. B. die Gehölze Sorbus Aucuparia, Evonymus europaea, Rhamnus cathartica, Daphne Mezereum und Sambucus nigra und die Stauden Paris quadrifolia, Anemone ranunculoides, Rubus saxatilis, Astragalus glycyphyllos, Vicia silvatica, Myosotis sparsiflora, Lathyrus vernus, Campanula persicifolia, Asperula odorata und Gnaphalium silvaticum. Von weiteren Arten dieser Gruppe seien Avena pubescens, Koeleria glauca, Brachypodium pinnatum, Thalictrum minus, Sedum acre, Trifolium montanum, Euphorbia palustris, Viola hirta, Eryngium planum, Selinum Carvifolia, Peucedanum palustre, Pastinaca sativa, Gentiana cruciata, Symphytum officinale, Linaria vulgaris, Veronica Teucrium, Filago minima, Senecio Jacobaea, Cirsium oleraceum, C. palustre, Centaurea Scabiosa angeführt; außerdem gibt es unter den eurosibirischen Arten bereits eine erheblich größere Zahl von solchen, die sich in ihrer Verbreitung und in der Art ihres Vorkommens den pontischen Arten annähern, wie z. B. Allium montanum, Silene Otites, Filipendula hexapetala, Avena pratensis, Astragalus Cicer, Peucedanum Cervaria und Scabiosa ochroleuca, während Cotoneaster integerrima sich in der Art seiner Verbreitung in Europa ganz den süd- und mitteleuropäischen Arten anschließt.

VI. Die **Europäischen Arten** haben das Kerngebiet ihrer Verbreitung in Europa und überschreiten dessen Grenzen höchstens in Vorderasien (Kaukasusgebiet, Kleinasien), oder greifen gelegentlich auch etwas nach Nordafrika über, während sie nach Osten über das

Uralgebirge nicht oder kaum hinausgehen. Bei einem Teil dieser Arten erstreckt sich die Verbreitung über den größten Teil Europas unter Ausschluß meist nur des hohen Nordens sowie der immergrünen Zone der Mittelmeerländer (hier gewöhnlich nur in den Gebirgen) und der Steppengebiete im Südosten. Hierher gehören von unseren Bäumen Carpinus Betulus, Quercus Robur (diese nach Norden bis Mittelschweden und Südfinnland, östlich durch Mittelrußland bis zum Ural), Acer platanoides, A. campestre, Tilia cordata und Fraxinus excelsior, ferner die Sträucher Corylus Avellana, Berberis vulgaris, Prunus spinosa und Cornus sanguinea, von sonstigen Arten z. B. Holcus mollis, Avena elatior, Cynosurus cristatus, Carex stricta, C. montana, Gagea pratensis, Iris Pseudacorus, Listera ovata, Stellaria Holostea, St. nemorum, Nymphaea alba, Thalictrum aquilegifolium, Teesdalea nudicaulis, Genista tinctoria, Anthyllis Vulneraria, Lathyrus montanus, Geranium sanguineum, Mercurialis perennis, Chaerophyllum bulbosum, Calluna vulgaris, Hottonia palustris, Primula officinalis, P. elatior, Verbascum nigrum, Ajuga reptans, Lamium Galeobdolon, Plantago media, Jasione montana, Phyteuma spicatum, Bellis perennis, Lactuca muralis. Dagegen stellt die Rotbuche (Fagus silvatica), die bereits im westlichen Ostpreußen und längs des Karpathenzuges ihre Ostgrenze erreicht, einen Verbreitungstypus dar, dessen Schwerpunkt in Mittel-, West- und Südeuropa gelegen ist; von Holzgewächsen verhalten sich ähnlich auch Taxus baccata, Quercus sessiliflora, Acer Pseudoplatanus und Hedera Helix, von anderen Arten z. B. noch Colchicum autumnale, Corynephorus canescens, Pulsatilla vulgaris, Potentilla sterilis, P. verna, Saxifraga granulata. Eine weitere Untergruppe der europäischen Arten bilden diejenigen, die entweder schon in Mitteleuropa oder doch nur wenig jenseits ihre Nordgrenze erreichen und im allgemeinen auch nicht weit nach Osten gehen; solche süd- und mitteleuropäischen Arten sind z. B. Melica uniflora, Carex brizoides, Arum maculatum, Scilla bifolia, Galanthus nivalis, Ranunculus lanuginosus, Corydalis cava, Sorbus torminalis, Lathyrus silvester, Euphorbia dulcis, Chaerophyllum aureum, Pulmonaria officinalis, Veronica montana, Digitalis ambigua, Ligustrum vulgare, Viburnum Lantana, Senecio sivaticus und S. viscosus. Sehr viel geringer ist dagegen die Zahl der Arten, die als osteuropäisch bzw. als ost- und mitteleuropäisch zu bezeichnen sind und die demgemäß besonders im östlichen Deutschland häufiger auftreten; solche sind z. B. Thesium ebracteatum, Thalictrum angustifolium, Ononis hircina, Astragalus arenarius, Vicia cassubica, Geranium palustre, Veronica longifolia und Melampyrum nemorosum. Ganz überwiegend mitteleuropäisch, in ihrer Verbreitung nicht erheblich über die Grenzen Mitteleuropas hinausgehend sind nur Corydalis intermedia und Phyteuma nigrum; etwas zahlreicher sind die Gebirgspflanzen, die hauptsäch-

## Verbreitungsgruppen der Pflanzenarten

lich die Gebirge Mitteleuropas (mit Einschluß der Pyrenäen, Karpathen und der Gebirge der nördlichen Balkanhalbinsel) und teilweise auch Südeuropas, dagegen meist nicht die der Skandinavischen Halbinsel bewohnen, wie z. B. Pinus montana, Sorbus Aria, Lonicera nigra, und von Stauden u. a. Aconitum variegatum, A. Napellus, Ranunculus aconitifolius, Astrantia major, Chaerophyllum hirsutum, Meum athamanticum, Stachys alpina, Atropa Belladonna und Prenanthes purpurea.

VII. **Mediterrane Arten** sind diejenigen, die den Schwerpunkt ihres Verbreitungsgebietes in den das Mittelländische Meer umgebenden Ländern haben und von dort nur mehr oder weniger vereinzelt bis nach Mitteleuropa ausstrahlen, wo besonders das südwestliche Deutschland reich an ihnen ist; sie verlangen meist ein trocken-warmes Sommerklima und sind auch gegen die Winterkälte empfindlich. Zu ihnen gehören neben einer größeren Zahl von selteneren und deshalb hier nicht in Betracht kommenden Arten Muscari comosum, Digitalis lutea und Lactuca perennis; zahlreicher sind die mediterran-mitteleuropäischen Arten, die wenigstens im südlichen und mittleren Deutschland noch eine etwas weitere Verbreitung besitzen, wie z. B. Anthericum ramosum und Liliago, Scilla bifolia, Orchis purpureus, Ophrys muscifera, Amelanchier vulgaris, Gentiana ciliata, Teucrium Chamaedrys, T. Botrys, T. montanum, Campanula Rapunculus.

VIII. **Pontische Arten** nennen wir diejenigen, die den Schwerpunkt ihrer Verbreitung in den Steppenländern der ungarischen Tiefebene und Südrußlands bis nach Westasien hin haben und von dort bis Mitteleuropa ausstrahlen, wo sie besonders an der Weichsel und Oder, an der Elbe in Sachsen, im Hügelland der unteren Saale von Nordthüringen bis zum östlichen Harzrande, sowie in Süddeutschland im Oberrheingebiet und in der bayerischen Hochebene vorkommen. Auch sie sind zum überwiegenden Teil seltene und deshalb in diesem Buche nicht genannte Arten, doch sind z. B. Thesium Linophyllon, Adonis vernalis, Cytisus nigricans, Lavatera thuringiaca und Aster Amellus als pontisch; Potentilla alba, P. arenaria und Veronica spicata als mitteleuropäisch-pontisch und endlich Alyssum montanum, Prunus Mahaleb, Peucedanum Oreoselinum, Lithospernum purpureocoeruleum, Salvia silvestris und Chondrilla juncea als pontisch-mediterran zu bezeichnen.

IX. Die **Atlantischen Arten** schließlich haben den Schwerpunkt ihrer Verbreitung in den Küstenländern und auf den Inseln des westlichen Europa, weil sie für ihr Gedeihen ein ausgeglichenes, im Winter mildes, im Sommer nicht zu heißes Klima und hohe Luftfeuchtigkeit bedürfen. Genista anglica, Erica Tetralix und Galeopsis ochroleuca sind von den in diesem Buche erwähnten Arten für diese Gruppe am meisten bezeichnend, und auch die Stechpalme (Ilex Aquifolium) schließt sich hier an; zahlreicher sind die subatlantischen Arten, die zwar weiter landeinwärts gehen, jedoch nach Osten und Südosten zu immer spärlicher werden, dagegen im Nordwesten ihr Hauptvorkommen bei uns haben, wie z. B. Lycopodium inundatum, Drosera intermedia (über diese beiden vgl. auch oben unter IV), Sarothamnus scoparius, Hydrocotyle vulgaris, Teucrium Scorodonia und Pedicularis silvatica; ferner sind einige Gebirgspflanzen hier zu nennen, die in der Ebene gleichfalls sich mehr oder weniger eng an das Gebiet der atlantischen Flora halten, wie z. B. Blechnum Spicant, Chrysosplenium oppositifolium, Lysimachia nemorum, Digitalis purpurea und Galium hercynicum. Als Vertreter besonderer Untergruppen schließen sich hier ferner noch die nordisch-atlantische Myrica Gale und einige mediterran-atlantische Arten wie Luzula Forsteri und Hypericum pulchrum an.

# Erklärung einiger häufig vorkommenden lateinischen Artnamen.

acaúlis = stengellos, vom griech. kaulós = Stengel und a = nicht.

acer, acris, acre = scharf, entweder auf den Geschmack bezüglich (z. B. Sedum acre) oder vom Stengel = scharfkantig, schneidend.

acetósus = sauer, von acetum = Essig.

acetosélla, Diminutiv des vorigen.

aestivális = im Sommer blühend, von aestas = Sommer.

agréstis = auf dem Acker oder Felde wachsend, von ager (griech. agrós) = Acker.

alátus = geflügelt, von ala = Flügel.

albus = weiß.

alpéster, -tris, tre / alpinus — von Alpes = die Alpen, also wörtlich in den Alpen wachsend, im übertragenen Sinne = überhaupt vorzugsweise in Gebirgen wachsend.

amárus = bitter von Geschmack.

amphíbius = sowohl im Wasser wie auf dem Lande lebend, vom griech. amphi = doppelt und bios = Leben.

angustifólius = schmalblättrig, von angustus = schmal, eng und folium = Blatt.

ánnuus = einjährig, nur ein Jahr ausdauernd, von annus = Jahr

aquáticus = im oder am Wasser wachsend, von aqua = Wasser

arenárius / arenósus — = auf Sandboden wachsend, von arena = Sand.

argénteus = silberweiß, von argéntum = Silber.

arundináceus = rohrartig, von arundo = Rohr, Schilf.

arvénsis, e = unter der Saat wachsend, von arvum = Saatfeld.

aúreus = goldgelb, von aurum = Gold.

aurítus = geöhrt, von auris = Ohr.

autumnális = im Herbst blühend, von autúmnus = Herbst.

biénnis = zweijährig, von bis = zweimal und annus = Jahr.

bifólius = zweiblättrig, von bis = zweimal und fólium = Blatt.

boreális = nördlich, im Norden wachsend, von bóreas = Norden.

bulbósus = knollig, von bulbus = Knolle, Zwiebel.

caespitósus = rasig, einen Rasen bildend, von caespes = Rasen.

campéstris, e = auf dem Felde wachsend, von campus = Feld.

canadénsis = in Kanada heimisch, im übertragenen Sinne = nordamerikanisch.

canéscens = grau (wörtl. = grau werdend), von canus = grau, meist gleichbedeutend mit grau behaart.

canínus, wörtl. = für Hunde bestimmt, von canis = Hund, im übertragenen Sinne = wertlos, unbrauchbar.
cathárticus = reinigend, von Pflanzen, die als Abführmittel gebraucht werden oder wurden, vom griech. kathairo = reinigen.
cérnuus = nickend.
chamáedrys, wörtl. = kleine Eiche, vom griech. chamaí = am Boden und drys = Eiche, von Pflanzen, die ähnlich wie die Eiche gekerbte Blätter besitzen.
coerúleus = blau.
commúnis = gemein, allgemein verbreitet.
cómosus = schopfig, von comus = Haarschopf, von Pflanzen, deren Blüten schopfig zusammengedrängt stehen.
compréssus = zusammengedrückt, von comprimere = zusammendrücken.
cordátus = herzförmig, von cor = Herz.
corymbósus = ebensträußig, von corymbus (griech. korymbos) = Ebenstrauß, Trugdolde.
crispus = kraus, meist auf die Blätter bezüglich.
dentátus = gezähnt, von dens = Zahn.
dióicus = zweihäusig, vom griech. dis = zweimal und oikos = Haus.
dulcis = süß.
elátus (Komparativ elatior) = erhaben, aufrecht.
eréctus = aufgerichtet, aufrechtstehend.
europaéus = in Europa heimisch.
excélsus = hoch emporragend, ausgezeichnet.
falcátus = sichelförmig, von falx = Sichel.
filifórmis = fadenförmig, von filum = Faden.

flavus = blaßgelb.
frágilis = zerbrechlich.
fruticosus / frutescens { =strauchig, strauchartig, von frutex = Strauch.
germánicus = in Deutschland vorkommend, von Germánia = Deutschland.
gigánteus = riesig, sehr groß, vom griech. gigas = Riese.
glaber, glabra, glabrum = glatt, unbehaart.
glaucus = blaugrün oder graugrün.
glomerátus = geknäuelt, von glomérulus = Knäuel.
glutinosus = klebrig.
grandiflorus = großblütig, von grandis = groß und flos = Blüte.
gravéolens = stark riechend, von gravis = schwer, stark und óleo = riechen.
hederáceus = efeuähnlich (auf die Blätter bezogen), von Hedera = Efeu.
hiemális = im Winter blühend, von hiems = Winter.
hirsútus | hirtus } = rauhhaarig.
horténsis = in Gärten gezogen, von hortus = Garten.
húmilis = niedrig.
hybridus = Blendling, Bastard, unecht.
incánus = grau, grau behaart.
inodórus = geruchlos, von odor = Geruch, Duft.
intermédius = in der Mitte stehend.
japónicus = in Japan heimisch.
lanátus = wollig behaart, von lana = Wolle.
lanceolátus = lanzettlich.
latifólius = breitblättrig, von latus = breit und folium = Blatt.
longifólius = langblättrig, von longus = lang und folium = Blatt.

lúteus = gelb, insbesondere leuchtend gelb.

macránthus = großblütig, vom griech. makrós = lang, groß und ánthos = Blüte.

macrophýllus = großblättrig, vom griech. makrós = lang, groß und phýllon = Blatt.

maculátus = gefleckt, von mácula = Fleck, Makel.

major, majus, maximus } Komparativ und Superlativ von magnus = groß.

marítimus = am Strande wachsend, von mare = Meer.

minor, minímus } Komparativ und Superlativ von parvus = klein.

mollis = weich, weichhaarig.

montánus = auf Bergen oder im Gebirge wachsend, von mons = Berg.

multiflórus = vielblütig, von multus = viel und flos = Blüte.

murális = an Mauern wachsend, von murus = Mauer.

nemoralis, nemorensis, nemorosus } in Hainen wachsend, von nemus = Hain.

niger, nigra, nigrum = schwarz, dunkelfarbig.

nígricans = schwarz werdend.

nodósus = knotig, von nodus = Knoten.

nutans = nickend, von nuto = nicken, das Haupt neigen.

obtusifólius = stumpfblättrig, von obtusus = stumpf und folium = Blatt.

occidentális = westlich, im Westen vorkommend, von óccidens = Westen.

odorátus = wohlriechend, duftend, von odor = Geruch, Duft.

officinális = gebräuchlich, nämlich in Apotheken, von Pflanzen, die zur Bereitung von Heilmitteln verwendet werden oder wenigstens in früherer Zeit zu diesem Zwecke dienten.

oleráceus = als Gemüse verwendbar, von olus = Gemüse.

opácus = glanzlos, von stumpfer Farbe.

orientális = östlich, im Osten vorkommend, von óriens = Osten.

ovátus = eiförmig, von ovum = Ei.

paluster, -tris, -tre, paludosus } = in Sümpfen wachsend, von palus = Sumpf.

paniculátus = rispig, von panículum = Rispe.

parviflórus = kleinblütig, von parvus = klein und flos = Blüte.

perénnis = ausdauernd, von per = durch, hindurch und annus = Jahr.

perfoliátus = durchwachsen (wenn der Stgl. scheinbar durch die Blätter hindurch gewachsen ist), von per = durch, hindurch und folium = Blatt.

persicifólius = pfirsichblättrig, von (Prunus) Pérsica = Pfirsich und fólium = Blatt.

pilósus = behaart, von pilus = das (einzelne) Haar.

pinnátus = gefiedert, von penna oder pinna = Feder.

praecox = früh, frühzeitig.

praténsis = auf Wiesen wachsend, von pratum = Wiese.

procúmbens = niederliegend, von procumbo = sich niederlegen.

pubéscens = weichhaarig, von pubesco = mannbar werden, Haare bekommen.

pulcher, pulchra, pulchrum = schön.

pusíllus = zwergig, klein.

racemósus = traubig, von racémus = Traube.

ramósus = verzweigt, ästig, von ramus = Zweig.
rectus = gerade aufgerichtet.
repens = kriechend, von repo = kriechen.
riválís = an Bächen oder Gräben wachsend, von rivus = Bach, Graben.
rotundifólius = rundblättrig, von rotúndus = rund und fólium = Blatt.
ruber, rubra, rubrum = rot.
rupéstris, e = an Felsen wachsend, von rupes = Fels.
salicifólius = weidenblättrig, von salix = Weide und fólium = Blatt.
sanguíneus = blutrot, von sánguis = Blut.
satívus = angesät, gebaut.
saxátilis = an Felsen wachsend, von saxum = Fels, Felsblock.
sempervírens = immergrün.
sepium, Genit. Plural. von sepes = Zaun.
silváticus | im Walde wachsend,
silvéster ∫ von silva = Wald.
spicátus = ährig, von spica = Ähre.
spinósus = dornig, von spina = Dorn.
stérilis = unfruchtbar.
strictus = straff, steif aufrecht.
tectórum, Genit. Plural. von tectum = Dach.
ténuis = dünn, fein.

tinctórius = zum Färben benutzt, von tingo = färben.
tomentósus = filzig behaart, von toméntum = Filz.
trícolor = dreifarbig, von tres, tria = drei und color = Farbe.
trifoliátus = dreiblättrig, von tres, tria = drei und fólium = Blatt.
tuberósus = knollig, von tuber = Höcker, Geschwulst, Knolle.
uliginósus = auf feuchtem Boden wachsend, von uligo = Erdfeuchtigkeit.
umbellátus = doldig, von umbélla = Dolde, Schirm.
uniflórus = einblütig, von unus = ein und flos = Blüte.
várius = bunt, verschiedenfarbig.
vernális ⎱ im Frühling blühend,
vernus ⎰ von ver = Frühling.
verticillátus = quirlständig, wirtelig, von verticíllus = Wirtel, Quirl.
vescus = eßbar, von vescor = speisen.
villósus = zottig, von villus = das zottige Haar (der Tiere).
víridis = grün.
virósus = giftig, von virus = Gift.
viscósus = klebrig, von viscum = die Mistel, aus deren Beeren Vogelleim bereitet wird.
vulgáris = allgemein, allbekannt, gemein, überall verbreitet.

# Erklärung

der Abkürzungen von Schriftstellernamen und der Zeichen.

**A. Br.** = Alexander Braun.
**Ait.** = William Aiton.
**All.** = Carlo Allioni.
**Andrzj.** = A. L. Andrzejowsky.
**Ard.** = Pietro Arduino.
**Aschrs.** = Paul Ascherson.

**Babgt.** = Ch. C. Babington.
**Baumg.** = Joh. Gottlieb Christ. Baumgarten.
**Bell.** = Karl Ant. Ludw. Bellardi.
**Bernh.** = Joh. Jak. Bernhardi.

# Erklärung der Abkürzungen

Bess. = W. S. J. G. von Besser.
Bor. = A. Boreau.
Borkh. = M. B. Borkhausen.
Brot. = F. A. Brotero.
Casp. = Robert Caspary.
Cav. = Ant. Jes. Cavanilles.
Celak. = L. Celakowsky.
Christ. = C. Christensen.
Clairv. = Jos. Ph. von Clairville.
Coult. = Thomas Coulter.
Crantz = H. J. N. von Crantz.
Curt. = William Curtis.
Cuss. = Pierre Cusson.
DC. = A. Pyr. de Candolle.
Desf. = R. L. Desfontaines.
Desp. = J. B. R. P. Desportes.
Desr. = Desrousseaux.
Desv. = A. N. Desvaux.
Duch. = A. N. Duchesne.
Dumort. = B. Ch. Dumortier.
Ehrh. = Friedrich Ehrhart.
Fenzl. = Fenzlein.
Fr. = Elias Magnus Fries.
Gaertn. = Karl Fr. Gaertner.
Garcke = Fr. Aug. Garcke.
Gaud. = J. Fr. G. Ph. Gaudin.
Gil. = Jean Emanuel Gilibert.
Gmel. = Joh. Georg Gmelin.
Good. = Samuel Goodenough.
Hartm. = K. J. Hartmann.
Haw. = Adrian Hardy Haworth.
Hoffm. = Franz Georg Hoffmann.
Hook. = W. F. Hooker.
Huds. = William Hudson.
Jacq. = N. J. Baron von Jacquin.
Kost. = Vinc. Fr. Kosteletzky.
Krock. = A. Joh. Krocker.
Ktze. = Otto Kuntze.
Kütz. = Friedr. Traug. Kützing.
L. = Karl von Linné.
Lehm. = J. G. Christ. Lehmann.
Lej. = A. L. S. Lejeune.
Leyss. = Fr. Wilh. von Leysser.
Lightf. = John Lightfoot.
L'Hérit. = Ch. L. L'Héritier.
Lindl. = John Lindley.
Link = Heinr. Friedr. Link.

Lmk. = J. B. A. P. von Lamarck.
Loisl. = J. L. A. Loiseleur-Deslongchamps.
Marss. = Th. Fr. Marsson.
Maxim. = C. I. v. Maximowicz.
M. B. = Fr. A. Freiherr Marschall von Bieberstein.
Mchx. = Franz Andr. Michaux.
Med. = Friedr. Casimir Medicus.
Mey., C. A. = Carl Ant. Meyer.
Mey., E. = Ernst H. F. Meyer.
Mich. = Pet. Ant. Micheli.
Mill. = Philipp Miller.
Mnch. = Konrad Moench.
Mor. = Guiseppe Moretti.
M. u. K. = Franz Karl Mertens und Wilh. Dan. Jos. Koch.
Murr. = Joh. Andr. Murray.
Neck. = Noël Jos. von Necker.
Nutt. = Thomas Nuttall.
N. v. E. = Chr. Gottfr. Nees von Esenbeck.
Pall. = Peter Simon Pallas.
P. B. = A. M. Fr. J. Palisot de Beauvois.
Pers. = Chr. Hendrick Persoon.
P. M. E. = Patze, Meyer und Elkan.
Poir. = J. L. M. Poiret.
Poll. = Joh. Adam Pollich.
Raf. = Rafinesque.
R. Br. = Robert Brown.
Rchb. = Heinr. Gottl. Ludw. Reichenbach.
Rchb. fil. = Heinr. Gustav Reichenbach.
Retz. = Andreas Joh. Retzius.
Rich. = Louis Claude Marie Richard.
Roehl. = Joh. Chr. Roehling.
Roth = Albr. Wilh. Roth.
R. u. Sch. = Roemer und Schultes.
Salisb. = R. A. M. Salisbury.
Schkuhr = Christian Schkuhr.
Schldl. = D. Fr. K. von Schlechtendal.
Schrad. = Heinrich Adolf Schrader.

Schrnk. = Franz Paula von Schrank.
Schreb. = Joh. Chr. Dan. von Schreber.
Schult. = Jos. Aug. Schultes.
Schw. u. K. = Schweigger und Körte.
Scop. = Joh. Ant. Scopoli.
Sibth. = Joh. Sibthorp.
Simk. = Simonkqi.
Smith = James Eduard Smith.
Spr. = Kurt Sprengel.
Sw. = Olof Swartz.
Tausch = Ignaz Friedr. Tausch.
Thuill. = Jean Louis Thuillier.
Trev. = Christ. Ludolf Treviranus.
Trin. = K. B. Freiherr von Trinius.
Vent. = Etienne Pierre Ventenat.
Vill. = Dominique Villars.
Wahlnb. = Georg Wahlenberg.
Wallr. = K. Fr. W. Wallroth.
Web. = Friedrich Weber.
Wib. = A. W. E. Ch. Wibel.
Willd. = Karl Ludwig Willdenow.
With. = William Withering.
W. u. K. = Waldstein und Kitaibel.
Wulf. = Franz Xaver v. Wulfen.
Wz. = Wurzel.
Pfl. = Pflanze.
Stgl. = Stengel.
Bl. = Blatt, Blätter.
Bte. u. Btn. = Blüte, Blüten.
K. = Kelch.
Kr. = Krone.
Fr. = Frucht.
Frkn. = Fruchtknoten.
☉ = 1 jährige Pfl.
⊙ = 2 jährige Pfl.
Pr. = Parasiten.

Hpr. = Halbparasiten.
hg. = homogam, Staubbeutel und Narben reifen gleichzeitig.
pa. = protandrisch, vormännig, vorstäubend.
pg. = protogyn, vorweibig oder nachstäubend.
apog. = apogame Pfl., bei denen sich keimfähige Samen ohne Befruchtung entwickeln.
autg. = autogame, sich selbst bestäubende Btn.
kleistg. = kleistogame, sich nicht öffnende, autg. Btn.
♂ = männliche Btn.
♀ = weibliche Btn.
cv. = karnivore oder fleischfress. Pflanzen.
mch. = myrmekochor, Pfl., deren Samen durch Ameisen verbreitet werden.
Hy. = Wasserblütler.
W. = Windblütler.
E. = Insektenblütler.
Po. = Pollen oder Staubblumen, ohne Nektar.
F. = Falterblumen.
Ft. = Tagfalterblumen.
Fn. = Nachtfalterblumen.
H. = Hymenopteren- oder Immenblumen.
Hh. = Hummelblumen.
Hb. = Bienenblumen.
Hw. = Wespenblumen.
Hi. = Schlupfwespenblumen.
D. = Dipteren- oder Fliegenblumen.
De. = Ekelblumen.
Dke. = Kesselfallenblumen.
Dkl. = Klemmfallenblumen.
Dt. = Täuschblumen.
Ds. = Schwebfliegenblumen.
Kl. = Kleinkerfblumen.

# Register

Abbiß 236
Abies 8
Acer 164
Aceraceae 164
Achillea 251
Ackerkohl 124
Ackerröte 230
Aconitum 103
Acorus 40
Actaea 103
Adlerfarn 4
Adonis 108
Adonisröschen 108
Adoxa 235
Adoxaceae 235
Aegopodium 184
Aesculus 164
Aethusa 186
Agrimonia 139
Agropyrum 30
Agrostemma 92
Agrostis 22
Ahle 144
Ahorn 164
Ahorngewächse 164
Aira 23
Ajuga 206
Akazie 151
Akelei 103
Alant 249
Alchemilla 139
Alectorolophus 226
Alisma 13
Alismataceae 13
Alliaria 117
Allium 47
Alnus 76
Alopecurus 21
Alsine 98
Althaea 167
Alyssum 124

Amarant 89
Amarantaceae 89
Amarantgewächse 89
Amarantus 89
Amaryllidaceae 51
Amelanchier 134
Ammophila 23
Ampelopsis 166
Ampfer 81
Anacardiaceae 163
Anagallis 194
Anchusa 201
Andorn 207
Andromeda 191
Andropogon 19
Anemone 104
Anethum 185
Angelica 186
Antennaria 248
Anthemis 251
Anthericum 46
Anthoxanthum 21
Anthriscus 182
Anthyllis 151
Antirrhinum 221
Apera 22
Apfelbaum 133
Apium 183
Apocynaceae 197
Aprikose 143
Aquifoliaceae 163
Aquilegia 103
Arabis 123
Araceae 40
Araliaceae 176
Archangelica 187
Arctium 256
Arctostaphylus 191
Arenaria 98
Aristolochia 80
Aristolochiaceae 80

Armeria 194
Arnica 254
Arnoseris 259
Aronstab 41
Aronstabgewächse 40
Arrhenatherum 24
Artemisia 253
Artischocke 258
Arum 41
Aruncus 133
Asarum 80
Asclepiadaceae 197
Asparagus 50
Asperugo 200
Asperula 231
Aspidium 2
Asplenium 3
Aster 247
Astragalus 152
Astrantia 181
Athyrium 3
Atriplex 88
Atropa 216
Augentrost 225
Aurikel 193
Avena 23

Baldrian 235
Baldriangewächse 235
Ballota 210
Balsaminaceae 165
Balsamine 165
Balsaminengewächse 165
Barbaraea 120
Barbenkraut 120
Bärenklau 187
Bärenschote 152
Bärentraube 191
Bärlapp 5

## Register

Bärlappgewächse 5
Bartgras 19
Bärwurz 186
Basilienkraut 215
Bauernsenf 115. 116.
Beifuß 253
Beinwell 200
Bellis 247
Benediktenkraut 138
Berberidaceae 108
Berberis 108
Berberitze 108
Berberitzengewächse 108
Bergfenchel 185
Bergflachs 80
Bergminze 212
Bergpetersilie 187
Bergsellerie 187
Berteroa 124
Berufkraut 248
Berula 185
Besenheide 191
Besenstrauch 148
Beta 86
Betula 76
Betulaceae 75
Bibernell 184
Bidens 251
Bienensaug 208
Bilsenkraut 216
Bingelkraut 161
Binse 32. 41
Binsengewächse 41
Bisamhyazinthe 50
Birke 76
Birkengewächse 75
Birnbaum 133
Birnkraut 189
Bisamkraut 235
Biscutella 116
Bitterich 260
Bitterklee 196
Blasenfarn 2
Blasenstrauch 151
Blaugras 24
Blaustern 49
Blechnum 3
Bleiwurzgewächse 194

Blitum 86
Blumenkohl 119
Blutauge 136
Blutwurz 137
Bocksbart 260
Bocksdorn 216
Bohne 156
Bohnenkraut 212
Boretsch 200
Borraginaceae 199
Borrago 200
Borstendolde 182
Borstenhirse 20
Borstgras 29
Botrychium 4
Brachypodium 29
Brassica 119
Braunwurz 221
Braunwurzgewächse 218
Brennessel 79
Brillenschote 116
Briza 25
Brombeere 135
Bromus 28
Bruchkraut 99
Brunella 208
Brunnenkresse 120
Brustwurz 186
Bryonia 237
Buche 77
Buchenfarn 2
Buchengewächse 77
Buchsbaum 163
Buchsbaumgewächse 163
Buchweizen 85
Büngel 162
Bupleurum 183
Butomaceae 13
Butomus 13
Butterblume 261
Buxaceae 163
Buxus 163

Cakile 118
Calamagrostis 22
Calamintha 212
Calendula 255
Calla 40

Callistephus 247
Callitrichaceae 162
Callitriche 162
Calluna 191
Caltha 102
Camelina 122
Campanula 238
Campanulaceae 238
Cannabis 79
Caprifoliaceae 233
Capsella 122
Caragana 152
Cardamine 121
Carduus 256
Carex 33
Carlina 256
Carpinus 75
Carum 184
Caryophyllaceae 90
Castanea 77
Caucalis 182
Celastraceae 163
Centaurea 258
Cephalanthera 57
Cerastium 96
Ceratophyllaceae 100
Ceratophyllum 100
Chaerophyllum 181
Cheiranthus 124
Chelidonium 110
Chenopodiaceae 85
Chenopodium 86
Chimophila 189
Chondrilla 261
Christophskraut 103
Christrose 102
Chrysanthemum 252
Chrysosplenium 129
Cichorie 259
Cichorium 259
Cicuta 184
Circaea 175
Cirsium 257
Cistaceae 169
Clematis 104
Clinopodium 212
Cochlearia 117
Coeloglossum 56
Colchicum 46
Colutea 151

Register

Comarum 136
Compositae 240
Coniferae 6
Conium 183
Conringia 124
Conringie 124
Convallaria 51
Convolvulaceae 197
Convolvulus 197
Conyza 249
Coriandrum 183
Cornaceae 188
Cornus 188
Coronilla 152
Coronopus 116
Corydalis 110
Corylus 76
Corynephorus 23
Cotoneaster 133
Crassulaceae 126
Crataegus 134
Crepis 262
Crocus 52
Cruciferae 111
Cucubalus 94
Cucumis 237
Cucurbita 238
Cucurbitaceae 237
Cupressaceae 8
Cuscuta 198
Cydonia 133
Cynara 258
Cynoglossum 200
Cynosurus 26
Cyperaceae 31
Cypergras 32
Cyperus 32
Cypripedium 54
Cystopteris 2
Cytisus 147

Dactylis 26
Dahlia 250
Daphne 177
Datura 217
Daucus 188
Delphinium 103
Dentaria 122
Dianthus 94
Dicentra 111

Dickblattgewächse 126
Dictamnus 160
Diervillea 234
Digitalis 225
Dill 185
Dinkel 30
Diplotaxis 118
Dipsacaceae 236
Dipsacus 236
Diptam 160
Distel 256. 257
Disteldolde 181
Doldengewächse 176
Doppelsame 118
Dost 213
Dotter 122
Dotterblume 102
Dötterlein 123
Draba 123
Drehwurz 57
Dreizack 13
Dreizackgewächse 13
Dreizahn 25
Drosera 125
Droseraceae 125
Dryopteris 2
Dürrwurz 249

Eberesche 133
Eberreis 253
Eberwurz 256
Echium 203
Edeltanne 8
Efeu 176
Efeugewächse 176
Ehrenpreis 221
Eibe 7
Eibengewächse 7
Eibisch 167
Eiche 77
Einbeere 51
Eisenhut 103
Eisenkraut 203
Eisenkrautgewächse 203
Elaeagnaceae 172
Elaeagnus 173
Elodea 14
Elymus 31

291

Empetraceae 190
Empetrum 190
Engelsüß 4
Engelwurz 187
Enzian 196
Enziangewächse 195
Epilobium 174
Epipactis 57
Eppich 183
Equisetaceae 4
Equisetum 4
Erbse 156
Erbsenstrauch 152
Erdbeere 135
Erdrauch 110
Erica 191
Ericaceae 190
Erigeron 248
Eriophorum 32
Erle 76
Erodium 159
Eryngium 181
Erysimum 124
Erythraea 196
Esche 194
Eselsdistel 258
Esparsette 153
Espe 72
Eupatorium 246
Euphorbia 161
Euphorbiaceae 161
Euphrasia 225
Evonymus 163

Fagaceae 77
Fagopyrum 85
Fagus 77
Falcaria 184
Faulbaum 165
Felberich 193
Feldsalat 235
Felsenmispel 134
Felsnelke 94
Fenchel 185
Fennich 20
Ferkelkraut 259
Festuca 27
Fetthenne 126
Fettkraut 229
Ficaria 106

19*

## Register

Fichte 8
Fichtenspargel 190
Fieberklee 196
Filago 248
Filipendula 139
Filzkraut 248
Fingerhut 225
Fingerkraut 136
Finkensame 123
Flachs 160
Flammenblume 198
Flattergras 21
Flechtbinse 32
Flieder 195. 233
Flockenblume 258
Flohkraut 249
Foeniculum 185
Föhre 7
Forsythia 195
Forsythie 195
Fragaria 135
Frangula 165
Frauenfarn 3
Frauenflachs 221
Frauenmantel 139
Frauenschuh 54
Fraxinus 94
Friedlos 193
Fritillaria 48
Froschbiß 14
Froschbißgewächse 14
Froschlöffel 13
Froschlöffelgewächse 13
Fuchsschwanz 21. 89
Fumaria 110

Gagea 46
Gagelstrauch 71
Gagelstrauchgewächse 71
Galanthus 51
Galeopsis 209
Galinsoga 251
Galium 231
Gamander 206
Gänseblümchen 247
Gänsedistel 261
Gänsefuß 86

Gänsefußgewächse 85
Gänsekraut 123
Garbe 251
Gauchheil 194
Gauklerblume 221
Geißbart 133
Geißblatt 234
Geißblattgewächse 233
Geißklee 147
Genista 147
Gentiana 196
Gentianaceae 195
Georgine 250
Geraniaceae 156
Geranium 157
Gerste 30
Geum 138
Giersch 184
Gilbweiderich 193
Ginster 147
Gipskraut 94
Gladiolus 53
Glanzgras 21
Glasschmalz 88
Glaux 194
Glechoma 208
Gleiße 186
Glockenblume 238
Glockenblumengewächse 238
Glyceria 27
Gnadenkraut 221
Gnaphalium 248
Goldlack 124
Goldnessel 208
Goldregen 147
Goldrute 246
Goldstern 46
Goldweide 195
Goodyera 58
Gramineae 14
Gränke 191
Gräser 14
Graslilie 46
Grasnelke 194
Gratiola 221
Graukresse 124
Grindkraut 237

Grundfeste 262
Gundermann 208
Günsel 206
Gurke 237
Gurkenkraut 185
Gymnadenia 56
Gypsophila 94

Haargerste 31
Haarstrang 187
Habichtskraut 263
Hafer 23
Haftdolde 182
Hagedorn 134
Hahnenfuß 105
Hahnenfußgewächse 100
Hainbinse 43
Hainbuche 75
Hainsimse 43
Halorrhagaceae 176
Händelwurz 56
Hanf 79
Hartheu 168
Hartheugewächse 168
Hartriegel 188
Haselstrauch 76
Haselwurz 80
Hasenbrot 44
Hasenlattich 262
Hasenohr 183
Hauhechel 148
Hauswurz 127
Heckenkirsche 234
Hedera 176
Hederich 118. 120
Heide 191
Heidekorn 85
Heidekraut 191
Heidekrautgewächse 190
Heidelbeere 191
Helianthemum 169
Helianthus 250
Helichrysum 249
Helleborus 102
Helmgras 23
Helmkraut 207
Hemerocallis 46

Register

Hepatica 104
Heracleum 187
Herbstzeitlose 46
Herniaria 99
Herzblatt 129
Herzblume 111
Herzgespann 210
Hesperis 125
Hexenkraut 175
Hieracium 263
Himbeere 135
Himmelschlüssel 193
Himmelsleiter 199
Himmelsleitergewächse 198
Hippocastanaceae 164
Hippocrepis 153
Hippophaë 172
Hippuridaceae 176
Hippuris 176
Hirschwurz 187
Hirse 20
Hirtentäschel 122
Hohlzahn 209
Hohlzunge 56
Holcus 23
Holosteum 97
Holunder 233
Honckenya 98
Honiggras 23
Honigklee 149
Hopfen 79
Hordeum 30
Hornbaum 75
Hornklee 151
Hornblatt 100
Hornblattgew. 100
Hornkraut 96
Hornstrauch 188
Hornstrauchgewächse 188
Hottonia 193
Hufeisenklee 153
Huflattich 253
Hühnerbiß 94
Hülsenfrüchtler 144
Hülsstrauch 163
Hülsstrauchgewächse 163

Humulus 79
Hundskamille 251
Hundspetersilie 186
Hundszunge 200
Hungerblümchen 123
Hyacinthus 50
Hyazinthe 50
Hydrocharis 14
Hydrocharitaceae 14
Hydrocotyle 180
Hyoscyamus 216
Hypericaceae 168
Hypericum 168
Hypochoeris 259
Hyssopus 213

Iberis 116
Igelkolben 11
Igelkolbengewächse 11
Igelsame 200
Ilex 163
Immenblatt 208
Immergrün 197
Immergrüngewächse 197
Impatiens 165
Inula 249
Iridaceae 52
Iris 52
Isatis 118

Jasione 240
Jasmin, falscher 129
Johannisbeere 129
Johanniskraut 168
Johanniskrautgewächse 168
Judenkirsche 216
Juglandaceae 71
Juglans 71
Juncaceae 41
Juncaginaceae 13
Juncus 41
Juniperus 9

Kaiserkrone 48
Kälberkropf 181
Kalmus 40
Kamille 252

293

Kammgras 26
Kammschmiele 25
Kapuzinerkresse 159
Kapuzinerkressengewächse 159
Karde 236
Kardengewächse 236
Kartoffel 217
Käsepappel 167
Kastanie 77
Katzenminze 208
Katzenpfötchen 248
Kellerhals 172
Kellerhalsgewächse 172
Kerbel 182
Kettenblume 261
Kicher 155
Kiefer 7
Kieferngewächse 7
Kirsche 143
Klapper 226
Klappernuß 163
Klappernußgewächse 163
Klappertopf 226
Klauenschote 152
Klee 149
Klette 256
Klettenkerbel 182
Knabenkraut 55
Knabenkrautgewächse 53
Knäuel 99
Knäuelgras 26
Knautia 236
Knoblauch 48
Koblauchsrauke 117
Knopfkraut 251
Knorpelsalat 261
Knotenblume 51
Knöterich 83
Knöterichgewächse 81
Koeleria 25
Kohl 119
Kohlrabi 119
Kohlrübe 120
Köll 212
Königskerze 219

## Register

Kopfgras 24
Korbblütler 240
Korbnelke 194
Koriander 183
Kornblume 259
Kornelkirsche 188
Kornrade 92
Krähenbeere 190
Krähenbeerengewächse 190
Krähenfuß 116
Kratzdistel 257
Krätzkraut 237
Krebsschere 14
Kresse 115
Kreßling 123
Kreuzblume 160
Kreuzblumengewächse 160
Kreuzblütler 111
Kreuzdorn 165
Kreuzdorngewächse 165
Kreuzkraut 254
Kronwicke 152
Krümling 261
Krummhals 201
Küchenschelle 105
Kuckucksblume 56
Kuckucksnelke 93
Kuhblume 261
Kuhschelle 105
Kümmel 185
Kunigundenkraut 246
Kürbis 238
Kürbisgewächse 237

Labiatae 203
Labkraut 231
Lactuca 261
Laichkraut 12
Laichkrautgewächse 12
Lamium 208
Lammkraut 259
Lampsana 259
Lappula 200
Lärche 7
Larix 7

Laserkraut 188
Laserpitium 188
Lathraea 227
Lathyrus 155
Lattich 261
Lauch 47
Lauchkraut 117
Läusekraut 227
Lavandula 207
Lavatera 168
Lavendel 207
Lebensbaum 9
Leberblümchen 104
Ledum 190
Leguminosae 144
Leimkraut 92
Lein 160
Leinblatt 80
Leingewächse 160
Leinkraut 220
Lemna 41
Lemnaceae 41
Lens 155
Lentibulariaceae 229
Leontodon 260
Leonurus 210
Lepidium 115
Lerchensporn 110
Leucoïum 51
Levisticum 186
Levkoje 125
Libanotis 185
Lichtnelke 93
Liebesapfel 217
Liebstöckel 186
Lieschgras 21
Liguster 195
Ligustrum 195
Liliaceae 44
Lilie 48
Liliengewächse 44
Lilium 48
Linaceae 160
Linaria 220
Linde 166
Lindengewächse 166
Linse 155
Linum 160
Lippenblütler 203
Listera 58

Lithospermum 202
Löffelkraut 117
Lolch 29
Lolium 29
Lonicera 234
Loranthaceae 79
Lotus 151
Löwenmaul 221
Löwenzahn 260. 261
Lunaria 122
Lungenkraut 201
Lupine 147
Lupinus 147
Luzerne 148
Luzula 43
Lychnis 93
Lycium 216
Lycopodiaceae 5
Lycopodium 5
Lycopsis 201
Lycopus 214
Lysimachia 193
Lythraceae 173
Lythrum 173

Mädesüß 139
Majanthemum 50
Maiglöckchen 51
Mairan 213
Mais 19
Majoran 213
Malachium 96
Malope 168
Malus 133
Malva 167
Malvaceae 166
Malve 167
Malvengewächse 166
Mangold 86
Männertreu 223
Mannstreu 181
Marbel 43
Mariendistel 258
Marrubium 207
Märzbecher 51
Maßliebchen 253
Mastkraut 97
Matricaria 252
Matthiola 125
Mauerpfeffer 127

# Register

Mauerraute 3
Maulbeerbaum 78
Maulbeergewächse 78
Mäuseschwanz 105
Medicago 148
Meerrettich 117
Meersenf 118
Meerzwiebel 49
Mehlbeere 133
Meier 231
Melampyrum 227
Melandryum 93
Melde 88
Melica 25
Melilotus 149
Melissa 212
Melisse 212
Melittis 208
Melone 238
Mentha 214
Menyanthes 196
Mercurialis 161
Merk 184
Mespilus 134
Meum 186
Miere 96. 98
Milchkraut 194
Milchstern 49
Milium 21
Milzfarn 3
Milzkraut 129
Mimulus 221
Minze 214
Mispel 134
Mistel 79
Mistelgewächse 79
Moehringia 98
Mohn 109
Mohngewächse 109
Möhre 188
Möhringie 98
Molinia 25
Mondraute 4
Mondviole 122
Monotropa 190
Montia 90
Moorkönig 227
Moorsimse 33
Moosbeere 191. 192
Moraceae 78

Morus 78
Moschuskraut 235
Moschuskraut-
  gewächse 235
Mummel 100
Muscari 50
Myosotis 201
Myosurus 105
Myrica 71
Myricaceae 71
Myriophyllum 176

Nabelmiere 98
Nachtkerze 175
Nachtkerzen-
  gewächse 173
Nachtschatten 216
Nachtschatten-
  gewächse 215
Nachtviole 125
Nadelhölzer 6
Narcissus 52
Nardus 29
Narzisse 52
Narzissengewächse 51
Nasturtium 120
Natterkopf 203
Natterzunge 4
Natterzungenfarne 4
Nelke 94
Nelkengewächse 90
Nelkenwurz 138
Neottia 58
Nepeta 208
Neslea 123
Nessel 79
Nesselgewächse 79
Nestwurz 58
Netzblatt 58
Nicotiana 217
Nieswurz 102
Nigella 103
Nuphar 100
Nußbaum 71
Nußbaumgewächse 71
Nymphaea 99
Nymphaeaceae 99

Ochsenzunge 201
Ocimum 215
Odermennig 139
Odontites 226
Oenanthe 185
Oenothera 175
Oenotheraceae 173
Ohnblatt 190
Ölbaumgewächse 194
Oleaceae 194
Ölweide 173
Ölweidengewächse 172
Onobrychis 153
Ononis 148
Onopordon 258
Ophioglossaceae 4
Ophioglossum 4
Ophrys 55
Orchidaceae 53
Orchideen 53
Orchis 55
Origanum 213
Ornithogalum 49
Ornithopus 152
Orobanchaceae 228
Orobanche 228
Osterluzei 80
Osterluzeigewächse 80
Oxalidaceae 159
Oxalis 159

Paeonia 102
Panicum 20
Papaver 109
Papaveraceae 109
Papilionaceae 144
Pappel 72
Paris 51
Parnassia 129
Pastinaca 187
Pastinak 187
Pechnelke 92
Pedicularis 227
Pelargonium 159
Peplis 173
Perlgras 25
Pestwurz 253
Petasites 253

Petersilie 183
Petunia 217
Petunie 217
Petroselinum 183
Peucedanum 187
Pfaffenhütchen 163
Pfefferkraut 212
Pfeifengras 25
Pfeifenstrauch 81. 129
Pfeilkraut 13
Pfennigkraut 193
Pferdesaat 185
Pfingstrose 102
Pfirsich 143
Pflaume 143
Phalaris 21
Pharbitis 198
Phaseolus 156
Phegopteris 2
Philadelphus 129
Phleum 21
Phlox 198
Phragmites 25
Physalis 216
Phyteuma 240
Picea 8
Picris 260
Pimpernuß 163
Pimpinella 184
Pinaceae 7
Pinguicula 229
Pinus 7
Pippau 262
Pirola 189
Pirolaceae 189
Pirus 133
Pisum 156
Plantaginaceae 230
Plantago 230
Platanaceae 130
Platane 130
Platanengewächse 130
Platanthera 56
Platanus 130
Platterbse 155
Plumbaginaceae 194
Poa 26
Polemoniaceae 198

Polemonium 199
Polygala 160
Polygalaceae 160
Polygonaceae 81
Polygonatum 50
Polygonum 83
Polypodiaceae 1
Polypodium 4
Populus 72
Porst 190
Portulaca 90
Portulacaceae 89
Portulak 90
Portulakgewächse 89
Potamogeton 12
Potamogetonaceae 12
Potentilla 136
Poterium 140
Preiselbeere 191. 192
Prenanthes 263
Primel 193
Primelgewächse 192
Primula 193
Primulaceae 192
Prunus 142
Pteridium 4
Pteris 4
Pulegium 215
Pulicaria 249
Pulmonaria 201
Pulsatilla 105

Quecke 30
Quellkraut 90
Quendel 213
Quercus 77
Quitte 133

Rade 92
Radieschen 120
Ragwurz 55
Rahle 115
Rainfarn 252
Rainkohl 259
Rampe 118
Ranunculaceae 100
Ranunculus 105
Raphanus 120
Raps 120

Rapünzchen 235
Rauhblättler 199
Rauke 117
Rauschbeere 192
Raute 160
Rautengewächse 160
Raygras 24. 29
Rebe 166
Rebendolde 185
Rebengewächse 166
Reiherschnabel 159
Reitgras 22
Reseda 125
Resedaceae 125
Resede 125
Resedegewächse 125
Rettich 120
Rhabarber 83
Rhamnaceae 165
Rhamnus 165
Rheum 83
Rhus 163
Rhynchospora 33
Ribes 129
Rietgras 33
Ringelblume 255
Rippenfarn 3
Rispengras 26
Ritschgras 25
Rittersporn 103
Robinia 151
Robinie 151
Roggen 29
Rohrkolben 11
Rohrkolbengewächse 11
Rosa 140
Rosaceae 130
Rose 140
Rosengewächse 130
Rosmarin 207
Rosmarinheide 191
Rosmarinus 207
Roßkastanie 164
Roßkastaniengewächse 164
Rotbuche 77
Rotdorn 134
Rötegewächse 230
Rottanne 8

Rubiaceae 230
Rübsen 119
Rubus 135
Ruchgras 21
Rudbeckia 250
Ruhrkraut 248
Rumex 81
Runkelrübe 86
Rüster 78
Rüsterstaude 139
Rüstergewächse 71
Ruta 160
Rutaceae 160

Safran 52
Sagina 77
Sagittaria 13
Salat 261
Salbei 211
Salicaceae 72
Salicornia 88
Salix 72
Salomonssiegel 51
Salsola 89
Salzkraut 89
Salzmiere 98
Salvia 211
Sambucus 233
Sanddorn 172
Sandelgewächse 80
Sandglöckchen 240
Sandhalm 23
Sandkraut 98
Sanguisorba 139
Sanicula 181
Sanikel 181
Santalaceae 80
Saponaria 95
Sarothamnus 148
Satureja 212
Saudistel 261
Sauerampfer 81
Sauerdorn 108
Sauergräser 31
Sauerklee 159
Sauerkleegewächse 159
Saxifraga 128
Saxifragaceae 127
Scabiosa 237

Schachblume 48
Schachtelhalm 4
Schachtelhalmgewächse 4
Schafgarbe 251
Scharbockskraut 106
Scharfkraut 200
Schärfling 200
Scharte 258
Schattenblümchen 50
Schaumkraut 121
Scheingräser 31
Schierling 183
Schildfarn 2
Schildkraut 124
Schilf 25
Schlangenäuglein 200
Schlangenwurz 40
Schlehe 143
Schleifenblume 116
Schlinge 234
Schlüsselblume 193
Schlutte 216
Schmalwand 123
Schmetterlingsblütler 144
Schmiele 23
Schnabelbinse 33
Schneckenklee 148
Schneeball 233
Schneebeere 234
Schneeglöckchen 51
Schneerose 102
Schöllkraut 110
Schotendotter 124
Schöterich 124
Schuppenmiere 98
Schuppenwurz 227
Schwaden 27
Schwalbenwurz 197
Schwanenblume 13
Schwarzdorn 143
Schwarzkümmel 103
Schwarznessel 210
Schwarzwurz 200
Schwarzwurzel 260
Schwertlilie 52
Schwertliliengewächse 52

Schwingel 27
Scilla 49
Scirpus 32
Scleranthus 99
Scorzonera 260
Scrophularia 221
Scrophulariaceae 218
Scutellaria 207
Secale 29
Sedum 126
Seedorn 172
Seerose 99
Seerosengewächse 99
Segge 33
Seide 198
Seidelbast 172
Seidenpflanzengewächse 197
Seifenkraut 95
Selinum 186
Sellerie 183
Sempervivum 127
Senecio 254
Senf 118
Serradella 152
Serratula 258
Sesel 185
Seseli 185
Sesleria 24
Setaria 20
Sherardia 230
Sicheldolde 184
Siebenstern 174
Sieglingia 25
Siegwurz 53
Silau 186
Silaus 186
Silberblatt 122
Silberdistel 256
Silbergras 23
Silene 92
Silge 186
Silybum 258
Simse 32
Sinapis 118
Sinau 139
Sinngrün 197
Sisymbrium 117
Sium 184
Skabiose 236. 237

## Register

Solanaceae 215
Solanum 216
Solidago 246
Sommerwurz 228
Sommerwurzgewächse 228
Sonchus 261
Sonnenblume 250
Sonnenhut 250
Sonnenröschen 169
Sonnentau 125
Sonnentaugewächse 125
Sorbus 133
Sparganiaceae 11
Sparganium 11
Spargel 50
Spark 98
Spelle 98
Spelz 30
Spergula 98
Spergularia 99
Spierstaude 139
Spierstrauch 132
Spinacia 88
Spinat 88
Spindelbaum 163
Spindelbaumgewächse 163
Spiraea 132
Spiranthes 57
Spitzklette 250
Springkraut 165
Springkrautgewächse 165
Spurre 97
Stachelbeere 129
Stachys 210
Staphylea 163
Staphyleaceae 163
Stechapfel 217
Stechpalme 163
Steinbeere 135
Steinbrech 128
Steinbrechgewächse 127
Steinkraut 124
Steinmispel 133
Steinsame 202
Stellaria 96

Stenactis 248
Stenophragma 123
Sternblume 247
Sterndolde 181
Sternmiere 96
Stiefmütterchen 169
Storchschnabel 157
Storchschnabelgewächse 156
Stockrose 168
Stranddistel 181
Strandhafer 23. 31
Strandlevkoje 118
Strandmiere 98
Strandroggen 31
Stratiotes 14
Strauchpappel 168
Straußgras 22
Streifenfarn 3
Strenze 181
Strohblume 249
Succisa 236
Sumach 163
Sumachgewächse 163
Sumpfdotterblume 102
Sumpfkresse 120
Sumpfprimel 193
Sumpfquendel 173
Sumpfwurz 57
Süßgras 27
Süßgräser 14
Symphoricarpus 234
Symphytum 200
Syringa 195

Tabak 217
Taglilie 46
Tanacetum 252
Tanne 8
Tannwedel 176
Tannwedelgewächse 176
Taraxacum 261
Täschelkraut 116
Taubenkropf 92. 94
Taubnessel 208
Tausendblatt 176
Tausendblattgewächse 176

Tausendgüldenkraut 196
Tausendkorn 99
Tausendschönchen 247
Taxaceae 7
Taxus 7
Teesdalea 115
Teichrose 100
Teucrium 206
Teufelsabbiß 236
Teufelsauge 108
Teufelskralle 240
Teufelszwirn 216
Thalictrum 108
Thesium 80
Thlaspi 116
Thuja 9
Thymelaeaceae 172
Thymian 213
Thymus 213
Tilia 166
Tiliaceae 166
Timotheusgras 21
Tollkirsche 216
Tomate 217
Topinambur 250
Torilis 182
Tragant 152
Tragopogon 260
Trapa 175
Träubel 50
Traubenhyazinthe 50
Traubenkirsche 144
Trespe 28
Trientalis 194
Trientalis 194
Trifolium 149
Triglochin 13
Triodia 25
Trisetum 24
Triticum 30
Trollblume 102
Trollius 102
Tropaeolaceae 159
Tropaeolum 159
Trunkelbeere 192
Tulipa 49
Tulpe 49
Tunica 94

# Register

Tüpfelfarn 4
Tüpfelfarne 1
Turmkraut 123
Turritis 123
Tussilago 253
Typha 11
Typhaceae 11

Ulmaceae 78
Ulmaria 139
Ulme 78
Ulmengewächse 78
Ulmus 78
Umbelliferae 176
Urtica 79
Urticaceae 79
Utricularia 229

Vaccinium 191
Valeriana 235
Valerianaceae 235
Valerianella 235
Veilchen 169
Veilchengewächse 169
Verbascum 219
Verbena 203
Verbenaceae 203
Vergißmeinnicht 201
Vermeinkraut 80
Veronica 221
Viburnum 233
Vicia 153
Vinca 197
Vincetoxicum 197
Viola 169
Violaceae 169
Viscaria 92
Viscum 79
Vitaceae 166
Vitis 166
Vogelbeerbaum 133
Vogelfuß 152
Vogelmiere 96
Vogelmilch 49

Wacholder 9
Wachtelweizen 227
Waid 118

Waldmeister 231
Walnuß 71
Waldrebe 104
Waldvöglein 57
Wallwurz 200
Wasserdarm 96
Wasserdost 246
Wasserfeder 193
Wasserfenchel 185
Wasserhelm 229
Wasserhelmgewächse 229
Wasserliesch 13
Wasserlieschgewächse 13
Wasserlinse 41
Wasserlinsengewächse 41
Wassernabel 180
Wassernuß 175
Wasserpest 14
Wasserschierling 184
Wasserschlauch 229
Wasserstern 162
Wassersterngewächse 162
Wau 125
Wegerich 230
Wegerichgewächse 230
Wegwarte 259
Weichkraut 96
Weide 72
Weidengewächse 72
Weidenröschen 174
Weiderich 173
Weiderichgewächse 173
Weigelia 234
Weigelie 234
Wein, wilder 166
Weingaertneria 23
Weißbuche 75
Weißdorn 134
Weißtanne 8
Weißwurz 50
Weizen 30
Weizen, türkischer 19
Wermut 253

Wetterdistel 256
Wicke 153
Wiesenknopf 132
Wiesenraute 108
Winde 197. 198
Windengewächse 197
Windhalm 22
Windröschen 104
Wintergrün 189
Wintergrüngewächse 189
Winterkresse 120
Winterlieb 189
Wirsing 119
Witwenblume 236
Wohlverleih 254
Wolfsmilch 161
Wolfsmilchgewächse 161
Wolfstrapp 214
Wollgras 32
Wollkraut 219
Wucherblume 252
Wundklee 151
Wurmfarn 3

Xanthium 250

Ysop 213

Zahntrost 226
Zahnwurz 122
Zaunrebe 166
Zaunrübe 237
Zea 19
Zeitlose 46
Ziest 210
Zistrosengewächse 169
Zittergras 25
Zuckerrübe 86
Zweiblatt 58
Zweizahn 251
Zwenke 29
Zwergmispel 133
Zwetsche 143
Zwiebel 47
Zymbelkraut 220
Zypressengewächse 8

# Bestimmungsbücher

**Die Pflanzen Deutschlands.** Eine Anleitung zu ihrer Kenntnis. Die höheren Pflanzen. Von weil. Prof. Dr. O. Wünsche. 11. Aufl., bearbeitet von Prof. Dr. Joh. Abromeit. Geb. ℛℳ 7.20

„Der Verfasser hat sich von allen kleinlichen Spaltereien an Gattungen und Arten ferngehalten und hat die Modernisierung nicht weiter durchgeführt, als es eben der Stand der Wissenschaft erforderte, — überall sieht man die Sachkenntnis, die die Materie sonderte." (Monatshefte f. d. naturwissensch. Unterr.)

**Die Pflanzen Sachsens und der angrenzenden Gegenden.** Eine Anleitung zu ihrer Kenntnis. Von weil. Prof. Dr. O. Wünsche. 11., neubearbeitete Aufl. von Prof. Dr. B. Schorler. Mit einem Bildnis O. Wünsches und 793 Abb. im Text. Geb. ℛℳ 5.80

„In selten glücklicher Weise ist es dem Verfasser gelungen, ein Werk zu schaffen, das wissenschaftlicher Kritik standhält, durch seine übersichtliche Anordnung auch dem botanischen Anfänger zugänglich ist und durch seinen begrenzten Umfang praktischen Anforderungen genügt." (Dresdner Nachrichten.)

**Exkursionsflora für Nord- und Mitteldeutschland.** Ein Taschenbuch zum Bestimmen der im Gebiete einheimischen und häufiger kultivierten Gefäßpflanzen. Für Schüler und Laien. Von Prof. Dr. K. Kraepelin. 9., verb. Aufl. Mit einem Bildnis von K. Kraepelin und 625 Holzschnitten im Text. Besorgt von Prof. Dr. C. Schäffer. Geb. ℛℳ 5.60

„... Diese Flora hat gute Aufnahme und verdiente Verbreitung gefunden und sei aufs neue empfohlen. Der Verfasser ist bestrebt gewesen, den Schülern höherer Lehranstalten ohne Hilfe des Lehrers eine sichere und leichte Bestimmung nicht nur der wildwachsenden, sondern auch der verbreitetsten Zierpflanzen zu ermöglichen."
(Preuß. Lehrerzeitung.)

**Die Alpenpflanzen.** Eine Anleitung zu ihrer Kenntnis. Von weil. Prof. Dr. O. Wünsche. 2. Ausg. Geb. ℛℳ 4.—

Das Buch verfolgt den Zweck, die zahlreichen Alpenwanderer mit den lieblichen Erscheinungen der Pflanzenwelt in den Alpen vertraut zu machen. Es sind daher nicht nur alle wissenschaftlichen Ausdrücke, die nicht entbehrt werden konnten, erklärt, sondern es ist auch der Versuch gemacht worden, die Bestimmung der zierlichen Gewächse vorzugsweise nach den Blättern zu ermöglichen.

**Unsere Pflanzen.** Ihre Namenserklärung und ihre Stellung in der Mythologie und im Volksaberglauben. Von Dr. Fr. Söhns. 6. Aufl. Mit Buchschmuck von J. E. V. Cissarz. Geb. ℛℳ 5.—

„Das eigenartige Buch, das in gefälliger Form Botanik, Philologie, Kulturgeschichte und Volkskunde wie verschiedene Blumen zu einem bunten Strauße vereinigt, ist eine sehr erfreuliche Erscheinung, die wir warm empfehlen."
(Deutsche Alpenzeitung.)

**Pflanzen in Sitte, Sage und Geschichte.** Für Schule und Haus von F. Warnke. Kart. ℛℳ 2.40

Das Büchlein wird allen denen Freude machen, die Verständnis nicht nur für die systematische Erkenntnis der Natur haben, sondern für die eine sinnige, auf das Dichten und die Bedürfnisse des Menschengeschlechtes achtende Naturbetrachtung eine wertvolle Bereicherung des Denkens und Fühlens bedeutet.

---

**Verlag von B. G. Teubner in Leipzig und Berlin**

**Botanisches Wörterbuch.** Von Prof. Dr. O. Gerke, Hannover. Mit 103 Abb. (Teubners kl. Fachwörterbücher, Bd. 1.) Geb. $\mathit{RM}$ 4.—

**Lehrbuch der Botanik.** Von Geh. Reg.-Rat Prof. Dr. K. Giesenhagen. 9. Aufl. Mit 560 Textfiguren. Geh. $\mathit{RM}$ 11.—

**Zellen- und Gewebelehre, Morphologie und Entwicklungsgeschichte.** Unter Mitarbeit hervorragender Fachgelehrter herausgegeben von Geh. Reg.-Rat Prof. Dr. E. Strasburger und Geh. Medizinalrat Prof. Dr. O. Hertwig. 1. Botanischer Teil: Mit 135 Abb. im Text. Geh. $\mathit{RM}$ 13.—, geb. $\mathit{RM}$ 16.—. 2. Zoologischer Teil: Mit 413 Abb. im Text. Geh. $\mathit{RM}$ 20.—, geb. $\mathit{RM}$ 23.— (K. d. G. Teil III. Abt. IV, Band 2, I u. II.)

**Einleitung in die experimentelle Morphologie der Pflanzen.** Von Geh. Hofrat Dr. K. v. Goebel. Mit 135 Abb. Geb. $\mathit{RM}$ 10.—

**Pflanzenanatomie.** Von Prof. Dr. W. J. Palladin. Nach der 5. russ. Aufl. übersetzt und bearb. von Prof. Dr. S. Tschulok. Mit 174 Abb. i. T. Geh $\mathit{RM}$ 4.40, geb. $\mathit{RM}$ 6.—

**Pflanzenphysiologie.** Von Prof. Dr. H. Molisch. 2. Aufl. Mit 63 Abb. im Text. (ANuG Bd. 569.) Geb. $\mathit{RM}$ 2.—

**Physiologie und Ökologie.** 1. Botanischer Teil. Unter Mitarbeit hervorragender Fachgelehrter herausgegeben von Geheimrat Prof. Dr. G. Haberlandt. Mit 119 Abbild. (K. d. G. Teil III. Abt. IV 3. I.) Geh. $\mathit{RM}$ 13.—, geb. $\mathit{RM}$ 16.—, in Halbleder $\mathit{RM}$ 19.—.

**Pilze und Flechten.** Von Prof. Dr. W. Nienburg. Mit 88 Abb. im Text. (ANuG Bd. 675.) Geb. $\mathit{RM}$ 2.—

**Die Pilze.** Von Dr. A. Eichinger. (ANuG Bd. 334.) Mit 54 Abb. Geb. $\mathit{RM}$ 2.—

**Einkeimblättrige Blütenpflanzen.** Von Privatdozent Dr. K. Suessenguth. Mit 33 Abb. im Text. (ANuG Bd. 676.) Geb. $\mathit{RM}$ 2.—

**Die fleischfressenden Pflanzen.** Von Prof. Dr. A. Wagner. Mit 82 Abb. (ANuG Bd. 344.) Geb. $\mathit{RM}$ 2.—

**Werdegang und Züchtungsgrundlagen der landwirtschaftlichen Kulturpflanzen.** Von Prof. Dr. A. Zade. Mit 30 Abb. (ANuG Bd. 766.) Geb. $\mathit{RM}$ 2.—

**Der Tabak.** Anbau, Handel und Verarbeitung. Von J. Wolf. 2. Aufl. Mit 17 Abb. Geb. $\mathit{RM}$ 2.—

**Weinbau und Weinbereitung.** Von Dr. F. Schmitthenner. Mit 34 Abb. i. T. (ANuG Bd. 332.) Geb. $\mathit{RM}$ 2.—

**Der Kleingarten.** Von Redakteur und Fachschriftsteller J. Schneider. 2., verb. u. verm. Aufl. Mit 80 Abb. (ANuG Bd. 498.) Geb. $\mathit{RM}$ 2.—

**Verlag von B. G. Teubner in Leipzig und Berlin**

## Kraepelin, Biologisches Unterrichtswerk
*bearbeitet von Prof. Dr. C. Schäffer*

**Einführung in die Biologie.** Große Ausgabe. 6., verb. Aufl. Mit 466 Textbildern, 4 schwarzen Tafeln, 4 Tafeln in Buntdruck und 3 Karten. Geb. ℛℳ 8.—. Kleine Ausgabe. 4. Aufl. Mit zahlr. Textbildern und Tafeln. [U. d. Pr. 1927.]

„Die neue Auflage dieses ausgezeichneten Werkes ist einer gründlichen Neubearbeitung unterzogen worden, die seine Brauchbarkeit für den Schulunterricht und die Selbstbelehrung noch erhöht hat. Neu hinzugekommen ist ein Abschnitt über das Pflanzen- und Tierleben des Wassers, worin namentlich die Planktonforschung berücksichtigt ist; ferner eine kurze Skizze ‚Aus der Geschichte der Pflanzen- und Tierwelt'. Die Zahl der Abbildungen ist bedeutend vermehrt worden." (Päd. Zentralblatt.)

### Leitfaden für den zoologischen Unterricht
in den unteren und mittleren Klassen der höheren Schulen

I. Teil: **Wirbeltiere.** 10. Aufl. Mit 324 Abb. im Text u. 3 farb. Tafeln. Geb. ℛℳ 4.60

II. Teil: **Wirbellose Tiere.** 9. Aufl. Mit 288 Abb. im Text u. 6 farb. Tafeln. Geb. ℛℳ 3.—

III. Teil: **Der Mensch.** 8. Aufl. Mit 65 Abb. [Erscheint im Mai 1927.]

„Wer in der Hand seiner Schüler ein Buch sehen möchte, das den behandelten Stoff in klarer Ausdrucksweise und sachlich einwandfrei darstellt und so dem Schüler als sichere Grundlage häuslicher Wiederholung dienen kann, dem soll Kraepelins Leitfaden empfohlen sein."
(Erfahr. im naturwissensch. Unterricht.)

### Leitfaden für den botanischen Unterricht

I. Teil: **Einführung i. d. Pflanzenkunde.** 11. Aufl. Mit 73 Abb. u. Bildgruppen i. T., 2 schwarz. u. 3 mehrf. Taf. Kart. ℛℳ 2.—

II. Teil: **Pflanzenkunde in zusammenfassender Darstellung.** 11. Aufl. Mit 253 Abb i. T. u. 11 farb. Tafeln. Geb. ℛℳ 4.—

„Nicht in Einzelbildern bewegt sich die Besprechung, sondern der Zweck ist gerade, die Formenverschiedenheit der einzelnen Teile der Pflanzen, besonders der Blüten, erkennen zu lassen; erst dann wird die Kenntnis der natürlichen Pflanzenfamilien angestrebt. Die Auswahl der Pflanzen ist sicher. Wir wünschen dem Buche eine recht große Verbreitung."
(Frauenbildung.)

---

**Blütengeheimnisse.** Eine Blütenbiologie in Einzelbildern von Prof. Dr. G. Worgitzky. Mit 47 Abb., Buchschmuck v. J. V. Cissarz u. 1 farb. Tafel v. P. Flanderky. 3. Aufl. Geb. ℛℳ 4.—, in Halbled. ℛℳ 7.—

**Streifzüge durch Wald und Flur.** Eine Anleitung zur Beobachtung der heimischen Natur in Monatsbildern. V. weil. Prof. Dr. B. Landsberg u. weil. Rektor Prof. Dr. W. B Schmidt. 6. Aufl., vollst. neubearb. v. Prof. Dr. A. Günthart. M. zahlr. Originalz. u. Abb. Geb. ℛℳ 5.60

**Naturwissenschaftliche Monatshefte** für den biologischen, chemischen, geographischen und geologischen Unterricht. U. Mitw. d. Staatl. Hauptstelle f. d. naturwiss. Unterricht, Berlin, hrsg. v. Oberstudienrat Dr. R. Rein. VII. Band, der ganzen Folge XXIV. Band, 1926/27, in 4 Heften im Umfang von je 4 Bogen. Halbjährlich ℛℳ 7.50

---

**Verlag von B. G. Teubner in Leipzig und Berlin**

# Aus Natur und Geisteswelt
### Jeder Band gebunden RM 2.—

## Zur Biologie sind bisher u. a. erschienen:

**Einführung in die Biologie.**
Allgemeine Biologie. Einführ. i. d. Hauptprobleme der organ. Natur. Von Prof. Dr. H. Miehe. 3., verb. Aufl. Mit 44 Abb. (Bd. 130.)
Die Beziehungen der Tiere u. Pflanzen zueinander. Von Prof. Dr. K Kraepelin. 2. Aufl. I. Bd. Die Bezieh. d. Tiere zueinander. M. 64 Abb. (Bd. 426.) II. Bd. Die Bezieh. d. Pflanzen zueinander u. zu d. Tier. M. 68 Abb. (427.)
Die Schädlinge im Tier- u. Pflanzenreich u. ihre Bekämpfung. D. Geh. Reg.-Rat Prof. Dr. K. Eckstein. 3. Aufl. Mit 36 Fig. i. Text. (18.)
Die Welt der Organismen. Von Oberstud.-Rat Prof. Dr. K. Lampert. Mit 52 Abb. (236.)
Einführung in die Biochemie in elementarer Darstellung. Von Prof. Dr. W. Löb. 2. Aufl. von Prof. Dr. H. Friedenthal. Mit 12 Figuren. (Bd. 352.)

**Abstammungs- u. Vererbungslehre, vgl. Anatomie.**
Entwicklungsgeschichte des Menschen. Vier Vorlesungen v. Dr. A. Heilborn. 2. A. Mit 61 Abb. nach Photogr. u. Zeichn. (Bd. 388.)
Experimentelle Abstammungs- u. Vererbungslehre. Von Prof. Dr. E. Lehmann. 2. Auflage. Mit 27 Abbildungen. (Bd. 379.)
Abstammungslehre u. Darwinismus. D. Prof. Dr. R. Hesse. 6. Aufl. M. 41 Textabb. (39.)
Die Stammesgeschichte unserer Haustiere. Von Prof. Dr. C. Keller. 2. Aufl. Mit 29 Abbildungen im Text. (Bd. 252.)

**Vergleichende Anatomie der Sinnesorgane der Wirbeltiere.** Von Prof. Dr. Lubosch. Mit 107 Abb. (Bd. 282.)

**Fortpflanzung.**
Befruchtung und Vererbung. Von Dr. E. Teichmann. 3. A. Mit 13 Textabb. (Bd. 70.)
Die Fortpflanzung der Tiere. Von Prof. Dr. R. Goldschmidt. Mit 77 Abb. (Bd. 253.)
Zwiegestalt der Geschlechter in der Tierwelt. (Dimorphismus.) Von Dr. F. Knauer. Mit 37 Figuren. (Bd. 148.)
Fortpflanz. u. Geschlechtsunterschiede d. Menschen. Eine Einführ. i. d. Sexualbiologie. Von Prof. Dr. H. Boruttau. 3., verb. Aufl. Mit 39 Abb. (Bd 540.)

**Mikroorganismen.**
Die Bakterien im Haushalt der Natur und des Menschen. Von Prof. Dr. E. Gutzeit. 2. Aufl. Mit 13 Abb. (Bd. 242.)
Die krankheiterreg. Bakterien. Grundtatsachen d. Entstehung, Heilung u. Verhütung der bakteriell. Infektionskrankheiten d. Menschen. D. Prof. Dr. M. Löhlein. 2. A. M 33 Abb. (307.)
Die Urtiere. Von Prof. Dr. R. Goldschmidt. 2. Aufl. Mit 44 Abb. (Bd 160.)
Das Meer, seine Erforschung u. s. Leben. D. Prof. Dr. O. Janson. 3. Aufl. Mit 40 Fig (31.)
Einführung in die Mikrotechnik. Von Prof. Dr. R. Franz und Oberstudiendirektor Dr. H. Schneider. Mit 18 Abb. (Bd. 765.)
Das Mikroskop. Seine wissenschaftlichen Grundlagen und seine Anwendung. Von Dr. A. Ehringhaus. Mit 76 Abb. (Bd. 678.)

## In Teubners naturwissenschaftlicher Bibliothek sind u. a. erschienen:

Geologisches Wanderbuch. Von Dir. Prof. Dr. K. G. Volk. 2 Teile. I. 2. Aufl. Mit 201 Abb. und 1 Orientierungstafel. II. 2. Aufl. Mit 281 Abb. i. Text, 1 Orientierungstafel u. 1 Titelbild. (Bd. 6 u. 7.) . Je RM 6.—
Geographisches Wanderbuch. V. Studienrat Dr. A. Berg. 2. Auflage. Mit 212 Abb. (Bd. 23.) . . . . . . . . RM 5.80
Anleitung zu photograph. Naturaufnahmen. Von Lehrer. G. E. F. Schulz. Mit 41 phot. Aufn. (Bd. 9.) . . . . RM 3.60
Vegetationsschilderungen. Von Prof. Dr. P. Graebner. M. 40 Abb. (Bd. 12.) RM 2.80
Unsere Frühlingspflanzen. Von Prof. Dr. Fr. Höck. Mit 76 Abb. (Bd. 16.) RM 2.80
Große Biologen. Bilder a. d. Geschichte d. Biologie. Von Prof. Dr. W. May. Mit 21 Bildn. (Bd. 25.) . . . . . RM 3.80

Biologisches Experimentierbuch. Anleitung z. selbst. Stud. d. Lebenserscheinung f. jugendliche Naturfreunde. Von Prof. Dr. C. Schäffer. 2. Aufl. Mit zahlr. Abb. (Bd. 18.) [In Vorbereitung 1927.]

Erlebte Naturgeschichte. (Schüler als Tierbeobacht.) Von Prof. C. Schmitt. 3. Aufl. Mit 35 Abbildungen (Bd. 30.) Kart. RM 4.50

Das Leben der Ameisen. Von Privatdozent Dr. R. Brun. Mit 60 Abb. (Bd. 31.) Geb. RM 5.—

Insektenbiologie. Von Professor Dr. Chr. Schröder. Mit 59 Abb. i. T. (Bd. 32.) RM 5.40

Versuche mit lebenden Pflanzen. Von Dr. M. Oettli. Mit 7 Abbildungen. (Bd. 26.) Kart. RM 1.—

## Verlag von B. G. Teubner in Leipzig und Berlin

MIX
Papier aus verantwortungsvollen Quellen
Paper from responsible sources
FSC® C105338

If you have any concerns about our products,
you can contact us on
**ProductSafety@springernature.com**

In case Publisher is established outside the EU,
the EU authorized representative is:
**Springer Nature Customer Service Center GmbH
Europaplatz 3, 69115 Heidelberg, Germany**

Printed by Libri Plureos GmbH
in Hamburg, Germany